国家出版基金项目
NATIONAL PUBLICATION FOUNDATION

"十四五"国家重点图书出版规划项目
核能与核技术出版工程

先进核反应堆技术丛书（第一期）
主编 于俊崇

低温核供热堆关键技术

Key Technologies of Low-Temperature Nuclear Heating Reactors

张作义　张亚军　贾海军　著

上海交通大学出版社
SHANGHAI JIAO TONG UNIVERSITY PRESS

内容简介

本书为"先进核反应堆技术丛书"之一。本书在简要回顾国内外多种池式、壳式核供热反应堆的发展现状,特别是 NHR 5 低温核供热反应堆的研究、设计、建造、运行及 NHR200‑Ⅰ型低温核供热反应堆初步设计的基础上,重点对 NHR200‑Ⅱ型核供热反应堆的特点、主要参数、非能动安全特性及与海水淡化装置的多种耦合方案做了较为深入、系统和全面的介绍。NHR200‑Ⅱ型核供热堆采用了 NHR 5 低温核供热堆实际验证过的先进理念和一系列先进技术,包括一体化布置、全功率自然循环、内置式水力驱动控制棒、非能动余热排出等,具有更高的设计压力和温度,在供热的同时也具备提供工业蒸汽的能力。本书从纵深防御角度分析了低温核供热堆安全方面的多重防护措施和如何确保消除设计扩展工况,论证了低温核供热堆的高可靠性和安全性。对于核能供热和核能海水淡化相关领域的各级领导、专家和技术人员,核供热反应堆领域的设计和研究人员以及高等院校相关专业的师生来说,本书具有重要的参考价值。

图书在版编目(CIP)数据

低温核供热堆关键技术/ 张作义,张亚军,贾海军
著. —上海:上海交通大学出版社,2023.1
(先进核反应堆技术丛书)
ISBN 978‑7‑313‑27280‑5

Ⅰ. ①低… Ⅱ. ①张… ②张… ③贾… Ⅲ. ①低温供
热堆−研究 Ⅳ. ①TL413

中国版本图书馆 CIP 数据核字(2022)第 152251 号

低温核供热堆关键技术
DIWEN HEGONGRE DUI GUANJIAN JISHU

著　　者:张作义　张亚军　贾海军
出版发行:上海交通大学出版社　　　　地　　址:上海市番禺路 951 号
邮政编码:200030　　　　　　　　　　电　　话:021‑64071208
印　　制:苏州市越洋印刷有限公司　　经　　销:全国新华书店
开　　本:710mm×1000mm　1/16　　印　　张:27.75
字　　数:464 千字
版　　次:2023 年 1 月第 1 版　　　　　印　　次:2023 年 1 月第 1 次印刷
书　　号:ISBN 978‑7‑313‑27280‑5
定　　价:228.00 元

先进核反应堆技术丛书

编　委　会

主　编

于俊崇（中国核动力研究设计院，研究员，中国工程院院士）

编　委（按姓氏笔画排序）

王丛林（中国核动力研究设计院，研究员级高级工程师）

刘　永（核工业西南物理研究院，研究员）

刘汉刚（中国工程物理研究院，研究员）

孙寿华（中国核动力研究设计院，研究员）

李　庆（中国核动力研究设计院，研究员级高级工程师）

李建刚（中国科学院等离子体物理研究所，研究员，中国工程院院士）

杨红义（中国原子能科学研究院，研究员级高级工程师）

余红星（中国核动力研究设计院，研究员级高级工程师）

张东辉（中国原子能科学研究院，研究员）

张作义（清华大学，教授）

陈　智（中国核动力研究设计院，研究员级高级工程师）

柯国土（中国原子能科学研究院，研究员）

姚维华（中国核动力研究设计院，研究员级高级工程师）

顾　龙（中国科学院近代物理研究所，研究员）

柴晓明（中国核动力研究设计院，研究员级高级工程师）

徐洪杰（中国科学院上海应用物理研究所，研究员）

黄彦平（中国核动力研究设计院，研究员）

本书编委会

（按姓氏笔画排列）

王　岩　　王军荣　　王金海　　王洪涛　　王晓欣　　王鼎渠
叶子申　　田雅林　　刘　涛　　刘志宏　　刘潜峰　　李卫华
李笑天　　张亚军　　张作义　　陈　凡　　周　钦　　赵　晶
赵陈儒　　郝文涛　　柳雄斌　　秦本科　　贾海军　　郭文利
黄　鹏　　黄晓津　　曹建主　　蒋跃元　　谢　菲　　解　衡
薄涵亮

序

人类利用核能的历史始于 20 世纪 40 年代。实现核能利用的主要装置——核反应堆诞生于 1942 年。意大利著名物理学家恩里科·费米领导的研究小组在美国芝加哥大学体育场,用石墨和金属铀"堆"成了世界上第一座用于试验可实现可控链式反应的"堆砌体",史称"芝加哥一号堆",于 1942 年 12 月 2 日成功实现人类历史上第一个可控的铀核裂变链式反应。后人将可实现核裂变链式反应的装置称为核反应堆。

核反应堆的用途很广,主要分为两大类:一类是利用核能,另一类是利用裂变中子。核能利用又分军用与民用。军用核能主要用于原子武器和推进动力;民用核能主要用于发电,在居民供暖、海水淡化、石油开采、冶炼钢铁等方面也具有广阔的应用前景。通过核裂变中子参与核反应可生产钚-239、聚变材料氚以及广泛应用于工业、农业、医疗、卫生等诸多领域的各种放射性同位素。核反应堆产生的中子还可用于中子照相、活化分析以及材料改性、性能测试和中子治癌等方面。

人类发现核裂变反应能够释放巨大能量的现象以后,首先研究将其应用于军事领域。1945 年,美国成功研制原子弹,1952 年又成功研制核动力潜艇。由于原子弹和核动力潜艇的巨大威力,世界各国竞相开展相关研发,核军备竞赛持续至今。另外,由于核裂变能的能量密度极高且近零碳排放,这一天然优势使其成为人类解决能源问题与应对环境污染的重要手段,因而核能和平利用也同步展开。1954 年,苏联建成了世界上第一座向工业电网送电的核电站。随后,各国纷纷建立自己的核电站,装机容量不断提升,从开始的 5 000 千瓦到目前最大的 175 万千瓦。截至 2021 年底,全球在运行核电机组共计 436 台,总装机容量约为 3.96 亿千瓦。

核能在我国的研究与应用已有 60 多年的历史,取得了举世瞩目的成就。

1958年,我国第一座核反应堆建成,开启了我国核能利用的大门。随后我国于1964年、1967年与1971年分别研制成功原子弹、氢弹与核动力潜艇。1991年,我国大陆第一座自主研制的核电站——秦山核电站首次并网发电,被誉为"国之光荣"。进入21世纪,我国在研发先进核能系统方面不断取得突破性成果,如研发出具有完整自主知识产权的第三代压水堆核电品牌ACP1000、ACPR1000和ACP1400。其中,以ACP1000和ACPR1000技术融合而成的"华龙一号"全球首堆已于2020年11月27日首次并网成功,其先进性、经济性、成熟性、可靠性均已处于世界第三代核电技术水平,标志着我国已进入掌握先进核能技术的国家之列。截至2022年7月,我国大陆投入运行核电机组达53台,总装机容量达55 590兆瓦。在建机组有23台,装机容量达24 190兆瓦,位居世界第一。

2002年,第四代核能系统国际论坛(Generation Ⅳ International Forum, GIF)确立了6种待开发的经济性和安全性更高的第四代先进的核反应堆系统,分别为气冷快堆、铅合金液态金属冷却快堆、液态钠冷却快堆、熔盐反应堆、超高温气冷堆和超临界水冷堆。目前我国在第四代核能系统关键技术方面也取得了引领世界的进展:2021年12月,具有第四代核反应堆某些特征的全球首座球床模块式高温气冷堆核电站——华能石岛湾核电高温气冷堆示范工程送电成功。此外,在号称人类终极能源——聚变能方面,2021年12月,中国"人造太阳"——全超导托卡马克核聚变实验装置(Experimental and Advanced Superconducting Tokamak, EAST)实现了1 056秒的长脉冲高参数等离子体运行,再一次刷新了世界纪录。经过60多年的发展,我国已建立起完整的科研、设计、实(试)验、制造等核工业体系,专业涉及核工业各个领域。科研设施门类齐全,为试验研究先后建成了各种反应堆,如重水研究堆、小型压水堆、微型中子源堆、快中子反应堆、低温供热实验堆、高温气冷实验堆、高通量工程试验堆、铀-氢化锆脉冲堆、先进游泳池式轻水研究堆等。近年来,为了适应国民经济发展的需要,我国在多种新型核反应堆技术的科研攻关方面也取得了不俗的成绩,如各种小型反应堆技术、先进快中子堆技术、新型嬗变反应堆技术、热管反应堆技术、钍基熔盐反应堆技术、铅铋反应堆技术、数字反应堆技术以及聚变堆技术等。

在我国,核能技术已应用到多个领域,为国民经济的发展做出了并将进一步做出重要贡献。以核电为例,根据中国核能行业协会数据,2021年中国核能发电4 071.41亿千瓦时,相当于减少燃烧标准煤11 558.05万吨,减少排放二氧化碳 30 282.09 万吨、二氧化硫 98.24 万吨、氮氧化物 85.53 万吨,相当于造林 91.50 万公顷(9 150 平方千米)。在未来实现"碳达峰、碳中和"国家重大战略和国民经济高质量发展过程中,核能发电作为以清洁能源为基础的新型电力系统的稳定电源和节能减排的保障将起到不可替代的作用。也可以说,研发先进核反应堆为我国实现能源独立与保障能源安全、贯彻"碳达峰、碳中和"国家重大战略部署提供了重要保障。

随着核动力和核技术应用的不断扩展,我国积累了大量核领域的科研成果与实践经验,因此很有必要系统总结并出版,以更好地指导实践,促进技术进步与可持续发展。鉴于此,上海交通大学出版社与国内核动力领域相关专家多次沟通、研讨,拟定书目大纲,最终组织国内相关单位,如中国原子能科学研究院、中国核动力研究设计院、中国科学院上海应用物理研究所、中国科学院近代物理研究所、中国科学院等离子体物理研究所、清华大学、中国工程物理研究院、核工业西南物理研究院等,编写了这套"先进核反应堆技术丛书"。本丛书聚集了一批国内知名核动力和核技术应用专家的最新研究成果,可以说代表了我国核反应堆研制的先进水平。

本丛书规划以 6 种第四代核反应堆型及三个五年规划(2021—2035 年)中我国科技重大专项——小型反应堆为主要内容,同时也包含了相关先进核能技术(如气冷快堆、先进快中子反应堆、铅合金液态金属冷却快堆、液态钠冷却快堆、重水反应堆、熔盐反应堆、超临界水冷堆、超高温气冷堆、新型嬗变反应堆、科学研究用反应堆、数字反应堆)、各种小型堆(如低温核供热堆、海上浮动核能动力装置等)技术及核聚变反应堆设计,并引进经典著作《热核反应堆氚工艺》等,内容较为全面。

本丛书系统总结了先进核反应堆技术及其应用成果,是我国核动力和核技术应用领域优秀专家的精心力作,可作为核能工作者的科研与设计参考,也可作为高校核专业的教辅材料,为促进核能和核技术应用的进一步发展及人才的培养提供支撑。本丛书必将为我国由核能大国向核能强国迈进、推动我国核科技事业的发展做出一定的贡献。

于俊崇

2022 年 7 月

前　　言

始于 20 世纪 70 年代末的改革开放极大地焕发了全国人民建设强大国家的热情,但伴随着国民经济的快速发展和人民生活水平的提高,资源和环境承载能力不足等问题越来越突出,特别是我国北方的水资源短缺问题以及燃烧不可再生化石燃料造成的空气污染问题等。

为了解决所面临的问题,20 世纪 80 年代初,清华大学核能技术研究所率先在国内开展了核能供热研究。首先对池式研究堆——901 屏蔽实验堆进行了供热改造,并对院内数万平方米的建筑进行了冬季供暖演示试验,该工作充分展示了核能区域供热的可行性和先进性,得到了国内相关领域专家的一致好评和国家领导人的重视。随后,在国家政策的大力支持下,从"六五"国家科技攻关计划开始,5 MW 低温供热试验堆研发工作和 200 MW 低温核供热堆的研究连续列入了"七五""八五"和"九五"等国家科技攻关计划。1989 年12 月,清华大学核能技术研究所成功建设并满功率运行了世界上第一座热功率为 5 MW 的壳式全功率自然循环低温核供热反应堆。此后,通过连续几个冬季的供暖试验和后续的发电、制冷等试验,充分证明了低温核供热堆的安全性、可靠性和应用领域的广阔性。

5 MW 低温核供热反应堆采取的是压力容器式一体化布置的全功率自然循环方案,反应堆堆芯、水力驱动控制棒、主换热器和汽-气稳压器等主要设备均布置于压力容器内,该堆具有先进的固有安全特性和非能动安全特征。200 MW 供热堆保持了 5 MW 低温核供热试验堆所具有的所有先进理念并有所改进和提高,特别是为了扩大低温堆的应用范围,在运行压力为 2.5 MPa 的NHR200‐Ⅰ型低温核供热堆基础上,在国家国防科技工业局民用核能开发项目以及有关企业的大力支持和帮助下,开发了高参数的 NHR200‐Ⅱ型核供热堆,该堆不仅可用于产生工业蒸汽,而且可用于热电联供、海水淡化等领域,大大扩展了低温核供热堆的应用范围。

淡水短缺是世界上许多国家面临的严重问题,我国北方更是如此,海水淡化已是中东一些缺水国家极其重要的淡水获取方式。目前,世界上海水淡化的主流技术有热法和膜法两种,热法技术包括闪蒸和多效蒸馏,以热蒸汽作为热源;膜法(反渗透法)则是以电力作为主要能源。NHR200-Ⅰ型低温核供热堆以供热为主,NHR200-Ⅱ型核供热堆在供热的同时还可以发电,这两种堆型都可以很好地与海水淡化装置耦合。21世纪初,清华大学核能与新能源技术研究院针对山东烟台核能海水淡化项目进行了可行性研究,在国内首次从厂址、气候、环境、核反应堆与海水淡化装置的耦合、核能海水淡化的安全性等多方面进行了系统、深入的全面研究,得到了产水量和水价等切实可信的第一手数据,为国内后续核能海水淡化研究和开发利用奠定了坚实的基础。

国内外许多研究机构以池式研究堆/实验堆为基础,开发、设计了池式低温核供热堆和池壳式低温核供热堆。这类堆型结构相对简单,运行参数低,冷却剂装量很大,同样拥有很好的安全特性,理论上不会发生冷却剂大量流失和堆芯裸露并熔化的极端事故,是核能区域供热一种不错的选择。然而,正是因为池式堆的参数相对较低,而且反应堆池水与大气相通这种结构设计也决定了其压力、温度等参数较低,如深水池式堆的堆芯出口温度仅在100℃左右且不可能继续提高,而池壳式供热堆的承压壳设计耐压本身就较低,也不可能获取更高的冷却剂参数,所以这类池式堆仅适合于区域供热,不具备进一步发展成为热电联供反应堆或动力堆的潜力。此外,相比于壳式供热堆,现阶段在国内推广池式供热堆面临的最大现实问题是项目落地,需要尽快建成示范项目以便验证其设计特性和安全特性。

通过近四十年来孜孜不倦的深入探讨和研究,清华大学核能与新能源技术研究院在热功率为5~300 MW、压力为1.5~8.0 MPa的范围内,已经建立了压力容器式一体化全功率自然循环核供热反应堆的技术谱系。本书就是对上述这些工作深入、细致、全面和系统的总结。

在本书编写过程中,著者充分借鉴了院内老一辈专家、学者的研究成果,并得到了他们无私的支持和帮助,在此一并表示感谢。希望本书的出版、发行能为业内人士提供有益的参考和帮助。

因著者水平有限,书中可能存在认识不足、不妥或错误之处,敬请读者与同行批评指正。

目　　录

第1章　概述 ……………………………………………………………… 001

　1.1　我国能源消费及发展核能的意义 ……………………………… 001

　　1.1.1　我国能源消费及面临的挑战 ………………………………… 001

　　1.1.2　核能发电及安全性 …………………………………………… 003

　1.2　核能区域供热 ……………………………………………………… 006

　　1.2.1　区域供热问题和热电联供解决方案 ………………………… 007

　　1.2.2　核能区域供热 ………………………………………………… 009

　1.3　核供热反应堆的分类 ……………………………………………… 014

　　1.3.1　壳式供热堆 …………………………………………………… 014

　　1.3.2　池式供热堆 …………………………………………………… 015

　　1.3.3　池壳式供热堆 ………………………………………………… 016

　1.4　低温核供热堆的发展和应用前景 ……………………………… 017

　　1.4.1　壳式供热堆的进展 …………………………………………… 017

　　1.4.2　池式供热堆和池壳式供热堆的进展 ………………………… 019

　参考文献 ………………………………………………………………… 019

第2章　池式供热堆 ……………………………………………………… 023

　2.1　研究堆和池式供热堆概况 ……………………………………… 023

　　2.1.1　池式堆的主要特征 …………………………………………… 024

　　2.1.2　池式供热堆及供热试验 ……………………………………… 025

　2.2　几个典型的池式供热堆设计 …………………………………… 030

　　2.2.1　自然循环池式供热堆 ………………………………………… 031

　　2.2.2　强迫循环池式供热堆 ………………………………………… 036

　　　　2.2.3　加压池式供热堆 ·· 043

　2.3　池式供热堆的主要特点 ··· 053

　2.4　池式供热堆发展中面临的重点问题 ····························· 055

　参考文献 ··· 058

第 3 章　NHR 5 及 NHR200 - Ⅰ型低温核供热站 ·············· 061

　3.1　先进的低温核能供热技术 ·· 061

　　　　3.1.1　设计目标和安全要求 ······································· 062

　　　　3.1.2　设计准则、理念和特征 ···································· 063

　3.2　5 MW 低温核供热堆 ·· 064

　3.3　NHR200 - Ⅰ型低温核供热堆 ····································· 067

　3.4　堆芯构成及物理设计 ··· 078

　　　　3.4.1　NHR 5 堆芯物理设计 ····································· 078

　　　　3.4.2　NHR200 - Ⅰ堆芯物理设计 ···························· 081

　3.5　热工水力设计 ··· 085

　　　　3.5.1　NHR 5 热工水力设计 ····································· 085

　　　　3.5.2　NHR200 - Ⅰ热工水力设计 ···························· 088

　3.6　一回路主要设备及安全壳 ··· 090

　　　　3.6.1　压力容器 ·· 090

　　　　3.6.2　堆内构件 ·· 092

　　　　3.6.3　主换热器 ·· 094

　　　　3.6.4　水力驱动控制棒及其回路系统 ························· 096

　　　　3.6.5　安全壳 ·· 100

　3.7　传热、安全及辅助系统 ·· 102

　　　　3.7.1　供热堆热传输系统 ··· 102

　　　　3.7.2　专设安全系统及辅助系统 ······························· 106

　3.8　NHR 5 的实际运行及对环境的影响 ····························· 106

　3.9　5 MW 低温核供热堆热电联供及制冷试验 ···················· 109

　　　　3.9.1　低温核供热堆热电联供试验 ···························· 110

　　　　3.9.2　低温核供热堆制冷的应用前景 ························· 112

　参考文献 ··· 113

第 4 章　NHR200 - Ⅱ型核供热堆 ······························· 115

　4.1　总体方案和主要设计特性 ····························· 115

　　4.1.1　总体方案及设计参数 ······················· 115

　　4.1.2　主要设计特性 ····························· 119

　4.2　堆芯设计 ································· 122

　　4.2.1　燃料组件结构稳定性及完整性 ··············· 123

　　4.2.2　堆芯组成及评价 ························· 125

　4.3　堆芯核设计 ······························· 128

　　4.3.1　堆芯核设计准则 ························· 128

　　4.3.2　运行期及燃料管理 ······················· 129

　　4.3.3　功率分布及不均匀因子 ··················· 130

　　4.3.4　反应性控制 ··························· 131

　　4.3.5　温度系数 ··························· 132

　　4.3.6　氙稳定性 ··························· 133

　4.4　堆芯热工设计 ······························ 134

　　4.4.1　热工水力设计准则 ······················· 134

　　4.4.2　偏离泡核沸腾设计准则 ··················· 135

　4.5　堆芯水力设计 ····························· 137

　4.6　先进的一体化堆内系统和设备 ····················· 140

　　4.6.1　压力容器 ··························· 140

　　4.6.2　堆内构件 ··························· 143

　　4.6.3　主换热器 ··························· 149

　　4.6.4　内置汽-气稳压器 ····················· 150

　4.7　控制棒水压驱动技术 ························· 152

　　4.7.1　水力和水压驱动控制棒的特点 ··············· 153

　　4.7.2　设计方案 ··························· 154

　　4.7.3　功能和性能 ··························· 167

　参考文献 ································· 175

第 5 章　支持系统和辅助系统 ··························· 177

　5.1　化学和容积控制系统 ························· 177

　　5.1.1　概述 ····························· 177

　　　5.1.2　设计要求及功能 ･･････････････････････････････ 180

　　　5.1.3　系统运行 ･･････････････････････････････････････ 180

　　　5.1.4　化容系统安全分析 ･･･････････････････････････ 182

　　5.2　设备冷却水及厂用水系统 ･･････････････････････ 183

　　　5.2.1　设备冷却水系统 ･･････････････････････････････ 183

　　　5.2.2　厂用水系统 ････････････････････････････････････ 184

　　5.3　除盐水系统及核岛气体系统 ･･･････････････････ 185

　　　5.3.1　除盐水系统 ････････････････････････････････････ 185

　　　5.3.2　核岛气体系统 ･･････････････････････････････････ 187

　　5.4　采暖、通风和空调系统 ･･････････････････････････ 187

　　　5.4.1　主控室 HVAC 系统 ･･･････････････････････････ 188

　　　5.4.2　安全壳 HVAC 系统 ･･･････････････････････････ 188

　　　5.4.3　其他区域 HVAC 系统 ･･･････････････････････ 189

　　5.5　电力系统 ･･ 190

　　　5.5.1　正常厂用电系统 ･･････････････････････････････ 191

　　　5.5.2　备用电力系统 ･･････････････････････････････････ 192

　　　5.5.3　应急电力系统 ･･････････････････････････････････ 194

　　5.6　消防系统 ･･ 198

　　　5.6.1　设计原则 ･･････････････････････････････････････ 198

　　　5.6.2　系统方案 ･･････････････････････････････････････ 199

　　5.7　通信系统 ･･ 200

　　参考文献 ･･ 202

第 6 章　能量传输、转换和利用系统 ･･････････････････････ 203

　6.1　三回路及二回路方案概述 ･･････････････････････････ 204

　6.2　三回路方案的中间回路 ･････････････････････････････ 205

　　　6.2.1　中间回路的功能及主要设备 ･････････････････ 206

　　　6.2.2　自然循环饱和式蒸汽发生器 ･････････････････ 208

　6.3　蒸汽动力转换系统 ･･････････････････････････････････ 210

　　　6.3.1　汽轮发电机组 ･･････････････････････････････････ 211

　　　6.3.2　常规岛主要工艺系统 ･････････････････････････ 212

　　6.4　核热电联供站 ･･････････････････････････････････････ 213

参考文献 ……………………………………………………… 217

第7章　供热堆的安全特点 ……………………………… 219
7.1　事故分类及事故分析标准 …………………………… 219
7.1.1　事故分类 …………………………………… 219
7.1.2　事故分析标准 ……………………………… 224
7.2　纵深防御的设计原则 ………………………………… 226
7.3　提高小型堆安全性的技术措施 ……………………… 228
7.3.1　反应性控制 ………………………………… 229
7.3.2　余热排出系统 ……………………………… 230
7.3.3　安全注入系统 ……………………………… 231
7.3.4　安全壳系统 ………………………………… 232
7.3.5　严重事故缓解系统 ………………………… 235
7.4　厂址选择及厂房布置概述 …………………………… 236
7.4.1　厂址选择考虑因素 ………………………… 236
7.4.2　厂址评价需要考虑的基准事件 …………… 237
7.4.3　厂区构筑物 ………………………………… 238
7.4.4　放射性废物的管理 ………………………… 239
7.5　环境影响分析及评价 ………………………………… 240
7.5.1　放射性源项 ………………………………… 241
7.5.2　正常运行时放射性物质排放对环境的影响 …… 245
7.5.3　供热站事故对环境的影响 ………………… 250
参考文献 ……………………………………………………… 255

第8章　供热堆的安全性保障 ………………………… 257
8.1　第一道纵深防御措施的落实 ………………………… 258
8.1.1　供热堆的固有安全特性 …………………… 258
8.1.2　基于成熟和验证过的技术 ………………… 260
8.1.3　NHR200‐Ⅱ型核供热堆核热电站的调试 …… 261
8.1.4　反应堆的启动和停闭 ……………………… 268
8.2　第二道纵深防御措施的落实 ………………………… 274
8.2.1　反应堆的检测和在役检查 ………………… 274

8.2.2　堆外检测系统 ·· 278

8.2.3　堆内监测系统 ·· 281

8.2.4　反应堆控制系统 ·· 282

8.2.5　保护系统 ··· 285

8.2.6　第二停堆系统——非能动注硼系统 ··············· 290

8.3　第三道纵深防御措施的落实 ····························· 293

8.3.1　安全壳 ··· 294

8.3.2　非能动余热排出系统 ································· 295

8.3.3　安全泄放系统 ·· 301

8.3.4　典型事故分析 ·· 305

8.4　第四道纵深防御措施的落实 ····························· 309

8.4.1　壳式低温核供热堆的设计扩展工况分析 ········· 309

8.4.2　池式低温核供热堆的设计扩展工况分析 ········· 312

8.5　第五道纵深防御措施的落实 ····························· 313

8.5.1　场内应急准备和响应 ································· 313

8.5.2　场外应急准备和响应 ································· 314

参考文献 ··· 317

第9章　低温堆核能海水淡化 ································· 319

9.1　核能海水淡化的意义 ····································· 319

9.1.1　水资源现状 ·· 320

9.1.2　海水淡化技术应用现状 ····························· 321

9.2　主流海水淡化技术 ·· 327

9.2.1　多级闪蒸法 ·· 327

9.2.2　多效蒸馏法 ·· 328

9.2.3　反渗透法 ··· 330

9.3　低温堆与海水淡化装置的耦合 ··························· 333

9.3.1　低温 MED 工艺与 NHR200‑Ⅰ 耦合 ············ 333

9.3.2　高温 MED 工艺与 NHR200‑Ⅰ 耦合 ············ 336

9.3.3　RO/MED 混合工艺与 NHR200‑Ⅱ 耦合 ········· 339

9.4　山东烟台核能海水淡化示范工程项目 ··················· 341

9.4.1　山东烟台核能海水淡化示范工程项目概述 ········ 341

9.4.2　热压缩多效蒸馏工艺方案 ·················· 342

9.4.3　竖管多效蒸馏工艺方案 ······················ 345

9.4.4　反渗透与多效蒸馏混合工艺方案 ·········· 348

9.4.5　可行性分析结论 ································ 351

参考文献 ··· 352

第 10 章　低温堆的部分关键技术研究 ··················· 355

10.1　一体化自然循环热工水力学试验 ············· 356

10.1.1　HRTL 5 和 HRTL200 -Ⅰ热工水力学试验 ····· 358

10.1.2　HRTL200 -Ⅱ热工水力学试验 ·············· 359

10.1.3　自然循环流动试验结论 ·················· 363

10.2　低干度两相流动稳定性试验 ·················· 364

10.2.1　在 HRTL200 -Ⅰ试验系统上的研究 ········· 364

10.2.2　在 KC 试验台架上的结果 ··············· 366

10.3　水力驱动控制棒系统的试验研究 ············· 376

10.3.1　水力驱动控制棒系统的基本原理 ········· 376

10.3.2　控制棒技术的发展 ····················· 377

10.4　控制棒水压驱动系统 ························· 379

10.4.1　水压驱动系统的构成和工作状态 ·········· 380

10.4.2　控制棒水压驱动技术的发展和试验验证 ····· 382

10.5　主换热器水力学试验 ························· 387

10.5.1　5 MW 堆主换热器水力学试验 ·········· 387

10.5.2　NHR200 -Ⅰ低温堆主换热器阻力特性试验

研究 ······································· 389

10.6　堆芯流量分配试验 ··························· 390

10.6.1　5 MW 堆燃料组件水力学试验 ·········· 391

10.6.2　NHR200 -Ⅰ型堆燃料组件水力学试验 ······· 394

10.7　小破口排放 ·································· 397

10.7.1　破口液滴夹带率测量试验系统 ··········· 397

10.7.2　试验结果与分析 ······················· 399

10.7.3　液滴夹带及流型分析 ··················· 400

10.8　低温核供热堆燃料组件临界热流密度试验 ··········· 402

参考文献 ･･････････････････････････････････････ 403

第 11 章　经济性分析 ･･････････････････････････ 405
　11.1　经济性及面临的挑战 ･････････････････････ 405
　11.2　实际案例分析 ･･･････････････････････････ 407
　　11.2.1　投资估算 ･･･････････････････････････ 407
　　11.2.2　财务及敏感性分析 ････････････････････ 408
　　11.2.3　环境效益和社会效益 ･･･････････････････ 410
　参考文献 ･･･････････････････････････････････ 411

索引 ･･･ 413

第 1 章

概 述

化石能源是不可再生的宝贵资源,但世界上每年仍在消耗大量的煤炭、石油和天然气用于供暖,这不仅造成巨大的资源浪费,而且造成粉尘、CO_2、SO_2 和 NO_x 的大量排放,成为大气环境的重要污染源。此外,世界上许多国家和地区严重缺水,尤其是沙特阿拉伯等中东国家,均以海水淡化作为淡水获取的重要途径,这种方式同样需要消耗大量能源。为解决化石燃料资源和水资源短缺等问题,几十年来,世界上许多国家和地区进行了大量研究。围绕核能供热和海水淡化的可行性研究和实践,已经证明核能是解决能源短缺、环境污染等问题的重要手段,核能供热已经在俄罗斯得到了近半个世纪的应用,核能海水淡化也得到越来越多国家的重视,国际原子能机构(IAEA)组织成员国开展过许多相关研究。随着核能技术的不断发展,除了用于发电的大型核电站外,还发展出了对安全性要求更高并可以建在居民区附近的专门供热的低温核供热堆。

1.1 我国能源消费及发展核能的意义

随着我国改革开放的不断深入、社会发展和人民生活水平的快速提高,能源的生产和消费量也快速增加,但我国能源消费结构不太合理,不可再生的煤炭资源消费量占比太大,其开采、运输和消耗带来了一系列的环境污染问题。发展核能和水能、风能、太阳能等可再生能源,改变能源消费结构,是我国亟待解决的问题。

1.1.1 我国能源消费及面临的挑战

《中国统计年鉴 2020》数据显示,1990—2019 年,我国的能源年消费总量从 9.87 亿吨标准煤快速增加到 48.70 亿吨标准煤[1]。在不到 30 年的时间里,仅煤炭消费量就从 1990 年的 10.55 亿吨增加到 2018 年的 39.75 亿吨,增加了 2.77 倍,而且在巨大的能源年消费量中,占主导地位的一次能源仍然是化石燃料。2019 年能源消费总量中,煤炭占能源消费总量的比重为 57.7%。此外,由《中国统计年鉴 2020》中最新的煤炭平衡表可见,2018 年的煤炭消费量中不考虑炼焦和交通运输等其他消耗形式,仅发电和供暖两项所消耗的煤炭量就分别达到 20.52 亿吨和 3.24 亿吨,两项合计约占全年煤炭消耗总量的 59.8%。可见,至 2019 年,煤炭仍是我国能源消耗的主要部分,而且每年大量的煤炭是以燃烧的形式被消耗掉了。

燃烧化石燃料不仅会带来不可再生资源的大量消耗,而且煤炭和燃油的燃烧过程会产生大量气体和固体污染物[2]。中华人民共和国生态环境部公布的《2016—2019 年全国生态环境统计公报》数据显示[3],尽管经过严格治理,2016—2019 年废气中的 SO_2、NO_x 和颗粒物排放量逐年下降,但 2019 年 SO_2、NO_x 和废气中颗粒物排放量仍然分别高达 457.3 万吨、1 233.9 万吨和 1 088.5 万吨。在这些巨量的污染排放物中,来自电力、热力生产和供应业的排放占极大份额,如在 2017 年 2 月中华人民共和国生态环境部发布的《2015 年环境统计年报》中,专门对 10 685 家电力、热力生产和供应企业废气污染物排放及处理情况进行了统计[4],虽然占重点调查工业企业 6.6% 的这 10 685 家企业安装了大量脱硫、脱硝和除尘设施,已经去除了大量气体和固体污染物,但 2015 年全年 SO_2、NO_x 和烟(粉)尘排放量仍分别达到了 505.8 万吨、497.6 万吨和 227.7 万吨。

从上述权威统计数据可见,虽然我国在污染物排放治理方面已经取得了巨大进步[5-6],但污染物排放的绝对数量仍然非常大,仍是我国大气环境污染的主要诱因之一。因而,发展其他清洁能源和可再生能源,对于解决宝贵的不可再生资源消耗和减少碳排放,保持环境友好和可持续发展都具有特别重要的意义。

除上述问题外,大量的燃煤火电站也为我国的交通运输带来了巨大压力。目前,大型燃煤火力发电厂的能源消耗量约为 300 g/(kW·h),以一个百万千瓦级的火电站计算,每天需要消耗煤约 7 200 t,每年超过 260 万吨。而 2020 年我国大秦铁路运煤专线每列重载列车的运煤量为 10 000~20 000 t,由此可见,为保障一个百万千瓦级的火电站正常运行,每月需要约 22 列万吨载重量的运煤专列运送电煤。从全国范围来说,燃煤火电站数量有几千座,而火电厂消耗煤炭多以铁路运煤为主,如此计算,每年用于保障燃煤火电站正常运行的运煤专列数以万计。况且我国的煤炭能源基地基本位于中西部和北部地区,而工业发达地区,也就是用电多的地区,多集中于东部和东南沿海,这就造成了我国北煤南运、西煤东运的煤炭运输格局,从而为我国铁路系统带来了巨大的运输压力。此外,煤炭价格波动也非常大,如 2021 年短短几个月内,煤炭价格大致翻倍,直接造成了 2021 年火电企业的大范围亏损和下半年全国多地拉闸限电,进而影响了工农业生产和人民群众的日常生活。

水能、风能、太阳能和生物质能等可再生能源在过去一段时间虽然获得了极大的重视,技术上也取得了巨大的发展和进步,但其发展仍受制于各种客观因素。水能开发总量的上限受江河流量、落差等限制;风能、太阳能能量密度低,导致开发成本高;生物质能的总量受可获取的生物质材料限制等。所以这些可再生能源不仅在我国能源消费结构中目前所占比例很小,而且短期内也不可能取得支配地位,远远满足不了我国社会和经济快速发展的需要。2020 年 6 月,中华人民共和国生态环境部发布的《2019 中国生态环境状况公报》数据表明,即使加上核电,2019 年我国天然气、水电、风电、核电等清洁能源消费量只占能源消费总量的 23.4%,而煤炭消费量虽然比 2018 年下降 1.5 个百分点,占比仍然高达能源消费总量的 57.7%。

2020 年 12 月 12 日,国家主席习近平代表中国政府在世界气候峰会上庄严承诺[7],我国将采取更加有力的政策和措施,力争在 2030 年前实现"碳达峰",之后努力争取在 2060 年前实现"碳中和"。到 2030 年,中国单位国内生产总值 CO_2 排放将比 2005 年下降 65% 以上,非化石能源占一次能源消费比重将达到 25%,森林蓄积量将比 2005 年增加 60 亿立方米,风电、太阳能发电总装机容量将达到 12 亿千瓦以上。

要实现"碳中和",意味着今后几十年我国的清洁能源将获得更大、更快的发展。

1.1.2 核能发电及安全性

核能是自然界中物质的原子核裂变或聚变过程放出的巨大能量,理论上是人类取之不尽、用之不竭的能源,核能发电是一种清洁能源技术,没有燃煤火电站面临的巨量二氧化硫、氮氧化物和颗粒物排放问题。1954 年 6 月 27 日,世界上首座核动力电站(NPP)在位于苏联奥伯宁斯克(Obninsk)的第 V 实验室[现在的列伊蓬斯基(Leipunskii)物理和动力工程研究所,IPPE]成功运行[8],第一次发出来自核能的电力,标志着核能和平利用新时代的开启。1954年10月,该核电站反应堆(AM堆)达到满功率,2002年4月29日停止链式反应。虽然在过去和平利用原子能发电的60余年中,发生过美国三哩岛、苏联切尔诺贝利和日本福岛三次严重的核事故,但核能发电技术仍然受到世界上许多国家的重视。2020年6月,国际原子能机构公布的2019年全球核电发展数据显示[9],截至2019年底,世界上30个国家有443台在运核电机组,总装机容量为392.1 GW(e),全球核发电量总计2 586 TW·h,占全球总发电量的近10%,19个国家正在建设54台新的核电机组,总装机容量为57.4 GW(e)。2019年,虽然8个国家和地区永久关闭了13台机组,但核电总体上保持了自2011年以来的上升趋势,全球核电装机容量在2011—2019年增加约23.2 GW(e)。

我国的核电技术是在自力更生的基础上发展起来的,通过引进、消化、吸收和再创新,已经取得了长足的发展,核能在我国能源消费中所占比例越来越高。根据《核电中长期发展规划(2005—2020年)》,力争2020年核电占电力总装机容量的比例达到4%,虽然受到日本福岛核事故负面效应的影响,但最近这几年我国的核电仍保持较快发展,截至2021年底,我国运行核电机组共53台(未包括台湾地区),核电累计发电量占全国累计发电量的5.02%。

核能应用过程中面临的最重要问题是安全性和经济性。虽然三次严重核事故导致大量放射性物质释放到大气中,但从最直观的死亡人数来看,这些核事故直接造成的全部死亡人数仅为几十人,而煤炭的开采、利用过程每年都会导致人员伤亡,我国在20世纪90年代就多次发生一次性死亡人数为十人甚至上百人的恶性煤矿开采事故。虽然核事故造成的人员伤亡数远远低于煤炭开采和利用过程造成的人员伤亡数,但历史上三次大的核事故给普通公众带来的恐惧却远远大于累计已死亡成千上万人的煤炭产业。即使如此,目前世界上仍有30个国家,包括主要的工业化发达国家,仍在利用核能发电,所以核电的存在和发展必然有其理由。

不论是核电站还是火电站,它们都仅仅是各自产业链上的一个环节,仅比较核电站和火电站的安全性、经济性和环境友好性是不全面的,必须深入比较核能源产业链和煤炭能源产业链上的各项指标,包括原料开采、加工制造、建设运行等各个环节,才能使公众充分认识和比较核能源产业链与煤炭能源产业链的安全性、经济性和环境友好性。

国际上对能源环境影响的外部成本评价研究始于20世纪80年代,1991年欧盟委员会(EC)和美国能源部(US DOE)联合启动了有15个国家参与的

"ExternE"研究计划,开展了 12 种能源系统的环境影响外部成本评价的方法学和应用研究,并对外部成本内部化、全球气候变暖、燃料循环终端应用技术、运输及废物等重要问题进行了研究[10]。20 世纪 90 年代中期,我国也逐步开展了核能与其他能源(主要是煤电)在环境影响、健康风险和气候变化影响等方面的比较研究[11-13]。

这些研究从环境影响方面进一步论述了核电与燃煤发电相比是非常清洁的能源,并且指出煤电产业链与核电产业链相比,看似没有放射性物质排放进入环境,但实际上是通过燃煤电厂气载烟尘排放和利用煤灰渣作为建筑材料等途径向环境转移了煤中存在的天然放射性核素,煤电链总的辐射影响比核电链高 40 倍。针对外部成本的研究已经表明我国能源价格机制不合理,在现行的发电企业成本核算体系中,发电成本没有完整地将环境成本考虑进去,在现行的电价机制中,环境成本也没有在电价中得到合理的体现,而是将煤电高昂的外部成本转嫁给社会和公众承担,煤电链的外部能源成本实则比核电链高 100 多倍。

上述核电产业链与煤电产业链研究的综合比较,从环境影响的外部成本评价角度充分说明了我国发展核能的重要意义,但如何安全、高效地利用好核能则是核能领域广大科技工作者需要重点研究的课题。

过去几十年来,人们对核能和平利用的安全性认识已经上升到非常高的高度,技术上也采取了许多措施,而且在吸取各种经验教训的基础上一直不断地改进和提高。从技术上来说,核反应堆的安全性取决于反应性控制、余热载出和如何防止放射性物质释放到大气环境中三个主要环节。在反应堆的设计中,针对反应性控制和余热载出都设计为冗余设置,如压水堆核电站反应堆不仅可以通过控制棒控制链式反应的进行,而且还设有能动或非能动的注硼系统,以保障在需要时能及时将硼溶液注入核反应堆堆芯,及时吸收中子并停止链式反应过程。与压水堆类似,气冷堆的反应性控制也是冗余设置,如清华大学研发的球床式高温气冷堆,不仅设有控制棒系统,还设有吸收中子的吸收小球系统,两套系统互为冗余,以保障反应堆的正常运行和需要时及时停止链式反应。为了确保反应堆停堆后堆芯衰变热能够及时、安全和高效地载出,反应堆上都设有能动或非能动的专设安全系统,衰变热的有效载出将避免类似三哩岛和福岛那种因余热不能有效载出而造成的核事故的再次发生。为了保障放射性物质在任何情况下都不向环境释放,核电站设置了四道防线,包括燃料芯块、燃料芯块包壳、反应堆一回路压力边界和安全壳。

燃料芯块内部会封存大量的放射性物质;包裹燃料芯块的包壳也是密封结构,是第二道防止放射性物质释放的屏障;目前核电站中的主流堆型压水堆,其一回路的压力边界可以承受高达十几兆帕的压力,即使燃料芯块包壳破损,有少量放射性物质释放到一回路水中,也将被一回路压力容器等屏障限定在内部而不会释放到环境中去;作为最后一道设计屏障,核电站主回路均设置在安全壳内部,安全壳是一个覆盖了一回路和相关系统的厚约 1 m 的大型钢筋混凝土建筑,不仅可以承受一定的内压,以防止少量溢出一回路的放射性物质释放到大气环境中,更可以防止大型商业飞机的撞击和一定范围内爆炸冲击波可能对核反应堆一回路造成的破坏,我国最新的第三代压水堆"华龙一号"更是有两层混凝土安全壳,安全性能进一步提升。

除了上述防止放射性物质外泄的措施之外,随着核安全文化的不断建设和完善,核安全理念已经深入每个核能领域从业人员的心中。在国际原子能机构的主导下,根据过去几十年和平利用原子能的各种经验和教训,总结、提高、归纳了纵深防御的理念,即在设计、选材、制造、安装、运行、监测、维护、固有安全设计、工程安全设施设置、设计扩展工况应对和场区内外应急等各个方面设有五道纵深防御措施,以确保任何情况下都不会发生大量放射性物质释放到大气环境中的事故。纵深防御不仅是一种理念,更贯彻在新一代反应堆设计中,包括本书将要详细介绍的清华大学研发的低温核供热堆,充分展示了新型反应堆的安全性能。

1.2　核能区域供热

除了研究堆和同位素生产堆外,人们和平利用核能的主要工具是核动力反应堆。核动力反应堆既可用于发电,也可用于破冰船等的船舶动力。由于反应堆中核反应放出的能量是热能,所以在用作发电和推进的同时,人们自然想到可以利用核反应堆进行区域供热。早在 20 世纪 60 年代,苏联就在这方面进行了探索和研究。我国除了清华大学和中国原子能科学研究院进行过游泳池式研究堆核能供热演示验证,清华大学在核能与新能源技术研究院内建设和运行过 5 MW 低温核供热试验站之外,近些年,山东海阳核电站也进行了大型发电用核电站的核能供热商业示范和进一步的推广应用,2021 年在第一期 70 万平方米供暖面积的基础上,新增供热面积达 450 万平方米。

1.2.1 区域供热问题和热电联供解决方案

我国国土面积辽阔,从南到北横跨多个纬度,北方地区冬季寒冷,供暖季长达 4～7 个月,每年需大量能源用于供热。《中国统计年鉴 2020》数据表明,在我国能源消费中,2018 年用于供热消耗的煤炭量达到了 3.24 亿吨。供热不仅消耗了大量宝贵的不可再生的煤炭资源,造成巨大的运输压力,而且在煤炭燃烧过程中还会产生大量 CO_2、SO_2、NO_x 和粉尘等,造成酸雨和大气中 PM_{10}、$PM_{2.5}$ 等颗粒物大量积聚导致的环境污染问题,比如京津冀及周边地区,虽经多年严格治理,但一进入供暖季,这些地区仍会经常出现较严重的空气污染。国家大气污染防治攻关联合中心的专家分析认为,不利气象条件叠加冬季供暖和工业生产带来区域污染物排放量的增加,是导致京津冀及周边地区出现污染过程的主要原因。国家大气污染防治攻关联合中心学术委员会的专家分析了 2020 年 11 月 14 日至 16 日北京市的污染过程[14]:一方面,从 11 月 14 日起,京津冀区域迎来新一轮不利气象条件,京津冀中南部城市兼受逆温、饱和高湿、水平风场等不利气象因素综合影响;另一方面,随该区域内典型工业城市各类主要工业生产和交通运输量的增加,污染物排放相应增多,叠加冬季采暖影响,污染物排放量处于高位,遇到上述高湿、静稳等不利气象条件,因而出现了重污染天气。截至 11 月 15 日,此轮重污染天气过程已致京津冀及周边地区和汾渭平原共 54 个城市发布重污染天气预警,其中 47 个城市启动橙色预警,7 个城市启动黄色预警,上述预警措施虽然一定程度上缓解了污染问题,但也带来了工业生产总值的下降。

燃烧矿物质燃料对区域空气污染的影响非常大,北方重污染天气的出现常见于这些区域的供暖季,因此,供暖造成的资源消耗和污染物排放是迫切需要解决的问题。某些城市采用电取暖替代煤、天然气取暖,是将高品位的电力能源用于需求低品位能源的供热市场,实际上造成了巨大的浪费。这样做虽然可以缓解局部地区的空气污染,但综合考虑,这类取暖方式可能带来更大的污染问题,因为我国目前以火电为主,还是由燃煤电厂发电并通过远距离输电,以满足大中城市的用电需求。

在燃煤火力发电厂的生产过程中,先是把煤粉送到锅炉中燃烧放出热量,锅炉中的水吸热变为水蒸气,具有一定温度和压力的水蒸气通过主蒸汽管道进入汽轮机,高温高压热蒸汽在汽轮机中体积膨胀、流速增大,推动汽轮机转子和与汽轮机转子同轴的发电机旋转,从而产生电能。高温高压热蒸汽在汽轮机中放出携带的内能后,温度和压力不断下降,最后作为乏汽排入凝汽器。在凝汽器中,乏汽被传热管内流动的冷却水冷却成为凝结水,凝结水经除氧和再热后再由水泵升压重新打回锅炉,从而完成一个闭合的热力循环过程。核电站的二回路发电过程原理与上述燃煤火电站相同,所需设备也基本相同,只是高温高压水蒸气的参数不同。

无论是核电站还是燃煤火电站,采用的都是上述兰金循环(Rankine cycle)发电过程,而兰金循环热效率一般很难超过40%,也就是说,燃料所产生的热量中约有60%损失掉了。这是因为要在凝汽器中凝结1 kg蒸汽,需要的冷却水量是蒸汽质量的40～50倍,考虑到电站效率和环境因素等,冷却水吸热后的温升不会很高,一般不超过10 ℃。因此,虽然电站中需要大量的冷却水,但升温后的冷却水水温仍然较低,其所携带的热量很难再被利用,这些热量随冷却水一起排入江河或冷却塔中,最终散失在环境中。目前技术条件下燃烧化石燃料的发电厂,最高也仅有约一半的热量用于电力生产,如目前最新技术的百万千瓦级超超临界机组,燃煤经济性可达每千瓦时约260 g标准煤,但热效率仅达到49%,剩余一半的热能还是被排放到了环境中。

由此可见,只有采取综合利用的方案,才可以极大地提升发电厂的能源利用效率,并尽可能地接近百分之百地利用燃烧化石燃料放出的能量。如何把冷却水带走的这部分热量利用起来,以提高燃料利用率和发电厂的综合效益,对此已采取了许多措施。如在我国北方冬季供暖系统中,目前绝大多数是直接使用化石燃料热水锅炉将冷却剂水加热到供暖所需的温度,然后通过热水管网将热量送入千家万户,而不需要将水加热成为蒸汽,这种方式消除了冷凝蒸汽所需的大量冷却水和其携带排放到环境中的热能,可以极大地提高热利用率。另一种提高能源利用效率的重要方式是热电厂,热电厂可以根据用户需要,在输出电力的同时为用户提供热能,可以通过提高汽轮机的排汽压力和温度,或采取抽汽方式加热供暖管网的水来实现这一目标。

中华人民共和国住房和城乡建设部发布的《城镇供热管网设计标准》(CJJ/T 34—2022)指出[15],当以热电厂或大型区域锅炉房为热源时,热水供热管网最佳设计供水温度可取110～150 ℃,回水温度不应高于60 ℃。热电厂采用一级加热时,供水温度取较小值;采用二级加热(包括串联尖峰锅炉)时,供水温度取较大值。而对于街区供热管网、热用户趋向于采用较低的供回水温度,并在换热站和热用户采用多种降低回水温度的新设备、新技术。《民用建筑供暖通风与空气调节设计规范》(GB 50736—2012)规定了民用建筑的供回水温度：散热器供暖系统按 75 ℃/50 ℃ 连续供暖设计，且供水温度不宜大于 85 ℃，供回水温差不宜小于 20 ℃；热水地面辐射供暖系统供水温度为 35～45 ℃，不应大于 60 ℃，供回水温差不宜大于 10 ℃。

热电厂中采用的背压式汽轮机就是排汽压力超过 0.1 MPa、排汽温度大于 100 ℃ 的一种汽轮机，它的排汽温度适宜城镇供热管网的水温要求，经过适当设计和添加所需设备，它的排汽就可以不经过冷凝器而直接经蒸汽管网输送到热用户，热用户用热之后回收的凝结水经给水泵再送至锅炉，吸热蒸发产生水蒸气。采用这种供热方式的热电厂没有冷凝器及附属设备，设备简单，投资相对较少。

由此可见，无论是热电厂供热主干网还是街区热水管网所设定的供热参数，都在一般压水反应堆核电站的参数覆盖范围之内，但在其乏汽参数之外。

1.2.2　核能区域供热

使用化石燃料集中供暖的技术已经非常成熟，其过程是用煤、天然气等化石燃料在锅炉中燃烧放出的热量加热锅炉给水，供热过程不产生高温高压水蒸气，输热放热过程主要是以被加热的水为冷却剂，热水在水泵的作用下经热力管网送入千家万户，并通过室内暖气片将热水所携带的热量放出以加热室内空气，水温下降后，在水泵作用下沿热力管网回水管返回锅炉吸热并重复下一个输热、放热过程。

伴随着核能技术的发展，许多国家探索过核能用于供热的可行性，如苏联早在 20 世纪 60 年代就在核电站综合利用方面进行了探索，利用商业核电站主蒸汽或汽轮机抽汽进行了核能区域供热和海水淡化。

20 世纪 60 年代中期，在世界上首座核动力电站（AM 堆）成功运行约 10 年后，苏联政府做出了建造商用低功率核电站的决定，选址在楚科奇（Chukchi）半岛的比利比诺（Bilibino），比利比诺是一个遥远、不易到达又缺乏燃料和能源的地区[16]。此时，已从设计和运行压力管式石墨慢化-轻水冷却反应堆中获取了许多经验，这些经验不仅来自位于奥伯宁斯克的世界上第一座核电站（AM 堆），而且也来自分别于 1964 年和 1967 年建成的别洛雅尔斯克（Beloyarsk）核电站 1 号和 2 号机组的研究、建设和运行。

比利比诺冬季的气温可以低至 −60 ℃，夏季的气温可以达到 30 ℃，为了运行灵活，设计选定的是 4 个相同的热功率为 62 MW 的小型核热电联供机组，单个机组的结构如图 1-1 所示，反应堆采用的是与 AM 堆相似的堆型，即压力管式石墨慢化-轻水冷却反应堆（EGP-6），该堆在各种负荷下均可以在自然循环沸水回路中产生饱和水蒸气,每台机组的电功率是 12 MW,4 台机组可提供 48 MW 的发电功率和 78 MW 的产热功率,或者根据需要减少发电,增大供热至 40 MW 的发电功率和 116 MW 的产热功率。这 4 台机组在 1974—1976 年陆续投运,替换了原来的化石燃料热电机组。比利比诺核热电站提供了该地区 70% 的电力需求和 100% 的热力需求,在其前 23 年的运行历史中,装机容量的利用因子为 80%～85%,运行完好备用率为 90%～92%。实际运行数据表明,比利比诺核热电站建成之后每年仅需空运 40 t 核燃料,而在之前需克服困难运送 20 万吨燃煤和柴油。与化石燃料热电站相比,其电费降低了 33.3%～50%,供暖费降低了 50%～60%。此外,当地环境状态也大为改善,消除了以前的颗粒物、烟雾污染。

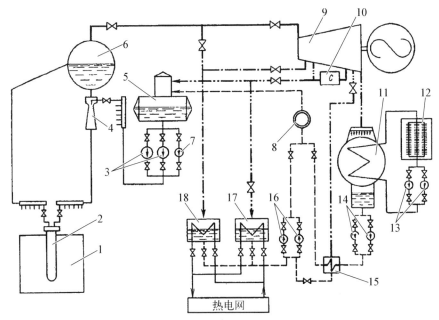

1—反应堆;2—燃料通道;3—给水泵;4—喷射混合器;5—除气器;6—分离器;7—应急给水泵;8—铁捕集过滤器;9—透平发电机组;10—内分离器;11—凝汽器;12—辐射冷却器;13—辐射冷却器给水泵;14,16—水泵;15—低压再热器;17—基荷再热器;18—峰值功率再热器。

图 1-1　比利比诺核热电机组结构

比利比诺核热电站的实际运行经验表明,这些安全且小型的两用核热电站不仅充分展示了在极端复杂条件下核热电站的巨大优越性,而且完全可以满足苏联/俄罗斯北方大部分地区漫长而又寒冷的冬季的热电需求。

在安全运行了 40 余年后,俄罗斯政府在 2016 年 3 月批准关闭比利比诺 4

个老化的压力管式 EGP-6 反应堆,核热电站 1 号机组于 2018 年 12 月关闭,剩余的 3 个机组于 2021 年 12 月关闭。取而代之的是布置在楚科奇自治区佩韦克(Pevek)的新一代浮动式核热电站,该浮动式核热电站在圣彼得堡的 Baltijskiy Zavod 船厂建造,命名为"罗蒙诺索夫院士号",已于 2019 年 9 月 13 日被拖运至俄远东地区楚科奇自治区的佩韦克港安置地。2020 年,"罗蒙诺索夫院士号"浮动式核热电站已经开始向楚科奇佩韦克市第五小区供热[17],该核热电站目前是全球唯一的商业浮动式核热电站。此前,该浮动式核热电站仅生产电力,从 2020 年开始成为热电联供浮动式核热电站。

除了苏联在核能供热方面的实践外,对于如何进一步综合利用核能发电过程放出的热量,世界上其他许多国家也进行过大量的研究和实践[18-26],提出了相应的核能供热研发计划,并进行了初步研究和设计。

1977 年 8 月 21—24 日,来自世界 23 个国家和地区的约 300 名专家参加了在芬兰奥塔涅米(Otaniemi)召开的核能热利用国际研讨会[27]。会议指出,位于气候温和与寒冷地带的发达国家对低品位热能源的需求占总能源消耗量的 30%～60%,其中主要是供热。而在美国、日本和联邦德国等工业发达国家,对工业蒸汽的需求也占相当大的份额,如美国工业蒸汽和供热所占的能源消耗份额分别为 16%和 22%。

与会专家交流了各自国家现有的和正在研发的用于提供热能的核反应堆的情况,如针对加拿大的 New Picking、芬兰的大赫尔辛基(Helsinki)、联邦德国的汉堡(Hamburg)和鲁尔煤田(Ruhr coal basin)、瑞典的 Barsebekk-Malmo-Lund 和大斯德哥尔摩(Stockholm)、瑞士的伯尔尼(Bern)和巴塞尔(Basel)以及美国的明尼阿波利斯(Minneapolis)和圣保罗(Saint Paul)等地区,提出了可通过在役运行的热功率为 700～2 000 kW 的核反应堆汽轮机主蒸汽管道抽汽或使用背压式汽轮机,以热电联合体的方式运行,从而利用核能进行区域供热,同时解决热电需求和燃煤供热带来的燃料运输和污染物排放问题。

会上,美国和法国代表介绍了各自国家使用核电站发电机组冷却水加热温室大棚,以利于冬季进行草莓、花卉和蘑菇种植等,还介绍了加热土壤和开放水体以利于鱼类养殖等情况。会议指出,压水反应堆(pressurized water reactor,PWR)、沸水反应堆(boiling water reactor,BWR)和加拿大重水铀反应堆(Canada deuterium uranium,CANDU)三种反应堆核电站及机组冷却水可作为上述热源使用,但绝大多数的建议还是基于电功率为 700～1 300 MW 的核能热电厂潜热的利用,这类核热电站潜热的利用在经济性和可靠性方面都显示出比核电站更好的性能指标。

与大多数国家基于 PWR、BWR 和 CANDU 堆核能热利用计划不同,苏联提出的一种方案是轻水冷却和慢化的沸水堆核能热电厂方案,该方案是将沸水堆置于一个预应力混凝土壳体中,从而消除壳体的脆性断裂。联邦德国和法国还提出了利用氦气冷却高温气冷堆获取低品位热能的可行性。许多研究指出,如果热网足够大,这种核热电站的经济性要优于燃烧化石燃料的热电站。然而,尽管各方案经济效益十分可观,但当时还没有任何国家决定建造专门的中央核能供热站,原因之一是公众可能反对,许多国家都反对将核热电站建在城市内或近郊。

核能供热利用的是核燃料在核反应堆中裂变放出的能量,由于核裂变放出的能量巨大,所以使用目前核电站广泛采用的高参数反应堆直接供热不是最佳方案。针对此类问题,与会专家不仅介绍了已建成的运行中核电站的热利用情况,也提出了建设专门用于核供热的核供热堆的设想。如瑞典、芬兰提交的 SECURE 堆,法国提交的 THERMOS 堆,苏联原创性的核能中央供热站建议等。其他国家如美国、英国则提出采用技术成熟的小功率 PWR,加拿大提出利用小型 CANDU 堆,联邦德国提出利用为运输设施研发的小型 PWR 技术进行供热的技术方案。

苏联针对专门用于供热的低温核供热堆的研究始于 20 世纪 70 年代中期。苏联绝大多数国土位于冬季非常寒冷的接近北极的地区,全国用于生产工业和供热所消耗的低品位热能的化石燃料占总量的 30%～40%。此外,在 20 世纪 60—70 年代,伴随着核电的发展,已经利用核电站对电站周边区域进行了核能供热。针对大城市大量的供热需求和一些位于北极沿岸工业采矿中心对电力和供热的迫切需求,苏联对核能区域供热的需求于 20 世纪 70 年代水到渠成,苏联政府于 1977 年启动了单目的核能区域供热反应堆的研发工作,由阿芙利坎托夫机械工程实验设计局(OKBM)负责反应堆设计、库尔恰托夫(Kurchatov)研究所作为科学指导、俄罗斯能源技术研究设计学院(VNIPIET)和俄罗斯国家核电工程建设公司(NIAEP)作为示范电站总设计,组建了核供热站设计建设联合体,最后确定以 AST-500 一体化反应堆为核供热站反应堆[28]。

考虑到 AST-500 这种反应堆的先进性、安全性和功率范围适用性,苏联政府决定首先在供暖尚有困难、人口稠密的位于欧洲地区的城市建造 AST-500 核供热站。20 世纪 80 年代,首先在高尔基(Gorky)和沃罗涅日(Voronezh)两市启动了各建两座配备 AST-500 壳式一体化自然循环反应堆的示范性核供热站的建设工作,但这些建设计划最后由于种种原因,特别是切尔诺贝利核电站事故、苏联解体和经济形势恶化的影响而停工。在建设工作中断前，已有两个机组的主要设备发往高尔基市，一个机组的主要设备发往了沃罗涅日市。高尔基市第一个机组的建设和安装工作已完成投资的 83%，沃罗涅日市的建设和安装工作也已完成投资的 31%。虽然在 20 世纪 90 年代中期，地方当局和国家层面都组织专家进行了评估并建议重新启动建设工作，但直到现在也没有最终建成投运。俄罗斯核供热应用的下一个重点地区是西伯利亚。随着位于托木斯克(Tomsk)地区谢韦尔斯克(Seversk)的钚生产堆的退役，俄罗斯政府计划在此建设双机组 AST-500 核能区域供热系统以满足当地的热力需求。为了加快建设进度，建议使用高尔基核供热站的设备。

　　20 世纪 80 年代初，与苏联 AST-500 供热堆的建造几乎同时，以清华大学为代表的国内相关单位也启动了核能供热研究，清华大学核能与新能源技术研究院对如图 1-2 所示的游泳池式屏蔽试验反应堆及相关设施进行了改造，开展了核能供热演示验证，得到了国家领导人的高度赞扬。此后，在国家有关部委的大力支持下，我国于 1989 年成功建成并实际运行了世界上第一座 5 MW 壳式低温核供热试验站，为清华大学核能技术研究所约 50 000 m² 的建筑进行了连续三个冬季的供暖试验，取得了良好的技术和社会效果[29-32]。目前，清华大学正与国内有关核工业集团合作，继续推动 200 MW 的低温堆核供热站的建设。根据中华人民共和国住房和城乡建设部 2022 年发布的行业标准《城镇供热管网设计规范》(CJJ/T 34—2022)，按户均面积 100 m² 计算，一座热功率为 200 MW 的核供热堆可以满足 44 000 户居民的冬季采暖需求。

图 1-2　清华大学游泳池式屏蔽试验反应堆

1.3 核供热反应堆的分类

由于核电站追求高输出的发电量,所以反应堆的温度、压力参数要求尽可能高,而高参数的核反应堆必然带来更多安全上的限制和要求,从而增加了系统的复杂性和成本,这种设计方案不适合温度、压力参数要求低得多的供热反应堆。针对上述问题,20 世纪 70 年代开始核供热堆的研究,主要集中在壳式供热堆、池式供热堆和池壳式供热堆三种堆型上。

1.3.1 壳式供热堆

壳式供热堆克服了池式供热堆温度和压力参数不可能太高的天然缺陷,类似于大型核电站压水堆或沸水堆,反应堆一回路位于承压壳内,为了提高安全性还采用了一体化布置方案,即将反应堆堆芯、主换热器、稳压器等一回路主要设备全部放置于压力容器(也称压力壳)内,反应堆堆芯之下没有任何贯穿压力容器的管道,从而极大地消除了冷却剂流失和放射性物质外泄的风险。此外,由于壳式供热堆主要设计用于区域供热,所需的温度、压力和功率等参数大大低于大型核电站反应堆,这使得专设安全设施大为简化,从而也大大地降低了壳式供热堆的造价。

苏联 AST‐500 和清华大学研发的 HTR 5 壳式低温核供热堆(NHR 5)都是采用一体化布置的自然循环方案,反应堆堆芯、堆内构件、控制棒组件、主换热器和稳压器均位于一回路压力容器内,核裂变放出的热量由冷却剂(水)带出堆芯,在自然循环驱动力作用下流过主换热器,并将热量传递给主换热器二次侧的冷却剂(水)。为了进一步提高供热的安全性,主换热器二次侧回路是反应堆主回路与热网回路之间的中间回路,这种设置了中间隔离回路的三回路方案更进一步提升了安全性,可防止放射性物质污染热网。再加上其他的安全措施,实际上这种壳式供热堆本质上消除了堆芯裸露和熔化的可能,不会出现设计扩展工况,也不会出现类似于苏联切尔诺贝利和日本福岛核电站那样的灾难性后果,因而根本不需要场外应急措施,任何可能发生的事故都将被限定在厂区之内,不会对厂区之外的环境造成任何负面影响,从而保证了这种壳式供热堆与池式供热堆一样,可以建在距离居民区非常近的地方。

除了安全性高之外,壳式供热堆另一个突出的优点是可以根据需要,在不对反应堆结构做大的改变的情况下,就可以通过提高反应堆的运行压力和温度,开发出升级换代的系列产品,如俄罗斯在 AST－500 的基础上研发了 ATEC－200 热电双用反应堆,该堆保留了 AST－500 的压力容器设计,堆芯等使用的是核电站 VVER 反应堆堆芯技术,具有很高的技术成熟性,可以很快地建设运行。清华大学也是如此,在 5 MW 供热试验堆的基础上,开发了用于区域供热的 NHR200－Ⅰ型核供热堆和可以进行热电联供的 NHR200－Ⅱ型核供热堆,这两型供热堆的设计运行压力分别为 2.5 MPa 和 8.0 MPa,可见 NHR200－Ⅱ型核供热堆的应用范围可以大为扩展。

直至目前,世界上仅清华大学建成并成功运行了 5 MW 一体化壳式低温核供热堆。

1.3.2 池式供热堆

池式供热堆的结构简单,安全性好,广泛应用于涉核研究中。世界上早期的研究堆大量采用了池式结构。由于池式供热堆的堆池形似游泳池,因此也可称为游泳池式反应堆。池式供热堆是在池式研究堆的基础上发展而来的一种供热堆堆型。基于池式研究堆的大量设计和实际运行经验,池式供热堆从原理上同样具有结构简单、安全性高的特点。在池式供热堆中,反应堆堆芯置于反应堆水池的下部,如果水池壁强度足够或者水池主体结构位于地面之下,则理论上池式供热堆不会发生池水泄漏的事故,反应堆堆芯将始终处于淹没状态。此外,反应堆水池中一般有数千立方米的水容积,热容极大,再加上余热系统和事故处理措施,即使是非正常工况,短时间内池水也不会被蒸干,不会导致堆芯裸露和发生堆芯熔化的事故。反应堆水池堆芯上部的水层还具有阻断放射性射线的功能,可以大大降低辐射危害。由于池式供热堆具有较好的安全性,可以建在距离居民区非常近的地方,因此也可以减少长距离输热造成的热量损失。

池式供热堆的主要目的是供热,需要将堆芯的热量逐步传递到最终的用户。池式供热堆热量传递的系统一般包括一回路系统、中间回路和热网。一回路系统通过自然循环或者强迫循环将堆芯热量通过一级换热器的水-水换热传递给中间回路系统,再由中间回路系统通过二级换热器的水-水换热,将热量传递给热网。

池式供热堆也有一些固有的问题。由于池式供热堆的反应堆水池没有压力密封壳体,所以反应堆堆芯出口压力仅比大气压力高出一个由堆芯上部水柱产生的重力压头。反应堆一回路系统的温度和压力参数不可能太高,其整体的热功率水平也不会太高,这将限定其应用的范围和应用的多样性。而由于其规模的限制,在经济性方面就需要进行深入、全面的评估。此外,为提高池式供热堆的安全性和用户的可接受性而设置的中间回路,使得堆芯的热量需要经过从反应堆堆芯到反应堆冷却剂系统、从反应堆冷却剂系统到中间回路、从中间回路再到热网的多次换热,因此热网用户所能利用的温度又将有所降低,这对于温度、压力参数本来就偏低的池式供热堆而言,更增加了应用的难度和限制。

1.3.3 池壳式供热堆

池式供热堆具有结构简单、安全性好的优点,但因为其原理上的限制,温度和压力等参数较低,应用场景受限;而壳式供热堆原理上与压水堆近似,温度、压力参数高,可应用范围广。为解决池式供热堆的低参数问题,有学者提出了一种结合了池式供热堆和壳式供热堆特点的池壳式供热堆技术方案。典型的池壳式供热堆型有我国的 HAPPY‐200 堆型、法国的 THERMOS 堆型、瑞士的 EIR‐10 堆型以及瑞典的 SECURE 堆型等。

池壳式供热堆仍保留了反应堆水池,但与池式供热堆不同的是,其堆芯放置于压力容器内,与反应堆水池的池水分隔开,并形成封闭的反应堆冷却剂系统。反应堆冷却剂系统形成封闭的带压回路,实现反应堆温度、压力参数的提升。同时,反应堆压力容器放置在反应堆水池内,被池水覆盖。

池壳式供热堆的反应堆冷却剂系统运行压力高于传统的池式供热堆,但又显著低于壳式供热堆,更远低于压水堆核电站。这是因为如果反应堆冷却剂系统运行压力过高,与池式供热堆类似的安全特性将不复存在。正是由于其仍然相对较低的运行压力,确保了池壳式供热堆在反应堆一旦发生事故之后,整个反应堆冷却剂系统不会发生严重的失水事故,因而也就不会发生堆芯裸露和堆芯熔化事故,从而保证不会有大量放射性物质散失到环境中,因此仍保持较好的安全特性。

由池壳式供热堆的上述设计特点可见,由于反应堆一回路设计允许压力较低,虽然确保了事故工况下一回路内的储能较小,不会发生严重的事故后果,但与池式供热堆相比,虽然池壳式供热堆参数有所提升,但为保持其安全特性,参数的可提升幅度有限,仍不能提供较高参数的水蒸气,所以池壳式供热堆的应用范围相比于池式供热堆有所扩展,但仍然较为有限。

池壳式供热堆的技术方案有其自身的特点,但也面临很多的问题。与池式供热堆相比,参数有所提高,但提高幅度不是特别明显,而且增加了反应堆压力容器等反应堆冷却剂系统的相关设备,因此建造和运维成本有所增加。因此,池壳式供热堆需要更有针对性地匹配市场需求,并在经济性方面提升竞争力。

由上述论述可见,国内外针对核能区域供热开展的大量研究,充分展示了核能供热的可行性和巨大优势,虽然核能供热还存在价格相对较高的问题,但随着近些年人们对环境污染问题的日益重视,综合考虑核能供热带来的环境效益和社会效益,核能供热必将得到越来越多的支持和应用[33]。

1.4　低温核供热堆的发展和应用前景

低温核供热堆是专门针对核能供热研发的小型核反应堆,其主参数(温度、压力)虽低于大型核电站反应堆,但在安全性方面则提出了更高的要求。这是因为核供热堆提供的是热能,热能远距离输送会造成较大的热损失,从而降低其经济性,因而要将核供热站建设在距离热用户尽可能近的地方,这就对核供热反应堆提出了更高的安全要求,既要严格防止任何可能核事故的发生,也要在万一发生核事故后,将事故的影响限定在厂区内,不对公众造成任何影响。

分析和总结人类和平利用原子能过程中出现过的三次对公众影响较大的核事故,可以发现这三次核事故的发生既有反应堆设计方面的因素,如苏联切尔诺贝利核电站事故,也有人为方面的因素,如美国三哩岛和苏联切尔诺贝利核电站事故,还有自然灾害程度超出人们以前的预想等因素。原子能和平利用的技术水平一步一步完善和提高,正是基于这些深刻的认识和教训,新一代的核反应堆,不论是核电站用的大型压水堆、沸水堆,还是适应当今技术发展和用户需求的小型模块化反应堆(small modular reactor,SMR),都在核安全方面获得了足够的重视,不仅有工程设计安全设施,而且还充分利用自然力,减少或不需要人为干涉也能保证在事故情况下反应堆可以安全停堆并保证反应堆持续处于安全可控的状态。

1.4.1　壳式供热堆的进展

清华大学核能与新能源技术研究院是我国壳式低温核供热堆研发的主要单位,从 20 世纪 80 年代开始,在国家"六五"至"九五"科技攻关计划的长期支持下,通过从改造院内的游泳池式屏蔽试验堆进行核能供热演示验证,到 1989 年成功建成并运行 5 MW 低温供热试验站(见图 1 - 3),并在此后连续三个冬季进行了核供热试验,走过了漫长的核供热堆研发之路。实际运行结果充分表明了 5 MW 壳式一体化全功率自然循环低温核供热堆的技术先进性和基于此类型反应堆进行核能供热的安全性和可靠性。

图 1 - 3 5 MW 低温供热试验站外景及主控室

在 5 MW 低温核供热堆成功运行的基础上,清华大学针对同类型的热功率为 200 MW 的商用核供热堆继续进行了深入的理论分析、实验研究以及关键技术攻关、验证,开发了可用于供热和热法核能海水淡化的压力相对较低的 200 MW 核供热堆 NHR200 - I,设计了压力相对较高、可输出热水和蒸汽用于热电联供的 NHR200 - II 型热电联供核供热堆。以项目驱动为背景,完成了以 NHR200 - I 型核供热堆和 NHR200 - II 型核供热堆为热源的核供热站初步设计、热法核能海水淡化方案以及热法与膜法相结合的混合法核能海水淡化厂的初步设计,结合山东烟台养马岛厂址情况,完成了最大产水量约为 240 000 t/d 的核能海水淡化厂可行性研究报告,并仍在其他方面继续扩展和推进这一先进小型反应堆技术的应用领域和范围[34-38]。此外,结合 200 MW 核供热堆的工程设计方案,在保持压力容器主尺度不变的设计要求下,还开展了挖潜设计并形成了 300 MW 核供热堆设计方案。

通过开展上述工作,清华大学核能技术研究所已全面掌握壳式一体化全功率自然循环低温核供热堆的关键技术,完成了设计运行压力为 1.5~8.0 MPa、热功率为 5~300 MW 的宽广参数范围内的反应堆系列化设计,可针对用户的不同需求设计低温核供热堆,从而为我国具有自主知识产权的先进 SMR 研发继续做出贡献。

1.4.2 池式供热堆和池壳式供热堆的进展

如前所述,20 世纪 70—80 年代,世界上许多国家提出了多种供热堆的技术方案,池式堆有加拿大的 SLOWPKE、瑞典的 SECURE、法国的 THERMOS 和瑞士的 EIR 堆等,以及之后俄罗斯研发的 RUTA 堆,中国原子能研究院在 49-2 池式供热试验堆的基础上,推出了"燕龙"池式低温核供热堆方案[39-40]。

SECURE 反应堆是一个参数较低的水堆,堆芯出口温度和压力参数为 115 ℃和 0.7 MPa,最低线功率为 270 W/cm,堆芯内没有机械控制装置,而是通过调节主回路硼酸浓度来控制反应堆。反应堆主体建于地面之下,主回路压力容器和管道均浸没在含硼水的预应力混凝土水池之中。反应性应急抑制系统不需要人为干预就可以工作,如果泵停止或主管路破口,堆芯冷却剂压力下降,含有高浓度硼的水则自动进入堆芯。当反应堆堆芯内水沸腾时,气体被挤压进入池水上方的穹顶内,在这一过程中,池中压力上升并导致堆芯充满来自水池的含硼水,含硼水进入燃料组件棒间缝隙以确保反应堆堆芯链式反应受长期控制。池水则通过地面上的冷却塔借助自然循环进行非能动冷却。

在 THERMOS 反应堆中,其堆芯、换热器和泵都布置在一个壳内,整个堆壳放置在一个特殊的水池中,更进一步提高了其安全性,通过这个水池导出反应堆余热,该水池限定了放射性物质释放到池外。此外,位于堆主体建筑上方的穹顶保护了核供热站免遭外部冲击破坏,如免受导弹袭击和飞机撞击等。

池式堆和池壳式供热堆充分利用了以前研究堆积累的大量设计、建造和运行经验,并采用了许多非能动安全设施和固有安全设计理念,然而由于各种原因,迄今国内均没有实际建造和运行池式低温核供热堆和池壳式供热堆的经验。

参考文献

［1］ 中华人民共和国国家统计局. 中国统计年鉴 2020[R]. 北京:中华人民共和国国家统计局,2020.

［2］ 侯凡军. 火力发电厂大气污染物排放浓度的计量与换算[J]. 山东电力技术,2004(4):3-4.

［3］ 中华人民共和国生态环境部. 2016—2019 年全国生态环境统计公报[R]. 北京:中华人民共和国生态环境部,2020.

［4］ 中华人民共和国环境保护部. 2015 年环境统计年报[R]. 北京:中华人民共和国环境保护部,2016.

［5］ 石晓亮,钱公望.燃煤火力发电厂大气污染及其控制［J］.污染防治技术,2004,17(1):97-100.

［6］ 高云峰.我国火电厂烟气脱硫存在的问题及对策［J］.电力环境保护,2004,20(2):3-4.

［7］ 习近平.继往开来,开启全球应对气候变化新征程:在气候雄心峰会上的讲话［J］.中华人民共和国国务院公报,2020(35):7.

［8］ Goverdovskii A A, Rachkov V I. From the first NPP to large-scale nuclear power［J］. Atomic Energy, 2014, 116(4):230-235.

［9］ 王政,伍浩松.IAEA公布2019年全球核电数据［J］.国外核新闻,2020(8):22-24.

［10］ 姜子英.我国核电与煤电环境影响的外部成本比较［J］.环境科学研究,2010,23(8):1086-1090.

［11］ 郑文元.核电与煤电两种发电方式对环境的影响分析［J］.中国科技纵横,2009(12):209-210.

［12］ 潘自强,马忠海,李旭彤,等.我国煤电链和核电链对健康、环境和气候影响的比较［J］.辐射防护,2001,21(3):129-145.

［13］ 潘自强,姜子英.核电是现阶段最好的低碳能源［J］.地球,2015(4):52-55.

［14］ 阮煜琳.京津冀及周边地区持续重污染:专家解析成因［N/OL］.中国新闻网,(2020-11-16)［2022-01-12］. https://www.chinanews.com.cn/sh/2020/11-16/9339518.shtml.

［15］ 中华人民共和国住房和城乡建设部.城镇供热管网设计标准:CJJ/T 34—2022［S］.北京:中国建筑工业出版社,2022.

［16］ Abramov V M, Bondarenko A V, Vaimugin A A, et al. Bilibino nuclear power station［J］. Atomic Energy, 1973, 35(5):977-982.

［17］ 俄罗斯卫星通讯社.俄浮动式核电厂开始向楚科奇供热［J］.国外核新闻,2020(7):16.

［18］ Solomykov Aleksandr,赵金玲.俄罗斯核能供热技术发展与现状分析［J］.区域供热,2019(5):126-132.

［19］ 赵宏,伍浩松.俄列宁格勒二期1号机组开始区域供暖［J］.国外核新闻,2019(12):15.

［20］ Adamov E O, Cherkashov Y M, Romenkov A A, et al. Inherently safe pool-type reactor as a generator of low-grade heat for district heating, air conditioning and salt water desalination［J］. Nuclear Engineering and Design, 1997, 173(1):167-174.

［21］ Schmocker U, Gilli R. Safety goals and design criteria for small heating reactors［J］. Nuclear Engineering and Design, 1990, 118(1):17-20.

［22］ McDougall D S, Lynch G F. The keys to success in marketing small heating reactors［J］. Nuclear Engineering and Design, 1988, 109(1-2):349-354.

［23］ Podest M. Reactors for low-temperature nuclear heat supply［J］. Nuclear Engineering and Design, 1988, 109(1):115-121.

［24］ Vécsey G, Doroszlai P G K. Geyser, a simple, new heating reactor of high inherent safety［J］. Nuclear Engineering and Design, 1988, 109(1):141-145.

［25］　Uchiyama Y，Ikemoto I，Shimamura K，et al. Conceptual design of multi-purpose heat reactor "nuclear heat generator"［J］. Progress in Nuclear Energy，2000，37(1 - 4)：277 - 282.

［26］　Bittermann D，Rau P，Asham A，et al. Design aspects and pertaining development work for the KWU 200 MWt nuclear heating reactor［J］. Nuclear Engineering and Design，1988，108(3)：403 - 417.

［27］　Tokarev Y I. Seminar on the use nuclear heat of low-potential nuclear heat［J］. Soviet Atomic Energy，1978，44(2)：219 - 221.

［28］　Samoilov O B，Kurachenkov A V. Nuclear district heating plants AST - 500：present status and prospects for future in Russia［J］. Nuclear Engineering and Design，1997，173 (1 - 3)：109 - 117.

［29］　Wang D Z，Gao Z Y，Zheng W X. Technical design features and safety analysis of the 200 MWt nuclear heating reactor［J］. Nuclear Engineering and Design，1993，143(1)：1 - 7.

［30］　Wang D Z，Zhang D F，Dong D，et al. Experimental study and operation experiences of the 5 MW nuclear heating reactor［J］. Nuclear Engineering and Design，1993，143(1)：9 - 18.

［31］　Wang D Z. The design characteristics and construction experiences of the 5 MWt nuclear heating reactor［J］. Nuclear Engineering and Design，1993，143(1)：19 - 24.

［32］　Wang D Z，Ma C W，Dong D，et al. Chinese nuclear heating test reactor and demonstration plant［J］. Nuclear Engineering and Design，1992，136(1)：91 - 98.

［33］　王大中,马昌文,黄铎,等.核供热堆的研究发展现状及前景［J］.核动力工程,1990,11(5)：2 - 7.

［34］　董铎,张达芳,吴少融.低温核供热反应堆的综合利用［J］.中国核科技报告,1992(1)：961 - 968.

［35］　张亚军,王秀珍.200 MW 低温堆核供热堆研究进展及产业化发展前景［J］.核动力工程,2003,24(2)：180 - 183.

［36］　李卫华,张亚军,郭吉林,等.一体化核供热堆Ⅱ型的开发及应用前景初步分析［J］.原子能科学技术,2009,43(增刊 2)：215 - 218.

［37］　王天峰,尚德宏,陈大明,等.低温堆在居民供热市场的应用前景［J］.区域供热,2017(4)：26 - 31.

［38］　《供热制冷》编辑部.核能供热：落地是关键［J］.供热制冷,2018(4)：24 - 25.

［39］　张亚东,韩玉祥,杨笑,等.49 - 2 游泳池式反应堆低温供热演示验证［J］.中国原子能科学研究院年报,2017：49 - 51.

［40］　Zhang Y X，Cheng H P，Liu X M，et al. Swimming pool-type low-temperature heating reactor：recent progress in research and application［J］. Energy Procedia，2017，127：425 - 431.

第 2 章
池式供热堆

随着 20 世纪 40 年代美国芝加哥大学建成世界上第一座核反应堆,核技术研究进入了快速发展的新阶段。以美国和苏联为代表,许多国家建成了多种形式的研究堆,主要目的是进行各种涉核技术的相关研究。这些涉核技术要解决的是发展军用和民用核技术必须面对的各种关键问题,如中子物理特性、材料辐照性能、放射性屏蔽材料试验、燃料元件考验等。此外,医用和工业用放射性同位素生产已成为研究堆的另一个重要应用方向。在这些研究堆中,堆芯放置在一个常压水池中的池式堆是最重要的堆型之一。以水作为慢化剂和冷却剂的池式堆一般为常压运行,功率、温度和压力等参数低,安全性好,因此这种堆型从最初以研究、生产为目的,逐渐向其他方面拓展了应用范围。在发展核能供热的过程中,池式堆自然得到了重视,包括我国在内的许多国家提出了各种形式的池式供热堆方案,清华大学在 20 世纪 80 年代、中国原子能科学研究院在 2010 年前后,曾利用池式研究堆进行了实际的核能供暖演示验证,取得了非常好的效果[1-6]。池式研究堆在安全性方面具有其特点和优势,但发展专门用于供热的池式供热堆,目前还面临很多问题,包括标准规程的建立和关键技术的验证等。池式供热堆技术的发展需要推进关键技术攻关,建立、完善相关标准体系,并尽快建设示范工程,以利于此项技术的推广和应用。

2.1 研究堆和池式供热堆概况

池式堆是研究堆(实验堆)的一种重要形式,与零功率堆和早期的单目的生产堆不同,池式堆的堆芯放置在开放的水池中,池水既隔离了堆芯的放射性,也可以携带出堆芯放出的热量,从而为进一步的热利用奠定基础。

2.1.1　池式堆的主要特征

早在 20 世纪 50 年代,随着核技术的蓬勃发展,很多国家和地区,包括中国、苏联、美国、日本以及欧洲等都启动了研究堆(实验堆)的设计和建造工作。研究堆一般不用于发电,早期研究堆主要是用于各种涉核技术的相关研究,近些年来,医用和工业用放射性同位素生产成为研究堆的重要应用方向。从 20世纪 50 年代初开始,全世界共建造了 600 多座研究堆,分布在约 60 个国家和地区,这些研究堆中约 46% 的热功率不大于 100 kW,4% 的热功率高于 100 MW,而典型的动力堆热功率约为 3 000 MW(即电功率约为 1 000 MW)[7]。

到 2002 年,世界上 56 个国家仍有约 283 座研究堆在运行,国际原子能机构(IAEA)的统计表明,在全世界的研究堆中,俄罗斯拥有的数量最多(62座),其他国家按拥有数量依次为美国(54 座)、日本(18 座)、法国(15 座)、德国(14 座)和中国(13 座)。许多小的发展中国家也有研究堆,包括孟加拉国、阿尔及利亚、哥伦比亚、加纳、牙买加、利比亚、泰国和越南等。此外,还有 20 多座研究堆处于计划或正在建造之中,361 座研究堆已经关闭或退役,其中不少建造于 20 世纪 60 年代和 70 年代[8]。

池式反应堆是广泛使用的研究堆中的一种主要堆型,已经历数十年的研究和发展,在 2002 年 IAEA 统计的 283 座运行中的研究堆中,67 座是普通设计的池式反应堆,堆芯是放置在一个大水池中的燃料元件束,燃料元件中有控制棒和用于材料试验的中空通道。40 座研究堆和同位素生产堆 TRIGA[①] 也属于普通池式堆设计的类型,堆芯由直径约为 36 mm 的 60～100 个圆柱形燃料元件组成,铝包壳内是铀燃料和氢化锆(作为慢化剂),堆芯放置在有水的池中,一般用石墨或铍作为反射层,这种反应堆能在几分之一秒内安全地以脉冲形式产生非常高的功率,但因 TRIGA 的核燃料有非常大的负温度系数,功率的快速上升能被氢化锆慢化剂的负反应效应迅速中止,从而可以保障堆的安全。其他还有 12 座使用重水或石墨慢化的研究堆和更少数量的快堆、均匀堆等研究装置。

池式堆与壳式堆最主要的区别之一是它的反应堆堆芯淹没在一个常压的水池中,而壳式堆的堆芯则安装在承压容器内。图 2-1 所示为清华大学的游泳池式屏蔽试验反应堆——901 堆,该反应堆主要用来进行用于屏蔽中子和 γ 射线

---

　　① TRIGA(training, research, isotopes, general atomics)是由美国通用原子公司研究和发展起来的一种研究性反应堆。

的材料试验。该堆共有 2 个堆芯,均安装于同一铝制水池的下部。水池的横截面是一个由两个半圆和一个长方形拼接而成的椭圆,长为 3.5 m,宽为 2 m,水池池高为 8.15 m,用铝板分四层焊接而成,上两层厚 6 mm,下两层厚 8 mm。堆芯上部的水层能有效屏蔽放射性,保持池顶部放射性剂量很小。该反应堆 1# 孔道中心线与堆芯中心等高,均为 1.3 m。在池外的循环水泵将水压送到位于池底的喷射器内,靠喷射器吸入部分池水,混合后的水进入堆芯,经堆芯吸热后上升,离开堆芯进入水池,部分热水被抽出,经冷却后再送入喷射器,完成循环。

(a)　　　　　　　　　　　　　　　(b)

图 2‑1　清华大学游泳池式屏蔽试验反应堆

(a) 堆内结构;(b) 堆外部

中国核动力研究设计院的岷江堆,中国原子能科学研究院的 49‑2 堆[9](见图 2‑2)、中国先进研究堆(CARR)[10‑13](见图 2‑3 和图 2‑4)等,也都是池式堆。

2.1.2　池式供热堆及供热试验

池式堆由于结构简单、运行参数低,几十年来一直保持着良好的安全运行记录。截至目前,世界上已累积了约 10 000 堆年的运行时间。进入 20 世纪 70 年代后,随着越来越多国家对核能供热产生兴趣,许多国家首先以池式堆为基础,提出了各自的供热堆设计方案,如瑞典、芬兰、法国、苏联等国。各国的设计都带有该国核技术的特点,并满足各自国家的供热参数和供热需求。

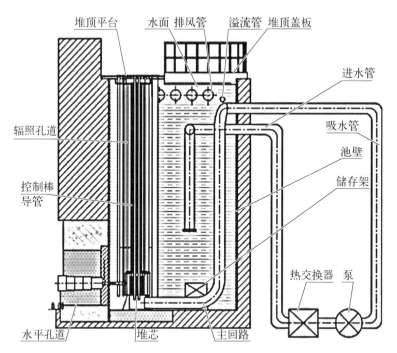

图 2‑2　49‑2 游泳池式反应堆一回路示意图

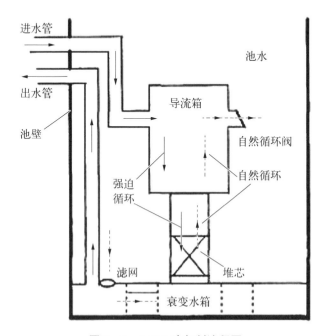

图 2‑3　CARR 冷却剂流程图

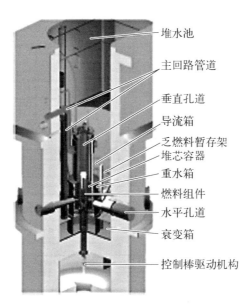

堆水池

主回路管道

垂直孔道

导流箱

乏燃料暂存架
堆芯容器

重水箱

燃料组件

水平孔道

衰变箱

控制棒驱动机构

图 2 - 4　CARR 本体示意图

　　典型的池式供热堆主要系统组成如图 2 - 5 所示,工艺系统一般包括一回路系统、二回路系统(或称中间回路系统)、三回路系统(或称热网回路系统)、余热排出系统(专设安全系统之一)等主要热力系统,以及净化、废水处理、设备冷却水等辅助系统。在自然循环池式供热堆中,一回路系统主要由堆芯、上升筒、水池和一回路换热器构成。堆芯位于水池的底部,核裂变反应产生的热量将水池中的水加热。在密度差驱动下,被加热的水向上流经一回路换热器,将热量传递到二回路系统,冷却后的水向下重新流回堆芯,形成自然循环流动过程[6,14-15]。强迫循环池式供热堆的一回路系统中还设置有主泵,主泵和二回路换热器一般安放在池外,而一回路换热器则根据堆型不同,可置于池内或者池外。一回路换热器通过相应的管路系统与冷却塔相连。

　　为了防止带有放射性的一回路水外泄到热网中,池式供热堆通常要设置一个中间隔离回路,也称为二回路系统。流经堆芯的一回路水通过一回路换热器将热量传递给中间回路;中间回路的载热质也是水,利用循环泵产生循环压头;中间回路水自循环泵出口进入一回路换热器,受热升温后再进入中间回路换热器,在中间回路换热器中将热量传给热网侧的水,然后回到循环泵的吸入口。这样就使反应堆一回路的热量经过中间隔离回路传递到三回路(热网

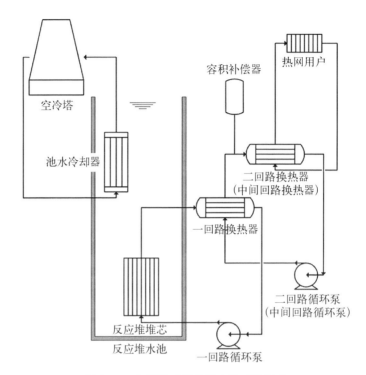

图 2 - 5 典型池式供热堆主要系统组成

回路),同时又实现了物理隔离的要求。由于中间回路一般采用闭式带压循环,因此回路上需设置容积补偿器,用于补偿系统内水的体积和压力变化。

池式堆水池中一般设置有用于冷却池水的换热器和相应的管路系统,并通过冷却塔将池水中的热量传递到最终热阱(大气)。池水冷却器一般位于水池的上部,可通过自然循环带走池水中的热量,实现非能动的堆芯余热载出,也可设置循环泵,提高系统对于池水的冷却能力。

池式供热堆是以轻水作为慢化剂和冷却剂的热中子堆。顾名思义,池式供热堆是将反应堆的堆芯放置在一个水池的深处,堆芯始终处于淹没状态,主要靠池水提供堆芯的屏蔽、冷却等,并通过池水高度产生的静压保证堆芯具有合适的过冷度。在一定的过冷度下,水池越深,堆芯上方的水层越厚,堆芯出口温度就越高,但水池太深会带来投资增加、操作不便等问题,因此池式供热堆池水深度的选择需要综合考虑。然而,大量池水的存在为事故后的堆芯衰变热载出提供了热阱,可有效提升反应堆的安全性。早期的池式堆设计一般采用开放式设计,无须一般商用压水堆核电站中的压力壳和稳压器等设备,系统设备较为简化。但为了提高运行参数以适应不同的应用需求,也提出了加压式池式供热堆的设计方案。

按照一回路冷却剂流动循环驱动方式的不同,池式供热堆可分为自然循环池式堆和强迫循环池式堆两个不同的类别。强迫循环是指采用借助外部能源的泵类设备为一回路冷却剂的流动提供动力,从而更加高效地载出堆芯热量。强迫循环的优点在于可提供更高的流速,提升换热效率,缩减体积等,并能够有效提高池式供热堆的功率水平,但由于强迫循环方案增加了循环泵,因此系统设备相对复杂,堆安全更加依赖外部电力供应。

自然循环是一种非能动技术,其基本原理是利用密度差产生的驱动力实现冷却剂流动,不依靠外部动力和能源。自然循环池式供热堆是指通过自然循环的方式载出堆芯热量,包括正常满功率运行以及停堆后的堆芯余热载出,无须通过外部电力供应的泵等设备,简化了系统,提高了安全性,运行操作维护也较为简便。自然循环驱动力主要取决于冷却剂密度差,即主要受堆芯和换热器的高度差以及冷却剂温度差的影响。与强迫循环相比,其驱动力较小,因此在相对低功率的需求情况下,多选择自然循环池式供热堆方案,高功率需求则更多倾向于强迫循环的技术方案。自然循环池式供热堆是低温核供热堆的重要技术路线之一。

自然循环所产生的驱动压头较低,冷却流量较小,同时要求堆芯的阻力尽量小,所以要求燃料布置相对较为分散,因此堆芯的功率密度要小于一般压水堆,通常为 $20\sim55$ kW/L。相关研究还表明,如果冷却剂出现沸腾,则压力愈低,流动稳定性愈差,即愈易于出现两相流动不稳定现象。在开放式的池式堆情况下,冷却剂绝对压力仅为 0.1 MPa,无法通过增压提高流动稳定性,只能通过提高冷却剂在堆芯出口的过冷度消除不稳定现象,但高的堆芯出口过冷度又不利于反应堆参数的提高,限制了其应用范围。因此,除了自然循环池式供热堆技术外,采用强迫循环的池式堆技术也得到了研究和发展。强迫循环池式堆通过采用主循环泵来驱动一回路冷却剂冷却堆芯和向二回路传热,可有效提高一回路的流量,避免自然循环流动不稳定性问题,提高反应堆整体的功率水平。

开放式的池式供热堆在常压下工作,为了防止出现局部沸腾引起的流动不稳定,其运行工况采用单相流动,即堆芯出口温度低于 100 ℃。这一温度与中小型城市供热管网的实际需求较为匹配。

除了上述自然循环和强迫循环池式供热堆外,在保持池式堆优点的前提下,为了提高池式供热堆的供热温度以期适应更广泛的用户需求,各国研究者还提出并研发了微加压式的池式供热堆。常见的加压方式是将一回路系统设备进行封闭加压,然后再放置在水池内。加压池式供热堆一般采用大尺寸预应力混凝土水池。这种加压池式供热堆也称为池壳式供热堆,一般采用压力容器和管道形成密闭的一回路系统,以提升一回路系统的运行压力和温度,一回路冷却剂与水池中的池水是分开的。加压池式供热堆在池式堆的已有特点基础上,进一步结合了壳式堆的一些设计特点,运行压力和运行温度可以进一步提高。反应堆堆芯出口温度提高以后,下游热网的温度参数也可同步提高,可有效拓展供热堆的应用场景。

池式供热堆在停堆过程中,堆芯的衰变热一般先传递到池水中,池水再将热量传递到余热排出系统。余热排出系统一般通过自然循环的方式将堆芯衰变热传递至池外的最终热阱,保证安全停堆。

池式供热堆的辅助系统,如化学与容积控制系统、设备冷却水系统等,从基本原理和组成上看与一般的壳式堆基本相同,主要是运行参数和能力指标等,根据不同的堆型有所不同。

虽然池式供热堆有上述一系列优点,但它们用于供热的效果如何需要实际验证。1983 年,清华大学核能技术研究所利用池式屏蔽试验堆并经适当改造进行了核能供热试验,向院内建筑供暖。2017 年,中国原子能科学研究院以 49-2 池式堆为基础开展了供热研究,在进行了必要的适应性改造后也进行了供热试验。此外,加拿大利用 SLOWPOKE 池式堆也进行过供热研究。这些池式堆的供热演示试验充分证明了核能供热的方便可靠和安全性。

2.2　几个典型的池式供热堆设计

按照一回路冷却剂流动驱动方式的不同,池式供热堆可分为自然循环和强迫循环两大类,也有堆型分阶段采用强迫循环和自然循环结合的设计方案。此外,为了提升池式供热堆的运行参数,在开放式的池式供热堆基础上,还有加压式池式供热堆的设计方案。增加压力和增加驱动力,本质上都是为了进一步提高池式供热堆的参数,扩展应用范围。本节针对典型的自然循环池式供热堆、强迫循环池式供热堆和加压式池式供热堆这三类堆型中现有的典型设计进行介绍[3,16]。

2.2.1　自然循环池式供热堆

典型的自然循环池式供热堆包括加拿大设计和开发的 SLOWPOKE 堆型以及苏联的 RUTA 系列堆型中较低功率的堆型等。

1）SLOWPOKE 型反应堆

加拿大的 SLOWPOKE 型反应堆是典型的自然循环池式供热堆（见图 2－6），已建成反应堆热功率为 2 MW 的供热堆。

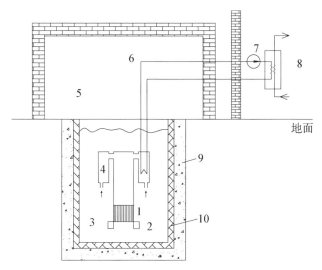

1—堆芯；2—移动式铍反射层；3—水池；4—换热器；5—反应堆大厅；6—二回路；7—水泵；8—热网；9—反应堆水池构筑物；10—反应堆水池内衬。

图 2－6　SLOWPOKE 型反应堆示意图

反应堆堆芯高度为 493 mm，当量直径为 306 mm。燃料组件为方形排列，燃料富集为 5%。堆芯功率密度为 55 kW/L，铀燃耗为 11 200 MW·d/t，换料周期为 3 年。该反应堆水池建造在地下，堆芯和换热器设置在池内，堆芯靠近池的底部，池水与大气连通。有管道连接堆芯和换热器，堆型结构简单，全部功率完全靠池水的自然循环载出，功率控制则靠铍反射层实现。堆芯出、入口温度分别为 93 ℃ 和 68 ℃，池水深度为 9.04 m，二回路出、入口温度分别为 85 ℃ 和 60 ℃，热网出、入口温度分别为 80 ℃ 和 55 ℃。

2）RUTA－20 型反应堆

苏联是开展核能供热研究最早的国家之一，并发展了多种类型的核供热堆。其中,俄罗斯动力技术研究设计院等单位完成了池式核供热站 RUTA 系列的设计,其功率范围为 10～55 MW,在低功率范围采用自然循环,高功率堆芯则采用强迫循环或强迫循环与自然循环结合。RUTA 系列池式供热堆是基于城镇和设施供热目的而开发的堆型,在夏天也可用于居民和工业设施的空调系统。反应堆功率有 10 MW、20 MW、50 MW 等不同的设计。RUTA 系列堆型是在已有的池式堆基础上开发的,通过利用自然原理提升了其固有安全性。RUTA 系列堆型的主要参数如表 2 - 1 所示。

表 2 - 1　RUTA 系列堆型主要参数

参　　　数	RUTA - 10	RUTA - 20	RUTA - 30	RUTA - 55
热功率/MW	10	20	30	55
燃料组件数量/盒	37	61	91	169
控制单元数量	13	19	30	43
堆芯直径/mm	950	1 230	1 490	2 030
堆芯高度/mm	1 000	1 000	1 000	1 000
主换热器数量/台	2	4	6	12
水箱下部直径/mm	3 000	3 000	3 000	3 000
水箱上部直径/mm	7 000	7 000	7 000	9 000
水箱下部高度/mm	7 000	7 000	7 000	8 000
水箱上部高度/mm	10 000	10 000	10 000	10 000

其中,RUTA - 20 是热功率为 20 MW 的池式供热堆,采用全功率自然循环,如图 2 - 7 所示。

堆芯出、入口温度分别为 95 ℃和 60 ℃,池水深度为 13 m,二回路出、入口温度分别为 85 ℃和 55 ℃,热网出、入口温度分别为 80 ℃和 50 ℃。反应堆工作在常压下,设计有较高的负的水密度反应性系数;240 m³ 的超高池水量使其几乎不会发生丧失堆芯冷却的事故,不依靠外部动力即能够实现堆芯冷却和长期的余热载出。反应堆水箱是一个高 15 m、直径为 4.8 m、壁厚为 20 mm 的不锈钢圆柱形容器,堆芯布置在底部,换热器布置在上部,水箱内为自然循环,

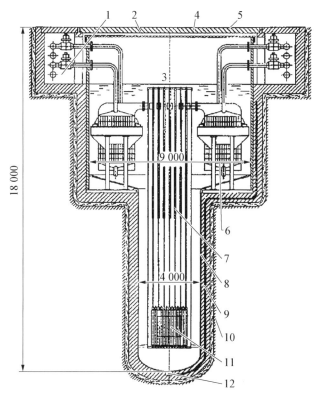

1—阀门隔间；2—反应堆顶盖；3—液面；4—防护板；5—反应堆大厅地面；6—主换热器；7—控制棒驱动机构；8—反应堆堆坑；9—混凝土；10—岩层；11—堆芯；12—泄漏监测装置。

图 2 - 7　RUTA - 20 型反应堆示意图(单位: mm)

无沸腾。反应堆水箱外部的洞室内径为 5.2 m,深 16 m。

堆芯由 61 盒六边形燃料组件组成,锆合金的燃料盒厚度为 1 mm。燃料组件对边宽为 145.5 mm,每盒组件内有 61 根燃料棒,采用双层包壳,外层包壳外径为 13.6 mm,厚 0.965 mm,内层包壳外径为 10.3 mm,厚 0.75 mm。两层包壳之间填充硅铝合金(silumin)。燃料芯块采用 4% 富集度,部分燃料棒内混合填装可燃毒物(钆)芯块。可移动的组件主要是控制棒,以碳化硼作为吸收体材料。堆芯设计运行周期为 1 850 有效天。新堆芯的最大反应性裕度为 2%,平均铀燃耗深度为 23 000 MW·d/t,换料周期为 60 个月。

RUTA - 20 设置有控制保护系统(CPS),用于启堆、控制功率、补偿反应性变化以及应急停堆。

主换热器为不锈钢的板式换热器,高 7 m,共有 3 台,每台设计载热功率为

7 MW。在主换热器的支撑结构中,设置了 3 个乏燃料储存腔室。从反应堆中卸出的乏燃料在乏燃料储存腔室中存放 2～3 年后运出。

二回路的冷却剂循环是自然循环。每座反应堆对应 3 个环路,每个环路设有 1 台主换热器、环路管道和二级换热器。主换热器与二级换热器的高度差为 25 m。二级换热器放置在不锈钢圆柱形容器内。二回路管道直径为 200 mm。

反应堆安全系统包括多样化反应性控制系统、非能动余热排出系统和非能动安全壳冷却和蒸汽冷凝系统。

多样化反应性控制系统的特点如下:在燃料组件的上方放置有吸收球,在正常运行时,记忆材料制成的隔离装置使得吸收球保持在堆芯以上;当堆芯出口温度超过 120 ℃时,隔离装置打开,吸收球将落入燃料组件的中心管内。后续研究表明,由于堆本身的固有安全性和非能动特性,也可不需要此反应性控制系统。

RUTA - 20 反应堆在所有的工况下均为自然循环。非能动余热排出系统的换热器采用竖直放置的翅片管组,依靠空气冷却。由于正常运行期间不希望余热系统投运,因此设置了百叶窗。当百叶窗之间的孔道温度上升到 80～90 ℃时,温差装置或记忆材料将打开百叶窗,启动非能动余热排出系统来冷却反应堆。由于二次侧无放射性,且运行压力高于一次侧,因此其换热器和对流装置无须密闭。

非能动安全壳冷却和蒸汽冷凝系统的特点如下:在所有的二次侧热阱均丧失的情况下,一回路水将被加热并蒸发。根据堆的情况和外界情况的不同,加热时间可能需要几小时到几天。蒸发的水经由反应堆大厅的气空间,在安全壳内表面冷凝,将热量传递到外界环境;还有一部分热量经由反应堆水箱表面传递到周围的土壤中。密闭的反应堆大厅内还设有辅助冷凝装置,将冷凝水返回反应堆。

反应堆辅助系统包括反应堆气体通风与净化系统、反应堆池水净化系统以及放射性废物储存系统等。预计每年产生的放射性液体废物为 50 m³,放射性固体废物为 4.6 m³。其中,低放射性固体废物为 3.4 m³,中放射性固体废物为 1.0 m³,高放射性固体废物为 0.2 m³。

基于 RUTA - 20 反应堆设计的核供热站主要构成如图 2 - 8 所示,供热站也可采用双堆设计,可提供 88 ℃/60 ℃的供热能力和热水,流量为 167.4 kg/s。一座双堆供热站供热能力约可为 25 000 人提供热量和热水。在夏季,还能够通过吸收式热泵技术进行制冷,提供 10 MW 的制冷能力。装置还可用于海水除盐(海水淡化),一座反应堆可为除盐能力为 315 t/h 的装置提供能源。除盐装置采用标准化设计。

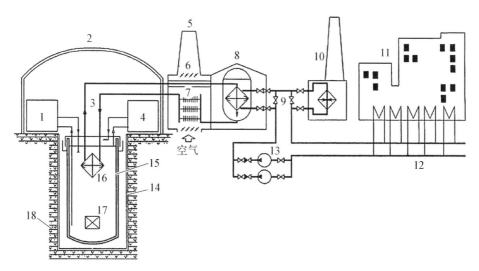

1—池水净化系统;2—安全壳;3—二回路;4—气体净化系统;5—余热排出系统;6—非能动格栅;7—散热器;8—二回路换热器;9—阀门;10—备用调峰锅炉;11—住宅;12—热网;13—水泵;14—安全水箱;15—反应堆;16—主热交换器;17—堆芯;18—地层。

图 2 - 8　基于 RUTA - 20 的核能区域供热站构成示意图

在安全性方面,基于 RUTA 堆的核供热站,可发展并利用其固有安全特性,增强非能动安全特性,实现多道屏障纵深防御,防止放射性外泄,反应堆的设计、性能指标和布置等均从安全角度出发。固有安全特性包括全参数范围的负温度、功率和水密度反应系数,巨大的储热能力,所有运行模式下一回路与二回路均为自然循环。非能动系统的安全功能包括重力驱动插入吸收棒停堆,自然循环的一回路和二回路将堆芯衰变热载出,大气和周围土壤作为最终热阱。主回路断管事故无须安全注入,任何位置和尺寸的断管事故中,堆芯和主换热器均能被冷却。由于一回路压力低于二回路,因此主换热器断管也不会造成向反应堆水箱外的泄漏。

放射性防御边界包括以下几方面:UO_2 燃料温度不会超过 630 ℃,在一些极限工况下允许在 1 200 ℃ 短期运行;双层锆合金包壳;密封反应堆水箱,其水面上带有封闭的气空间和通风系统;密封的反应堆洞库和安全壳,包容所有主回路设备;采用中间回路隔离放射性泄漏到热网。一回路、中间回路、热网的压力依次为 0.1 MPa、0.4 MPa、0.6 MPa。

增强 RUTA 安全性的特性还包括以下方面：无加压的主回路系统整体布置；采用可燃毒物吸收体减少额外反应性；设置额外反应性补偿系统；低功率密度和低参数（温度、压力）的冷却剂系统；三回路设置；设置安全壳或将反应堆设置在地下。

计划中的研究工作如下：应急条件或非设计操作模式下的堆芯真实空泡份额和传热速率；应急条件下流道和整体回路不稳定性以及获得稳定性的途径；升级换热器（减少封头效应）；验证堆内补偿和优化装置；验证计算程序。

RUTA 核供热站的设计寿命为 40 年，建造周期为 3 年。按 1991 年美元计，预计造价为 6 000 万美元，每千瓦时的能量费用为 2.334 美分。

2.2.2　强迫循环池式供热堆

由于自然循环的载热能力相对有限，因此，载热方式向强迫循环发展和转变，自然而然地成为池式供热堆技术发展历程中的一个重要方向，很多研究机构都开展了相关研究工作。清华大学设计和开发了若干种强迫循环的池式堆堆型，包括 70 MW 堆型、DPR‑3 型深水池供热堆和 DPR‑6 型深水池供热堆

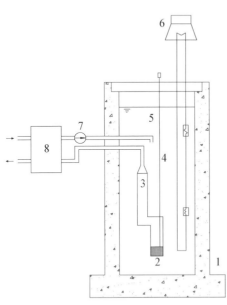

1—混凝土水池；2—堆芯；3—衰减筒；4—控制棒；5—池水；6—余热排出系统；7—循环泵；8—主换热器。

图 2‑9　DPR‑3 型 120 MW 池式供热堆示意图

等。中国原子能科学研究院设计和开发了 49‑2 泳池研究堆和"燕龙"供热堆等。俄罗斯的 RUTA 堆型的高功率堆型也采用了强迫循环的设计。

1）DPR‑3 和 DPR‑6 型深水池供热堆

DPR 系列池式堆是基于区域供热的需求开发的系列堆型[17‑21]。其中的 DPR‑3 和 DPR‑6 为一回路采用泵驱动的强迫循环池式堆，如图 2‑9 和图 2‑10 所示。DPR 系列堆型采用深度约为 25 m 的反应堆水池，因此可称为深水池供热堆。反应堆水池为开放式的常压水池。

DPR‑3 型堆的功率为 120 MW，适用于 90 ℃ 的热网供热需求。堆芯活性区高度为 110 cm，外径为 174 cm；燃

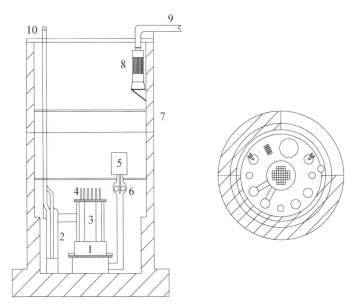

1—堆芯;2—主换热器;3—导向筒;4—控制棒驱动机构;5—潜水电机;
6—主循环泵;7—混凝土水池;8—池水冷却器;9—冷却水管;10—二回路进出
水管。

图 2-10 DPR-6 型深水池供热堆示意图

料元件外径为 10 mm,锆合金包壳厚度为 0.7 mm;燃料元件棒在组件中为
8×8 排布。堆芯由 205 组燃料组件构成,铀氧化物装量为 7.715 t。共有 113
根控制棒,其中 101 根为补偿棒,12 根为停堆棒。

在主冷却剂循环过程中,冷却剂向上流出堆芯后进入上升段和衰减箱,然
后流出反应堆水池,进入板式换热器,再经过主泵送回至反应堆水池。二回路
通过二级换热器将热量传递给热网。

在正常运行工况下,主回路的流动依靠循环泵驱动;在事故工况下,停泵
落棒,较冷的池水将依靠自然循环载出堆芯衰变热。主换热器和堆芯的高差
约为 12 m。固有安全特性包括负的燃料温度反应性系数、负的冷却剂温度和
空泡反应性系数。

DPR-6 型堆的功率为 200 MW,适用于 120 ℃ 的供热需求场景。DPR-6
型堆仍是无须压力容器的常压深水池式堆。为提升供水温度,DPR-6 在设计
上有以下考虑:水池在高度方向上水平分割,分层后各层间不会发生对流换
热,但有旁通管连通;堆芯、主换热器和主泵放置在下层水池中,控制棒驱动机
构和池水换热器布置在上层水池中;上层水池的温度维持在 40~50 ℃;堆芯

温升尽可能小,依靠较大的主回路流速保证安全裕度。

放射性主要集中在下层水池。堆芯与压水堆类似,采用81组燃料组件,每组为15×15的燃料组件,活性区高1.4 m,有37组控制棒。主泵设有3台,两用一备[①]。主换热器为6台管壳式换热器。设置有二回路,将热量从主换热器传递到热网。在功率运行期间,主回路为强迫循环,在停堆工况下则为自然循环。设置非能动的蓄压箱,用于应对由强迫循环向自然循环转换的瞬态。蓄压箱在水池上方,其内的水可依靠高度差注入堆芯。DPR-6设计较为简单,在部分主泵或者主换热器失效的情况下仍能保持运行。池水冷却系统可将池水中的热量通过空冷塔传递到大气。

DPR-3和DPR-6型深水池供热堆的主要参数如表2-2所示。

表2-2 DPR-3和DPR-6型深水池供热堆的主要参数

参　　　数	DPR-3	DPR-6
堆芯热功率/MW	120	200
水池内径/m	7	9.2/8
水池深度/m	25	24/7
水池顶部压力/MPa	0.1	0.1
堆芯出口压力/MPa	0.29	0.44
堆芯出、入口温度/℃	80/110	123/132
堆芯流速/(t/h)	3 420	18 800
活性区高度/m	1.1	1.4
堆芯直径/m	1.74	2.034
堆芯功率密度/(kW/L)	45.6	44
燃料组件数量/组	205	81
燃料组件中的燃料棒数量/根	60	208
控制棒数量/组	113	37

① "两用一备"指共有3台相同的设备,使用其中的2台,另一台备用。

（续表）

参　　数	DPR-3	DPR-6
二回路温度/℃	70/100	100/125
热网温度/℃	60/90	70(90)/120

2) 49-2 堆与"燕龙"供热堆

49-2 泳池堆是由中国原子能科学研究院自主设计、建造、安装、调试和运行的供热堆,是一座用轻水作为慢化剂和冷却剂的研究型反应堆[4]。其设计额定功率为 3.5 MW,加强功率为 5 MW。49-2 泳池堆于 1965 年 3 月实现大功率运行。2017 年,中国原子能科学院针对 49-2 泳池堆开展了供热研究,包括使用 49-2 堆进行供热的相关分析研究论证以及必要的适应性改造。改造后的供热回路结构如图 2-11 所示,相关参数如表 2-3 所示。

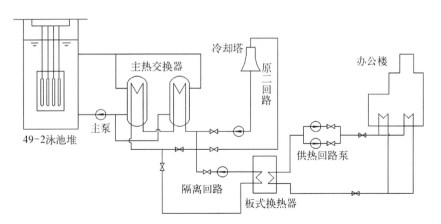

图 2-11　49-2 泳池堆供热回路结构示意图

表 2-3　49-2 泳池堆参数

运行工况	堆功率/kW	一次水总流量/(kg/s)	一次水入口温度/℃	一次水出口温度/℃
额定工况	3 500	277.78	45.0	48.0
供热工况	800	277.78	58.3	59.0

"燕龙"是中国核工业集团(简称中核集团)开发的游泳池式低温核供热堆

堆型,是基于49-2泳池堆的技术基础设计和开发的,其结构如图2-12所示。"燕龙"堆型有DHR-200和DHR-400等不同的设计方案,是采用轻水慢化和冷却的深水池式强迫循环供热堆[22-23]。其堆芯放置在一个常压的深水池(深度约为25 m)底部,利用水层的静压来提高堆芯出口温度。设置有中间回路,通过两级换热,将反应堆堆芯产生的热量传递到热网。DHR-200的主要设计参数如表2-4所示。

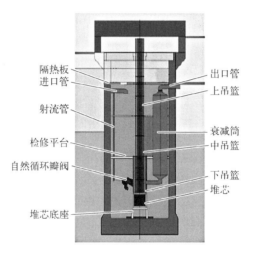

图2-12 "燕龙"DHR-200池式堆结构示意图

表2-4 "燕龙"DHR-200供热堆主要参数

参　　数	数　　值
反应堆热功率/MW	200
一回路总流量/(kg/s)	1 588.0
堆芯有效流量/(kg/s)	1 516.6
堆芯旁流份额/%	4.5
堆芯进、出口温度/℃	63.5/93.5
燃料组件数量/组	37
活性区高度/m	2.15
水池直径/m	10.0
池水深度/m	25.0

DHR‑200 池式堆的一回路在池水中的部分主要包括堆水池、堆芯构件、衰减筒、自然循环瓣阀、射流管等,主换热器和主泵放置在池外。堆芯放置在堆水池底部的中心位置,池水通过堆芯底座的侧面开孔流入堆芯底部,自下而上流经堆芯,被加热的冷却剂沿堆芯构件和衰减筒向上从出口管流出水池,进入池外一次泵房,再流经换热器一次侧,冷却后的冷却剂由一回路回水管回到堆水池下部。

根据"燕龙"水池直径大、装水量大的特点,结合相关非能动技术的发展,"燕龙"目前采取完全非能动技术来实现余热导出。余热导出的技术方案分成三步:① 惯性水箱补水过程。在正常运行期间,主泵驱动一回路冷却剂强迫循环,压差使得惯性水箱内液位低于池水液位;在事故初期,当强迫循环丧失时,系统流量随时间迅速下降,液位差成为一回路内流体流动的主要驱动因素,池水在重力压头驱动下由堆芯下部流入堆芯,最终流入惯性水箱。这一过程在事故前期可以起到冷却堆芯的作用,持续时间约为 100 s。② 自然循环瓣阀开启。在堆芯下吊篮的侧面设置有自然循环瓣阀,在两侧对称布置两台。在正常运行工况下,该瓣阀在内外压差的作用下以及射流管的射流冲击下,处于关闭状态;当发生任何主泵停转的事故工况时,射流冲击将停止,随着惯性水箱液位升高,阀门内外压也将平衡,瓣阀自身配重块的重力作用使得阀门开启,实现由池水自然循环冷却堆芯,将堆芯衰变热传递到池水中。③ 分离式热管余热导出。分离式热管的蒸发段布置在池水内,冷凝段布置在水池上方的自然通风空冷器内,由蒸汽上升管和冷凝回流管将蒸发段和冷凝段连接成闭合的循环回路。随着堆芯衰变热持续导入池水中,池水温度不断升高。在池水升温到一定温度后,蒸发段内的液态工质在吸收热量后相变,密度降低,向上经过上升管进入冷凝段,在冷凝段中放热冷凝,在重力作用下通过回流管返回至蒸发段,形成自然循环,将堆芯余热导出到最终热阱(大气)中。以上三个设计措施实现了非能动的堆芯衰变热量的载出。"燕龙"DHR‑200 池式堆非能动余热导出系统结构如图 2‑13 所示。

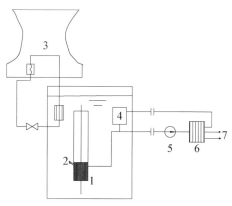

1—堆芯;2—自然循环阀;3—余热排出系统;4—惯性水箱;5—循环泵;6—换热器;7—热网。

图 2‑13　"燕龙"DHR‑200 池式堆非能动余热导出系统示意图

3）70 MW 池式堆

70 MW 池式堆是清华大学研发和设计的强迫循环与自然循环结合的池式堆,主要设计参数如表 2-5 所示。与全自然循环池式堆相比,主要的改进如下:在池式堆的顶盖上,装设两台长轴轴流泵或混流泵,用泵将水送到堆芯底部,进入堆芯,水自堆芯出口直接进入悬挂在池壁周围的主换热器,经主换热器换热后,水回到泵入口,完成循环。泵出口处有一喷射管,可以抽入少量池水,参与循环,而自堆芯出口经换热器的水流,也有少量进入水池。这种设计的优点在于,在采用泵作为循环动力时,大大减小了流动不稳定性的威胁,从而可以提高堆芯出口温度。在自然循环条件下,试验研究的结果表明,堆芯出口过冷度不应小于 25 ℃,否则就有出现流动不稳定性的可能,而在强迫循环条件下,堆芯出口过冷度余量可以大幅度减小,即提高堆芯出口水温度。此外,泵的扬程使堆芯出口处尚有部分剩余压力,这就提高了堆芯出口水的过冷度,也就是说,可以进一步提高堆芯出口水温,提高的幅度取决于泵的剩余扬程,在设计中,堆芯出口水温比全自然循环条件下提高了 25 ℃,这改善了供热堆的经济效益和应用范围。

表 2-5　清华大学 70 MW 供热堆设计参数

参　　数	数　　值
反应堆功率/MW	70
堆芯高度/mm	1 300
堆芯等效直径/mm	1 320
燃料组件数量/组	120
每个组件燃料元件数/根	60
堆芯功率密度/(MW/m³)	39.3

与此同时,这种设计还保留了自然循环的能力和优点。当反应堆功率不大或因供电系统事故而导致循环泵停运时,反应堆自动转入自然循环运行工况,这时,所能载出的功率按不同设计可为总功率的 20%～40%。这一数值远大于反应堆的剩余发热,因此,即使发生全厂断电事故,反应堆堆芯的冷却与全自然循环池式堆一样,有充分的保证。通常在全厂断电的重大事故下,自动

停堆系统将启动而使反应堆紧急停闭,此时,载热系统只需将剩余发热载出即可保证反应堆的安全,而强迫-自然循环反应堆自然循环工况下能载出的功率远大于剩余发热率,当然,此设计的反应堆与全功率自然循环的池式堆具有同样的安全性。当反应堆负荷很小时,也可以停泵,按自然循环工况运行,所以这种设计具有相当大的灵活性。

2.2.3　加压池式供热堆

由于传统的池式堆一回路是与大气相连的,一回路系统压力有限,其所能提供的热水的温度参数也受限于其较低的压力。加压池式供热堆也可称为池壳式供热堆,是一种结合了池式反应堆与壳式反应堆特点的堆型。这种堆型在保留反应堆水池的前提下,主要针对一回路系统增设压力容器和管道等,形成压力边界,提升一回路系统的运行压力,进而实现运行温度的提升。加压池式堆的回路系统仍可采用自然循环或者强迫循环的不同驱动方式。加压池式这一技术路线提升了温度参数,可拓展池式堆的应用范围和场景。典型的池壳式供热堆型有我国的 HAPPY - 200 堆型、法国的 THERMOS 堆型、瑞士的 EIR - 10 堆型以及瑞典的 SECURE 堆型等。

1) HAPPY - 200 堆型

国家电投集团中央研究院自主研发的 200 MW(t)先进池式微压低温核供热堆 HAPPY - 200 采用了池壳式设计,可用于城市居民供热,具有高安全性、低排放等特点,是池壳式供热堆的典型堆型[24-25]。

HAPPY - 200 的设计目标如下:用于城市社区供热,满足大型热网的参数需求;可实现负荷跟踪,并有进一步提高参数的能力;采用低温、低压的运行工况,大容积水池等边界条件,以及合理的非能动安全系统,实现反应堆在任何事故下都保持高的安全水平并完全排除严重事故的可能性;在高安全性的前提下,通过简化系统配置,采用成熟、标准化的设备并降低分级,提高 HAPPY - 200 的经济性并缩短工程建设周期;实际消除大量放射性释放的可能,在技术上实现取消场外应急的技术条件;核供热系统不可更换的系统、构筑物、部件按照 60 年寿期设计;采用低排放设计。此外,实现固有安全,排除严重事故风险,具有在循环寿期内不调硼的负荷跟随能力。

HAPPY - 200 堆型核供热站的供热系统结构如图 2 - 14 所示,主要结构如图 2 - 15 所示,反应堆堆芯产生的热量经反应堆冷却剂系统通过一次换热器传递到中间换热回路系统,再经二次换热器和下游的回路系统,传递到城市供热网。

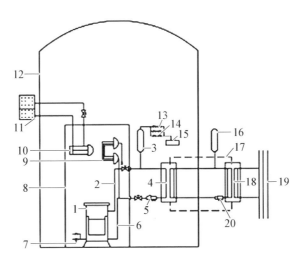

1—堆本体;2—热管段;3—稳压器Ⅰ;4—一级换热器;5—主
泵;6—冷管段;7—安注阀;8—水池;9—非能动余热排出系统;
10—换热器;11—空冷器;12—微压安全壳;13—自动泄压系统;
14—安全阀;15—水箱;16—稳压器Ⅱ;17—中间回路;18—二级
换热器;19—热网;20—给水泵。

图 2 - 14　HAPPY - 200 系统结构示意图

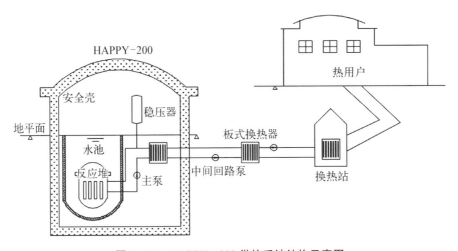

图 2 - 15　HAPPY - 200 供热系统结构示意图

　　HAPPY - 200 供热系统采用池式微压核反应堆作为热源,反应堆热功率
为 200 MW。与常规供热管网不同,核供热管网需要在一回路(反应堆回路)与
一次网(市政供热管网)之间增设一个压力稍高的中间热网作为阻断放射性物
质泄漏的防御屏障,以确保居民的用热安全。供热系统(包括热网)的参数初

步确定如下：一回路供回水温度为 120 ℃和 80 ℃(0.6 MPa)，中间回路的供回水温度为 115 ℃和 67 ℃，一次热网的供回水温度为 110 ℃和 50 ℃。HAPPY-200 的主要设计性能指标如表 2-6 所示。

表 2-6　HAPPY-200 的设计性能指标

参　　　数	数　　　值
反应堆热功率/MW	200
堆芯出口温度/℃	约 120
一回路运行压力/MPa	约 0.6
供热站设计寿命/年	60
换料周期/月	≥6
平均卸料燃耗/(MW·d/t)	>30 000
操作员可长时间不干预	无时限
堆芯热工裕量/%	≥15

HAPPY-200 反应堆相关系统和设备主要包括堆芯容器、反应堆冷却剂系统(包含主泵、稳压器和一级板式换热器)、中间换热回路系统(包含二次循环泵、二级板式换热器及膨胀箱)、压力控制系统(包含稳压器、卸压箱及相关阀门)、非能动余热排出(passive residual heat removal，PRHR)系统、大容积水池安全系统、非能动池水冷却系统(空冷系统)等。

反应堆堆芯放置于一个双层压力容器(堆芯容器)中，该压力容器浸没在水池内，池水可为事故期间导出堆芯余热提供中间热阱，确保反应堆安全。堆芯上下部设有腔室或封头。控制棒驱动机构布置在堆芯上方。

反应堆冷却剂系统共有两个环路，由 2 台主泵、4 台板式换热器(每个环路并联 2 台)以及相关的管道、阀门等组成。反应堆进、出口管道分别连接在堆芯容器的上部和底部封头，即反应堆上腔室连接 2 根热管，下封头连接 2 根冷管。其中一根热管上设置有稳压器。正常运行时，冷却剂经下封头，进入堆芯进行冷却，再流入上腔室，经热管进入板式换热器进行换热后用泵送回冷管。在功率运行时，依靠强迫循环，将反应堆的热功率输送给二回路，在停堆情况下,依靠余热排出系统自然循环来冷却反应堆。

采用板式换热器作为一回路换热设备的主要优点如下：与管壳式换热器相比,板式换热器结构简单、紧凑,管路系统简化,阻力损失减小;相同热负荷的板式换热器体积大大减小,因而占地面积小;模块化设计,减、扩容方便;减少冷却水容量,从而减小二回路规模;维修、清洗费用低。

中间换热回路由2个环路组成,为独立封闭回路,其主要功能是对反应堆冷却剂系统和下游的热网进行物理隔离,以确保放射性物质不会泄漏到热网。中间换热回路包括一级板式换热器二次侧和二级板式换热器一次侧、热管段和冷管段以及膨胀箱。

非能动余热排出(PRHR)系统包括换热器以及相关管道和阀门,换热器通过管道分别连接到反应堆的热管段和冷管段上,与热管段相连的管道上装有常开隔离阀,与冷管段相连的管道装有电磁阀,可以根据事故下的控制信号触发PRHR系统投入。在事故工况下,打开PRHR系统的阀门,使PRHR系统与一回路管道连通,同时由于隔离了二回路相关系统,堆芯上方的水或蒸汽将进入PRHR系统与池水进行换热,其中不凝性气体将进入储水箱中。而池水则由热管式非能动池水空气冷却系统进行非能动冷却,可以实现长时间余热排出。

非能动池水冷却系统的目的是使反应堆水池内的水得到冷却,采用热管(蒸汽-冷凝热传导装置)。我国东北地区供热季节的外界气温低至-30 ℃,可将氨或氟利昂装入真空金属管中。经蒸汽发生器加热后,介质蒸发,成为蒸气流,热量被带到冷凝器,在冷凝器中又冷却成液体状态。该过程连续进行,使热量转移。其结构简单,没有可动部件,可保证寿命长,可靠性高。

系统可增设正常余热排出系统,既可对池水进行冷却,同时在应急情况下,应急泵可通过非能动余热排出系统的管路进行强迫循环,加强堆芯冷却及余热排出效果。

系统无须设置常规的安全注入系统,在反应堆冷热管段(位于池水底部)各设置一个逆止阀组,当破口事故发生时可根据控制信号(池水与一回路的压差信号)开启,利用池水底部静压实现堆芯应急冷却,确保堆芯不会裸露。

相比于目前的大型商用压水堆,HAPPY-200的运行压力、温度以及功率密度都比较低,燃料芯块及包壳运行温度较低,热工安全裕量大大提高,因此该反应堆安全水平较高,可以大大简化安全系统配置,较容易实现非能动安全系统功能。以典型的破口失水事故为例,事故分析结果表明,无论事故发生在热管段下部还是上部,PRHR 系统都能够通过建立自然循环带走大部分热量,并池安注系统也能够保证堆芯处于淹没状态,距美国联邦法规《轻水动力反应堆应急堆芯冷却系统验收准则》①(10 CFR 50.46)中描述的冷却剂丧失事故(loss of coolant accident,LOCA)的可接受准则还有相当大的裕量,安全系统能够为池水破口失水事故提供可接受的堆芯冷却。

基于 HAPPY - 200 开展核供热的主要优势如下：由于堆芯功率密度低、源项小、具有非能动特性以及事故进程较为缓慢,供热堆可建在人口相对密集的地区;并能根据人口密度条件和选址假想事故的后果,界定非居住区和规划限制区的范围;微压池式供热还具备简化或取消场外应急的可能性,可针对其设计特点和事故源项,结合辐射剂量计算结果和放射性释放的时间特征,获得相匹配的应急计划区范围,并明确规定其放射性物质年排放量控制值和相应的公众接受剂量限值;微压池式供热堆的选址对地质、水文的要求都不高,可建在内陆水流量较小的湖泊、河流和水库周边区域。

2) THERMOS 堆型

THERMOS 堆型的方案是法国原子能中心和核技术研究所基于数十个小型、超小型的位于城市附近成功运行的研究堆的经验发展起来的。1974 年以来,针对不同的应用场景,如海水淡化、城市区域供热、工业用热等,THERMOS 堆型设计不断改进,包含了不同的功率水平,从 50 MW 到 200 MW。

THERMOS 堆的系统原理如图 2 - 16 所示。THERMOS 堆的基本特点如下：一体化、游泳池式方案,强调非能动安全;最小化的放射性释放,事故情况下无须疏散附近居民;主回路运行在 1.0 MPa、130 ℃;无硼运行;高度自动化。THERMOS 堆也可认为是一座低压的压水堆,其一回路系统一体化布置在一个不锈钢壳内,壳体则放置在水池中。反应堆洞库 2/3 在地面以下。其混凝土结构具有防止外部事件的作用,如飞机撞击、爆炸等。

反应堆堆芯有板状燃料元件和棒状燃料元件两种不同的方案,均已有成熟的使用经验。主回路包括堆芯、换热器、主回路泵等,冷却剂由下至上流过并冷却堆芯,然后流入换热器,再由主泵送回堆芯底部。换热器和主泵位于堆芯上部。在 100 MW 的 THERMOS 堆中,主回路包含 3 台主换热器和 3 台主泵。主换热器为竖直 U 形管式。主回路的稳压是通过采用一个辅助环路以及

---

① 原标题为 *Acceptance Criteria for Emergency Core Cooling Systems for Light-Water Nuclear Power Reactors*。

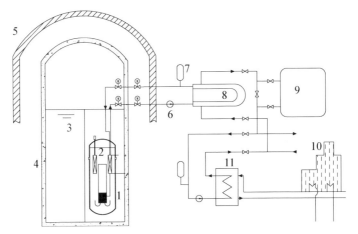

1—反应堆;2—主换热器;3—池水;4—混凝土水池;5—反应堆大厅;6—中间回路循环泵;7—稳压器;8—中间换热器;9—中间回路水池;10—热用户;11—热网换热器。

图 2-16 THERMOS 堆的系统原理图

位于堆芯和压力容器顶盖之间的气体储存空间来实现的。

与其他供热堆类似,THERMOS 堆也设置有中间回路,该回路设有三台换热器和相应的泵,其运行压力稍高于一回路。设置中间回路的优点如下:防止一回路的水向用户热网泄漏;通过监测中间回路的放射性和压力来监测主换热器的泄漏;通过监测中间回路水的纯度和压力以判断中间回路换热器是否泄漏。

THERMOS 堆设置有三套独立的停堆系统以保证反应堆的可靠停闭,包括控制棒-安全棒系统,4 根附加控制棒(停堆棒)系统,手动操作的、向反应堆水池和一回路注入含钆溶液的系统。

THERMOS 堆的安全设计既遵循了大型核电站的相关安全法规,同时也考虑了池式堆的固有安全特性。在正常运行工况下,可连续监测主回路水的放射性,保证监测燃料元件包壳的泄漏并及时采取措施;堆内构件活化最小化,只有主回路支撑部件、主冷却剂流道和控制棒导向结构活化较强,可以在水下进行拆卸;可以处理一回路水中的放射性气体;与堆芯保护系统有关的测量装置保证冗余并实体隔离;设置三套停堆系统。在事故工况下,考虑了一系列设计措施来降低事故后果,包括以下方面:较小的主回路管道尺寸,并考虑各种事故工况;设计三重屏障,保证主回路水可包容;建筑物设计成具有防导弹能力的双层密封壁圆穹顶。

THERMOS 堆在环境相容性方面采取了很多措施来降低对于环境的影响,这些措施的成效如下:显著减小热损失,采用高效空气再循环系统;总放射性排放量较低,年低放射性液体废物储存总量约为 55 m³,中放射性固体废物约为 250 L,低放射性固体废物约为 10 m³;极好的厂址复用条件,在寿期后,仅有靠近堆芯的少量活化结构需进行水下切割拆卸并运走;放射性废物的运输要求低,最多仅需三辆卡车即可完成包括换料及放射性废物的运输。THERMOS 堆的设计采用成熟可靠的技术,相关技术均有实际的建造和运行经验,放射性物质产量小,具有非能动安全特性,运行检修所需人员少,这些特点使得 THERMOS 堆具有良好的公众接受度,在此方面尤其值得借鉴。

3) EIR - 10 堆型

在瑞士,由于生态学的发展和环境保护的压力,人们逐步认识到通过核能供热取代化石能源的重要性和意义。在此背景下,瑞士发展了几种不同的供热堆方案,其中的 EIR - 10 堆型为池壳式供热堆方案。

EIR - 10 是堆芯功率为 10 MW 的供热堆,如图 2 - 17 所示。反应堆采用一体化布置,堆芯及一回路设备全部布置在一个压力容器内,一回路运行压力为 0.8 MPa。堆芯布置在压力容器底部的支撑结构上,由 32 盒燃料组件构成,组件尺寸为 127.5 mm×127.5 mm×1 280 mm,燃料活性区高度为 0.8 m,堆芯当量直径为 0.93 m,堆芯铀装量为 1.19 t(1.35 t 的 UO₂)。燃料组件采用棒状元件,每个组件有 98 根燃料棒,燃料元件包壳及锆盒均采用 Zr - 4 合金;采用非均匀钆毒展平,燃料组件的寿期可达 30 年,相应的铀燃耗深度约为 50 000 MW·d/t,整个寿期内不需要换料。出于自然循环和安全方面的考虑,堆芯功率密度较小,约为 20 kW/L。热工水力学设计和计算结果表明,在基本参数下,偏离泡核沸腾比(DNBR)≥6,安全性较高。

EIR - 10 堆芯上部为抽吸管,用于增强自然循环的抽吸驱动力。堆芯和抽吸管外设置有堆芯围筒,围筒内径为 1 060 mm。采用 9 根十字形控制棒。主换热器布置在堆芯围筒与压力容器之间的环形空间内,采用螺旋管式;管的规格为 Ø15 mm×1 mm,管间距为 2 mm,按同心圆柱排列,由内到外有 10 层传热管,每层传热管在高度方向上为 60 匝,共有 146 根传热管,总长度为 2 432 m,换热面积为 114.6 m²。二次侧冷却水为强迫循环,走传热管内侧,冷却水入口在换热器下部。压力容器采用双层设计,内层外径为 1 600 mm,高为 3 850 mm,外层外径为 1 700 mm,法兰外径为 2 150 mm,总高度为 4 400 mm。由于承压较低,压力容器比较薄,采用全不锈钢材料。

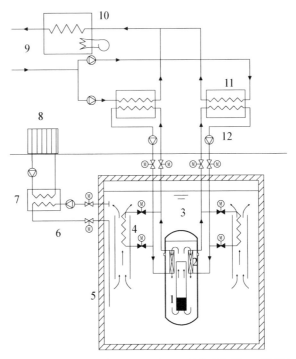

1—堆芯;2—主换热器;3—池水;4—余热冷却器;5—混凝土水池;6—池水冷却系统;7—余热换热器;8—空冷器;9—热用户;10—加热炉;11—中间换热器;12—水泵。

图 2-17　EIR-10 反应堆及主要工艺系统图

EIR-10 反应堆压力容器安装在一个圆筒形的水池中,水池直径为 6.0 m,高为 19.0 m,壁厚为 1.0 m。水池中设有乏燃料储存架,可储存 34 组燃料组件以及 12 根控制棒。主回路部件均能进行检验和远距离检修。在反应堆停用的情况下,所有放射性设备、材料均处于压力容器内,拆除和维护相对较为简便,费用较低。

EIR-10 的余热载出有多个途径。正常情况下可通过热网将余热载出,热网本身的散热损失可以平衡堆芯衰变热。如果中间回路循环泵故障,还可以通过中间回路的自然循环将衰变热载出到热网。同时,还设置有专门的余热系统,余热换热器通过管道及阀门与中间回路管道相连,换热器放置在池水中,以池水作为冷源。水池换热器为蛇形管换热器,管径为 80 mm,单管长 32 m,单台换热面积为 8 m²,水池的水装量约为 220 m³。运行时余热冷却系统可建立自然循环,通过主换热器、余热冷却系统冷却器将衰变热传递到池水中,而池水则由池水冷却系统维持其温度。由于池水装量很大,具有较大的热惯性,因此余热冷却系统只设置了 2×200 kW 的载热能力,单套运行时大约 30 min 即可达到平衡。

EIR - 10 池水冷却和净化系统可去除池水中的放射性物质,使得放射性指标在限值以内,并去除池水中的固体杂质和腐蚀产物等,净化能力为每 50 h 处理一遍池水;保持池水温度不超过 30 ℃,换热器采用空气冷却,总冷却功率为 50 kW。此外,热量也可以向水池周围的土壤环境散出。

EIR - 10 设置有水力控制和停堆系统,用于控制反应堆功率,以及启动和停闭反应堆。用水力驱动的控制棒可实现功率的粗调,采用电动机驱动的控制棒可进行功率细调。水力驱动控制棒的泵阀等发生故障时可自动切换,即使两台泵同时故障,控制棒失去水力驱动,仍可依靠重力落入堆芯,实现自动停堆。

与一般的压水堆相比,EIR - 10 有更好的安全特性,主要包括以下方面:压力和温度参数比较低,压力边界内的载荷较小;一体化布置,放射性物质均包容在压力容器内;单位功率的冷却剂容量比一般压水堆大 10 倍,整体热容量和热惯性很大,事故后达到需要干预的情况的时间较长;堆芯功率密度低,安全裕度大;池水可有效吸收衰变热。从停堆方式上看,EIR - 10 设置有 3 套独立的停堆手段:水力驱动控制棒停堆、电动中心调节棒停堆和注硼停堆。其中水力驱动控制棒和电动中心调节棒在失压或失电后,可在重力作用下自动插入堆芯实现停堆;注硼停堆是依靠压力将硼液罐内的含硼溶液注入堆芯,硼液罐与堆芯连接的管路上设置有爆破膜。事故分析的结果表明,内部事故造成堆芯损坏的概率约为 1×10^{-6} a^{-1}。针对外部事件分析了丧失外部电源事故,其造成堆芯损坏的概率小于 1×10^{-6} a^{-1}。针对地震,力学分析结果表明,在岩石横向加速度为 $0.2g\sim0.6g$ 的情况下,反应堆水池、压力容器、停堆系统和余热载出系统可以保留下来,不会发生堆芯损坏。由于采用地下建造方式,即使飞机坠毁也不会对它造成问题。在环境影响评价方面,按 1‰ 燃料破损率计算,反应堆附近的剂量当量仅为 $1\times10^{-4}\sim1\times10^{-3}$ mSv/a,远低于瑞士当地 3 mSv/a 的天然剂量当量。

4) SECURE 堆型

SECURE 堆型是由瑞典 ASEA - ATOM 公司开发的,是一种具有固有安全性的供热堆。以 SECURE - 400 为例,其反应堆热功率为 400 MW,一回路运行压力为 0.7 MPa,堆芯入口温度为 90 ℃,出口温度为 120 ℃。SECURE 堆堆芯由 266 组燃料组件组成,燃料棒长度为 1 970 mm,铀装量为 26.67 t。

一回路采取主泵强迫循环载热。设置有反应堆水池,池中储存约 1 500 m³ 的质量分数为 1 000 ppm[①] 的硼水。反应堆水池采用预应力混凝土构建,其水池内设有钢衬里。主泵和主换热器布置在池外。乏燃料储存区位于池内,可满足全寿期乏燃料储存需求。设置了中间回路系统以防止一回路带有放射性的冷却剂泄漏到热网中。

与前述的几种加压池式堆不同,SECURE 堆的一回路系统与池水之间虽然也设置了一些结构边界,但没有完全物理隔离,一回路冷却剂在堆芯下部、稳压罐等部位与池水相连,但通过密度塞等压力平衡装置,在正常运行工况下相互之间不会搅浑,从而实现一回路冷却剂与池水的隔离。在正常运行期间,这种隔离得以保持;而在事故工况下,需要池水进入一回路系统实现堆芯可靠冷却时,这种隔离由于压力分布的变化和驱动会非能动地解除。以上是 SECURE 堆设计上的重要特点。

在反应堆水池中,一回路系统的设备主要有下部密度塞、堆芯围筒、上升管、上部密度塞、稳压罐及部分管道,其中热管上设置有文丘里管。密度塞也称为密度锁,在稳态工况下,密度塞中会形成一个分界面。在分界面处,一回路循环流动产生的压力与池水重力压头产生的压力相平衡,从而实现一回路冷却剂与池水的分隔。

基于 SECURE 堆的核供热站包含主工艺系统、热传输系统以及辅助系统。主工艺系统包括反应性控制系统、主冷却剂系统(一回路系统)、泄放系统、一回路净化系统、硼酸及净化补水系统、气锁系统、水净化系统混凝土壳、控制区域泄漏及排放系统、机械吸收剂水力系统、复合系统。热传输系统包括地区供热网、中间冷却系统(二回路系统)。辅助系统包括冷却塔系统、余热载出系统、设备冷却系统、外部补水系统、控制区域通风系统、工艺热系统、地面水排水系统等。

SECURE 堆在设计上考虑了固有安全性的要求和实现。与安全有关的重要装置包括文丘里限流器和密度塞等。有四种停堆手段:注入硼酸实现正常停堆,主泵停闭实现紧急停堆,依靠文丘里限流器的空化效应停堆,依靠硼吸收体实现长期停堆。有三种余热排出手段:正常情况下通过供热管网载出余热,通过池水带走余热,通过冷却塔带走余热。

基于以上安全设计,SECURE 堆达到了较高的安全水平,不会发生造成

---

① ppm(parts per million)是行业惯用的浓度单位,表示百万分之一,即 1 ppm=10^{-6}。

严重后果的堆芯损坏事故,因为反应堆运行压力、温度很低,且堆芯装在浓硼水池中,放射性释放极少。正常运行时,反应堆周围放射性水平仅为天然本底的几千分之一,因此可以应用于城市附近。停堆和余热载出可通过非能动方式实现,无须外部动力驱动。

2.3　池式供热堆的主要特点

由前述几种典型的池式供热堆设计可见,不论是自然循环池式供热堆还是强迫循环池式供热堆,不论是敞口式的常压设计还是加压或微加压池式供热堆,这些池式供热堆最重要和最显著的特点是反应堆堆芯位于一个装水量巨大的水池之中,常压和(或)低压运行使得这类池式供热堆的热工参数和堆芯功率密度相对较低,不会出现类似压水堆核电站的可能导致堆芯裸露的大破口失水事故以及随之而来的堆芯熔化事故,再加上采用了地下或半地下水池设计、非能动余热载出设计等,安全性相对较好。这些特点使得池式供热堆在核能供热发展过程中引起了世界上许多国家的重视,得到了较早和较为广泛的发展,衍生出了多种不同设计,下面将简述池式供热堆几个主要设计特征以及它们对于供热堆安全的影响。

1) 大冷却剂装量

池式堆最主要的特点是其非常大的反应堆冷却剂装量,这使得其动态过程缓慢,有利于反应堆的操控。

一般的压水堆核电站反应堆冷却剂系统的水装量约为数百立方米,如AP1000 的反应堆冷却剂在系统功率运行条件下的体积约为 272 m^3,其反应堆热功率约为 3 400 MW。而池式堆的反应堆冷却剂系统一般都与整个反应堆水池保持连通,水装量一般都在 $1\,000 \text{ m}^3$ 以上,而池式堆的堆功率通常只有几兆瓦到几十兆瓦,水装量与堆功率之比远大于压水堆。这一设计是池式堆最为核心的特点,可以有效提升池式堆的安全性。

一般压水堆的反应堆冷却剂系统是由高温高压的容器和管道构成压力边界,必须考虑如何应对各种类型的破口失水事故,以防止一回路失水造成堆芯损坏等更严重的事故后果。为此,压水堆需要设置高压安全注入、低压安全注入、堆芯余热排出等各种专设安全设施,以应对失水事故。专设安全设施的动作通常还需要安全可靠的动力系统加以支撑。同时,为了满足核安全单一故障准则,安全系统还需要冗余设置,这也增加了整个核岛的复杂性。

与压水堆相比,池式堆的堆芯放置在反应堆水池中,池水具有巨大的蓄热能力,仅依靠大量的池水就能为池式堆的事故工况提供较长期的、可靠的堆芯衰变热载出,在较长的时间内都无须外部干预;而池水升温后,其热量也可通过非能动的方式传递到最终热阱(大气)中。一般而言,只要保证反应堆水池的完整性和密封性,池式堆就几乎不会发生严重事故。因此很多池式堆在设计中均考虑将反应堆水池建造在地下,并在混凝土池壁再设置钢制的密封包覆面,以防止池水的泄漏。

此外,大量的池水位于反应堆堆芯上部,水层厚度一般为 10 m,有些深水池式堆的设计水层厚度则超过了 20 m。较厚的水层自然地形成了屏蔽层,可有效防止堆芯向外部释放放射性,相对简化了屏蔽的设计。现有经验表明,8 m 以上的水层厚度就可以将中子辐射剂量降低到允许工作人员停留的水平。此外,堆芯与容器和水池的间距大,堆芯中子通量小,这些都有利于防止材料辐射损伤,从而有利于设备寿命的延长。

但从另一方面讲,池式堆这种大装量池水的设计也需要考虑水下设备的运行、操作、检修等问题。

2) 低运行参数

池式堆的另一个主要特点是运行参数低。常规压水堆核电站的运行压力一般为 15 MPa,堆芯出口温度超过 300 ℃。而一般池式堆通常采用与大气连通的池水-反应堆冷却剂系统设计,池水为常压,堆芯处的压头依靠池水的高度静压提供。由于压力低,为了使池水不沸腾,池水温度也不能太高,即需要保证足够的过冷度。此外,压力会影响自然循环的稳定性,一般来讲,压力越低,稳定性越差,需提供足够的过冷度以保证流动稳定。这就限制了堆芯的出口温度。为了在保证池式堆自身安全性的同时还能够提升堆芯出口温度,很多堆型也采取了一些改进措施,如增加池水深度、采用强迫循环、增加承压边界等。但通过增加池水深度来提升堆芯部分的运行压力进而提高堆芯出口温度的方案对供热堆的工程建造、运行、经费等影响较大。

在强迫循环池式堆中,一回路循环泵也可提供一定程度的压力,但其提升较为有限。在加压池式堆设计中,如 HAPPY - 200、THERMOS 等,虽然增加了一些包容一回路边界的设备,但仍然将运行压力限制在较低水平,如 HAPPY - 200 的运行压力约为 0.6 MPa,THERMOS 的运行压力约为 1 MPa。这是为了在提升出口温度的情况下,还能够兼顾保持池式堆的安全特性。即使是加压池式堆,其运行参数也远远低于常规压水堆核电站的运行参数。

从安全性的角度出发,较低的运行参数提升了池式堆的安全性,不会出现类似压水堆破口事故中剧烈的快速降压和瞬态的失水过程,事故过程相对平缓、易控。从设计角度看,较低的运行参数简化了系统设计,无须设置高压容器设备,无须复杂的稳压系统,也无须设置专门应对失水失压事故的安全设施,更容易实现固有安全特性,更有利于非能动安全系统的配置。

从应用的角度看,较低的运行参数限制了池式堆的商业应用。一般池式堆的堆芯出口温度为 $80\sim90$ ℃,加压池式堆的堆芯出口温度可以提升到 100 ℃以上,如 HAPPY-200 的堆芯出口温度为 120 ℃。这样的出口温度水平,常见的应用场景主要有区域供热、制冷、海水淡化等。虽然国内外建成的池式堆数量众多,但大部分是以实验研究和同位素生产为主要目的,其他方面的实际商业应用,尤其是在供热方面的应用较少。已知的池式堆在供热方面的应用,主要包括加拿大建成的 2 MW 的 SLOWPOKE 堆,清华大学的 901 屏蔽堆和中国原子能科学研究院的 49-2 堆等。而目前由于受"碳中和"等新形势和政策的影响,池式堆新堆型的开发会向区域供热的应用方向发展。

3) 设置中间隔离回路

池式供热堆以供热为主要目的,不需要一般的压水堆核电站中的蒸汽-电力转换系统,只需考虑将热量传递给下游用户,例如城市热网。池式供热堆通常要设置中间隔离回路系统,在反应堆冷却剂系统(一回路系统)与热网之间形成物理隔离屏蔽,以防止一次侧带有放射性的冷却剂对热网造成污染。中间隔离回路系统的运行压力一般要高于反应堆冷却剂系统和热网回路的运行压力。中间隔离回路上设置监测放射性剂量的仪表,用于及时发现一回路向中间隔离回路的泄漏。

设置中间隔离回路一方面提高了池式供热堆的安全性和用户的可接受性,另一方面由于需要经过由反应堆堆芯到反应堆冷却剂系统、反应堆冷却剂系统到中间隔离回路、中间隔离回路到热网的多次换热,因此热网用户所能利用的热能会有所降低。

2.4　池式供热堆发展中面临的重点问题

虽然池式供热堆具有系统简单、参数低、安全性好等特点,但实际上池式供热堆目前并未得到大规模的发展和应用。究其原因,池式供热堆在发展中尚面临一些关键问题亟待解决,涉及设计标准体系方面、技术方面、经济方面等。

1)设计标准体系不完善

我国目前尚无较为成熟的商用池式供热堆建造、运行的相关经验,相应的设计标准体系、法规、规范等同样也较为匮乏。在我国现行的民用核安全法规标准体系中,将核设施分为核动力厂和研究堆两个系列分别进行管理。根据现有的各种池式供热堆的堆型方案,池式供热堆的堆功率由兆瓦级到百兆瓦级,范围覆盖从研究堆到小型堆,但仍低于核动力厂。从堆型特性上看,池式供热堆与一般的商用压水堆和研究堆都有显著的不同,直接套用现有标准体系显然是不合适的。因此,有必要根据池式供热堆的设计特点,在保证安全的前提下,建立一套符合池式供热堆技术特点和安全特性的设计、建造、运行和监管标准体系。完善的标准体系是助力池式供热堆发展和应用的重要支持。

2)关键技术问题研究与验证

堆芯是决定一座反应堆性能的最关键要素,池式供热堆不完全等同于池式研究堆,其堆芯设计、燃料设计、热工水力学设计等,都需要进行详细的理论分析和必要的实验研究和试验验证,但至今这方面开展的工作有限,没有公开可见的文献报道,这是池式供热堆推广应用必须首先解决的问题。

对于小型热网而言,自然循环池式供热堆是较为适用的。由于依靠自然循环冷却,因此堆芯热功率密度不高,总的堆功率水平也不高,与小型热网的需求较为匹配;自然循环池式堆的结构和系统简单,总投资较小,经济性上有竞争力;自然循环池式堆的安全性高,有利于提高公众接受度,可靠近热网附近建造。就自然循环池式堆而言,其自身的固有安全特性、物理热工特性、自然循环热工水力学特性、关键设备等,还需要进一步的研究,并根据具体的方案和应用场景进行优化与验证。

此外,功率规模的限制同样也限制了自然循环池式堆的进一步应用。因此,各种改进的技术方案相继提出,如前面介绍的强迫循环池式供热堆、加压池式供热堆、深水池式供热堆等。这些新的、改进的技术方案,大多处于概念设计阶段,要想真正实现商业化应用还需要做大量的工作,尤其是在关键技术研究和验证方面,还需要全面深入地开展工作。

在强迫循环池式供热堆中,需关注引入主泵带来的相关问题。由于池式堆的温差较小,要大跨度地提高功率,需要高流量的循环泵来带走堆芯热量。

因此,一方面要关注设置主泵对于整体经济性的影响,包括初投资增加、检修以及运行费用的增加等;另一方面,高流速工况与自然循环低流速工况的差别较大,要考虑主泵相关的各类事故对反应堆安全的影响。

在"燕龙"池式供热堆设计方案中,采用惯性水箱补水冷却技术方案,用于在强迫循环结束到自然循环建立之间的过渡阶段内保证堆芯冷却流量不丧失;还设置了分离式热管冷却器,用于非能动地将池水中的热量载出到大气中。这些新技术的应用,还需要进一步的试验验证来证明其可行性和可靠性。

在深水池式供热堆中,池水深度增加后,为防止放射性池水污染周围的土壤和地下水,对水池壳体结构设计要进行专门的研究和验证,以保证密封性并进行在线泄漏监测。此外,水池加深后也会带来经济性方面的影响,以及对于实际运行操作、检修、换料等方面的影响,均需要仔细分析和研究。

池壳式的加压池式供热堆是介于池式堆和壳式堆之间的一类中间堆型。为了维持池式堆的一些固有安全特性,池壳式供热堆不能将压力提升得过高,否则将丧失其池式堆自身的特点和优势。在提高了压力之后,还需要引入一些新的技术方案来保证事故发生后池水可以注入堆芯,实现非能动的堆芯衰变热的载出。例如,HAPPY-200 设置了与主回路相连的非能动余热排出系统来建立一回路与池水之间的传热途径,通过换热器来实现将一回路的热量传递到池水中;同时,在反应堆一回路的冷热管段(位于池水底部)各设置一个逆止阀组,当破口事故发生时,可根据控制信号(池水与一回路的压差信号)开启,利用池水底部静压实现堆芯应急冷却,确保堆芯不会裸露。这些新的技术和设计方案的应用能否实现预期的效果,需要经过切实可信的分析研究和试验验证加以论证。

简而言之,无论是哪种堆型或技术方案,池式供热堆都仍需加强和深化关键技术的研究和验证,达到一定的技术成熟度,满足国家核安全法律法规的要求,解决用户对于"核"的担心,并具有相当的市场竞争力,为真正的商业化、市场化应用奠定基础。

3) 经济性问题

经济性问题是影响池式供热堆面向市场应用的重要课题。与传统的化石能源相比,无论什么堆型,核供热站都没有二氧化碳等污染物排放,因而更加清洁;但相比于火电厂和热电厂,核供热站存在初投资相对较高、建设周期长等劣势。

在核供热方面,池式供热堆将面临与壳式供热堆的竞争。与壳式供热堆相比,池式供热堆减少了一回路的高压容器、管道等,但增加了反应堆水池。

池式供热堆还需要结合实际的用户需求在经济性方面进一步开展深入研究论证，体现自身的特点和优势。

参考文献

[1] 吕应中,王大中,马昌文,等.低温核供热堆的发展前景[J].核动力工程,1984,5(6)：41-49.

[2] 王大中,马昌文,董铎,等.核供热堆的研究发展现状及前景[J].核动力工程,1990,11(5)：2-7.

[3] 马昌文.核能利用的新途径：低温堆核能供热[M].北京：科学出版社,1997.

[4] 柯国土,刘兴民,郭春秋,等.泳池式低温供热堆技术进展[J].原子能科学技术,2020,54(增刊1)：206-212.

[5] 清华大学核能技术设计研究院.我国核供热堆技术发展简介[R].北京：清华大学核能技术设计研究院,2000.

[6] 田嘉夫,杨富,向勤,等.池式低温供热堆[J].核动力工程,1992,13(1)：31-37.

[7] 哈琳.研究堆[J].国外核新闻,2002(10)：29-32.

[8] 闫淑敏.世界实验堆现状[J].国外核新闻,2001(6)：17-19.

[9] 张亚东,杨笑,郭玥,等.49-2游泳池式反应堆一回路非能动破坏虹吸功能的建立[J].核安全,2016,15(3)：59-63.

[10] 田文喜,秋穗正,苏光辉,等.中国先进研究堆未能停堆的全厂断电事故分析[J].核动力工程,2008,29(3)：59-63.

[11] 王玉林,朱吉印,甄建霄.中国先进研究堆应用及未来发展[J].原子能科学技术,2020,54(增刊1)：213-217.

[12] 袁履正,柯国土,金华晋,等.中国先进研究堆(CARR)的设计特点和创新技术[J].核动力工程,2006,27(增刊2)：1-5.

[13] 柯国土,石磊,石永康,等.中国先进研究堆(CARR)应用设计及其规划[J].核动力工程,2006,27(增刊2)：6-10.

[14] Tian J F, Yang F, Zhao Z Y. Deep pool reactors for nuclear district heating[J]. Progress in Nuclear Energy, 1998，33(3)：279-288.

[15] Adamov E O, Cherkashov Y M, Romenkov A A, et al. Inherently safe pool-type reactor as a generator of low-grade heat for district heating, air conditioning and salt water desalination[J]. Nuclear Engineering and Design, 1997, 173(1)：167-174.

[16] International Atomic Energy Agency (IAEA). Design and development status of small and medium reactor system[R]. Vienna：IAEA, 1996.

[17] 田嘉夫,赵兆颐,杨富,等.120 MW 池式低温供热堆[J].原子能科学技术,1995,29(1)：33-40.

[18] 田嘉夫.低温核能供热用深水池供热堆[J].科技导报,1998(11)：55-57.

[19] 田嘉夫.深水池低温供热堆的研究进展[J].清华大学学报(自然科学版),1995,35(2)：109-110.

[20] 王欣,田嘉夫,赵兆颐,等.200 MW 常压采暖供热堆设计研究[J].核动力工程,1997,

18(4)：340 - 344.

［21］　田嘉夫,赵兆颐,杨富,等.200 MW 深水池 6 型供热堆(DPR - 6)的方案设计[J].核科学与工程,1995,15(3)：199 - 206.

［22］　岳芷廷,刘兴民,郭春秋,等.49 - 2 泳池堆低温供热全厂断电 ATWS 事故分析[J].原子能科学技术,2020,54(8)：1426 - 1432.

［23］　岳芷廷,刘兴民,郭春秋,等.DHR - 200 池式低温供热堆 SBO - ATWS 事故及自然循环能力分析[J].原子能科学技术,2020,54(10)：1834 - 1839.

［24］　白宁,陈耀东,沈峰,等.微压供热堆 HAPPY - 200 总体技术方案[J].原子能科学技术,2019,53(6)：1044 - 1050.

［25］　郑罡,孙培栋,彭翊,等.微压供热堆压力容器结构设计与力学分析[J].装备环境工程,2019,16(2)：1 - 6.

第 3 章

NHR 5 及 NHR200 - Ⅰ型
低温核供热站

为实现"以核代煤",缓解北方城市能源短缺、运输紧张和 CO_2 排放导致的环境污染问题,我国自 20 世纪 80 年代初开始了低温核供热技术的研究,研究工作始于清华大学对池式屏蔽试验反应堆进行的供热改造和随后开展的核能供热演示验证,在此基础上,清华大学提出"建造一座 200～500 MW 核供热商用示范站"的核能供热发展计划并分步实施部署,得到了国家有关部委的大力支持。综合考虑多种因素后,清华大学选择了应用范围更广的壳式堆作为核能供热研究的重点,为掌握核供热堆设计、建造、运行等方面的技术,并开展综合利用和技术发展研究,提出前期建设一座 5 MW 一体化布置的壳式低温堆(NHR 5)核供热试验站,该项研发工作列入了国家"六五"和"七五"重点科技攻关计划。

3.1   先进的低温核能供热技术

NHR 5 低温核供热堆于 1986 年 3 月在清华大学动工,经过多年努力,于 1989 年 9 月 3 日首次达到临界状态运行,1990 年 1 月 16 日达到满功率运行,该堆成为世界上第一座成功建成和运行的壳式一体化全功率自然循环低温核供热堆[1]。

考虑到供热管网有限的经济输送距离以及需杜绝放射性经热网进入用户,要求建在城市内乃至居民区附近的核供热堆的安全性和放射性隔离能力必须远高于核电厂。为此,5 MW 壳式供热堆采用了一系列的先进技术,包括固有安全、非能动安全、全功率自然循环、内置式水力驱动控制棒、内置式汽-气稳压器、紧贴压力容器的钢制安全壳等。此外,5 MW 供热堆压力、温度参数低,堆芯功率密度和堆内积聚的能量等都远低于主流核电站中压水堆的相应参数,这些措施都确保了 5 MW 壳式供热堆的安全性,所以这种壳式供热堆不仅安全性高,而且潜在应用范围也更广。

5 MW 低温核供热试验站于 1989 年成功建设和运行后,进行了连续三个冬季供暖期的运行试验,运行结果充分展示了其优异的性能及低温核供热堆技术在能源、环保和商业应用上的价值,该堆的建成标志着我国走在了世界核供热堆研究发展的前列[2]。为了大规模推广这一先进技术,低温核供热堆研究继续得到了国家的大力支持,在"八五""九五"计划期间,国家计划委员会(简称国家计委)和国家科学技术委员会(简称国家科委)安排了热功率为 200 MW 的商用规模低温核供热堆关键技术的攻关和工程验证实验[3]。结合大庆厂址,清华大学完成了 200 MW 壳式一体化自然循环低温核供热堆(NHR200 - I)的初步设计以及主要系统和设备的施工设计。

大庆厂址 200 MW 低温核供热堆核能供热示范工程可行性研究报告于 1992 年完成编制并上报,于 1995 年 8 月获得批准,初步安全分析报告于 1996 年底通过了国家核安全局组织的专家审查,1996 年 12 月取得建造许可证,1998 年完成了示范工程的初步设计。虽然最后由于种种原因,大庆厂址 200 MW 低温核供热堆核能供热示范工程没有建设,但借助此项目的推动,NHR200 - I 型低温核供热堆的初步设计和关键技术攻关研究得以完成,目前已具备根据不同厂址条件,随时进行详细设计和建设工作的基础。

3.1.1 设计目标和安全要求

低温堆核供热站的设计目标是安全可靠、经济实用、技术现实。

基于经济性考虑,低温核供热站一般宜建在靠近人口稠密的区域。若为提高安全性而在设计上层层加码,过分依赖工程安全设施,必将增加建造投资和运行维修费用,从而影响核供热的经济性和技术现实性。因此,供热反应堆应设计成具有良好的固有安全性,即反应堆的安全运行是利用其内在规律达到的,这就可以简化甚至取消原有核电厂所设置的庞大、复杂的安全设施,不需要提高甚至可以降低绝大部分设备部件的设计等级,从而使供热站的系统简单、设备部件制造容易、运行可靠,达到总体上的简化和好的经济竞争性。因此,低温核供热堆具有良好的固有安全性是最重要的设计要求。

核供热堆设计和运行状态的分类与一般核电站类似,也是根据其发生的频率以及对公众的危害程度分成五类工况:① 工况 I,正常运行;② 工况 II,预期运行事件;③ 工况 III,稀有事故;④ 工况 IV,极限事故;⑤ 工况 V,设计扩展工况。

核供热站总安全原则是在正常运行和发生设计基准事故时,甚至在设计扩展工况下,应保护站区工作人员的健康、安全,使其免受过量放射性照射;保证不让超过限值的放射性物质释放到环境中,污染国土,危害公众。为此,核供热站设计应满足下列基本安全要求:

(1) 必须在任何工况下为安全停堆和维持停堆状态提供必要和可靠的手段。

(2) 必须为排出堆芯余热提供必要和可靠的手段,这种手段应是非能动的。

(3) 必须提供必要的手段确保放射性物质向热网和环境的释放不超过规定的限值。

(4) 必须确保不会发生堆芯熔化事故,在任何工况下不需要站外应急处置。

3.1.2　设计准则、理念和特征

为了满足核供热站的安全原则和要求,其设计、制造、安装和运行均应遵守相应的安全法规、准则和标准。

目前,国内外还没有完整的核供热法规、标准及规范。因此,核供热站设计除应遵守我国已制定的安全法规和规范中适用的规定外,还应满足下述设计准则:

(1) 核设计应保证寿期中任何时候都具有负反应性系数。

(2) 堆芯余热应依靠自然循环排出。

(3) 应设置中间回路,将反应堆冷却系统与热网隔离开。

(4) 在设计基准事故下,燃料元件表面不得发生偏离泡核沸腾现象。

(5) 在设计基准事故下,堆芯应始终淹没在冷却剂中。

(6) 在设计扩展工况下,应有足够长的宽容时间,允许操纵员采取措施,缓解事故后果。

为了保证低温核供热堆的安全,基于前述安全要求和设计准则,壳式低温核供热堆具有下述先进的设计理念和显著区别于大型核电站压水反应堆和池式堆的特征。

(1) 一体化、自稳压结构设计。反应堆主回路系统采用一体化、自稳压和自然循环设计。因此,压力容器上除少量小口径工艺引出管外,没有外延的粗管道;压力容器外也没有大型、复杂的部件,这不仅可以大大降低冷却剂压力

边界的泄漏概率,而且可以极大地缓解泄漏事故的后果。同时,即使在安全壳内发生冷却剂压力边界破损事故,也能保证冷却剂淹没堆芯。这些设计特性可以保证核供热堆在任何设计基准事故工况下,堆芯不会裸露,因此,该堆不必设置应急堆芯冷却系统。

(2) 全功率自然循环冷却。主回路系统实现了全功率的自然循环冷却,不需要任何外部动力,取消了较易损坏的转动部件——主循环泵,提高了堆芯冷却的可靠性。同时,供热站最重要的安全系统——余热排出系统,同样采用自然循环方式,因此即使失去外电源,也可以长期维持反应堆堆芯的可靠冷却。

(3) 可靠的停堆保护系统。反应堆控制棒采用水力驱动系统且传动机构(又称驱动机构)内置于压力容器内,即没有伸出压力容器以外的结构,工作介质为反应堆冷却剂。由于其设计特性及失效安全的设计原则(如停电、停流、断管等故障导致的落棒),可以认为控制棒弹出事故或其他引起大的反应性扰动事故是不可信的。同时,该堆还设置了注硼系统,以进一步提高安全停堆的可信度。

(4) 设置隔离回路。输热系统为三重回路设计方案,即在反应堆主回路和热网之间设置了中间回路,把反应堆冷却剂与热网隔开。同时,中间回路运行压力高于主回路系统的压力,再加上多种辅助的检测保护和隔离措施,可有效地防止放射性水向热网泄漏。

(5) 运行参数低,热惯性大。该堆主回路工作压力约为压水堆核电站的 $1/6$,堆芯体积比功率为压水堆核电站的 $1/3 \sim 1/2$,燃料元件运行温度低,破损概率小,而且堆内含有大量的过冷水,热容量大,再加上三重回路的设计方案,因此,在瞬态工况或事故工况下,过程参数的变化比较平缓。

(6) 系统简单,操作方便。对于任何设计基准事故,保护逻辑系统一般只自动触发两种动作,即停堆和打开余热排出系统的阀门,无须操纵员干预,从而大大降低误操作的可能性。

3.2 5 MW 低温核供热堆

相比于大型核电站反应堆,5 MW 低温核供热堆的系统简单许多。供热站主要由厂房,反应堆本体,主冷却回路系统(包括一回路、中间隔离回路、热网回路),专设安全系统(包括余热排出系统、注硼系统、泄放系统),辅助系统(包括控制棒水力驱动系统、化学容积控制系统、气体系统等),测量控制系统等组成,如图 3-1 所示。

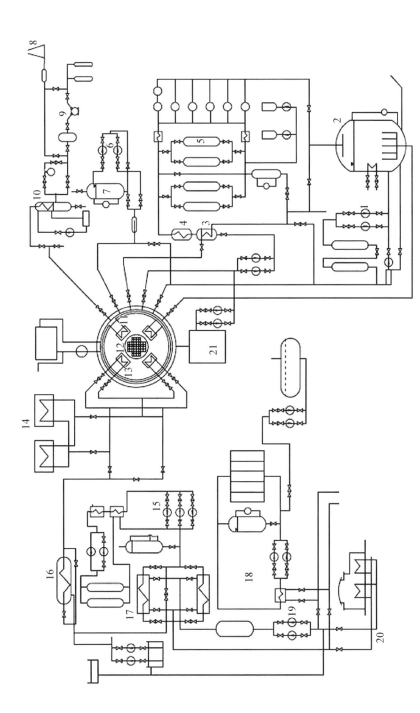

图 3-1　5 MW 低温核供热试验站总系统结构示意图

1—充水泵;2—储存箱;3—回热器;4—冷却器;5—离子交换柱;6—注硼泵;7—注硼罐;8—抽吸段;9—废气箱压缩机;10—冷凝器;11—安全壳;12—堆芯;13—主换热器;14—空冷器;15—中间回路泵;16—蒸汽发生器;17—换热器;18—设备冷却水系统;19—热网泵;20—供热网;21—控制棒传动系统。

反应堆本体主要包括堆芯(燃料组件、控制棒、中子源),控制棒传动机构,堆内构件,主换热器,压力容器和堆内测量仪表(压力测量仪、温度测量仪、水位测量仪、棒位测量仪)等,如图 3-2 所示。反应堆采用一体化布置全功率自然循环自稳压设计方案。

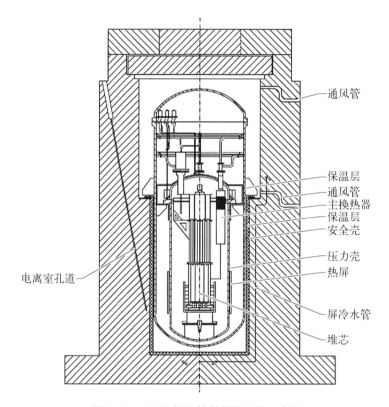

图 3-2　5 MW 低温核供热堆结构示意图

堆内结构采用吊挂形式,其吊篮组件主要由上段、下段、段间连接环板和下栅格板等组成。

吊篮组件的主要作用如下：① 上部结构和可拆支撑架实现其在压力容器法兰止口面上的吊挂和固定；② 支撑堆芯、安装换热器,其中环板用于主换热器的安装,下栅格板的上板用于燃料组件的精确定位,下板则用于承载堆芯和安装控制棒传动机构；③ 将压力容器内部分隔成内、外两个区域,构成一回路冷却剂流道,吊篮内腔(堆芯及其上部烟囱)为一回路上升段,吊篮与压力容器之间的环形空间为一回路下降段。

主换热器安装在吊篮组件环板上,其穿管通过可拆结构实现与压力容器顶盖的密封。

基于冗余设计,在压力容器底部设置了吊篮组件的二次支撑,它与吊篮底面间的预留间隙用于构件热膨胀的补偿,同时其吸能部件则用于地震时的减振缓冲。

为防止压力容器上的穿管断裂导致的失水事故,所有穿管均布置在堆芯以上,以保证堆芯在各种事故工况下均不裸露。其中,注硼管道由压力容器中部穿管进入,经喷射器后,沿容器内壁下降,再与安装在二次支撑组件上的注硼喷嘴相连。

反应堆冷却剂在压力容器内依靠密度差产生的动力,从堆芯底部向上流经堆芯加热后沿烟囱(水力提升段)上升到吊篮上部,横向进入换热器一次侧,被二次侧水冷却降温后经下降通道、二次支撑孔群、堆芯支撑板下部流回堆芯,形成自然循环回路。在反应堆压水运行时,压力容器上部设有约 1 m³ 的气空间,所充的氮气与水蒸气一起将反应堆冷却剂系统压力维持在规定范围内。

余热排出系统将 NHR 5 停闭后的剩余发热排出,以免堆芯过热;注硼系统是其第二停堆系统;安全泄放系统主要执行一回路超压保护并维持一回路压力边界的完整。化学容积控制系统主要用于控制反应堆一回路水质并保持反应堆回路的体积;气体系统用于给压力容器抽气及补充氮气,对放射性废气进行储存与排放等。控制棒水力驱动系统为控制棒驱动机构(水力步进缸)提供驱动载荷的流体,进而实现控制棒"步升步降"的控制,这种控制棒驱动机构与传统的大型核电站反应堆所使用的驱动机构在设计理念与技术路线上完全不同。

NHR 5 低温堆核供热站的热量输出回路包括堆芯冷却回路(一回路)、中间隔离回路和热网回路(供热站内部分),如图 3 - 3 所示。通过三重回路将供热堆堆芯中释放的热量导出并送往热用户。

NHR 5 低温核供热堆设计了压水运行与沸水运行两种工作方式,5 MW 核供热试验站主要参数如表 3 - 1 所示。

3.3　NHR200 - Ⅰ型低温核供热堆

NHR200 - Ⅰ型低温核供热堆完全继承和保留了在 NHR 5 供热堆上得到实际验证的先进设计理念和技术,包括壳式一体化布置、全功率自然循环、低温低压低功率密度、自稳压、自调节、双壳承压、三重回路、水力驱动控制棒、放射性多重屏障和非能动余热排出等。

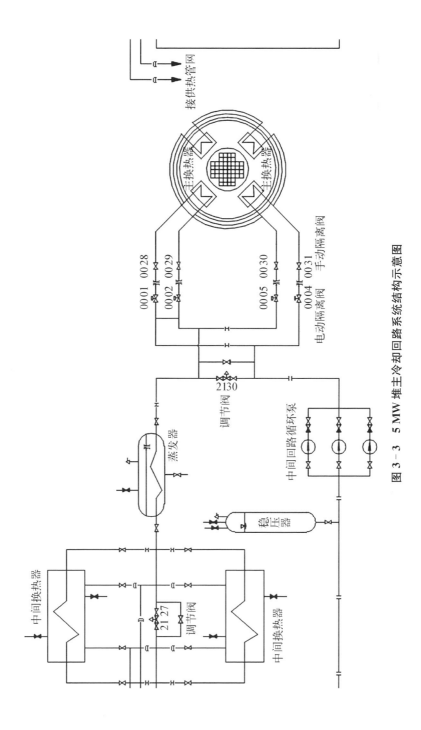

图 3-3 5 MW 堆主冷却回路系统结构示意图

表 3 - 1　5 MW 低温核供热试验站主要设计参数

参数名称和单位	参　数
供热站	
总功率/kW	5 000
供热面积/m²	约 50 000
主回路压力/MPa	1.5
主回路温度/℃	186/146.6(压水运行) 198/186(沸水运行)
中间回路压力/MPa	1.7
中间回路水温度/℃	142/102(压水运行) 158/118(沸水运行)
热网压力/MPa	<0.5
热网温度/℃	90/60(压水运行) 90/60(沸水运行)
堆芯	
堆芯高度/mm	690
堆芯当量直径/mm	约 570
堆芯功率密度/(kW/L)	约 24
燃料组件数	12 盒大组件＋4 盒小组件
燃料棒总数/根	1 288
钆棒总数/根	4
二氧化铀总装载/kg	507.8
包壳材料	Zr - 4 合金
控制棒数量	9 根十字翼板型＋4 根两翼板型
燃料富集度/%	3.0

(续表)

参数名称和单位	参　　数
平均热中子通量(初期)/(cm^{-2} · s^{-1})	1.59×10^{13}
最大热中子通量(初期)/(cm^{-2} · s^{-1})	5.22×10^{13}(压水运行) 4.77×10^{13}(沸水运行)
平均燃耗/(MW · d/t)	4 930(压水运行) 1 500(沸水运行)
满功率工作时间/d	442(压水运行) 134(沸水运行)
初始冷态增殖因子	1.113 2
初始热态增殖因子(无氙)	1.082 3(压水运行) 1.038 2(沸水运行)
盒内通量不均匀因子	1.45
气泡系数	$-2.21 \times 10^{-3} \Delta K$[①]/%
燃料棒平均热流密度/(W/cm^2)	17.85
堆芯流量/(kg/s)	29.1(压水运行) 75.0(沸水运行)
堆芯出口质量含汽率	约 0.008(沸水运行)
平均通道燃料组件最高温度/℃	527(压水运行) 506(沸水运行)
最小烧毁比	2.39(压水运行) 3.2(沸水运行)
自稳压空间/m^3	约 1.0(压水运行) 约 2.16(沸水运行)
主换热器数量/台	4
调节棒正常升降速率/(m/s)	0.31

---

① ΔK 为反应性系数的变化量。

（续表）

参数名称和单位	参　数
棒位（超声波）定位精度/mm	±3
水力驱动最高压力/(kg/cm^3)	22
壳体	
压力容器尺寸/mm	⌀1 890,厚 90,高 6 500
压力容器内衬材料与厚度	1Cr18Ni9Ti,6.5 mm
压力容器设计压力/MPa	2.5
安全壳尺寸/mm	⌀2 800,高 9 500
安全壳材料	16MnR
安全壳设计压力/MPa	1.5
生物屏蔽尺寸/(mm×mm×mm)	⌀3 380(最小内径)×11 250×1 650(最大厚度)
冷却系统	
主换热器换热面积/m^2	4×12.7
中间回路换热器换热面积/m^2	2×73
中间回路蒸汽发生器换热面积/m^2	106
余热冷却器设计功率/kW	2×73
控制测量系统	
核功率正常测量范围/×10^2 W	0.005~5
功率自动调节范围/%	10~200(额定功率)
显示精度/%	0.5~1
检测方式	自动及手动
其他系统	
一回路充氮压力/MPa	约 0.33(压水运行)

（续表）

参数名称和单位	参　　数
一回路补水能力/(t/h)	0.5
一回路水净化能力/(t/h)	2.1
一回路水中氢浓度/ppm	2～4
一回路水中氧含量/ppm	≤0.05
一回路水中 pH(25 ℃)	6～10
注硼压力/MPa	2.5
注硼质量分数/%	8(NaB_5O_8)
注硼流量/(kg/s)	1 000
浓硼液储量/kg	1 000
第一个安全阀起跳压力/MPa	1.75
第二个安全阀起跳压力/MPa	1.90
泄放量/(kg/s)	0.8±0.1
二回路水净化能力/(t/h)	3.5
二回路最大补水能力/(t/h)	6
放射性废水量/(t/a)	51.6
放射性废水年均放射性活度/(Bq/L)	$5.18×10^5$
固体废物量/(m³/a)	1.23
固化废物放射性活度/(Bq/L)	$1.7×10^6$
总通风量/(m³/h)	20 000
每小时换气次数	5～10
总用电容量/kW	≤500
土建	
建造面积/m²	约 1 200

(续表)

参数名称和单位	参　数
抗震级别	8.6
建筑标高/m	地面以上 16.5
正常情况下 50 km 以内,居民最大剂量当量/(mSv/a)	$<1.13\times10^{-5}$
最大可信事故下 50 km 以内,居民最大剂量当量/(mSv/a)	$<1.08\times10^{-5}$

  NHR200 - Ⅰ型低温核供热堆本体结构如图 3 - 4 所示。主换热器布置在压力容器内,系统压力由壳内上部汽-气空间维持,一回路系统没有循环泵,冷却剂依靠壳内热区和冷区的密度差形成自然循环。安全壳"紧贴"压力容器(即两壳之间间隙较小),且能承受较高的压力。

  反应堆堆芯放置在压力容器下部。为了增强自然循环的驱动力,在堆芯上部设有较强的水力提升段(或称烟囱)。堆芯周围存放乏燃料组件。主回路(一回路)冷却剂流过堆芯吸收热量后,经水力提升段进入主换热器,将所带的堆芯热量传给中间回路(二回路)水介质,然后再通过中间换热器向热网(三回路)输热,供热站的输热系统由上述三重回路(一、二、三回路)组成。此外,NHR200 - Ⅰ型低温核供热堆还设有为数不多的安全相关系统和辅助工艺系统,如余热排出系统、注硼系统、控制棒水力传动系统、反应堆冷却剂处理系统、安全泄放系统、气体系统和设备冷却水系统等,供热站主要工艺系统结构如图 3 - 5 所示,主要参数如表 3 - 2 所示。

表 3 - 2　NHR200 - Ⅰ型低温核供热堆主要设计参数

参数名称和单位	数　值
供热堆名义热功率/MW	200
堆芯额定输出热功率/MW	200
设计寿期/a	40
反应堆冷却剂工作压力/MPa	2.5

(续表)

参数名称和单位	数　值
堆芯入口/出口温度/℃	140/210
反应堆冷却剂平均温度/℃	175
反应堆冷却剂流量/(kg/s)	650.4
中间回路工作压力(泵入口)/MPa	3.0
中间回路工作温度/℃	95/145
中间回路流量/(kg/s)	1 000
热网供水/回水温度/℃	130/80
燃料组件排列方式	12×12－3
燃料组件总数/组	120
压力容器内乏燃料最大储存组件数/组	186
棒栅格距/mm	13.3
控制棒总数/根	32
首炉燃料分区富集度/%	1.8/2.4/3.0
燃料初始装载量(金属铀)/t	12.54
换料富集度/%	3
平衡循环平均卸料燃耗/(MW·d/t)	约30 000
换料周期/满功率天	490
每次换料比例	1/4
堆芯平均功率密度/(kW/L)	35.6
燃料棒平均线功率密度/(W/cm)	80
燃料芯块中心最高温度/℃	878
堆芯最小 DNBR	2.5

（续表）

参数名称和单位	数　值
堆芯活性区高度/mm	1 900
初装堆芯活性区等效直径/mm	1 924
控制棒吸收体材料	B_4C
可燃毒物棒材料	Gd_2O_3
可燃毒物棒毒物质量百分比/%	7
压力容器设计压力/MPa	3.1
压力容器设计温度/℃	250
压力容器内径/mm	4 820
压力容器内部净高/mm	13 318
压力容器筒体壁厚/mm	65
压力容器材料	SA516
主换热器数量/台	6
主换热器总传热面积/m²	2 982
主换热器传热管规格/mm	$\varnothing 12 \times 1$
主换热器传热管材料	SA - 2B TP321
安全壳设计压力/MPa	2.5
安全壳设计温度/℃	250
安全壳内径(上/下)/mm	7 000/5 122
安全壳内部净高度/mm	14 546
安全壳筒体壁厚(上/下)/mm	85/50
安全壳材料	16MnR 或 SA516

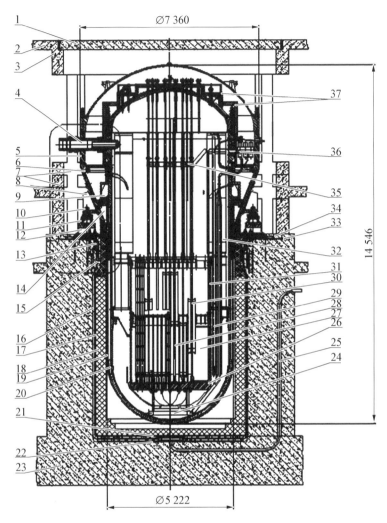

1—反应堆舱室顶盖；2—反应堆舱室地平；3—圈梁；4—主换热器管；5—反应堆安全壳法兰；6—控制棒进水环管；7—反应堆舱室立柱；8—反应堆安全壳支撑耳架；9—反应堆压力壳支撑耳架；10—安全壳支撑防跳螺栓；11—安全壳支撑座垫；12—安全壳支撑座；13—安全壳支撑座锚固；14—反应堆压力壳支撑座；15—安全壳绝热层；16—屏冷水管；17—钢内衬；18—安全壳绝热层；19—反应堆安全壳筒体；20—反应堆压力壳；21—屏冷水下联箱1；22—屏冷水下联箱2；23—堆舱基础；24—活性区二次支撑；25—屏冷进水管；26—活性区下支撑板；27—乏燃料储存区；28—反应堆活性区；29—围筒支撑筋板；30—控制棒；31—堆内构件围筒；32—主换热器；33—屏冷水上联箱1；34—屏冷水上联箱2；35—导向管定位架；36—控制棒组合阀；37—压力壳绝热层。

图 3-4　NHR200-Ⅰ型低温核供热堆本体结构示意图

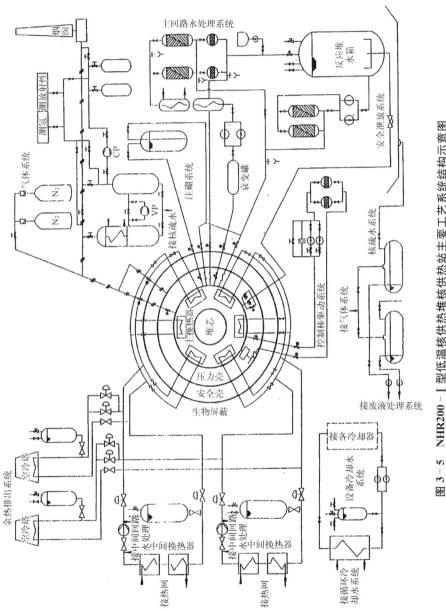

图 3 - 5　NHR200 - Ⅰ型低温核供热核堆供热站主要工艺系统结构示意图

3.4 堆芯构成及物理设计

NHR 5 型和 NHR200 - Ⅰ 型低温核供热堆的堆芯主要由燃料组件、控制棒组件和中子源组成。燃料组件是堆芯发热的主体，由元件棒（燃料棒和可燃毒物棒）、水棒以及构成棒束骨架结构的其他零部件如定位格架、上下格板等组成。

堆芯结构设计应满足机械结构及其物理布置要求，并能确保控制棒在各种工况下正常运作。核设计的任务是保证堆芯核特性满足设计要求，包括确定合适的水铀体积比，满足功率分布、负反应性系数、反应性控制、燃耗深度等物理要求。

为确保 NHR 型低温核供热反应堆安全、可靠地运行，堆芯物理设计遵循如下准则：

（1）选择适当的水铀体积比，使反应堆在整个运行期间反应性温度系数为负值，以确保反应堆安全。

（2）在任何工况下，当反应性当量最大的一根控制棒卡在最高位置时，其余控制棒能在热态下停堆。

3.4.1 NHR 5 堆芯物理设计

1）堆芯布置及燃料组件

燃料组件是反应堆的释热部件，为冷却剂提供合适的流道，其燃料元件包容核燃料和放射性裂变产物。

燃料组件由棒束与锆合金锆盒（简称锆盒）组成，棒束插在锆盒内。棒束由燃料元件棒（燃料棒、可燃毒物棒），水棒和上、下格板等组成，其中固定棒（4根燃料棒），水棒与上、下格板为棒束的骨架结构，其他元件棒插在上、下格板的对应孔内。燃料棒只装 UO_2 燃料芯块，可燃毒物棒装有质量分数为 0.5% 的含钆可燃毒物芯块，前者只用于裂变释热，后者除了用于裂变释热外，还用于堆芯中子吸收，以控制和吸收寿期初的剩余反应性。

燃料组件分为大组件和小组件两类，其中大组件内装 96 根元件棒且按 $10 \times 10 - 4$ 缺四角准正方形排列，其截面如图 3 - 6 所示；小组件内装 35 根元件棒且按 $6 \times 6 - 1$ 缺一角准正方形排列。大组件又分为 A 型（8 盒）和 B 型（4 盒），其中 A 组件全部装载燃料棒，B 组件装载 1 根含钆可燃毒物棒和 95 根燃料棒。

大组件截面尺寸为 138.7 mm × 138.7 mm,其锆盒外形尺寸为 138.7 mm×138.7 mm×1 725 mm,壁厚为 1.5 mm;小组件截面尺寸为 85.5 mm×85.5 mm。

图 3 - 6　大燃料组件主剖面图

如图 3 - 7 所示,堆芯由 16 组燃料组件(12 盒大组件、4 盒小组件),13 根控制棒(9 根十字翼板型、4 根两翼板型)和 1 个中子源组成。燃料组件中心距为 14.87 cm。整个堆芯共有 1 292 根燃料元件棒,初装铀总量为 507.8 kg,富集度为 3%,活性区高度为 0.69 m。在堆芯中央燃料组件构成的水隙(10 mm)内分别布置了 9 根十字翼板型控制棒(与水力驱动机构外套缸机械连接为整体结构),四边则布置了 4 根两翼板型控制棒。

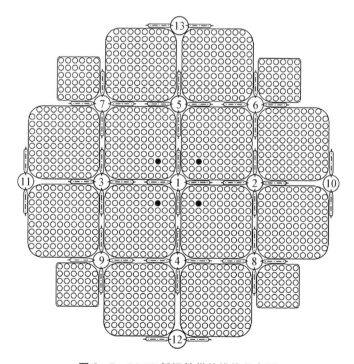

图 3 - 7　5 MW 低温核供热堆堆芯布置

2) 堆芯核设计

(1) 运行期与燃耗。采用可燃毒物 Gd_2O_3 可减少燃耗期中的反应性变化。可燃毒物浓度及数量的选取原则如下：① 寿期末可燃毒物（与无可燃毒物相比）烧完，基本没有影响；② 整个燃耗期的有效增殖因子 k_{eff} 应尽可能平坦。据此，5 MW 低温核供热堆采用质量分数为 0.5% 的 Gd_2O_3 可燃毒物，k_{eff} 随燃耗变化的曲线如图 3-8 所示。在 3% 铀富集度的情况下，压水方式下满功率运行可达 442 天，铀燃耗深度（首炉）约为 4 930 MW·d/t。

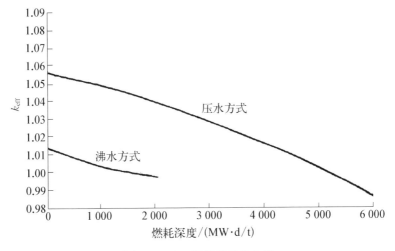

图 3-8 k_{eff} 随燃耗变化曲线

(2) 功率分布及不均匀因子。采用三维节点程序计算空间燃耗及通量和功率分布。盒内功率最大值与平均值之比（即燃料组件不均匀系数）为 1.45，压水运行方式和沸水运行方式时的堆内总功率不均匀系数分别为 4.9 和 4.27。运行初期，堆芯内平均热中子通量为 $1.59 \times 10^{13} (cm^2 \cdot s)^{-1}$。

(3) 控制棒当量。在考虑了 B_4C 和不锈钢的中子吸收性能后，控制棒总反应性当量计算结果为 0.168。

(4) 温度系数与空泡系数。反应堆由冷启动达到热态运行及工况变化时，燃料和慢化剂温度会发生变化，并将引起燃料多普勒温度效应和慢化剂温度及密度效应。根据分析，在运行工况范围内，空泡、燃料温度、慢化剂温度反应性系数 $(10^{-3}/E)$ 分别为 -2.21、$-0.013\ 1$ 和 $-0.007\ 2$。

3.4.2　NHR200 - Ⅰ堆芯物理设计

1）堆芯布置及燃料组件

NHR200 - Ⅰ型低温核供热堆堆芯燃料组件总数为 120 盒,燃料组件结构如图 3 - 9 所示。每组燃料组件由 139 根元件棒和 2 根水棒按 12×12 - 3 的正方形缺角栅格排列组成棒束,棒栅距为 13.3 mm,每组燃料组件由 8 根固定棒、2 根水棒、3 层定位格架和上下格板一起构成燃料组件的骨架,其余的元件棒通过这个骨架机械地连成一个整体。水棒对定位格架实现轴向定位和固定,同时也对组件中心的慢化剂份额进行调节。

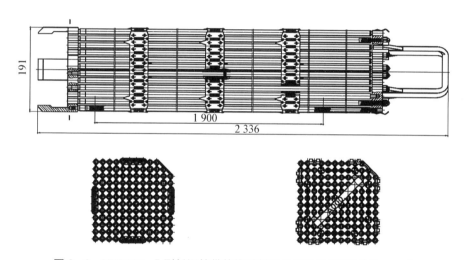

图 3 - 9　NHR200 - Ⅰ型低温核供热堆燃料组件结构示意图(单位: mm)

元件棒包括只装 UO_2 芯块的燃料棒和装有含钆芯块的可燃毒物棒。燃料芯块的富集度分别为 1.8%、2.4% 和 3.0%。可燃毒物芯块由 UO_2 粉末混入质量分数为 7% 的 Gd_2O_3 粉末,经压制和烧结而成。

包壳采用完全退火态的锆 - 4 合金管,定位格架为镍基合金格架。上、下格板采用奥氏体不锈钢,上格板上设有提梁。

锆盒为两端无端盖的准方形管,横截面呈缺角准正方形,对边内宽为 162.5 mm,长度为 2 384 mm,壁厚为 2.0 mm。

表 3 - 3 所示为 NHR200 - Ⅰ型低温核供热堆燃料组件的主要设计参数。

表 3-3 NHR200-Ⅰ型低温核供热堆燃料组件主要设计参数

名　称	设 计 参 数	设 计 情 况
燃料组件	排列方式	12×12—3
	种类	A、B、C
	数量/组	120
	外形尺寸/(mm×mm×mm)	161×161×2 336
	活性区高度/mm	1 900
	栅距/mm	13.3
定位格架	数量/(个/组件)	3
	外形尺寸/(mm×mm×mm)	161×161×36
	材料	GH-4169A
水　棒	数量/(根/组件)	2
	材料	Zr-4 合金

控制棒如图 3-10 所示,呈"十"字形。控制棒翼板由内装吸收体芯块的排管组成,吸收体采用 B_4C 烧结块,总高为 1 950 mm(含 50 mm 的滞留空腔)。吸收体排管外有 0.8 mm 厚的 0Cr18Ni11Ti 不锈钢形成翼板,翼板与控制棒驱动机构外缸套之间靠上、下"十"字头及外套上的定位键精确定位,并点焊在一起。

NHR200-Ⅰ型低温核供热堆采用外径为 10 mm 的燃料棒,这种燃料棒广泛应用于压水堆核电站,同时在 NHR 5 堆中也得到了验证,运行经验成熟。因此,在不需要大量研发和试验工作的基础上,采用这种元件棒既安全、可靠,又有良好的经济性。使用 FRAPCON-2 和 FRAP-T6 程序分别对燃料棒进行稳态和瞬态分析,结果表明,燃料棒具有相当大的安全裕度,设计可靠,事故瞬态下不会超过燃料棒设计限值。对燃料组件进行的力学性能分析结果表明,在反应堆全寿期内,锆盒辐照弯曲不会影响控制棒的运动和装卸料操作;在地震载荷下,燃料组件对锆盒的撞击力也不会产生影响控制棒插入的塑性变形。

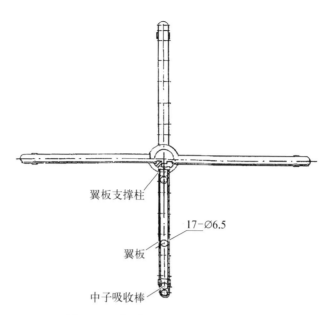

图 3 - 10　"十"字形控制棒(单位: mm)

2) 堆芯核设计

堆芯周围设置有乏燃料储存区,新燃料只装入燃料区。换料时由燃料区卸出的乏燃料组件逐步由里向外倒入乏燃料区。为展平堆芯空间功率分布,首炉堆芯装入标称富集度的质量分数分别为 1.8%(A 组件)、2.4%(B 组件)和 3.0%(C 组件)的三种燃料组件,其中 A 组件有 44 组,B 组件有 44 组,C/C1 组件有 32 组,低富集度组件布置在中央,高富集度组件布置在外围。首炉堆芯布置如图 3 - 11 所示。

为补偿燃耗的过剩反应性,组件设置了质量分数为 7%的含钆(Gd$_2$O$_3$)可燃毒物棒,可燃毒物采取轴向分区方式布置,即可燃毒物集中布置在活性段中间 1 600 mm 部分,上端 200 mm 部分与下端 100 mm 部分不加钆,以提高两端功率。

堆芯为无硼堆芯,水作为慢化剂,工作压力为 2.5 MPa,水铀体积比直接影响堆芯物理特性,较小的水铀体积比既有利于慢化剂温度系数保持负值,也有利于提高转化比。NHR200 - I 型堆在无控制棒条件下的水铀体积比为 2.39。

堆芯设计采用 1/4 换料方式,随着换料次数的增加,堆芯逐渐扩展到乏燃料区,乏燃料继续发出热功率,既提高了燃料利用率,又增加了燃料比燃耗。

堆芯在每四组燃料组件的宽水隙中布置一根十字翼控制棒(吸收体为

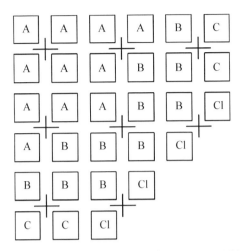

图 3‑11　NHR200‑Ⅰ型低温核供热堆首炉堆芯燃料布置

B₄C),共 32 根,分为 a、b、c、d、e 五组,其中 a、c 组各 4 根,b、d、e 组各 8 根,每根控制棒均与单独的传动机构相连。控制棒传动机构内缸采用 Zr‑4 合金,外缸为不锈钢套筒。

2 个镅-铍(Am‑Be)中子源,每个 5 Ci,对称布置在堆芯侧面中平面处。

3)主要设计计算结果

NHR200‑Ⅰ型低温核供热堆堆芯物理设计和燃耗主要计算结果如下。

(1)首炉堆芯 k_{eff} 及燃耗。为实现多炉换料需要,首炉设计寿期取 500 天(四年),A 组件平均比燃耗为 8 850 MW·d/t,B 组件平均比燃耗为 8 200 MW·d/t,C 组件平均比燃耗为 6 700 MW·d/t。首炉堆芯寿期初、中、末分别对应于 0、250 满功率天、500 满功率天时,无控制棒 k_{eff}(热态满功率平衡氙)分别为 1.015、1.012、1.004。

(2)功率峰值因子。首炉堆芯寿期初、中、末,组件平均功率峰值因子分别为 1.205、1.144、1.172。A、B、C 燃料组件最大局部功率峰值因子分别为 1.310、1.325、1.333,堆芯组件间最大功率峰值因子为 2.92,总功率峰值因子为 3.78。

(3)堆芯反应性系数。首炉初态、冷态、无氙、无棒时的燃料温度系数、慢化剂温度系数和慢化剂空泡系数分别为 -2.49×10^{-5}($\Delta K/K$)℃$^{-1}$、-5.17×10^{-5}($\Delta K/K$)℃$^{-1}$ 和 -0.45×10^{-3}($\Delta K/K$)/1%(空泡变化);首炉初态、热态、无氙、无棒时的燃料温度系数、慢化剂温度系数和慢化剂空泡系数分别为 -2.10×10^{-5}($\Delta K/K$)℃$^{-1}$、-18.00×10^{-5}($\Delta K/K$)℃$^{-1}$ 和 $-0.45\times$

$10^{-3}(\Delta K/K)/1\%$（空泡变化）；首炉初态、热态、平衡氙、无棒时的燃料温度系数、慢化剂温度系数和慢化剂空泡系数分别为 $-2.10\times10^{-5}(\Delta K/K)\text{℃}^{-1}$、$-8.04\times10^{-5}(\Delta K/K)\text{℃}^{-1}$ 和 $-0.68\times10^{-3}(\Delta K/K)/1\%$（空泡变化）。

（4）反应性控制。NHR200 - Ⅰ型低温核供热堆反应性由控制棒系统和钆可燃毒物共同控制。堆内有 32 根控制棒，分为 a、b、c、d、e 五组，其中 a、c 组各 4 根，b、d、e 组各 8 根。采用水力驱动步进式控制棒，借助水力驱动力，控制棒向上或向下步进式运动，运动的步距为 50 mm。注硼系统作为另一种独立的紧急停堆手段。

含钆可燃毒物主要是补偿燃料燃耗的过剩反应性。寿期初堆内可燃毒物补偿反应性约为 $0.12\Delta K/K$，循环末（500 满功率天）残余钆的补偿反应性约为 $0.017\Delta K/K$，此时可燃毒物基本被烧光。对比首炉寿期初、中、末的有钆/无钆的 k_{eff} 结果 1.014 9/1.143 6、1.012 0/1.079 3、1.003 6/1.020 7 可见，在堆运行燃耗过程中，可燃毒物反应性的释放使得堆芯在工作期内的变化比较平稳。

首炉堆芯寿期初、中、末，在满功率热态平衡氙条件下的控制棒价值（扣除 10% 误差）为 0.149 4、0.150 6、0.153 7，卡中心棒时的控制棒价值为 0.096 5、0.103 5、0.100 1；在冷态零功率无氙条件下的控制棒价值（扣除 10% 误差）为 0.127 8、0.128 8、0.131 5，卡中心棒时的控制棒价值为 0.079 5、0.082 6、0.089 7。

寿期初的停堆裕量最小，为 0.016 5，满足设计限值要求。

根据分析，热态平衡氙、冷态平衡氙和冷态无氙时的停堆硼浓度分别为 300 ppm、500 ppm、600 ppm。

3.5　热工水力设计

热工水力设计的基本任务是为 NHR 系列低温核供热站反应堆主回路、中间回路及用户热网回路设计并选取一组合理的热工参数，在确保限制放射性释放的屏障满足各种工况安全性要求的前提下，使低温核供热堆具有良好的经济效益。

3.5.1　NHR 5 热工水力设计

1）设计准则

为确保反应堆安全可靠地运行，自然循环、自稳压及一体化布置的回路系统热工设计须满足下列准则：

（1）在设计基准事故工况下，燃料元件表面不发生偏离泡核沸腾，额定工况下堆芯最小烧毁比应大于1.8，为给事故工况瞬态过程提供必要余量；在超功率120%负荷运行工况下，最小烧毁比应大于1.3。

（2）在额定工况下，燃料元件中心温度小于2 200 ℃；在设计基准事故工况下，燃料元件中心温度低于UO_2芯块的熔化温度。

（3）满足两相流动稳定性要求并留有足够的余地。

此外，反应堆热工水力设计还应满足核供热站其他系统或部件如燃料组件、主冷却剂回路等设计中提出的与反应堆热工水力设计有关的其他限制。

2）系统循环流量及其载带功率

堆芯入口温度恒为186 ℃时，反应堆功率及自然循环的特性如图3-12所示。

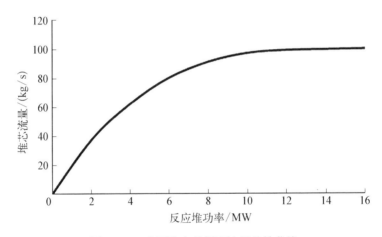

图3-12　主回路自然循环流量特性曲线

自然循环最大循环流量为96 kg/s，相对应的堆芯功率约为12 MW，额定功率下堆功率为5 MW，堆芯流量为75 kg/s。在额定工况下，反应堆留有足够的功率裕度以保证静态条件下堆芯系统的稳定流动。

3）自然循环两相流动稳定性分析

两相流动稳定性分析包括研究两相流型不稳定性、静态不稳定及密度波不稳定性。

堆芯容积气泡含量的计算结果小于极限值的60%～70%，故满足两相流动流型稳定性要求。

一回路冷却剂系统的恒稳态分析表明,额定工作点和120％负荷工作点处于压差对流速的偏微分大于零的区域,保证了反应堆不发生静态不稳定性。

小扰动动量积分频域分析及时域分析研究表明,对于抽吸管高度为2.31 m,堆芯入口过冷度为11.2 ℃,入口阻力系数为25的反应堆系统,不会出现密度波振荡,额定工况下堆芯抽吸管出口质量含汽率为0.008,满足两相流动密度波稳定性的要求。

4) 系统自保压特性

在沸水运行方式下,堆芯上部留有2.16 m³的蒸汽自保压空间,借助于水的蒸发及蒸汽的冷凝来补偿系统瞬态过程产生的压力波动,稳压调节性好,经济性佳。

在反应堆功率失控条件下,对于外负荷由满功率突然全部失去冷却及50％负荷下瞬时启动二回路备用泵的瞬态工况进行了研究,系统压力最大变化速度分别为-0.001 5 MPa/s(100％负荷→75％负荷)和0.008 3 MPa/s(100％负荷→0％负荷),压水运行方式时相对应的值分别为-0.001 25 MPa/s(100％负荷→75％负荷)和0.000 8 MPa/s(100％负荷→0％负荷)。

缓慢的压力变化速度给堆功率控制系统提供了足够的延迟时间,说明自保压空间可以满足系统稳压要求。

5) 燃料最高温度及最小烧毁比

设计中考虑的功率因子及计算结果如表3-4所示。反应堆热管热点处燃料中心温度最大值为1 125 ℃,小于限值2 200 ℃,元件最小烧毁比(2.39,压水运行)远大于极限规定值1.3,可确保燃料元件在Ⅰ、Ⅱ类工况下安全可靠地运行。

表3-4 NHR 5热工功率因子及计算结果

功率因子名称	数值(压水运行)	数值(沸水运行)
局部功率因子	1.45	1.45
功率工程因子	1.10	1.10
功率峰值因子	2.265	2.07
安全系数	1.30	1.30
额定工况平均通道燃料最高温度/℃	527	506

(续表)

功率因子名称	数值（压水运行）	数值（沸水运行）
额定工况最小烧毁比	2.39	3.2
额定工况热管热点处燃料中心温度最大值/℃	1 125	1 050

3.5.2　NHR200-Ⅰ热工水力设计

一体化布置的 NHR200-Ⅰ型低温核供热堆主回路压力容器上部液面以上有约 20 m³ 的充气空间。在 100% 功率额定运行工况下,上升段出口处水温为 210 ℃,相应饱和水蒸气分压是 1.91 MPa。气室中充有 0.59 MPa 的不凝结气体——氮气,由水蒸气分压及氮气分压构成主回路系统 2.5 MPa 的运行压力。气室起稳定主冷却剂压力的作用。

反应堆堆芯初始装载 120 组燃料组件。在每组燃料组件入口处均设置节流环节,按组件径向核焓升因子进行流量分配,使有限的流量得到最充分的利用。

使用 RETRAN-02、STEADY 及 COBRA Ⅲ C/MIT-2 等程序进行反应堆热工水力学设计。主要计算结果如表 3-5 所示,说明如下:

表 3-5　NHR200-Ⅰ型低温核供热堆主要热工水力学参数

设 计 参 数	数 　值
反应堆热功率/MW	200
主冷却剂系统压力/MPa	2.5
主系统氮气分压/MPa	0.59
额定工况下最小偏离泡核沸腾比(DNBR)	2.5
设计瞬态及事故最小 DNBR	>1.35
偏离泡核沸腾(DNB)关系式	改进 Barnett
主冷却剂总流量/(kg/s)	650.4
有效堆芯流量/(kg/s)	615.8

（续表）

设 计 参 数	数　值
堆芯流道面积/m²	1.314
棒束中平均流速/(m/s)	0.53
平均质量流速/[kg/(m²·s)]	468.6
额定入口水温/℃	140
额定出口水温/℃	210
堆芯入口-烟囱出口平均温升/℃	70
燃料棒传热面积/m²	785
平均热流密度/(W/cm²)	25.5
最大热流密度/(W/cm²)	81
平均线发热率/(W/cm)	80
最大线发热率/(W/cm)	254
堆芯功率密度/(kW/L)	35.6
比功率/(kW/kg)	15.9
燃料最高温度限值/℃	2 590
燃料中心最高温度/℃	878
换热器流动压降/MPa	0.001 78
堆芯入口局部压降/MPa	0.001 17

（1）稳态额定工况最小 DNBR 为 2.5，且灵敏度分析结果表明子通道湍流交混系数、空泡份额关系式、过冷沸腾起沸点模型、系统压力、棒束定位格架流动阻力系数、单相流动及两相流动摩擦阻力系数公式、入口水温、棒束径向功率分布、轴向功率分布和堆芯入口阻力系数等对 DNBR 计算结果的影响均不大，例如堆芯入口阻力系数变化±20%时，最小 DNBR 变化低于 1%；主换热器流动阻力系数变化±20%时，最小 DNBR 变化低于 2%。

（2）首炉寿期初燃料中心最高温度为 878 ℃，远低于限值 2 590 ℃。最大线发热率为 254 W/cm,平均线发热率为 80 W/cm。

(3) 在额定工况下,堆芯进、出口温度分别为 140 ℃ 和 210 ℃。堆芯压降为 0.000 91 MPa,主换热器流动压降为 0.001 78 MPa,堆芯入口阻力局部流动压降为 0.001 17 MPa,主冷却剂总流量为 650.4 kg/s,堆芯旁路流量为主冷却剂总流量的 5.3%。

3.6　一回路主要设备及安全壳

一体化壳式低温核供热堆一回路主要设备包括反应堆压力容器、堆内构件、燃料组件、控制棒驱动线(传动机构及控制棒组件)和主换热器等。

3.6.1　压力容器

NHR 系列壳式低温核供热堆压力容器是其主冷却剂系统(也称主回路或者一回路)的压力边界,是封闭放射性物质和屏蔽核辐射的主要屏障之一。主要由筒体和可拆装的顶盖组成,密封采用双道金属密封环。压力容器内表面堆焊不锈钢层。反应堆压力容器内布置有堆芯、乏燃料储存区、主换热器、水力驱动控制棒、堆内构件以及各种压力、温度、水位、控制棒棒位和中子通量测量传感器等。压力容器与堆内构件一起构成自然循环主冷却剂的流动流道。

压力容器上的管嘴有两大类:一类是输热及工艺系统管嘴;另一类是仪表管嘴。前者分布于压力容器上部侧壁,而后者位于压力容器的顶盖上。

1) NHR 5 低温核供热堆压力容器

压力容器由筒体、顶盖以及密封紧固件组成。其设计压力为 2.5 MPa,总体尺寸为 ∅1 890 mm × 90 mm(厚) × 6 500 mm(高),内衬材料采用 1Cr18Ni9Ti。

2) NHR200 - Ⅰ 低温核供热堆压力容器

NHR200 - Ⅰ 型低温核供热堆压力容器如图 3 - 13 所示,由筒身、下封头和上部筒体端部结构组焊而成。筒身由钢板卷制、焊接而成,下封头为标准椭圆封头且由钢板热冲压成型,筒体端部结构为整体锻件。筒体法兰上有 84 个主螺栓螺纹孔,在筒体法兰和筒体支撑中间设有 41 个穿管,在筒体支撑段外侧周向均布 12 个压力容器耳式支撑座以用于将压力容器安装在安全壳的内支耳架上。筒体法兰材料为 SA508 - 1a 且为锻件,法兰上表面堆焊层加工了两道金属 O 形环的密封面。筒体支撑段厚 120 mm，材料为 SA516‑70。筒体中段壁厚为 65 mm，内表面堆焊层为 6 mm；下段设有堆内构件支撑台，壁厚为 120 mm，内表面堆焊镍基合金。下封头为球形，壁厚为 50 mm。

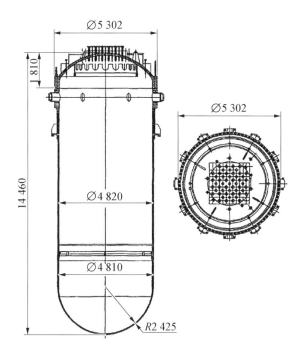

图 3‑13　NHR200‑Ⅰ型堆的压力容器（单位：mm）

顶盖由封头和顶盖法兰焊接组成。封头为部分球壳凸形封头，用钢板热冲压而成；顶盖法兰由整体锻件加工，其上设计了两道金属 O 形环的密封槽。顶盖与筒体通过 84 根 M80 的主螺栓实现连接。

NHR200‑Ⅰ型低温核供热堆压力容器主要参数如下：设计压力为 3.1 MPa，设计温度为 250 ℃，工作压力为 2.5 MPa，工作温度为 210 ℃，内径为 4 820 mm，主法兰外径为 5 302 mm，总高为 14 460 mm，总质量为 197 t。

3）压力容器内外乏燃料组件储存

在 NHR200‑Ⅰ低温核供热堆压力容器内活性区外的上层 2 350～3 100 mm 直径范围内，设置有乏燃料组件储存架，可用于储存乏燃料组件；在压力容器外设有多功能备用池，作为乏燃料临时储存和损坏的燃料元件储存的备用场所。

NHR200‑Ⅰ低温核供热堆设计有简易换料机，可实现壳内水位之下的换料和倒料。燃料组件简易换料机由抓头部件、组件升降与方位转动部件、大小旋转车和铅罐卸料机等部件组成,如图 3-14 所示。乏燃料最终处置时,用铅罐卸料机将乏燃料取出并装入专用运输容器运走。设计中采用了各种安全保护措施以确保换料操作安全、可靠。

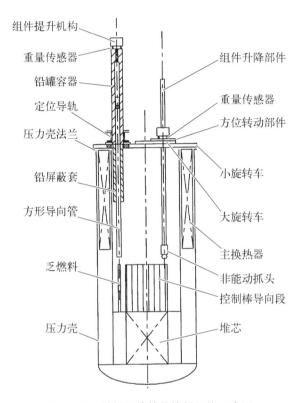

图 3-14 燃料组件简易换料机构示意图

3.6.2 堆内构件

与核电站反应堆类似,NHR 系列低温核供热堆堆内构件的设计须考虑压力容器内的所有设备的总体布置、支撑及固定。堆内构件主要由吊篮组件、燃料组件上部的定位格板、控制棒驱动机构及主换热器的支撑结构、压簧组件、辐照监督管及一些穿管与支架等组成。主要功能如下:

(1) 为燃料组件提供可靠支撑并使其精确定位;正常运行时,合理分配进入堆芯的冷却剂流量并引导主冷却剂通过堆芯。

(2) 固定水力驱动机构,为控制棒组件提供精确的定位导向和可靠的支撑,并能吸收停堆落棒时的冲击能。

（3）固定主换热器并设置主换热器的进出口导向流道，构成反应堆一回路循环的完整通道，并对进入堆芯的冷却剂进行流量分配；保证有合适的旁通流量用于控制棒吸收体的冷却。

（4）为堆芯中子通量测量、堆芯温度测量、堆内水位测量及控制棒位置测量装置提供支撑和导向。

（5）为反应堆压力容器设置辐照监督装置，监督压力容器材料因受辐照引起的材料性质的变化及其他材料的腐蚀状况。

（6）在地震及大的冲击载荷下，保证堆芯结构的完整性和可靠的落棒。

在事故工况下，要求堆内构件变形不显著影响堆芯冷却的几何流道，不破坏自然循环流道。

在堆内构件中，最主要的结构为吊篮组件。吊篮组件由下栅格板、下部承重板、堆芯围筒、上部及中间两个定位格架、外部支撑吊架、上部导向筒及下部二次支撑架等组成。堆芯围筒将压力容器内空间分为内、外两区，从而形成冷却剂自然循环的上升段和下降段。

NHR200 - Ⅰ型低温核供热堆上升段高度为 6 075 mm。吊篮内自下而上分为活性区段、控制棒导向段和上升段。堆芯活性区段由下栅格板、堆芯围筒和中间定位格架组成。锆盒下端与下栅格板相连，冷却剂由下栅格板圆孔进入，经燃料组件，从锆盒出口流出。

在吊篮围筒外部设计了 12 个周向均布的支撑吊架，在支撑吊架的上平面均匀加工了 6 个主换热器安装用孔，孔周围装有 6 个弹簧支座以支撑主换热器。

控制棒导向段由控制棒导向筒、中间定位格架、上定位格架组成，导向筒直径大于堆芯围筒。控制棒外缸的圆壳穿过十字头的中心圆管。圆管四周设有滑轮，以便驱动缸自由通过，并起到横向定位作用。水力驱动机构底座安装在下栅格板上，通过中间定位格架、上定位格架的十字头穿出。

下部支撑底座承受全部堆内构件及燃料组件、乏燃料组件和控制棒机构的重量，通过支腿焊接在压力容器底部的不锈钢堆焊层上。堆芯下栅格板安装在下部支撑底座上，其上 120 个 ∅110 mm 孔对燃料组件进行精确定位。

在压力容器上封头内表面与十字头的支撑架之间，设计了上部导向结构，以支撑棒位测量的超声探头穿管。此外还设计了中子探测导管、温度测量及其他接管。

3.6.3 主换热器

主换热器是核供热堆主回路和中间回路间的换热设备,其主要功能如下:在预期的各种运行工况下把反应堆发出的热量从主回路传到中间回路,最终通过热网传到用户;在反应堆停闭以后,通过自然循环把剩余热功率传到余热排出系统,散往大气;作为一道实体屏障,防止主回路冷却剂和放射性物质不可控地释放到中间回路中。

一体化布置的全功率自然循环壳式供热堆,其主换热器的性能及可靠性直接关系到反应堆的运行和安全,热工水力学方面的主要设计要求如下:主换热器一次侧流动阻力必须较小,主换热器结构必须紧凑,换热效率必须较高。对比NHR 5和NHR200-Ⅰ型核供热堆的特点,两者的主换热器结构相差较大。

1) NHR 5的主换热器

NHR 5的总体设计要求反应堆既能压水运行也能微沸腾运行,因此主换热器需同时满足水-水换热(压水运行)和汽-水冷凝的要求。主换热器设计采用密集型细管束设计方案,把水-水换热段设计为长方形流道,一次侧水在传热管外侧从上到下横向绕流管束,二次侧冷却剂水在管内流动,汇流后通过同心套管流进和流出主换热器。主换热器主要由换热管束,上下管箱(包括圆平板封头、管箱短节、圆管板),长方形辅助壳和中心套管部件等组成。上封头与下封头间的距离为2 400 mm,有效换热段长度为2 000 mm,其中上部为汽-水冷凝段,下部为水-水换热段。压水运行时,换热段全部浸泡在水内;微沸腾运行时,冷凝段管束浸泡在蒸汽空间内。202根换热管呈正三角形排列,管心距为15 mm,与管板间的先胀后焊连接方式保证了承载和密封。为减少一次侧流阻并提高壳侧换热系数,辅助壳和折流板构成了三流程的长方形流道。对一次侧而言,堆芯上部抽吸管出来的水进入水-水换热段入口,经三次横向绕流管束换热后返回堆芯;二次侧水由内套管进入下管箱,然后由下管箱进入换热管和中心管的环缝,经上管箱从套管环缝流出,进入中间回路管道。

NHR 5主换热器的结构如图3-15所示,主要参数列于表3-6中。

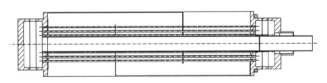

图3-15 NHR 5主换热器结构

表 3 - 6　**NHR 5 主换热器主要参数**

参　　数	数　　值
换热器数量/台	4
每台换热器的功率/MW	1.25
每台换热器的换热面积/m²	12.7
一次侧压力/MPa	1.5
一次侧温度/℃	198/186(微沸腾工况)
二次侧压力/MPa	1.7
二次侧温度/℃	158/118
质量含汽率/%	0.8(微沸腾工况)
换热管规格/mm	∅10,壁厚 1
有效换热段长度/mm	2 000

2) NHR200 - Ⅰ 的主换热器

与 NHR 5 不同,NHR200 - Ⅰ 型低温核供热堆不考虑沸水运行方式,其主换热器采用的是非标准的立式 U 形管结构,分 6 台均布在反应堆压力容器与堆芯吊篮之间的环缝中。图 3 - 16 是主换热器的结构总图,主换热器结构有以下特点:

(1) 主换热器布置在压力容器内,为内置式,传热管束采用细管径、薄管壁和小间距设计(传热管为 ∅12.7 mm×1 mm,呈正三角形排列,管心距为

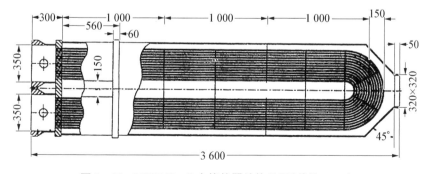

图 3 - 16　**NHR200 - Ⅰ 主换热器结构总图(单位: mm)**

16.7 mm),可提高主换热器的传热系数,使结构紧凑。

(2) 主换热器外壳主要起组织流道和保护管束的作用,本身不需要承受外部压力,因而采用了薄壁焊接结构,壳体厚度仅为 5 mm。

(3) 主换热器的二次侧进出口管箱为两个独立的水室,通过三通管和管板把两个水室连接起来,这样既解决了管板的热应力问题,又使主换热器具有整体性。主换热器的进出口管箱都位于反应堆上部,这样打开反应堆压力容器顶盖和主换热器封头后可以接近管板进行堵管检修。

(4) 主换热器二次侧进出口管采用同心套管结构,可减少反应堆压力容器开孔数量。

U 形管是主换热器的传热元件,每台主换热器由 1 244 根传热元件组成传热管束,最内层弯曲半径为 162.7 mm,最外层弯曲半径为 668.9 mm。管箱部分包括管板、管箱短节、三通管、法兰、封头、紧固件(螺栓、螺母和垫圈)和金属 O 形环。

主换热器壳体前后和侧面挡板与管板底面及保护壳底板相焊接,壳体中间的焊缝与折流板或支持板焊成一体,从而增加了壳体的刚度和整体性。

主换热器一次侧分为两个流程,主回路水从主换热器上部的两侧进入,横向绕流管束换热后在 U 形管束两条腿的空档处混合进入下一个流程,最后从一次侧出口管返回到堆芯入口。一次侧出口管的承插结构既保持对主回路水的密封,又允许主换热器的轴向热膨胀。

主换热器的选材需要考虑以下方面:符合规范标准,在工作条件下安全、可靠,与介质相容,加工性好以及在经济上合理等。与压水堆蒸汽发生器相比,NHR200-I 型低温核供热堆主换热器工作在较低的温度和压力(压差)下,反应堆冷却剂和中间回路水都是单相的去离子高纯水,没有蒸发段,不存在氯离子浓缩和沉积的条件,它对材料的要求比压水堆核电站蒸汽发生器低得多,不需要价格昂贵的镍基合金。除了螺栓采用 SA-193 B8R、螺母采用 SA-194 B8R 外,主换热器其他材料都采用 321 型不锈钢。

3.6.4 水力驱动控制棒及其回路系统

NHR 5 和 NHR200-I 型低温核供热堆均采用以流体动压为驱动源的水力驱动控制棒系统。

1) 工作原理及特点

为实现反应堆一体化布置,降低堆本体总体高度,简化堆顶结构,减少压力容器开口,就必须把控制棒传动机构整体内置于压力容器内,为此研发了一种利用一回路水作为驱动介质的新型水力驱动控制棒驱动系统和水力步进缸。

水力步进缸为一种特殊形式的泄漏型水压缸,其缸体与活塞之间为动密封,有一定的泄漏量,流经缸体与活塞之间的流体阻力系数随缸体与活塞的相对位移而变化。因此,通过改变进入缸体的流量就可控制活塞相对于缸体的位置。5 MW 低温核供热堆采用的对孔式水力步进缸(见图 3‑17)就是利用节流孔位的错动实现上述原理。在固定静止的内管上加工 N 排组孔(组孔指缸体某一横截面上的 4 个孔,$4N$ 个孔也称为静孔,即静止不动的孔),相邻两排组孔间的距离为定值(步距);在可运动的外套管上只有一排组孔(也称动孔)。在缸内压力一定且内管静孔与外套管动孔完全错开时,平衡流量 Q_0 最小;反之,当内管静孔与外套管动孔完全对正时,平衡流量 Q_1 最大(见图 3‑18)。在向缸内注入流量 Q_K 且满足 $Q_0 < Q_K < Q_1$ 时,外套管将在动静孔部分重叠的某一位置上稳定下来,因此流量 Q_K 称为保持流量。当在保持流量 Q_K 的基础上叠加一个适当的脉冲流量 Q_P 且满足 $Q_K + Q_P > Q_1$ 时,外套管向上提升一步;反之,在保持流量 Q_K 的基础上减小一个适当的脉冲流量 Q_P 且满足 $Q_K - Q_P < Q_0$ 时,外套管向下下降一步。鉴于控制棒与外套管结构连接在一起,因此通过控制脉冲流量 Q_P 即可实现对控制棒提升和下降的控制。

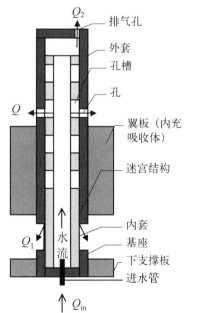

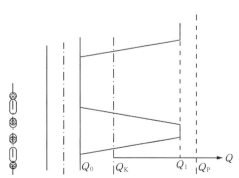

图 3‑17　对孔式水力步进缸　　图 3‑18　对孔式水力步进缸平衡流量‑位移曲线

对孔式水力步进缸的流量控制由水力驱动系统实现。

水力驱动系统由循环泵、组合阀、控制棒（又名步进缸）组成，如图3-19所示。水力步进式驱动采用反应堆冷却剂——水作为工作介质，水经泵加压，通过组合阀后，注入装在反应堆压力壳内的步进缸，步进缸与中子吸收元件相连。通过控制单元中的电磁阀产生的脉冲流量控制步进缸做步进式运动，拖动吸收元件做步进式运动，从而达到控制反应堆的目的。

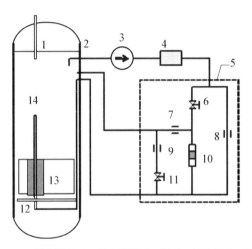

1—棒位测量；2—压力容器；3—泵；4—过滤器；5—控制单元；6—上升阀；7,8,9—阻力节；10—脉冲缸；11—下降阀；12—下支撑板；13—堆芯；14—步进缸。

图3-19 水力驱动控制棒系统示意图

水力步进缸是传动系统的执行部件。它由内套和外套组成，内套固定，外套运动，如图3-17所示。

组合阀由上升电磁阀、下降电磁阀、脉冲缸、保持流量阻力节、下降阻力节和回零阻力节构成。

2) 控制棒水力驱动系统的特点

控制棒水力驱动系统的主要特点如下：

（1）与机械式控制棒驱动系统如压水堆磁力提升器相比，因其内置于压力容器，因此避免了反应堆弹棒事故。

（2）传动装置较压水堆磁力提升器传动链短。

（3）在任何事故如失压、断电和断管等情况下，传动装置不能正常供水，控制棒自动插入堆芯。

（4）简化了堆顶结构,压缩了一体化布置反应堆本体尺寸。

（5）水力步进缸自锁性能好,因此具有良好的抗震能力。

（6）结构简单,造价低廉。

3）NHR 5 水力驱动控制棒系统

控制棒传动系统的主要技术参数如表 3 - 7 所示。

表 3 - 7　NHR 5 低温核供热堆控制棒传动系统主要技术参数

结构与参数名称	数　值
步进缸	
活塞直径/mm	25
步距/mm	20
缸内外压差/MPa	0.30
运动部分总质量/kg	约为 10
回路系统	
步进缸进口管直径/mm	15
平均循环水量（每根）/(t/h)	0.8～1.0
提升流量/(t/h)	1.5～1.8
泵总循环量/(t/h)	15（扬程为 0.7 MPa）
系统工作温度/℃	＜190
工作压力/MPa	＜2.0
控制棒数量/根	13
正常运行提升一步时间/s	＜3.75
棒位测量量程/mm	900
棒位测量精度/mm	±3

4）NHR200 - I 水力驱动控制棒系统

NHR200 - I 型低温核供热堆共设 32 根水力驱动控制棒,水力驱动控制棒系统根据反应堆控制与保护系统发出的信号要求完成对控制棒的提升、下插或保持不动,实现反应堆的启动、提升功率、维持功率运行、正常停堆和事故状态下的紧急停堆。

与 NHR 5 供热堆一样,水力驱动控制棒系统以压力容器内冷却剂作为工作介质,从压力容器内抽出的水经泵加压后,通过由电磁阀、脉冲缸和若干阻力节组成的流量控制单元,注入装在堆内的水力步进缸。NHR200 - Ⅰ的水力步进缸采用环槽结构,解决了 NHR 5 水力步进缸对孔结构安装精度要求过高的问题,提高了工程适应性。步进缸的运动外套管与中子吸收体相连。通过控制单元电磁阀的动作,在进入步进缸的流体中产生一定的流量脉冲,控制步进缸外套做步进式运动,进而拖动中子吸收体,实现对反应堆的功率控制。任何时刻的提升操作只允许提升一根控制棒且只升一步。下降操作不限。NHR200 - Ⅰ型低温核供热堆控制棒传动系统主要参数如表 3 - 8 所示。

表 3 - 8　NHR200 - Ⅰ型低温核供热堆控制棒传动系统主要参数

参 数 名 称	数 值
行程/mm	2 050
步数	41
提升一步时间/s	2~3
连续步提频率/(步/分钟)	12~15
下降一步时间/s	0.15~0.25
连续步降频率/(步/分钟)	30~40
紧急落棒速度/(m/s)	0.70
工作介质	纯水
介质压力/MPa	<2.5
系统温度/℃	<210

3.6.5　安全壳

NHR 5 和 NHR200 - Ⅰ型低温核供热堆均采用了紧贴式钢制安全壳,这种紧贴式的双层壳体设计是 NHR 系列低温核供热堆固有安全特性的一个重要保障。钢制安全壳除具备一般轻水堆电站安全壳功能外，还具有下述特点和特殊功能。

1）防止堆芯失水

由于采用紧贴式安全壳，当主回路冷却剂压力边界破裂时，即使在最严重事故情况下（压力容器底部发生破裂），安全壳也可包容冷却剂，使堆芯仍淹没在冷却剂中。安全壳设计压力考虑了上述失水事故中可能达到的最高压力。

2）直接支撑和定位压力容器

安全壳为变直径的钢制容器，支撑于生物屏蔽层内侧。它由筒体和顶盖两大部件组成并通过 108 根螺栓连接在一起，两者间用乙丙橡胶环密封。

NHR 5 的安全壳为一个等直径的筒体，其主要参数如下：设计压力为 2.5 MPa，设计温度为 250 ℃，最大内径为 7 000 mm，主法兰外径为 7 360 mm，总高为 14 546 mm，总质量为 240 t。

NHR200 – Ⅰ 型低温核供热堆的安全壳结构如图 3 – 20 所示，筒体由下封头、直筒身、锥段和筒体端部结构组焊而成，其上部直径较大。安全壳的顶盖

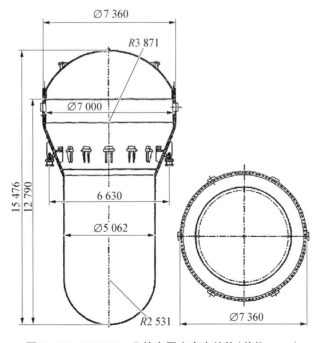

图 3 – 20　NHR200 – Ⅰ 的金属安全壳结构（单位：mm）

由封头和法兰焊接而成。顶盖封头为部分球壳的凸形封头,筒体下封头为标准椭圆封头,都采用钢板拼焊热冲压成型。筒体端部结构和顶盖法兰采用分段锻制,然后焊接加工成型。

安全壳筒体上部为穿管区,布置有主换热器二次侧水管等各种穿管和接管。对于管内流体温度较高以及口径较大的穿管,为了避免出现大的热应力,采用"热袖"式接管。穿管直径较大时,接管与穿管之间采用不锈钢波纹管连接。以减小接管处的机械应力和热应力。

安全壳所用钢板为 16MnR 或 SA516,锻件材料为 15MnNi。螺栓和螺母材料为 SA540 - B24 - C13。

3.7 传热、安全及辅助系统

为了将 NHR 5 和 NHR200 - Ⅰ型低温核供热堆产生的热量输往用户,核供热站的热能输送系统均由三重回路系统组成,即反应堆堆芯发出的热量是通过自然循环主回路(一回路)、起隔离作用的中间回路(二回路)和热网回路(三回路)传递给热用户的。此外,为了反应堆系统的安全和正常运行,还需要配置专用安全系统和辅助系统。

3.7.1 供热堆热传输系统

一回路系统已在前文描述过,本节则简单介绍中间隔离回路系统和热网回路系统。

1) 中间隔离回路系统

中间回路是介于供热堆主回路(一回路)与热网回路之间的一个常规输热回路,也是两者之间的隔离回路,它的输热功能就是安全、可靠地将反应堆产生的热量传输给热网。中间换热器按《热交换器》(GB/T 151—2014)设计、制造和验收,质保按 QA3 级;抗震类别为Ⅰ类。

中间回路按两个环路设计,其功能如下:① 将反应堆发出的热量传至热网,其高纯水介质流经压力容器内主换热器并获得热量,随后流经热网换热器时将热量传给热网;② 将具有放射性的反应堆水与通往千家万户的热网水完全隔开,以保证任何一台换热器发生泄漏时,都不会让放射性水进入热网。此外,中间回路部分管段兼做余热排出系统的管路。

NHR 5 中间回路系统主要由主换热器二次侧、循环泵、稳压器、中间换热器一次侧、2 台调节阀及隔离阀等组成。系统包括传热回路、净化回路和补水回路。

放射性隔离：系统工作压力为 1.7 MPa(稳压器处)，加上循环泵扬程为 0.33 MPa，因此系统最大压力约为 2.0 MPa，高于一回路系统压力(1.5 MPa)，从而能有效地防止带有放射性的一回路冷却剂泄漏至热网。

驱动：设置了 3 台循环泵，两用一备，2 台即可满足全功率载出能力的要求。

调节：根据热工优化分析结果确定最优调节方案，采用泵前、后设置的 2 台调节阀实现。

稳压：稳压器上部气空间体积足够并充有氮气，用于系统压力的稳定和对系统流体体积变化的补偿。

中间换热器：系统采用了 2 台列管式折流板换热器，将中间回路的热能传给供暖回路，管内为高压侧流体，管外则为低压。主要参数如表 3 - 9 所示。

表 3 - 9　NHR 5 中间换热器主要参数

参 数 名 称	数 值
换热器数量/台	2
每台换热器的功率/MW	2.5
每台换热器的有效换热面积/m²	73
换热管规格/mm	∅25,壁厚2.5
管间距/mm	32
壳侧阻力降/kPa	5.35
管侧阻力降/kPa	4.58
一次侧压力/MPa	1.7
一次侧温度/℃	158/110
二次侧压力/MPa	1.7
二次侧温度/℃	90/60

此外,NHR 5 的中间回路系统设置了一台蒸汽发生器以提供热电联供试验所需蒸汽;旁路管则可用于不需要蒸汽时切除蒸汽发生器。

蒸汽发生器也可作为中间回路与供暖蒸汽回路之间的热交换器,蒸汽产量为 2 t/h,选用卧式 U 形管,管侧为高压流体,壳侧产生蒸汽。主要参数如表 3 - 10 所示。

表 3 - 10　NHR 5 蒸汽发生器主要参数

参 数 名 称	数　值
设计传热面积/m²	106
换热管规格/mm	Ø16,壁厚 2
管间距/mm	21
水侧压力/MPa	1.7
水侧温度/℃	140~158
汽侧压力/MPa	0.3
汽侧温度/℃	135

NHR200 - I 型低温核供热示范站的中间回路与 NHR 5 的中间回路构成类似(见图 3 - 21),只是运行参数不同,这里不做进一步介绍。

2) 热网回路系统

NHR 5 低温核供热试验站的热网回路系统由蒸汽发生器/中间换热器壳侧、热网水循环泵 2 台及相应的阀门和测量系统组成。

热网水工作压力为 0.5 MPa,蒸汽工作压力为 0.3 MPa。这与清华大学核能与新能源技术研究院原有热网参数匹配。试验过程中,NHR 5 低温核供热试验站为 50 000 m² 的建筑物供暖,运行功率为 2~3 MW,二个冬季内平均供热运行可利用率为 99%[2]。此外还供给部分通风热负荷量。

热网水温取 90 ℃/60 ℃,蒸汽发生器蒸汽侧为饱和温度。热网回路另设补水系统。为保证供暖室温的稳定,反应堆功率应随气温变化而变化。功率调节原则:主回路压力不变,供暖室温不变。调节方式:通过设置在中间回路上的电动调节阀,调节中间回路的旁路流量。

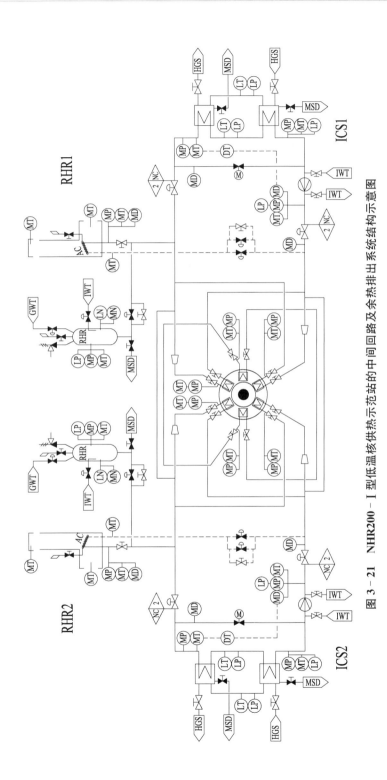

图 3 - 21　NHR200 - Ⅰ型低温核供热示范站的中间回路及余热排出系统结构示意图

3.7.2　专设安全系统及辅助系统

一体化壳式低温核供热堆具有非常良好的固有安全特性,因而与大型压水堆核电站反应堆相比,其安全系统大为简化,仅设有余热排出系统、注硼系统和安全泄放系统。

余热排出系统是为了保证在供热堆停堆以后,将堆芯余热传送到大气中,以降低一次冷却剂的温度和压力,使燃料元件设计限值和反应堆压力边界的设计条件不被超过。

注硼系统是在控制棒系统出现故障而不能执行停堆功能时启动,以终止链式反应和关闭反应堆。

安全泄放系统的主要功能是执行一回路超压保护并维持一回路压力边界的完整性,NHR 5 设置了两个安全阀,起跳压力分别为 1.75 MPa 和 1.90 MPa。当压力容器内压力超过安全阀起跳压力时,安全阀打开,容器泄压并将冷却剂及气体泄放至调节水箱,调节水箱内储有 25 m^3 的一回路水(室温),当水温升到 100 ℃以上时,所产生的蒸汽由调节水箱顶上的安全阀排到风道。

除了反应堆主回路、输热回路、余热排出系统、注硼系统和安全泄放系统等系统外,要保证反应堆设备的正常运行,核供热站还需要许多其他辅助系统,包括化学容积控制系统(也称为一回路冷却剂净化与容积控制系统,简称化容系统)、气体系统、废液处理系统、固体废物处理和储存系统、压缩空气系统、设备冷却水系统、循环冷却水系统、中间回路水处理系统、除盐水系统、电力系统、通信系统、照明系统、测量控制系统、仪表及控制系统、报警系统、控制室系统等。其中大部分系统的作用与功能与一般核电站反应堆中的基本相同,仅个别系统在功能上有所差异,如化学容积控制系统,压水堆核电厂由于主回路系统含硼运行,因此需添加 LiOH 等来保持主回路系统反应堆冷却剂的 pH,而 NHR 系列核供热堆主回路冷却剂不需要添加 LiOH 或其他化学物质来调整或保持主回路系统的 pH。

上述系统将在后续章节中做较为详细的介绍。

3.8　NHR 5 的实际运行及对环境的影响

基于经济性考虑,低温堆供热站一般宜建在靠近人口稠密地区的区域,所以对其安全性的要求将高于核电厂。商业性的 200 MW 低温核供热堆的安全性是依靠先进的设计理念和措施得以保证的,这些安全设计理念和措施已通过 NHR 5 低温核供热堆的成功运行得以展示。

图 3‑22～图 3‑24 分别显示了 NHR 5 低温核供热堆的部分运行和试验结果[4‑5]。

NHR 5 的启动过程是利用核加热从冷态过渡到满功率。在反应堆压力容器内氮气初始分压下,启动过程中需要注意一回路的升温速率不超过 50 ℃/h,并使主回路冷却剂液位保持在一定范围内。图 3‑22 显示了这一启动过程中参数的变化。

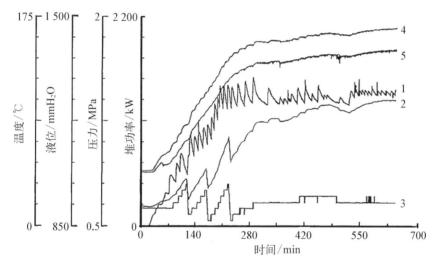

1—反应堆功率;2—主回路压力;3—主冷却剂液位;4—堆芯出口温度;5—堆芯入口温度。

图 3‑22　NHR 5 的启动过程

基于 NHR 5 低温核供热堆的安全和运行特性试验,研究了供热堆随外负荷变化的自调节性能。试验是通过改变供热站中间换热器的流量来实现的,中间换热器的流量由 8 t/h 增加到 35 t/h,然后回调到 8 t/h。这两个流量对应于供热外负荷从 1.5 MW 变为 2.5 MW。图 3‑23 显示了负荷变化后 NHR 5 的功率变化过程。反应堆功率由自动调节机构调节,在 90 s 内发生了变化,在 30 min 内达到新的功率水平,并与外负荷相匹配。上述功率变化过程中,NHR 5 慢化剂的负温度反应性系数起了非常重要的作用。试验结果表明,NHR 5 具有很好的自我调节能力,可以在不需要操作员操作的情况下跟踪负载的变化。

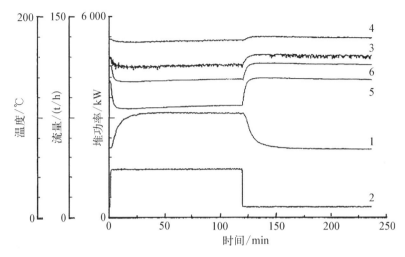

1—反应堆功率；2—中间换热器流量；3—堆芯入口温度；4—堆芯出口温度；5—主换热器二次侧入口温度；6—主换热器二次侧出口温度。

图 3－23　NHR 5 的自调节特性

为了研究 NHR 5 的安全性能，还进行了模拟未停堆预期瞬态(anticipated operational transient without scram，ATWS)的试验，即在丧失主热阱时伴随 13 个停堆控制棒失效的情况。试验过程中，在反应堆功率 2 MW 时将中间换热器隔离，不插入停堆控制棒，图 3－24 显示了上述过程中反应堆功率、温度和压力的变化。由于温度系数为负，大约 30 min 后，反应堆功率下降至 0.2 MW，堆芯进出口温度分别上升了 20.4 ℃ 和 4.7 ℃，系统压力上升了 0.23 MPa。试验结果表明，NHR 5 具有非常好的固有安全和非能动安全特性，即使在 ATWS 情况下，反应堆也会自动关闭。

由包括上述试验在内的，在 NHR 5 低温核供热试验站上实际进行的大量试验结果可见，NHR 5 具有非常好的运行特性和安全特性，满足供热堆设计的目标。

此外，在 NHR 5 连续几个冬季的供暖试验过程中，还实际测量了 NHR 5 低温堆核供热试验站对周边环境的影响，结果如下：

(1) 正常运行时，气体放射性物质经净化系统处理后，通过 60 m 的烟囱排入大气。对 ^{131}I、^{54}Mn、^{60}Co、^{90}Sr、^{137}Cs、^{140}Ba 等十多种核素在不同距离处的沉积进行的分析表明，50 km 以内居民个人受到的最大有效剂量当量低于 1.13×10^{-6} mSv/a，集体有效剂量当量为 1.05×10^{-4} 人·Sv/a，远低于国家

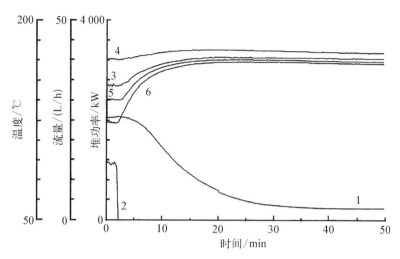

1—反应堆功率；2—中间换热器流量；3—堆芯入口温度；4—堆芯出口温度；5—主换热器二次侧出口温度；6—主换热器二次侧入口温度。

图 3 - 24　NHR 5 丧失热阱后的瞬态特性

标准的规定限值。

（2）5 MW 低温核供热试验站年产放射性废水量不超过 100 m³，废水经处理后，β 放射性与 α 放射性均低于 0.37 Bq/L，通过渗井排入地下，排放量不超过允许值。

因此，可以得出结论：NHR 5 低温核供热堆具有非常好的固有安全特性，正常运行时，放射性排出物对周围居民影响极小，居民受到的最大剂量比普通燃煤供热站还低很多。放射性废水排放也不会对地下水造成任何可察觉到的污染。在最大可信事故下，周围居民受到的放射性照射剂量也远低于标准允许值。

不论是运行工况还是事故工况，低温核供热堆都是安全、可靠的。

3.9　5 MW 低温核供热堆热电联供及制冷试验

作为综合利用和技术发展研究计划的组成部分，除了利用 5 MW 低温核供热堆对清华大学核能与新能源技术研究院办公区进行供热试验外，还开展了热电联供和制冷演示验证试验。

利用核供热堆进行区域集中供热，因减少 CO_2、细颗粒物等污染物的排放,解决局部地区能源短缺等方面的优点,受到许多地区的关注。在关注的同时,也提出一些新的需求,如核供热堆能否在冬季供暖而夏季发电,或冬季供暖而夏季制冷,或利用核供热堆进行海水淡化等。

核供热站相比于一般热电厂,初始投资较大,但运行成本较低,利用率越高,负荷越接近满负荷,供能成本越低。工艺供热、发电和海水淡化都是全年性负荷,核供热站用于这些领域将大大提高其利用率,供能成本降低,经济效益提升。

冬季用于区域集中供热和夏季用于制冷,相比于单纯在冬季供暖,增加了几个月的工作期,可以提高核供热站的利用率,经济效益也会提高。

通过利用5 MW低温核供热堆进行热电联供及制冷试验,为扩大低温核供热堆的应用领域,为商用核供热堆热电联供的设计、建造和运行积累了技术数据和经验。

3.9.1 低温核供热堆热电联供试验

热电联供是将反应堆产生的热量转化为水蒸气,水蒸气输送给汽轮机发电,同时利用汽轮机抽汽或排汽进行供热。利用汽轮机抽汽供热是蒸汽进入汽轮机后经过可调节抽汽口将部分蒸汽抽出来送往供暖系统,其余的蒸汽继续推动汽轮机做功发电。利用汽轮机排汽采暖是热电联供的另一种方式,来自核反应堆蒸汽供应系统的新蒸汽经汽轮机做功后,排汽进入热网换热器,加热热网水,使热网水达到供水温度,实际上热网换热器起着汽轮机冷凝器的作用。

5 MW低温核供热堆热电联供试验是以5 MW低温核供热堆为热源,新蒸汽送往汽轮发电机组发电,利用汽轮机排汽作为采暖热源。在5 MW低温核供热堆热电联供试验前对原二回路系统进行改造,使其输出的不再是热水,而是蒸汽。此蒸汽送往汽轮发电机组发电,汽轮机排汽的热量再送到热网,向建筑物供暖,实现既供热又发电,即热电联供[6]。

5 MW低温核供热堆热电联供试验系统的结构如图3-25所示。对二回路进行改造,用蒸汽发生器代替二回路原有的热网加热器,蒸汽流经汽轮机后进入凝汽器,此凝汽器同时也是热网换热器,汽轮机排汽在冷凝器中将热量传递给热网水,本身冷凝后通过泵加压返回蒸汽发生器,构成三回路循环。热网水在热网换热器内加热升温后,进入供热热网,回水用泵打回热网换热器,完成第四回路循环。在寒冷天气下,二回路的热水可通过旁路送往核供热堆二、三回路的中间换热器,从冷凝器出来的热网水可再流经中间换热器继续加热,以提高供暖温度。

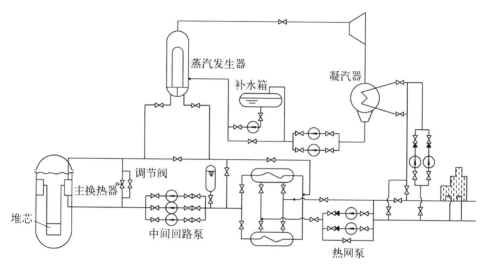

图 3 - 25   5 MW 低温核供热堆热电联供试验系统结构示意图

热电联供的发电部分,因为新蒸汽的参数不高,再加上汽轮机排汽参数较高,发电效率比通常发电厂的发电效率低。但热电联供站的总热利用率接近100%(系统存在正常的散热损失),因为热电联供中的凝汽器没有向外大量损失热量,而是将热量在供热热网中加以利用。核供热堆发出的能量一部分以电能形式供出,其余部分仍以热能形式供出。

热电负荷的匹配是热电联供必须提前考虑的问题。在汽轮发电机与冷凝器(热网换热器)单一直接串联连接的情况下,只能以电定热或者以热定电。为应对不同天气情况下的供热需求,实现在保证供热质量的同时兼顾供热站的经济性,应设置旁路等方式调节发电与供热负荷的比例关系。

在热网用户安全性上,与单一供热一样,从设计上有效地将放射性物质与热网隔离开来,防止放射性物质进入热网,由于只有热网回路进入热用户,因此保证了热网用户的安全。

5 MW 低温核供热堆热电联供试验的主要参数如表 3 - 11 所示,热电联供试验主要包括单项调试、并网发电试验、72 h 连续运行试验。试验结果表明,5 MW 低温堆核供热站工作性能良好,热电联供的负荷跟随特性、甩负荷安全性均满足设计要求。

表 3 - 11   5 MW 低温核供热堆热电联供试验主要参数

参 数 名 称	数 值
反应堆输出功率/MW	2.0
输出电功率/kW	150
一回路压力/MPa	1.47
堆芯进、出口温度/℃	173/192
二回路压力/MPa	1.7
主换热器二次侧进、出口温度/℃	147/161
蒸汽发生器蒸汽出口压力/MPa	0.43
汽轮机进口压力/MPa	0.38
汽轮机背压/MPa	0.025
冷凝水温度/℃	65

3.9.2 低温核供热堆制冷的应用前景

制冷是指从被冷却的建筑或设备中提取热量。按照热能、冷媒、是否相变及相变方法等划分,制冷技术和方法有很多种,LiBr 吸收式制冷是其中一种。

吸收式制冷机属于人工冷源,是靠消耗热能实现制冷的。LiBr 吸收式制冷机是利用 LiBr 水溶液在温度较低时能够强烈吸收水蒸气,在高温下释放所吸收的水蒸气这一溶液特性完成工作循环的。LiBr 吸收式制冷机主要由发生器、冷凝器、蒸汽发生器、吸收器 4 个主要换热设备以及各介质循环所需的循环泵、连接管道和阀门组成,系统结构如图 3 - 26 所示。

LiBr 吸收式制冷机以水为制冷剂,以 LiBr 水溶液为吸收剂,具有运行平稳、噪声低、能量调节范围广、维护操作简单、可利用低品位热能等一系列优点,特别适合在大中型空调工程中使用。

按消耗热能的介质不同,LiBr 吸收式制冷机可分为蒸汽型 LiBr 吸收式制冷机、热水型 LiBr 吸收式制冷机、直燃型 LiBr 吸收式制冷机、烟气型 LiBr 吸收式制冷机等。低温核供热堆能够提供一定压力的蒸汽或一定温度的热水给

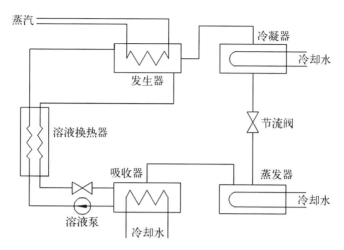

图 3 - 26 LiBr 吸收式制冷机系统结构示意图

吸收式制冷机利用,因此,低温核供热堆制冷宜采用蒸汽型 LiBr 吸收式制冷机和热水型 LiBr 吸收式制冷机。

为了充分利用热能,减少热能损耗,提高制冷效率,可采用两效制冷机。

5 MW 低温核供热堆的制冷试验采用两效蒸汽型 LiBr 吸收式制冷机,由反应堆产生的热量经主换热器传给二回路,二回路的高温水经蒸汽发生器的一次侧加热蒸汽发生器二次侧的水,产生 0.55 MPa 的饱和蒸汽,蒸汽发生器二次侧与制冷机供气回路连接形成第三回路,蒸汽进入制冷机的发生器中加热 LiBr 溶液。冷冻水网为第四回路,由制冷机生产的冷冻水送往用户空调制冷[7-8]。

低温核供热堆制冷技术的开发,使低温核供热堆可以用于中国南方城市的集中空调制冷,还可以用于各大城市冬季采暖供热、夏季空调制冷,不仅扩大了低温核供热堆的应用领域,还提高了核供热站的年利用率,从而提高了核供热站的经济效益。同时,城镇居民享受到冬季供暖、夏季制冷,生活舒适感提升,实现了明显的社会效益。

参考文献

[1] 马昌文. 核能利用的新途径: 低温堆核能供热[M]. 北京: 科学出版社, 1997.

[2] 王大中, 董铎, 张达芳, 等. 5 兆瓦核供热堆三年运行实践[J]. 核科学与工程, 1993, 13 (1): 14 - 19.

[3] 王大中, 林家桂, 马昌文, 等. 200 MW 核供热站方案设计[J]. 核动力工程, 1993, 14 (4): 289 - 295.

［4］ 张达芳,高祖瑛,苏庆善.5 MW 低温核供热试验站运行特性的实验研究[J].原子能科学技术,1990,24(6)：37-45.

［5］ International Atomic Energy Agency(IAEA). Design approaches for heating reactors [R]. Vienna：IAEA，1997.

［6］ 吴少融,苏庆善,董铎,等.核供热反应堆热电联产实验研究[J].清华大学学报(自然科学版),1995,35(6)：78-82.

［7］ 董铎,张力生.5 MW THR 溴化锂制冷研究[J].核动力工程,1991,12(2)：70-71.

［8］ 叶遂生,江锋.5 MW 低温核供热堆制冷试验研究[J].核动力工程,1997,18(4)：345-349.

第 4 章

NHR200 − Ⅱ 型核供热堆

NHR200 − Ⅰ型低温核供热堆的设计用途主要为供热,然而,即使是我国北方最寒冷的地区,其供暖期也是有限的,若供热堆仅作为供热源,显然其经济性很难得到进一步的提高。因此,核供热站的多用途如提供工业供汽、耦合海水淡化系统等是提高其经济性的重要举措。鉴于 NHR200 − Ⅰ型堆的设计运行压力仅为 2.5 MPa,堆芯出口温度无法满足工业蒸汽的要求。然而,壳式供热堆有其方案上的先天优势,可以在不对主要设计方案和几何参数进行较大改动的情况下,提高其设计运行压力和堆芯出口温度,从而在原来连接热水供暖网的三回路中产生 1.0~1.5 MPa 的水蒸气,再配以专门设计的汽轮机,则既可以提供供暖和工业生产所需的蒸汽,也可以兼顾发电,成为热电联产的双目的小型核热电站,从而大幅提升其经济效益。此外,一体化壳式低温核供热堆由于其优异的固有安全特性和几乎对场区外没有放射性应急响应的要求,可以建于居民区或工业园区附近,是燃煤锅炉的理想替代物。200 MW 二型核供热堆(NHR200 − Ⅱ)正是在上述指导思想和现实需求的基础上研发的。

4.1 总体方案和主要设计特性

NHR200 − Ⅱ型核供热堆在完全继承 5 MW 核供热堆和 NHR200 − Ⅰ型低温核供热堆的先进设计理念和固有安全特性的基础上,将设计运行压力提高到 8.0 MPa,不仅能够用于区域供热,还可以实现供电、供汽、海水淡化等多用途目标,在扩展应用范围的同时大大提高了能源的综合利用程度和核热电站的经济性。

4.1.1 总体方案及设计参数

为了达到在简化系统的同时满足固有安全特性的设计要求,NHR 系列低

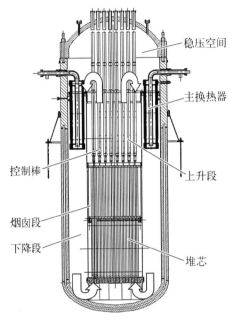

稳压空间

主换热器

控制棒

上升段

烟囱段

下降段

堆芯

图 4 - 1　NHR200 - Ⅱ型核供热堆本体示意图

温核供热堆采用了许多与大型压水堆不同的设计,其主要的技术特点包括三回路设计、一回路一体化布置及全功率自然循环、自稳压、自调节等。

NHR200 - Ⅱ型核供热堆也是一种采用一体化布置、全功率自然循环、自稳压、自调节的壳式轻水堆。图 4 - 1 是反应堆本体示意图,所有的压力容器贯穿件直径都很小且都位于压力容器上半部,这样可以有效降低断管事故带来的危害。堆芯位于压力容器的底部,其上为烟囱和上升段。冷却剂经堆芯加热后向上流经烟囱和上升段,到达上腔室后向外侧流动至主换热器。冷却剂通过主换热器将热量传给中间回路,冷却后向下经下降段流

到下腔室,再至堆芯完成一个流动循环。冷却剂流动的驱动头来自冷段和热段流体温度差带来的密度差。取消主循环泵可以消除失流事故带来的风险,但维持驱动头需要使作为热源的堆芯与作为冷源的主换热器之间有一定的高度差。这一因素成为压力容器设计的主要限制条件之一。在压力容器的上部,留有一定的气空间并充入氮气作为稳压空间。氮气的存在不仅能够起到稳压作用,还从机理上提供了一回路压水运行时的过冷度,消除了一回路出现整体沸腾的可能性。

图 4 - 2 是 NHR200 - Ⅱ型核供热堆回路系统示意图。与压水堆不同,NHR200 - Ⅱ型核供热站有三个回路,在一回路与蒸汽回路之间设置中间回路。一回路的热量通过主换热器传给中间回路,中间回路由泵驱动,将热量通过蒸汽发生器传给蒸汽回路。蒸汽发生器产生的蒸汽可以供应工业蒸汽用户、发电以及热用户,实现热电联供。中间回路运行压力高于一回路和蒸汽回路,这样即使发生主换热器断管事故,放射性物质也不会泄漏至蒸汽回路乃至最终用户,从而保证了用户的安全。同时中间回路的存在还可以降低蒸汽发生器的设备分级以降低成本。

NHR200 - Ⅱ型核供热堆热电联供站的主要技术参数如表 4 - 1 所示,与

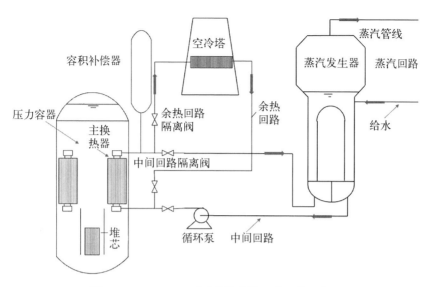

图 4 - 2　NHR200 - Ⅱ型核供热堆回路系统示意图

NHR200 - Ⅰ型低温核供热堆和 NHR 5 堆的几个主要参数的比较如表 4 - 2 所示。从表 4 - 2 中可以看到,NHR200 - Ⅱ型核供热堆的一回路温度、压力与 NHR200 - Ⅰ型低温核供热堆和 NHR 5 堆相比有大幅度提升,其主要原因是 工业蒸汽用户需求的热力回路参数比供暖用户的需求高得多,使得一回路参数不得不提高以满足要求。一回路参数的提高必然会对反应堆的安全性产生影响,如何通过挖掘潜力、合理匹配系统来保持核供热堆的固有安全特性,是 NHR200 - Ⅱ型核供热堆设计的主要工作之一。

表 4 - 1　NHR200 - Ⅱ型核供热堆热电联供站主要技术参数

序号	参　数　名　称	数　值
1	反应堆名义功率/MW	200
2	堆芯额定输出功率/MW	200
3	反应堆设计寿期/a	60
4	反应堆冷却剂工作压力(额定工况)/MPa	8.0
5	堆芯入口/出口温度(额定工况)/℃	232/280
6	反应堆冷却剂流量(额定工况)/(t/h)	3 222

（续表）

序号	参 数 名 称	数 值
7	中间回路工作压力（额定工况）/MPa	8.8
8	中间回路工作温度（额定工况）/℃	208/248
9	蒸汽发生器出口蒸汽压力/MPa	1.6
10	蒸汽发生器出口蒸汽温度/℃	201.4
11	蒸汽发生器给水温度/℃	145
12	蒸汽发生器数量/台	2
13	燃料组件排列方式	9×9
14	燃料组件总数/盒	208
15	控制棒数量/根	52
16	首炉燃料分区^{235}U 富集度/%	1.8/2.67/3.4
17	燃料初始装载量（金属铀）/t	16.87
18	压力容器设计压力/MPa	10.0
19	压力容器设计温度/℃	300
20	压力容器内径/mm	4 300
21	主换热器数量/台	14

表 4 - 2　NHR 系列核供热堆主要参数比较

参 数	NHR 5	NHR200 - Ⅰ	NHR200 - Ⅱ
热功率/MW	5	200	200
一回路压力/MPa	1.5	2.5	8.0
堆芯进/出口温度/℃	146/186	140/210	232/280
主回路流量/(t/h)	103	2 342	3 222
活性区长度/m	0.69	1.9	2.1
中间回路压力/MPa	1.7	3.0	8.8

（续表）

参　　数	NHR 5	NHR200－Ⅰ	NHR200－Ⅱ
中间回路冷/热段温度/℃	102/142	95/145	208/248
热网压力/MPa	0.2	1.3	1.6
热网进/出口温度/℃	60/90	80/130	145/201.4

除了参数不同,NHR200－Ⅱ型核供热堆与之前的低温核供热堆相比还有以下主要变化:NHR 5 一回路可运行于压水和微沸腾两种工况,而 NHR200－Ⅱ型核供热堆只可运行于压水工况;NHR 5 和 NHR200－Ⅰ型低温核供热堆采用紧贴式安全壳,而 NHR200－Ⅱ型核供热堆的安全壳与压水堆相似,这样与放射性相关的系统都可以设置于安全壳内;NHR 5 和 NHR200－Ⅰ型低温核供热堆的产品为热水,而 NHR200－Ⅱ型核供热堆的产品为蒸汽。NHR 5 和 NHR200－Ⅰ型低温核供热堆与 NHR200－Ⅱ型核供热堆的控制棒水力驱动机构及系统也不一样。

4.1.2　主要设计特性

NHR200－Ⅱ型核供热堆维持了 NHR 5 和 NHR200－Ⅰ型低温核供热堆的主要结构,技术特点如下[1]。

（1）堆芯。NHR200－Ⅱ型核供热堆堆芯由燃料组件(含燃料棒束与锆盒部件)、控制棒组件、中子源等组成。每四盒锆盒部件构成的十字宽水隙为控制棒通道。堆芯设计采用无硼方案。

（2）反应堆冷却剂系统。反应堆本体采用一体化布置设计,即主设备均布置在压力容器内,消除了主设备之间的连接管路与阀门,因而消除了大破口事故发生的可能性。贯穿压力容器的管道如化容系统、控制棒水力驱动系统的管道均为细管道,设计时尽量减小贯穿压力容器壁的喉部尺寸,以减轻小破口事故的后果。主冷却剂系统的无硼设计大大减少了放射性废水量。

（3）非能动安全系统。反应堆在正常和事故工况下,停堆后的衰变热均由非能动余热排出系统载出。该系统由余热排出空冷器、隔离阀和管道组成,与中间回路相连。正常运行时,与中间回路相连的隔离阀关闭,余热排出系统不启动。停堆后,中间回路隔离阀关闭,余热排出隔离阀开启,余热排出系统启动。反应堆产生的余热通过主换热器传给中间回路,中间回路水加热后向上流经余热回路将热量传给空冷器。余热回路也采用自然循环驱动,其热源和冷源分别为主换热器和空冷器。空冷器加热空气,通过空冷塔内的自然循环将热量传给最终热阱(大气)。整个余热排出传热路径经过三个自然循环回路,没有需要外加动力的部件,即使外电源失效,也可以长期维持堆芯的充分冷却。同时,余热排出系统采用两路互为冗余的设计确保其有效性。作为第二停堆系统的注硼系统,也采用非能动设计。采用注硼罐布置高于压力容器的设计,需要注硼时,两者之间的重力压头即可实现注硼。安全系统的非能动设计使反应堆即使在全厂失电工况下仍能确保安全。

(4)控制棒水力驱动系统。由于堆芯采用无硼方案,控制棒的价值较大,一旦发生弹棒事故,后果相对严重。NHR200-Ⅱ型核供热堆采用水压驱动的控制棒,其传动以反应堆冷却剂为介质,通过泵加压后,注入驱动机构的水力驱动缸,通过流量变化控制驱动缸缸体运动,进而控制夹持爪动作,再驱动控制棒。它从机理上避免了多根棒同时提升和连续提棒的可能性,同时由于驱动机构位于压力容器内,消除了弹棒事故,因而提高了反应堆的安全性。同时,控制棒水力驱动系统也具有失电安全功能。控制棒水力驱动系统初始应用于 NHR 5,二十多年来,清华大学核能与新能源技术研究院(简称清华大学核研院)一直对其进行改进、验证,其精度及可靠性大为提升。

作为主要采用压水运行方式的 NHR200-Ⅱ型核供热堆,应满足适用于压水堆的所有安全要求。除此之外,要能够建设于工业园区或人口稠密区附近,必须做到实质上消除堆芯熔化和大规模放射性释放,技术上可实现三区合一。为了实现以上目标,根据 NHR200-Ⅱ型核供热堆的设计特点,需做到以下两点:

(1)NHR200-Ⅱ型核供热堆能够依靠非能动系统实现安全停堆以及余热载出。

(2)在任何的设计基准事故和可信的设计扩展工况下,堆芯活性区始终能够被水淹没。由于堆芯功率密度远低于压水堆,只要保证活性区被水覆盖,包壳及芯块温度就会远低于安全限值。

为实现非能动安全目标,NHR200-Ⅱ型核供热堆采取了以下安全措施:

(1)自然循环余热载出。余热载出传热链上的三个回路(一回路、余热载出回路、空冷塔)均为自然循环驱动,无须主动驱动力。

（2）两套非能动停堆系统。在失电情况下,控制棒依靠重力可自动下落,注硼系统依靠重力驱动。

（3）余热排出系统隔离阀为失电开启。

（4）没有安全注入系统。

由上述措施可以看出,反应堆的安全停堆以及余热载出不依赖任何能动部件。

堆芯活性区依赖以下措施实现始终能够被水淹没：

（1）一回路一体化布置。消除了大破口事故发生的可能性;所有的压力容器小直径贯穿件都位于压力容器的上半部,贯穿件设计为缩径且喉径尺寸尽量小,位置尽量高,以限制小破口事故下的失水量。

（2）压力容器底部双层壳设计。内、外壳之间的容积非常小,因此即使内壳发生泄漏,其失水量也不足以使堆芯裸露。

（3）压力容器容积足够大。由于一回路采用全功率自然循环,作为热源的堆芯与作为冷源的主换热器之间设计了足够的高度差。另外,主换热器、控制棒驱动机构均位于压力容器内。这使得 NHR200 - Ⅱ 型核供热堆的压力容器水装量与功率之比远大于压水堆,破口事故发生后有足够的裕度。

（4）余热排出能力强。余热排出系统的设计能力足够强,不仅能够在正常停堆工况下载出堆芯余热,而且能够在破口事故发生后迅速降低一回路压力,使得破口泄放流量大幅降低。

（5）一回路隔离阀设置。在一回路引出的小管道上设置多道隔离阀,在破口事故发生后,隔离阀自动关闭,限制了失水量。

（6）运行参数低。低的运行压力、温度和功率密度,使得破口流速和堆芯储热均远低于压水堆。

上述安全措施均在 NHR 5 上得到了工程验证,满足了安全要求。但 NHR200 - Ⅱ 型核供热堆的运行温度及压力远高于 NHR 5,出于经济性的考虑,压力容器的尺寸和余热排出系统的能力也需要优化限制。压力容器贯穿件的喉部尺寸也不能太小,否则驱动该管道内工质流动需要的泵功会很大。如何平衡以上因素,找到合适的参数配置,是决定 NHR200 - Ⅱ 型核供热堆设计成功与否的一个关键点。

参考压水堆的事故分类标准,根据 NHR200 - Ⅱ 型核供热堆的设计特点,其影响反应堆安全的设计基准事故可分为以下 5 类：

（1）一回路排热增加。主要原因是中间回路泵控制系统失效,导致其流量突然增加。中间回路流量的增加使得通过主换热器载出的热量增加，一回路的冷段温度因而降低。流至堆芯后，由于温度负反馈作用，反应堆功率增加。因为中间回路的流量变化对一回路的作用需通过主换热器，主换热器的热容延缓了其作用效果，同时，一回路自然循环流速低，使得其对堆芯的作用进一步延缓，所以一回路排热增加的后果轻微。

（2）一回路排热减少。主要原因是中间回路泵卡泵或停泵带来的流量减小。NHR200-Ⅱ型核供热堆有两个环路，由于其一回路热容大以及主换热器的延缓作用，一个环路中间回路流量的减少对一回路的冲击不大。如果失电导致两个环路中间回路流量同时丧失，则水力控制棒会自动落棒停堆，余热排出系统失电开启，载出堆芯余热。

（3）冷却剂装量增加。主要原因是主换热器管道的破裂。由于中间回路压力比一回路压力高，主换热器管道破裂会造成中间回路冷却剂流入一回路，由于其温度低，温度负反馈作用使得反应堆功率增加。为了应对这一事故，中间回路与一回路之间的压差设为保护信号。事故发生后，该保护信号会触发反应堆停堆，余热排出系统启动，载出堆芯余热。

（4）冷却剂装量减少。可能的原因包括压力容器顶部安全阀的误开启、仪表管的破裂以及控制棒引起水管等小管道的破裂。设置一回路低水位保护信号，冷却剂失水量超过保护定值时，反应堆停堆，余热排出系统启动，载出堆芯余热。同时，管道上的隔离阀关闭，失水过程停止。由于一回路运行压力、温度低，破口尺寸小，压力容器装水量大，这类事故不会导致堆芯裸露[1]。

（5）反应性及功率分布异常。原因包括冷水事故、控制棒误提升、燃料组件装错位置等，其中，后果最严重的是控制棒误提升。由于采用水力驱动控制棒，从机理上避免了弹棒、多根棒同时提升和连续提棒的可能性，因此反应性引入速度很慢，事故后果轻微。

对以上典型事故的详细分析见后续章节。分析表明，NHR200-Ⅱ型核供热堆有足够的安全裕度，满足安全要求。

4.2　堆芯设计

NHR200-Ⅱ型核供热堆的堆芯设计充分借鉴了 NHR200-Ⅰ型低温核供热堆堆芯设计的成果，燃料组件、控制棒组件和中子源等的材料、结构、组成等没有本质变化，但对控制棒驱动机构进行了较大改进，NHR200-Ⅰ型低温核供热堆采用的是水力驱动传动机构,NHR200-Ⅱ型低温核供热堆采用的则是水压驱动传动机构。

4.2.1 燃料组件结构稳定性及完整性

燃料组件是反应堆堆芯最重要的组成部分,而燃料组件的主要部分燃料元件又包含着放射性物质,所以在任何工况下都要求燃料组件结构稳定,以便控制棒能够自如地插入和抽出堆芯,从而达到控制反应性和停堆的目的。保证燃料元件的结构完整才能保证放射性物质不泄漏进入冷却剂,进而污染主回路其他设备,所以对燃料组件和燃料元件提出了如下要求。

1) 燃料组件设计要求

燃料组件与反应堆控制系统、保护系统等一起应满足以下要求。

(1) 在Ⅰ、Ⅱ类工况下,燃料组件在设计寿期内不发生预期的包壳管破损和燃料熔化,可能发生少量的包壳管随机破损,其所释放的放射性物质应在反应堆冷却剂净化及容积控制系统净化能力许可范围之内。此时冷却剂的放射性水平在设计容限之内并符合设计基准。

(2) 在Ⅲ类工况下,堆芯中破损的燃料棒数不应超过燃料棒总数的一个小的份额。

(3) 在Ⅳ类工况下,燃料棒的破损不应给公众健康和环境造成过度的危害,且燃料组件保持可冷却的形状,反应堆应处于次临界状态。

(4) 在Ⅴ类工况下,采取足够的措施进行缓解和预防。

2) 燃料组件设计准则

NHR200-Ⅱ型低温核供热堆燃料组件由棒束组件和通道组件组成。棒束组件主要由元件棒(包括燃料棒与可燃毒物棒)、水棒、上格板、定位格架、下格板等组成。通道组件由管座、锆合金锆盒(简称锆盒)等组成。主要设计准则如下。

(1) 燃料组件所用结构材料、燃料和中子吸收材料符合标准规定。组件设计应采用合适结构,使其在堆芯中定位并使元件棒在组件中定位,在Ⅰ、Ⅱ类工况下满足物理、热工、水力对燃料几何形状及其轴向、径向位置的要求。

(2) 燃料组件应能承受Ⅰ、Ⅱ类工况下流体产生的振动、腐蚀、升力、压力波动和流动不稳定性的各种作用。

(3) 燃料组件应能承受包括规定的外来地震载荷在内的横向和轴向载荷作用,其变形应在规定的限值之内;可能导致结构失稳的载荷,其值应低于相应的临界载荷值。

（4）对于工况Ⅲ、Ⅳ,燃料组件各部件的变形不应妨碍反应堆和燃料棒的冷却。

（5）任何工况下,构成控制棒通道的锆盒变形不能影响控制棒的插入与提起。锆盒应能承受足够的辐照、腐蚀、磨蚀及地震等影响。

（6）燃料组件与堆芯结构构成冷却剂的流道并进行合理的流量分配,防止或尽量减少旁路流量并满足各种工况下的活性区冷却。

3）燃料元件设计准则

燃料元件棒包括燃料棒和可燃毒物棒（又称"钆棒"）。在Ⅰ、Ⅱ类工况下,燃料元件棒应满足以下主要设计准则。

（1）包壳自立准则。在反应堆运行初期,在冷却剂压力和工作温度作用下,燃料元件包壳管必须是自立的。

（2）包壳蠕变坍塌准则。在整个设计寿期内,包壳管不应发生蠕变坍塌。

（3）包壳应力准则。在整个设计寿期内,包壳的体积平均当量应力不应超过考虑了温度和中子辐照影响的包壳管材料的屈服强度。

（4）包壳应变准则。在整个设计寿期内,稳态运行时,从未辐照状态算起的包壳的总拉伸应变应低于1%;对每一瞬态事件,包壳周向的弹性加塑性拉伸应变不应超过由当时稳态工况算起的1%应变。

（5）包壳疲劳准则。包壳累积的应变疲劳损伤因子应满足

$$\sum (n_i/N_i) < 1 \qquad\qquad (4-1)$$

式中,n_i 为给定有效应变范围 ε_i 下的循环次数;N_i 为给定有效应变范围 ε_i 下允许的循环次数。

（6）包壳腐蚀和磨蚀准则。设计寿期末,包壳均匀腐蚀深度或者磨蚀深度应小于包壳壁厚的10%。

（7）芯块温度准则。燃料芯块最高温度应低于 UO_2 熔点,考虑到燃耗和不确定性等因素的影响,确定燃料芯块最高温度的限值为 2 590 ℃;可燃毒物（钆铀）芯块最高温度应低于其熔点,如针对某热电堆设计所用两种可燃毒物芯块的熔点限值均取 2 300 ℃。

（8）内压准则。在整个设计寿期内,燃料棒内压应低于能使燃料芯块与包壳接触后重新出现径向间隙或者使该间隙变大的值。

4.2.2　堆芯组成及评价

与 NHR200 - Ⅰ型低温核供热堆堆芯设计(120 盒 12×12 - 3 型燃料组件)不同,NHR200 - Ⅱ型核供热堆堆芯采用了 208 盒 9×9 型燃料组件。

4.2.2.1　燃料组件

如前所述,NHR200 - Ⅱ型堆燃料组件由棒束组件和通道组件组成,棒束组件插在通道组件内,通道组件的管座插在堆芯支撑板上。通道组件长期置于堆芯内。反应堆换料一般只更换棒束组件。NHR200 - Ⅱ型堆燃料组件主要设计参数列于表 4 - 3 中。

表 4 - 3　NHR200 - Ⅱ型堆燃料组件主要设计参数

结　　构	参　数　名　称	情况/数值
燃料组件	元件棒排列方式	9×9
	棒束种类	A1、A2、B、C1、C2
	数量/组	208
	外形尺寸/(mm×mm×mm)	125.6×125.6×2 685
	活性区高度/mm	2 100
	栅距/mm	13.3
	每个组件的格架数量/个	3
	每个组件中的水棒数量/根	4
元件棒	燃料棒数量和种类	3(1.8%、2.67%、3.4%)
	燃料芯块材料	UO_2 陶瓷芯块
	钆棒种类数量	3
	可燃毒物芯块种类数量	2
	可燃毒物芯块材料	$UO_2 + Gd_2O_3$
	每根元件棒的隔热片数量/个	2
	燃料包壳材料	低锡 Zr - 4 合金
	燃料包壳外径/mm	10
	燃料包壳壁厚/mm	0.7

1）燃料元件

燃料元件包括燃料棒和钆棒。

燃料棒是反应堆中的释热元件，其包壳是裂变产物的第一道屏障。燃料棒内装烧结陶瓷 UO_2 燃料芯块、隔热片和芯块压紧弹簧，棒中气腔为裂变产物滞留空间。NHR200 - Ⅱ型核供热堆采用三种燃料棒，富集度分别为 1.8%、2.67% 和 3.4%。

钆棒除了用作裂变材料外，还要用作堆芯中子的吸收体，用来控制和吸收剩余反应性。本堆采用两种不同钆含量（可燃毒物芯块Ⅰ，^{235}U 富集度 1.8% + Gd_2O_3 质量分数 8%；可燃毒物芯块Ⅱ，^{235}U 富集度 1.8% + Gd_2O_3 质量分数 2%）的可燃毒物芯块构成三种钆棒，钆棒结构外形、芯块形状以及包壳、端塞的材料与燃料棒相同。

包壳管由完全退火的低锡 Zr - 4 合金管制成，外径为 $10\ mm$、厚 $0.7\ mm$。它与端塞焊接后形成密闭空间，构成放射性裂变产物向外释放的第一道屏障。

2）棒束组件

第一循环堆芯采用了 A1、A2、B、C1、C2 五种棒束组件，平衡循环堆芯采用了 D1、D2 两种棒束组件，同类棒束组件具有互换性。

棒束组件为 77 根元件棒和 4 根水棒按 $9×9$ 的正方形栅格排列。4 根水棒、3 层定位格架和上格板、下格板一起构成骨架，将 77 根元件棒连成一体，构成棒束组件。燃料棒束组件结构如图 4 - 3 所示。

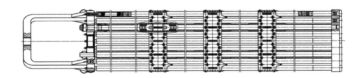

图 4 - 3 棒束组件结构

3）通道组件

通道组件由锆盒、管座、定位环扣等组成。锆盒与棒束组件共同构成燃料组件的冷却剂流道。管座下部 $\varnothing76\ mm$ 圆柱面为燃料组件支撑定位结构，插入堆芯支撑板对应的孔内实现燃料组件的定位。通道组件结构如图 4 - 4 所示。

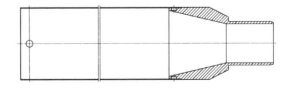

图 4 - 4 通道组件结构

4.2.2.2　中子源

反应堆首次装料时,堆内无裂变中子,中子测量系统无法测得中子信号以便对反应堆装料和物理启动过程中的趋近临界进行监测。即使在一定燃耗后的次临界下,如没有外中子源,堆内中子通量很低,中子测量系统仍然无法得到足够强的中子信号以对装料和启动过程中的趋近临界进行有效的监督。因此,为使反应堆能安全地完成装料和启动,必须借助外中子源增大反应堆内的中子通量,以使中子探测器获得足够强的中子信号,从而有效地监测反应堆的临界状态。

根据反应堆的特性和理论计算,拟采用 Am‑Be 中子源,即将含 ^{241}Am 的材料和 Be 粉混合压制成芯块,封装在多层密封的不锈钢壳内,如图 4‑5 所示。

中子源径向位置位于靠近反射层的组件边缘处,轴向位置位于堆芯高度 50 cm 处。

启动中子源的主要参数如下。

（1）中子源类型：Am‑Be。

（2）中子源强：全寿期大于 10^8 s^{-1}。

（3）中子源组件数量：1。

（4）半衰期：432.6 a。

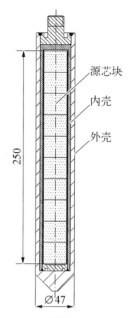

图 4‑5
Am‑Be 中子源
（单位：mm）

源芯块
内壳
外壳

4.2.2.3　堆芯设计评价

采用燃料元件稳态、瞬态专用分析程序分别对燃料棒进行稳态和瞬态分析。结果表明,燃料棒具有相当大的安全裕度,设计可靠;事故瞬态下不会超过燃料棒的设计限值。力学性能分析结果表明,燃料组件在 $4g$ 垂直加速度起吊载荷时,最大应力小于许用应力。正常运行工况下,可以忽略内外压差导致的锆盒向内变形;在反应堆全寿期内,锆盒辐照弯曲不会影响控制棒的运动和装卸料操作;在地震载荷下,燃料组件对锆盒的撞击力也不会产生塑性变形而影响控制棒的插入。

燃料包壳是防止放射性物质释放的主要屏障,分析结果如下:

（1）格架和包壳之间磨蚀的问题可以不予考虑,这是因为一回路冷却剂自然循环,流速很低,单棒最大振幅很小,产生的循环应力同样很小,不致影响其结构的整体性;格架弹簧的压紧力能保证棒与定位格架始终接触。

（2）燃料棒内压小于包壳应力，寿期内不会超过限值。在设计寿期内，额定棒内压小于 0.57 MPa，累积裂变气体释放小于 0.8%，包壳应力为压应力且均小于 19.6 MPa（不考虑内压时的值），远小于锆合金的许用应力。

（3）Zr-4 合金包壳在水中具有良好的抗腐蚀性能，不会发生腐蚀破坏。供热堆设计温度相对较低，水质条件与一般动力堆相似。根据计算，即使对 NHR200-Ⅱ型核供热堆的热工水力特性进行最保守的估计，氧化膜厚度也仅为 40 μm（40 年寿期），为设计规定的极限参数（120 μm）的 1/3，所以不会对锆包壳的强度造成影响。

（4）在供热堆的运行条件下，包壳不会发生疲劳破坏和振动磨蚀。

对十字形控制棒样棒的刚度实验表明，翼板不会产生较大的弯曲变形，满足控制棒在锆盒之间的升降，不会发生控制棒卡住的情况。

综上所述，NHR200-Ⅱ型核供热堆堆芯和燃料组件均满足设计要求。

4.3　堆芯核设计

堆芯特性是反应堆最重要的特性之一，堆芯物理、热工和结构等设计直接决定了供热堆的物理、热工和安全等特性。核设计要保证燃料装载在整个寿期内有足够的过剩反应性，燃料温度系数始终为负值，任何运行条件下燃料元件不发生偏离泡核沸腾或芯块熔化，燃料元件比燃耗不超过设计限值等。

NHR200-Ⅱ型核供热堆堆芯初始装载 208 盒燃料组件。每盒燃料组件由 77 根外径为 10 mm 的燃料元件棒和 4 根水棒组成，以 13.3 mm 栅距按 9×9 正方形排列。本节将详细介绍该堆芯的核设计。

4.3.1　堆芯核设计准则

1）燃料燃耗设计准则

核设计应保证燃料装载在整个寿期内有足够的过剩反应性，以维持反应堆在带有平衡氙、钐及其他裂变产物的条件下满功率运行，并获得预期的燃耗深度。

2）负温度反应性反馈

核设计要求有负的燃料温度系数，并且在运行条件下，慢化剂的温度系数是非正的。

反应堆运行时，反应堆本身对外部反应性的补偿主要来自燃料温度变化引起的共振展宽效应(多普勒效应)和慢化剂密度变化引起的慢化效应,这些基本的物理特性常常用反应性系数表示。应用稍加浓的铀可得到负的多普勒系数。多普勒系数可提供快速的反应性补偿,慢化剂温度系数提供一个慢的反应性补偿。低温堆设计要求在热态满功率时慢化剂温度系数是负的,同时在热态零功率时,慢化剂温度系数也为负值。

3) 功率分布

堆内燃料元件最大功率峰值因子的设计应保证在任何正常运行和正常瞬态条件下不发生偏离泡核沸腾或燃料芯块熔化。

燃料管理将保证燃料元件比燃耗不超过设计限值。

4) 最大可控反应性引入率

堆芯设计中限制单根控制棒最大的反应性价值和最大的反应性引入率,防止在提棒事故中最小 DNBR 低于允许限值。

5) 停堆裕量

控制系统设计应提供两套工作原理不同且相互独立的反应性控制系统,包括控制棒系统及事故紧急注硼系统。

控制棒系统应能补偿堆功率水平从满功率到零功率运行时由于燃料及慢化剂温度变化所引起的反应性变化,能补偿反应堆从热态零功率到冷态时产生的反应性变化以及补偿氙及钐产生的反应性变化。控制棒系统设计中要满足即使是一根反应性价值最大的控制棒被卡在堆芯外(卡棒准则)且反应堆运行在任何功率水平的条件下,借助控制棒系统仍能实现快速热停堆,并能使反应堆安全地处于冷停堆状态,同时保持足够的停堆裕度。

在 ATWS 事故情况下,单独使用注硼系统可实现反应堆停堆,硼溶液可提供足够的负反应性,使反应堆安全地处于冷停堆状态并有足够的停堆深度。

4.3.2　运行期及燃料管理

低温堆没有堆芯调硼系统,仅依靠堆内控制棒来调节临界状态和满足停堆要求。由于少了一种反应性调节手段,总的反应性控制能力受到限制,因此堆芯需要根据该特点来设计。

为达到较长的循环长度,堆芯初始过剩反应性设计得较大,导致初始控制棒价值可能不足。为此,使用可燃毒物(Gd_2O_3)来降低循环初始阶段的剩余反应性,以减少整个寿期内的反应性变化。随着堆芯燃耗的增加,可燃毒物吸收能力的释放使堆芯剩余反应性在工作期内变化比较平稳,从而满足了补偿燃耗反应性的要求。

可燃毒物浓度及数量遵循的原则如下：① 可燃毒物添加量应能较好地补偿燃耗过剩反应性，使整个燃耗期中有效增殖因子 k_{eff} 尽量平坦；② 可燃毒物添加量在燃耗期末应基本燃耗完，即在寿期末时与无可燃毒物相比应基本没有影响。

按照上述原则，选取了 8% 和 2% 两种质量分数的 Gd_2O_3 可燃毒物，并将其在堆芯内进行合理的三维布置，以达到通过添加可燃毒物来补偿燃耗反应性的目标和要求。图 4-6 给出了堆芯无控制棒条件下的 k_{eff} 随满功率运行天数的变化。由图可见，堆芯在整个循环期内的无棒 k_{eff} 随时间的变化比较平稳。堆芯第一循环设计循环长度为 900 满功率天，对应的循环末组件的平均铀燃耗深度约为 11 000 MW·d/t。

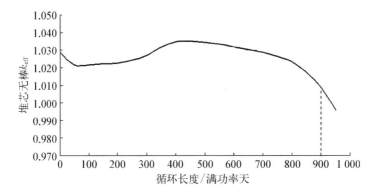

图 4-6　第一循环堆芯无棒 k_{eff} 随燃耗的变化（热态满功率平衡氙）

4.3.3　功率分布及不均匀因子

堆芯的功率分布形状及功率峰值因子是反应堆的重要性能指标，反应堆设计中要通过展平中子通量和功率分布、降低功率不均匀因子，来确保堆芯内任何一点处所产生的最大功率密度不会导致燃料元件损坏。因此，功率分布和功率不均匀因子的计算也是核设计的重要内容。

堆芯核设计中，计算了整个循环期内各个时刻的控制棒棒位、堆芯燃耗分布、通量和功率分布及其他物理参数。

由于 NHR 系列低温核供热堆采用调棒堆芯，其功率形状与控制棒棒位有很大关系。因此，在核设计中为了降低功率峰值因子，除了需要对燃料组件和可燃毒物进行合理的布置，还需要对多组控制棒的调棒组合方式进行优化设计。

堆内燃料元件最大功率峰值因子的设计应保证在任何正常运行和正常瞬态条件下不发生偏离泡核沸腾或使燃料芯块熔化。NHR200 - Ⅱ型核供热堆第一循环内堆芯组件相对功率峰值随燃耗的变化如图 4 - 7 所示。整个循环内组件相对功率峰值最大值为 1.25。根据热工分析初步结果,能够满足热工设计要求。

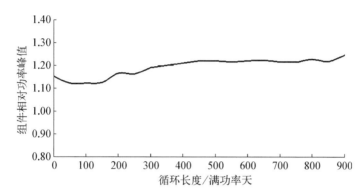

图 4 - 7　第一循环堆芯组件相对功率峰值随燃耗的变化

4.3.4　反应性控制

堆芯的反应性控制手段可分为三部分:可燃毒物、控制棒和注硼系统。

1) 可燃毒物

为补偿堆芯寿期初的过剩反应性,在燃料组件内采用了含钆可燃毒物棒(简称钆棒)。钆棒与普通燃料棒的结构相同,只是包壳管内既装有含钆可燃毒物芯块(简称钆芯块),又装有燃料芯块。钆芯块由 Gd_2O_3 与 UO_2 混合烧结而成。NHR200 - Ⅱ型核供热堆选取了 8% 和 2% 两种质量分数的 Gd_2O_3 可燃毒物,并进行了合理的堆芯三维布置,达到了补偿燃耗反应性的目标和要求。

2) 控制棒

用控制棒进行反应性控制是反应堆安全运行的重要手段。控制棒控制速度快,能够用于补偿与功率变化过程有关的多普勒效应、慢化剂温度效应以及空泡效应,还可以用于安全停堆。

NHR200 - Ⅱ型核供热堆堆芯布置和控制棒在堆内的分组布置如图 4 - 8 所示。每四盒燃料组件之间的宽水隙内布置了十字形控制棒,全堆芯共 52 根,按位置分为 8 组,承担了堆芯反应性补偿、功率调节、温度调节、热停堆和冷停堆等功能。控制棒采用 B_4C 作为吸收体材料,其运动方式为步升步降。

反应堆运行过程中,采用各组不同的控制棒来补偿燃耗过程中的过剩反应性,调节堆芯临界状态。

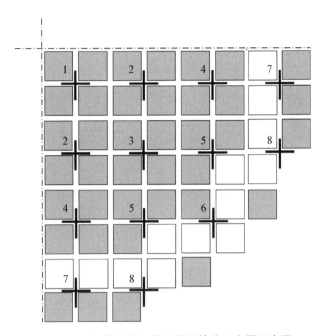

图 4-8　1/4 堆芯内组件和控制棒分组布置示意图

为定量表示控制棒对反应性的影响,需要计算各组控制棒的积分和微分价值。根据各组控制棒的反应性当量,可核算出控制棒总的反应性当量。控制棒的设计满足卡棒准则。堆芯循环过程中,当最大价值的一根控制棒被卡在堆芯外时,扣除 10% 的计算误差后,仍然有 $-1.56\beta_{eff}$(β_{eff} 为有效缓发中子份额)的卡棒停堆深度,满足卡棒停堆深度要求。

3) 注硼系统

注硼系统是另外一种紧急停堆手段,是在控制棒系统失效的紧急情况下使用的另一套具有不同原理的独立停堆系统。根据初步估算,假设反应堆所有控制棒卡在热态临界棒位,在考虑一定计算误差和停堆裕量的情况下,堆芯注硼浓度达到 800 ppm 可使堆芯实现长期冷停堆。

4.3.5　温度系数

反应堆的反应性随反应堆某个参数的变化率称为该参数的反应性系数。由于参数变化引起的反应性变化会造成反应堆内中子密度或功率的变化,该变化又会引起参数的进一步变化,由此产生一种反馈效应。反应性系数即反映了这种反馈效应。为保证反应堆的安全运行,参数变化引起的反应性变化应为负反馈效应,即反应性系数应为负值。温度反应性系数是反应堆中重要的反应性系数。

温度系数即温度反应性系数,其定义为反应性相对于温度的变化率。在反应堆内,温度系数分为燃料温度系数和慢化剂温度系数。燃料温度系数是指燃料有效温度变化 1 ℃引起反应性变化的量,由于燃料温度对功率变化的响应几乎是瞬时的,因此也称为瞬发温度系数。慢化剂温度系数是指堆芯慢化剂平均温度每变化 1 ℃所引起的反应性变化,由于慢化剂、冷却剂的温度变化是燃料温度变化后的热量传递引起的,因此也称为缓发温度系数。

燃料温度效应主要由燃料核共振吸收的多普勒效应引起,因此也称为多普勒反应性系数。燃料温度升高时,由于多普勒效应,靶核的共振吸收峰展宽,导致中子的有效共振吸收增加,逃脱共振俘获概率减小,从而引起反应性的减小,产生负温度效应。

慢化剂温度效应主要来自慢化剂温度变化后,慢化剂的密度变化,会从两个方面对反应性造成影响:一方面,慢化剂温度升高,导致慢化剂密度减小,从而慢化剂本身对于中子的吸收减少,反应性增加,这是一种正效应;另一方面,由于慢化剂密度减小,慢化能力也相应减小,使得共振吸收增加,逃脱共振概率减小,从而使反应性减小,这是一种负效应。因此,慢化剂温度系数是两方面综合的结果,慢化剂温度系数是否为负与堆芯水铀比有关。NHR200-Ⅱ型核供热堆堆芯核设计通过选择合适的水铀比,使慢化剂温度系数为负值。

经分析计算,NHR200-Ⅱ型核供热堆第一循环的整个燃耗过程中,在热态满功率平衡氙情况下,反应堆燃料温度系数在 $-2.4 \sim -2.1$ pcm[①]/℃范围内变化,慢化剂温度系数在 $-22.0 \sim -12.0$ pcm/℃范围内变化,能够满足安全要求。

4.3.6　氙稳定性

在热中子反应堆中,因为裂变产物 ^{135}Xe 具有非常大的热中子吸收截面,因此需要考虑氙毒和碘坑等问题。在大型压水堆核电站堆芯中,局部中子通量密度的变化会引起局部区域 ^{135}Xe 浓度和局部区域反应性的变化,由此带来的反馈效应还可能会产生氙振荡现象。

---

① pcm 表示十万分之一(10^{-5}),行业惯用。

对 NHR200 - Ⅱ型核供热堆来说，由于热中子通量较低，只有压水堆核电站的 $1/5 \sim 1/3$，所以碘坑非常浅，碘坑启动不存在问题。此外，相比于大型压水堆，NHR200 - Ⅱ型核供热堆堆芯整体尺寸较小，也不会产生氙振荡情况，这给低温核供热堆的运行提供了便利。

4.4　堆芯热工设计

NHR200 - Ⅱ型核供热堆主回路是一个一体化布置、自稳压的自然循环系统。与 NHR 5 和 NHR200 - Ⅰ型低温核供热堆不同，NHR200 - Ⅱ型核供热堆的主换热器全部浸没在水中，即 NHR200 - Ⅱ型堆仅考虑压水运行状态，不考虑微沸腾运行方式。

压力容器上部液面以上有约 $20~m^3$ 的充气空间，该空间起稳定主冷却剂压力的作用。该空间初始充有约 $1.58~MPa$ 的不凝结气体——N_2，供热堆运行时由水蒸气分压及 N_2 分压构成主回路系统 $8.0~MPa$ 的运行压力。

反应堆热工水力设计的基本任务正是根据上述堆的布置和特点，为反应堆设计一个与堆芯产生热量和分布相匹配的传热能力，为中间回路及热用户回路提供一组合理的热工参数，在满足各种工况安全性要求的前提下，使 NHR200 - Ⅱ型核供热堆具有良好的经济效益。

4.4.1　热工水力设计准则

1）总设计准则

对于工况 Ⅰ（正常运行工况），应保证运行参数与它们的保护定值之间有足够大的裕量。

对于工况 Ⅱ（预期运行事件），最多只允许反应堆保护性停堆，而在采取校正措施之后，能够比较快地恢复运行。

对于工况 Ⅲ（稀有事故），应保证事故情况下无堆芯燃料元件破损，对反应堆不能较快恢复运行的情况，仍能使反应堆维持在安全停堆状态，并能顺利排出余热。

对于工况 Ⅳ（极限事故），燃料元件可能有部分破损，破损总量不超过限定的份额，对环境造成的放射性影响应低于《核动力厂环境辐射防护规定》（GB 6249—2011）中的要求，即每次事故公众中任何人（成人）可能受到的有效剂量当量小于 5 mSv，甲状腺剂量当量小于 50 mSv，不会妨碍或限制非居住区以外居民的日常活动。应采取各种有效措施保证反应堆仍能保持具有足够停堆深度的次临界状态,仍具有合适的传热几何形状和排出堆芯剩余发热的能力。

对于工况Ⅴ(设计扩展工况),设计应保证燃料元件破损仅为一个小的份额,释放的放射性物质不会妨碍非居住区以外居民的日常活动。

2) 热工设计准则

(1) 偏离泡核沸腾设计准则。反应堆在额定运行、运行瞬态以及预期瞬态工况下(即Ⅰ、Ⅱ类工况),至少在95%的可信度下有95%的概率,燃料元件表面不会发生偏离泡核沸腾(DNB)。

使用改进的 Barnett 临界热流密度公式进行 NHR200 - Ⅱ型核供热堆的DNB 分析[2]。根据该公式依据的 735 个实验数据,在满足两个 95% 要求并且考虑燃料棒弯曲效应 1.05 倍的惩罚系数,分析中使用最小 DNBR 的设计限值是 1.35。

(2) 燃料温度和包壳温度设计基准。在工况Ⅰ、Ⅱ和Ⅲ下,堆芯任何位置上的燃料元件芯块中心温度都应低于规定的比燃耗下的燃料熔点。在工况Ⅳ及Ⅴ情况下,芯块最高焓值应低于事故所允许的限值,芯块径向平均最高比焓值不超过 942 J/g(未经辐照燃料)和 837 J/g(已辐照燃料)。

UO_2 燃料烧结芯块的熔点随着堆内辐照会有所降低,每辐照 10 000 MW·d/t,熔点约降低 32 ℃。考虑燃料熔点的辐照效应,规定 NHR200 - Ⅱ型核供热堆燃料元件芯块最高温度应不高于 2 590 ℃。

(3) 水力学稳定性。在工况Ⅰ、Ⅱ下,确保 NHR200 - Ⅱ型核供热堆主回路及堆芯不发生水力学不稳定性。

(4) 堆芯淹没准则。NHR200 - Ⅱ型核供热堆设计中规定在Ⅰ到Ⅴ类工况下,堆芯始终被水淹没。此规定限制了燃料包壳温度的过量增加,有效地防止堆芯熔化事故的发生,从而保证燃料元件的完整性。

(5) 其他限制。除上述设计限制之外,反应堆热工水力设计还应满足 NHR200 - Ⅱ型核供热堆其他系统或部件(如燃料组件、主冷却剂回路等)设计中提出的与反应堆热工水力设计有关的其他限制。

4.4.2　偏离泡核沸腾设计准则

1) 临界热流密度比

临界热流密度比是指根据几何参数以及热工水力学参数计算出的堆芯某

处的临界热流密度与该处的实际热流密度的比值。由于发生临界热流密度时的工况是传热偏离泡核沸腾时的工况,所以又将临界热流密度比称为偏离泡核沸腾比(DNBR)。

在热工设计中,使用 Barnett 关系式进行 DNBR 分析[3]。该关系式是在一些棒束的临界热流密度(critical heat flux density,CHF)实验的基础上归纳出来的。

该关系式的可用范围如下。

(1) 发热元件直径:10～13.8 mm。

(2) 发热段长度:836～4 440 mm。

(3) 压力:6.9～8.9 MPa。

(4) 质量流率:34～2 288 kg/(s • m²)。

(5) 入口过冷度:13.9～868 kJ/kg。

对国外 20 个棒束实验装置的 735 个实验数据进行独立校核,结果表明,改进 Barnett 临界热流密度公式与实验结果符合良好。

2) 热管因子

一般热工水力学分析中使用的参数均为名义值。由于加工、安装等工程因素影响,实际值可能偏离名义值。分析中不仅考虑核方面,还应考虑工程方面的影响。

热通量工程热点因子定义为由于工程因素引起的堆芯热点最大热通量与堆芯平均热通量之比。焓升工程热管因子定义为由于工程因素引起的热管最大焓升与堆芯平均焓升之比。

(1) 热通量工程热点因子 F_d^E。热通量工程热点因子 F_d^E 用来计算最大热通量。由燃料芯块直径、燃料芯块密度、^{235}U 富集度和燃料棒直径的工程偏差对热流密度的影响确定该数值。在 NHR200 - Ⅱ型核供热堆情况下,该值为 1.04。

(2) 焓升工程热管因子 $F_{\Delta H}^E$。由燃料芯块直径、燃料芯块密度、^{235}U 富集度和元件排列栅距的工程偏差确定焓升工程热管因子。在 NHR200 - Ⅱ 型核供热堆情况下,该值取 1.04。

(3) 总不确定性因子。考虑计算不确定性以及其他不确定性的保守取值为 1.08。

3) 稳态热工水力参数

根据上述准则,设计选定的 NHR200 - Ⅱ型核供热堆稳态热工水力学设计参数列于表 4 - 4 中。

表 4-4　堆芯热工水力设计参数

参　数　名　称	数　值
反应堆热功率/MW	200
反应堆冷却剂工作压力/MPa	8.0
堆芯入口冷却剂温度/℃	232
堆芯出口冷却剂温度/℃	280
冷却剂流量/(t/h)	3 222
燃料组件排列方式	9×9
组件数量/盒	208
活性区高度(冷态)/mm	2 100
燃料初始装载量(金属铀)/t	16.84

4.5　堆芯水力设计

一体化布置的低温核供热堆主回路采用自然循环,没有主泵,相对于采用强迫循环的反应堆而言,主冷却剂回路系统简化,运行噪声减小,且具有非能动安全的特性。但由于自然循环产生的驱动力相对有限,主回路流量较小,且各燃料组件间的流量分配对局部热工工况的影响较显著,这直接关系到反应堆热工安全。因此,为改善自然循环反应堆堆芯热工水力性能,在满足安全要求的前提下充分挖潜,流量分配的设计与优化在自然循环反应堆的热工设计中就成为非常重要的环节,NHR 型核供热堆通过堆芯阻力设计使堆芯功率分布和流量分布实现最佳匹配。

1) 堆芯流量及压降

在满功率额定运行工况下,NHR200-Ⅱ型核供热堆首炉装料主回路冷却剂自然循环总流量是 895 kg/s。堆芯锆盒之间的流量以及其他没有流过锆盒内冷却燃料棒束的流量都认为是无效的旁路流量,约为总流量的 5%。流过堆芯锆盒内的有效流量是 850 kg/s。

2) 阻力设计及入口节流装置

实际工程设计中常采用的一种流量分配措施是在堆芯各燃料组件流道的

入口处设置入口节流装置(如节流孔板),即通过安装形状、尺寸不同的入口阻力件对不同燃料组件流道入口处的局部阻力进行设置,以获得期望的各组件流道的流动阻力,从而调整各流道内的冷却剂流量,使之与设计的堆芯发热功率分布相匹配。各入口局部节流环节的阻力将在考虑组件的发热功率、寿期内堆芯功率变化以及组件内发热不均匀程度等因素影响的基础上,结合子通道分析,详细计算堆芯的局部热工状态,对堆芯流量分配进行全局优化设计分析后得出。得到的燃料组件入口阻力系数分布不仅要使反应堆运行寿期内各组件流道的流量与组件功率分布实现最佳匹配以及使堆芯出口温度尽可能展平,还要满足安全指标(如出口过冷度、最小 DNBR 等),以保证反应堆运行和事故工况下的安全。

分析得到的堆芯入口阻力分布可以通过在流道入口安装不同孔径的节流装置来实现。但由于组件入口局部节流环节不是标准孔板,情况比较复杂,仅仅依靠数值分析,其计算偏差可能较大,所以需要通过相关水力学试验来比较准确地校核设计结果。由于实际反应堆将运行于不同功率水平,而自然循环反应堆回路流量与功率呈正相关,因此在试验中将在不同流量条件下检验各组件入口局部阻力设计能否满足不同反应堆功率水平下的流量分配要求。

遵循以上基本思想,低温核供热堆在设计中对反应堆所要求的堆芯流量分配进行了充分的优化设计和分析,获得了相应的最佳堆芯流道入口阻力分布,并根据分析结果,进行了一系列阻力件水力学试验,获得了所需的入口节流设计数据,用于实际工程中堆芯入口节流装置的加工。

3) 堆芯压降

堆芯流动压降主要包括堆芯入口节流阻力压降,棒束定位格架的局部阻力压降,沿程流动摩擦压降以及出口局部阻力压降等。其中,主要压降是入口节流孔板和定位格架的局部流动阻力压降及沿程流动摩擦压降。

在满功率额定运行工况下,包括堆芯出、入口局部损失在内的堆芯总流动压降约为 2.718 kPa。

4) 流动稳定性

在 NHR200 - Ⅱ 型核供热堆项目中,汽-液两相流动可能导致两类不稳定性,一类是 Ledinegg 型静态不稳定性,另一类是密度波型动态不稳定性。

(1) 静态不稳定性。Ledinegg 型不稳定性通常发生在汽-液两相流中,表现为流量突然从一个稳态值跳到另一个稳态值。当反应堆冷却剂系统压降-

流量曲线[$\Delta P - G(W)$]的斜率出现负值时,就会出现这种现象。在液态单相下工作时的分析结果表明,反应堆在工作点附近的压降-流量曲线斜率一直为正值,没有出现负值,所以不可能遇到 Ledinegg 型不稳定现象。

(2) 动态不稳定性。某个受热流道发生动态密度波振荡的机理简述如下:假定入口流量有一扰动,将导致流道内焓的变化,这一变化势必影响流道内单相区长度以及压降,并引起两相区内含汽率以及空泡份额的变化,该变化随流体流动向流道出口传播。两相区内含汽率以及沸腾长度的扰动引起两相区压降及浮升力的变化。然而,由于堆芯两端压降由主流体系统特性所确定,于是,两相区压降扰动反馈到单相区,所产生的效应可能是增强或削弱初始流量扰动。当反馈是增强初始流量扰动时,则发生动态流动不稳定性。

核反应堆设计在压水工况下工作,在上部汽室中充有约 1.58 MPa 的不凝结气体——N_2 分压,在正常工况下,烟囱出口水温为 280 ℃,距离 8.0 MPa 主系统压力对应下的饱和温度 295 ℃有 15 ℃的过冷度,使之不会到达汽-液两相共存的密度波振荡区。在允许的运行范围内及 Ⅰ、Ⅱ 类工况下,无密度波不稳定性发生。

5) 计算分析程序

使用 RETRAN - 02 反应堆系统瞬态分析程序进行 NHR200 - Ⅱ型核供热堆系统稳态及瞬态分析。使用 COBRA Ⅲ C/MIT - 2 子通道分析程序分析堆芯各盒流量分配以及棒束子通道。这些程序已被广泛应用于压水堆和沸水堆。表 4 - 5 中列出了上述程序的一些特点。

表 4 - 5　计算分析使用的程序及特点

程 序 名	开发者	发布时间	主 要 特 点	用 途
RETRAN - 02	美国电力研究协会(EPRI)	1981 年	一维系统瞬态分析	稳态及事故瞬态分析
			动力学或代数滑移模型、一维或点堆中子动力学模型、中子空泡份额辅助模型、良好的控制系统模型、Moody 等临界流模型、改进 Barnnet 临界热流密度模型	—

（续表）

程　序　名	开发者	发布时间	主　要　特　点	用　　途
COBRAⅢC/ MIT-2	美国 麻省 理工 学院 （MIT）	1981 年	COBRAⅢC 的改进版	燃料组件流量 分配
			粗细网格结合一步法分析	棒束子通道 分析
			滑移流模型，横向动量中有 时间、空间加速项，Levy 过 冷空泡模型，改进 Barnnet CHF 模型	—

4.6　先进的一体化堆内系统和设备

作为全功率自然循环一体化反应堆，NHR200-Ⅱ型核供热堆一回路的主要设备全部包容在压力容器内部，包括堆芯、堆内构件、主换热器、稳压器、控制棒驱动机构和堆内测量装置等。堆芯和控制棒驱动机构单独介绍，本节着重介绍压力容器、堆内构件、主换热器和内置汽-气稳压器。

4.6.1　压力容器

压力容器是反应堆的关键设备之一，作为一回路压力边界的组成部分，起着防止放射性物质外逸的第二道安全屏障作用。同时，压力容器为堆内构件等结构提供支撑，是堆内结构在壳内安装定位的基准。

NHR200-Ⅱ型核供热堆的压力容器由筒体、顶盖、密封紧固件及支撑结构组成。与 NHR 5 和 NHR200-Ⅰ型低温核供热堆不同，NHR200-Ⅱ型核供热堆没有采用紧贴式安全壳，即没有采取整体的双层壳体结构，所以 NHR200-Ⅱ型核供热堆的压力容器结构设计上有其特点。

1）结构

NHR200-Ⅱ型核供热堆压力容器工作在高温（设计温度约为 300 ℃）、高压（设计压力约为 10 MPa）条件下，内部装有反应堆冷却剂，经受辐照条件的考验。反应堆压力容器应具有足够的强度和稳定性，使之在反应堆整个寿期内，在各种运行工况和试验条件下，均能保证结构的完整性和可靠性，防止发生放射性物质的外泄。

NHR200 - Ⅱ型核供热堆压力容器的结构设计充分考虑了结构的安全性，图 4 - 9 为结构简图。压力容器筒体采用了双层壳体的设计方案。其中，内侧筒体具有足够的强度，能够保证在各种运行工况下的结构完整性；外侧的二次包容壳体起到了在事故条件下承压的作用。在筒体段出现破口的条件下，二次包容壳能够承受内压所产生的载荷，保证了即使压力容器内壁底部发生破裂，堆芯也始终被水淹没，避免堆芯失水事故的发生，提高了反应堆的安全性。

NHR200 - Ⅱ型核供热堆压力容器没有外延的粗管道。小口径工艺管均布置在压力容器上部，穿管结构在压力容器管嘴处进行了缩径处理，以上结构保证在断管和隔离阀失效条件下失水量较小。

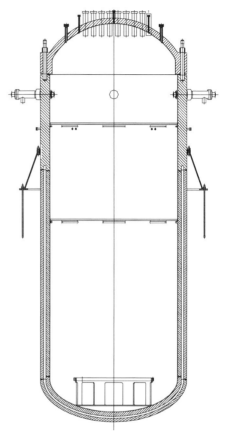

图 4 - 9　NHR200 - Ⅱ型核供热堆压力容器结构简图

压力容器的顶盖是一个球形封头。顶盖上设有控制棒驱动机构管嘴、安全阀管嘴、各种工艺系统管嘴及测量管嘴。管嘴采用过盈插入的形式与顶盖相连，在管嘴根部需进行焊接。

压力容器筒体包含内、外两层壳体，底封头为椭球封头。筒体侧壁设有主换热器进、出口管嘴，是中间回路介质进出反应堆压力容器的通道。压力容器筒体内部设有凸台、定位键等支撑定位结构，用于支撑和定位堆内构件的各层环板和吊篮结构，在正常运行、地震等工况下为堆内结构提供可靠支撑。

筒体与顶盖间通过两道金属密封环实现压力容器的密封。金属密封环有 O 形、C 形等不同类型。O 形密封环由因科镍 718 合金管制成，表面镀有银层。C 形密封环内部为因科镍 718 合金制造的弹簧，外部包裹银皮。金属密封环放置于压力容器顶盖或筒体法兰的环槽内，连接压力容器顶盖与筒体法兰的主螺栓在预紧时使金属密封环受压变形。在压力容器运行过程中，随着压力温度的波动,主法兰密封面合拢与张开,密封环产生压缩与回弹,利用镍基合金管材的弹性变形以及银层的塑性流动实现密封。两道密封环中,内密封环起主密封作用,外密封环实现二次密封。在压力容器密封面上设有主法兰检漏管嘴,连通内道密封环以外的空间,用于检测压力容器内道密封环是否发生泄漏。金属密封环只能一次性使用,压力容器每次开盖后,需要更换一套密封环。

压力容器采用裙式支撑结构,支撑裙为锥形圆筒结构,支撑裙底部的环形板通过地脚螺栓固定于厂房混凝土基础上。

2)材料

为了满足压力容器在高温、高压辐照条件下的特殊使用要求,压力容器的主体材料应选用具有足够强度和韧性的材料,确保压力容器在全寿期内具有良好的机械性能,同时具备良好的加工制造性能。目前,国内外主要核电站压力容器广泛采用低合金钢 SA508 - 3 作为主体材料。这是一种强度和韧性均很优越的材料,具有十分成熟的制造与运行经验。

对同一种钢材,在不同工作温度下,材料韧性有很大差别。一般而言,金属材料具有较好的延展性。构件在承受大载荷时,经过大量塑性变形后发生韧性断裂。但在低温条件下,金属材料会出现脆性断裂。脆性断裂是指材料没有发生明显的塑性变形,在其应力远远没有达到材料的抗拉强度时突然发生的断裂。对每一种钢材,存在一个温度,在这个温度下,材料由韧性断裂向脆性断裂转变,这个温度称为无延性转变温度(nil-ductility transition temperature,NDTT)或脆性转变温度。材料的无延性转变温度可使用落锤试验方法测定。在此温度以下,材料会丧失其原来具备的优良机械性能,这对压力容器来说非常危险。为保证压力容器的安全运行,必须严格要求其主体材料的无延性转变温度。在设计中,必须对压力容器的防脆性断裂性能进行分析;在使用过程中,应通过压力温度限制曲线规定压力容器的运行环境,以防止发生脆性断裂。

压力容器的材料需要考虑辐照脆化的影响。快中子辐照改变钢材的晶格结构,使钢材的机械性能发生变化。辐照使得钢材的无延性转变温度升高。钢材中 Cu、Ni 等元素的含量对辐照脆化有显著影响。压力容器主体材料及焊材应对 Cu、Ni 含量进行严格控制,降低寿期末材料无延性转变温度的增量,改善材料的辐照脆化特性。

为了监督压力容器强辐照区材料的辐照脆化情况,并根据脆化程度修订压力容器安全运行限值,以确保压力容器的安全运行,在压力容器内放置材料辐照试样进行辐照监督。材料辐照试样应为具有代表性的压力容器母材、焊缝金属。

压力容器筒体与顶盖内表面堆焊了两层不锈钢材料,以保证压力容器主体的碳钢材料与主回路冷却剂相隔离,避免受到污染,产生腐蚀。

4.6.2　堆内构件

NHR200 - Ⅱ型核供热堆的堆内构件是反应堆压力容器内除主换热器、燃料组件、控制棒系统、中子源及测量装置以外的结构和部件,主要由主换热器环板、堆芯支撑组件、不锈钢导向架、控制棒驱动导向组件及其他仪表导向管构成。

4.6.2.1　功能

堆内构件是反应堆在压力容器内构筑堆芯结构的核心部件,支撑并约束燃料组件、控制棒组件和控制棒驱动机构及主换热器等,将它们组装起来,安装在压力容器内,形成反应堆的一回路冷却剂流道。

NHR200 - Ⅱ型核供热堆的堆内构件功能如下:

(1) 按照物理和热工水力学要求,优化反应堆压力容器内各种构件的相互组合,构成完整的一体化一回路自然循环通道。

(2) 可靠地支撑和精确地定位燃料组件、主换热器和控制棒水力驱动机构等装置。

(3) 为控制棒驱动机构提供可靠的支撑,为控制棒的升降提供可靠的导向。在事故工况下,保证堆内构件的变形不影响控制棒顺利插入堆芯。

(4) 在正常运行时,有正确的几何通道引导反应堆冷却剂通过堆芯和主换热器,构成完整的自然循环通道。在事故工况下,堆内构件的变形不显著影响堆芯冷却的几何通道和破坏自然循环通道。

(5) 合理分配进入堆芯及主换热器的冷却剂流量。

(6) 为堆芯测量仪表探头提供支撑和导向。

(7) 为反应堆压力容器的材料辐照监督装置提供导向管。

4.6.2.2　轻水堆堆内构件类型

堆内构件的形式取决于反应堆的类型。

1) 二代加压水堆堆内构件

二代加压水堆(以大亚湾核电站为例)的堆内构件分为堆芯下部支撑构件

和上部支撑构件两大部分。整体为吊篮式结构,吊篮将反应堆压力容器内部分为吊篮内及吊篮外两个空间,堆芯及上部支撑构件均设置在吊篮内,为冷却剂上升流道,与压力容器侧壁的出口管相连;吊篮外为冷却剂下降流道,与压力容器侧壁的进口管相连。吊篮上部支撑在反应堆压力容器筒体法兰处,下部可沿竖直方向自由膨胀,从而避免在运行温度下,以奥氏体不锈钢为主要材质的堆内构件与以低合金钢为主要材质的压力容器之间产生过大的热应力。

堆芯下部支撑构件包括吊篮、堆芯支撑板、围板和辐板组件、堆芯下栅格板、热屏蔽、辐照样品管以及二次支撑组件等。下部支撑构件主要用于构筑堆芯,为堆内测量装置提供导向,并设置堆芯二次支撑等。

堆芯上部支撑结构包括导向筒支撑板、堆芯上栅格板、控制棒导向筒、支撑柱、热电偶和压紧弹簧等。上部支撑构件主要用于压紧堆芯燃料并为控制棒提供导向,在反应堆换料时,上部支撑构件可整体吊出反应堆压力容器。

2)AP1000 堆内构件

第三代核反应堆 AP1000 也是压水堆堆型,其堆内构件形式与二代+商用压水堆堆内构件的结构相似,也是由上部构件和下部构件组成。

相比于二代+堆内构件,AP1000 堆内构件设计的改进方向主要是增加了反应堆的安全性,尤其是应对堆芯熔融物的安全性。主要的改进如下:简化了下部支撑结构,减少中子注量率管(承压边界)和中子注量率导套管损伤的可能;简化围板结构,减少大量螺钉结构,可以大量减少松动件;吊篮底部位置下移,有利于严重事故下堆芯熔融物在压力容器下部的滞留。

3)小型一体化反应堆堆内构件

近年来,小型一体化反应堆逐渐成为高安全性、高经济效益反应堆的一种发展方向。相比于传统压水堆,主要的改进方向包括反应堆堆芯及蒸汽发生器/换热器一体化设计;全功率或部分功率自然循环;自稳压——反应堆本体与稳压器一体化设计等。

作为压力容器内构筑反应堆结构的关键部件,堆内构件的功能与结构也随上述发展方向发生变化,即增加部分新的功能,包括定位和支撑蒸汽发生器/换热器,形成一回路冷却剂流道,为自然循环提供热工水力条件等。如韩国 SMART 反应堆,堆内构件在保持吊篮形式的同时,为压力容器内的蒸汽发生器提供了空间。早年美国的 IRIS 反应堆,堆内构件的设计为蒸汽发生器、一回路主泵均提供了空间,同时为提高自然循环能力,在燃料组件上方设置了烟囱段,从而增加自然循环的提升高度。美国的 mPower 反应堆,把蒸汽发生器置于堆芯上方,自然循环能力进一步增加,堆内构件的设计得以简化。

4.6.2.3　选材

堆内构件材料的主要要求如下:

(1) 在堆芯附近使用,应具有良好的耐辐照性能,其辐照脆化、肿胀等效应在商用核电厂堆芯寿期剂量内不明显或不影响使用。

(2) 具有良好的韧性和强度,能够承受反复落棒的冲击,在事故工况下堆内构件变形不影响控制棒落棒和冷却剂流道。

(3) 具有良好的耐腐蚀性能,能够在冷却剂中全寿期保持光洁表面。

(4) 具有良好的焊接性能,焊后不需做固溶热处理。

早期的堆内构件材料为 321 奥氏体不锈钢。奥氏体不锈钢在各种金属结构材料中具有优秀的耐辐照性能、良好的韧性、较高的强度。321 不锈钢为 Ti 稳定化不锈钢,具有良好的耐腐蚀性能。作为稳定化不锈钢,321 不锈钢也具有明显的缺点:焊接温度较高时将使 TiC 分解,碳从晶间析出。这将使得大焊接量的 321 不锈钢焊接接头的耐腐蚀性能大幅度下降,需要进行固溶热处理,使材料中重新形成 TiC 并回到晶格。因此,对于一些焊后不宜做固溶热处理的部件,321 不锈钢接头的耐腐蚀性能难以满足堆内构件的要求。

目前,商用压水堆堆内构件主要使用 304LN 替代传统的 321 不锈钢。304LN 为超低碳控氮不锈钢。通过超低碳来提高耐腐蚀性能,而非 TiC 进行稳定化,因此无须焊后热处理来提高焊接接头的耐腐蚀性能。同时,加入一定量的 N 元素来弥补 C 含量降低引起的强度下降,使 N 元素起到一定的提高耐腐蚀性能而提高强度的作用。

4.6.2.4　设计

NHR200 - Ⅱ型核供热堆压力容器内集成了主换热器、控制棒水力驱动机构等设备,堆内构件设计考虑换料过程只需要拆卸上部构件,而不影响主换热器;而主换热器需要维修、更换时,不影响堆内构件主要部件、堆芯结构、控制棒水力驱动机构等。因此,NHR200 - Ⅱ型核供热堆没有采用常见的吊篮式结构,而是采用底部支撑、上部侧扶的整体结构。

NHR200 - Ⅱ型核供热堆堆内构件由主换环板、堆芯支撑组件、上部围筒、不锈钢导向架、控制棒驱动导向架、控制棒缓冲架构成。其堆芯支撑组件、上部围筒、主换环板和燃料组件、主换热器等,共同构成了一个完整的一体化的冷却剂自然循环回路。

压力容器内的一次侧水经堆芯加热,向上由燃料组件锆盒(通道组件)内流出,进入上部的不锈钢导向盒内,然后流经控制棒缓冲架、控制棒导向架后,在控制棒导向架上部转 180°进入主换热器,与主换热器传热管内的二次侧水热交换后,一次侧水被冷却、温度降低,二次侧水被加热、温度升高,一次侧水继续向下流动,由堆芯支撑板上的开孔向上再次流入堆芯。

控制棒导向架、上部围筒以及堆芯支撑组件通过螺栓紧固在一起,再固定在压力容器下封头的堆芯支撑座上,从而实现轴向定位;每两层结构之间通过定位销钉实现径向及周向定位。主换环板支撑在压力容器凸台上,通过主换热器实现轴向限位。

在反应堆压力容器内的中央圆柱形区域为堆芯支撑组件,由堆芯支撑板、下部围筒和大格子板组成,反应堆堆芯活性区由燃料组件构成。堆芯支撑组件支撑在压力容器下封头的堆芯支撑座上。堆芯支撑组件的上部为上部围筒,不锈钢导向架放置在上部围筒的最下分段内。不锈钢导向架上部为支撑在其上的控制棒缓冲架,再往上为支撑在上部围筒上的控制棒导向架。堆芯支撑组件及上部围筒构成的围筒外侧与反应堆压力容器之间的环形空间内安放 14 台主换热器,主换热器通过进出水管定位在压力容器内壁。上部围筒上段的外侧设有主换环板,该环板安放在压力容器内壁的凸台上。控制棒导向架以及上部围筒上段的侧壁均布有冷却剂穿孔,供一回路冷却剂由上升通道流入主换热器。主换环板与上部围筒通过上部防漏环连接,该防漏环与主换环板一同确保高温的一回路冷却剂流入主换热器,减少漏流。

在反应堆压力容器顶盖上布置有控制棒驱动机构管嘴、启动计数管管嘴、中子源管嘴、气液温度测量管嘴、堆芯入口温度测量管嘴、材料辐照管嘴等。在反应堆压力容器筒体侧壁,布置有主换热器的进出水管嘴、控制棒驱动取水管嘴、净化补水嘴、液位引压管嘴、注硼管嘴、温度测量管嘴。

主换热器进出口水管、材料辐照管、注硼管、净化取水及回水管、控制棒取水管布置在主换板上方、主换热器所在的环形空间内;启动计数器导向管、汽液温度测量管、控制棒管嘴布置在堆芯正上方的空间内,堆芯区域还布置有中子源管。连通汽液空间压力的连通管从反应堆压力容器顶封头下部延伸到主换热器所在的环形空间内。

堆内构件结构形式如图 4-10 和图 4-11 所示。

4.6.2.5 主要设备

1）堆芯支撑组件

堆芯支撑组件由下部的堆芯支撑板、下部围筒和大格子板等零部件依靠螺栓连接组成。下部围筒支撑于堆芯支撑板上，堆芯支撑板则支撑于焊在压力容器底封头内的堆芯支撑座上，大格子板固定在下部围筒的法兰与上部围筒之间。

燃料通道组件（由锆合金锆盒与管座及连接结构组成）下端的杯形管座插在堆芯下支撑板孔中，上部支撑在大格子板方格内，锆盒内安放燃料组件。每四个锆盒构成的十字宽水隙为控制棒下部通道，通道内安装并允许十字形控制棒上下自由地运行。

2）上部围筒

上部围筒安装于堆芯支撑组件上方，与堆芯支撑组件一起组成完整的围筒，隔离经堆芯加热的上升高温冷却剂及经主换热器冷却的下降低温冷却剂。上部围筒由下法兰、围筒下段、防漏凸台、围筒上段、上法兰组成，各部分通过焊接组成一个整体。

上部围筒的上法兰支撑控制棒导向架。

3）不锈钢导向架

不锈钢导向架由上格子板、筒体、下格

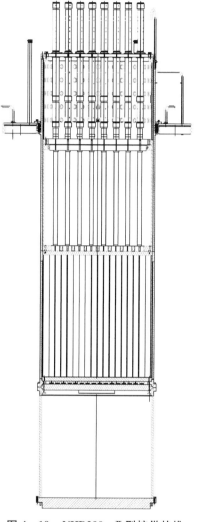

图 4 - 10　NHR200 - Ⅱ型核供热堆堆内构件侧视图

子板和一系列不锈钢盒组成，放置在堆芯支撑组件的上部围筒的下段内，坐落在堆芯大格子板上，通过导向杆进行定位，保证不锈钢盒与燃料通道组件的锆盒对中。

不锈钢盒与锆盒的布置相同，每四个不锈钢盒构成的十字宽水隙为控制棒的上部通道，允许十字形控制棒上下自由地运行。

4）控制棒缓冲架

控制棒缓冲架内设有控制棒缓冲套筒，用于为控制棒组件提供落棒时的

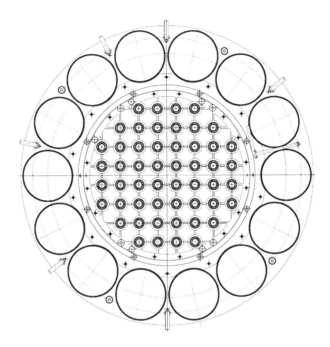

图 4-11 NHR200-Ⅱ型核供热堆堆内构件俯视图

水力缓冲。控制棒缓冲架下端面靠近不锈钢盒上端面,对燃料通道组件起轴向限位作用。

5) 控制棒导向架

控制棒导向架由控制棒导向架围筒及下支撑板、控制棒导向架上支撑板以及一系列控制棒导向筒组成。其功能是为控制棒驱动机构和堆内各种测量管提供支撑和导向。

控制棒下支撑板与导向架围筒、法兰焊接成为一个整体。控制棒导向架上支撑板是一个镂空的花板。控制棒导向架围筒侧壁均布有冷却剂穿孔,供一回路冷却剂由上升通道流入主换热器。

6) 主换环板

主换环板为一个环形圆板,位于上部围筒的外侧。该板外缘支撑于压力容器筒体内壁的凸台上,内缘则通过上部防漏环与上部围筒的防漏凸台相互密封搭接。板上开孔,安装并固定主换热器。

主换环板在正常工况下不承受主换热器的重力,主要起构成冷却剂流道并防止漏流的作用,在地震载荷下为主换热器提供侧向支撑。

7）上部防漏环

上部防漏环连接在主换环板与上部围筒的防漏凸台之间,用于减少主换环板与上部围筒之间的漏流。上部防漏环由防漏环支架、波纹管膨胀节和防漏环下垫板组成。

8）启动计数管孔道与中子源孔道

用于反应堆启动,中子源和启动计数管孔道布置于围筒以内、活性区外侧。中子源与启动计数管分别置于不同的专用孔道内。启动计数管孔道为干孔道,中子源孔道为湿孔道。启动计数管及其孔道仅用于反应堆首次临界状态,在核测系统量程搭接成功完成后,可以从堆顶拆出。

9）取水管、材料辐照管等管结构

在主换环板上方主换热器所在的环形空间内布置有材料辐照管、注硼管及备用注硼管、净化取水管及净化回水管、控制棒取水管。这些管的下端都坐落在主换环板位于主换插孔之间区域的管孔内。

4.6.3　主换热器

主换热器是供热堆主回路与中间回路之间的内置式换热设备,主换热器布置在反应堆的压力容器内壁与堆内构件吊兰外壁间的环形间隙内,多台主换热器呈环形均布排列。每台反应堆内的主换热器数量取决于空间布置尺寸和热功率的限制,一般为 8~16 台,NHR200 - Ⅱ型核供热堆设 14 台。所有主换热器分成两组,每组与一套中间回路环路相连,将反应堆冷却剂的热量传递给中间回路。

主换热器的安全等级为二级,质量保证要求等级为 QA1,抗震类别为Ⅰ类。

1）主要功能

（1）在反应堆正常运行期间,主换热器把堆芯裂变热传给中间回路,冷却堆芯。

（2）在反应堆停堆后,主换热器作为余热排出系统的组成部分,通过一回路和余热排出系统的多重自然循环把反应堆的衰变热传给最终热阱(大气)。

（3）在正常和预期的事故工况下,主换热器在一回路与中间回路之间维持压力边界,起到隔离作用,防止一回路冷却剂和放射性物质释放到中间回路。

2）布置

主换热器的设计需考虑空间布置、反应堆功率、一回路热工水力学、反应堆核安全等多种限制因素的平衡协调。

3）热工水力设计

在热工水力设计方面，主换热器应主要考虑的因素如下：

（1）在紧凑的空间内如何设计足够的传热面积，保证正常运行和余热排出时传出足够的热量，并留有一定的裕量。

（2）由于主换热器一次侧为自然循环，在紧凑布置的前提下，如何尽可能限制主换热器一次侧流动阻力，以维持足够的自然循环流量。

（3）管束的设计应避免流致振动。

4）结构和材料

主要考虑因素如下：

（1）确保功能的前提下，主换热器结构应简单可靠，减少机械连接件。

（2）主换热器应在最不利的设计载荷组合作用下安全地执行它的功能，这些载荷至少包括主换热器的自重，主换热器内中间回路工质重量，支撑、压紧、约束等作用力，一回路和中间回路的差压，地震载荷，反应堆主冷却剂流动所产生的载荷，热效应、温度梯度和热胀差所引起的载荷。

（3）主换热器材料必须在预期的各种工况下安全可靠，并与一、二次侧的工作介质相容，材料应有良好的耐腐蚀性、可加工性和经济性。

图 4 - 12
NHR200 - Ⅱ型核供热堆主换热器结构三维示意图

图 4 - 12 是 NHR200 - Ⅱ型核供热堆主换热器的结构三维示意图，它由法兰、外筒体、进水管箱、出水管箱、中心承压管、内套管和外套管等零件组成。

4.6.4　内置汽-气稳压器

作为一体化布置的自稳压自然循环壳式反应堆，NHR200 - Ⅱ型核供热堆不设置独立的稳压器，而是将稳压功能集成在一体化反应堆压力容器内，依靠压力容器上部的气空间实现一回路自稳压，为内置汽-气稳压器。

1）稳压器的功能

内置汽-气稳压器的主要功能是对一回路压力进行控制和超压保护，具体功能如下：

（1）限制稳态运行时一回路压力波动。反应堆一回路冷却剂系统在稳态运行过程中，冷却剂温度可能会因各种扰动而发生变化。冷却剂因为泄漏或补水等，可能会引起自身容积发生变化，而一回路系统是高压封闭系统，冷却剂的温度和容积变化都会造成压力变化。如果压力过高，将危及一回路系统设备的安全，进而危及放射性物质的包容功能；如果压力过低，则可能引起反应堆冷却剂大量沸腾，有进一步导致堆芯燃料熔融的危险。内置汽-气稳压器（气空间）可将一回路压力波动限制在一定范围内，从而提高反应堆运行安全。

（2）限制变动工况运行时的压力波动。在变动工况运行状态下，冷却剂温度分布以及平均温度会发生变化，使冷却剂收缩或膨胀，造成一回路压力波动。内置汽-气稳压器（气空间）可将这样的压力波动限制在一定范围内。

（3）超压保护。当出现事故，造成一回路压力过高时，内置汽-气稳压器（气空间）上方的安全阀起跳，排除气体，可提供超压保护。

2）常规稳压器简介

常规的稳压器有气罐式和电热式两种类型。气罐式稳压器是在水容积的上方使用高压惰性气体或压缩空气作为压力调节的手段。压缩空气中的氧气会溶于冷却剂并增加一回路设备材料的腐蚀风险；用作稳压气体的惰性气体（He）易泄漏；同时，稳压需要一定的气体空间。现代压水堆核电厂通常采用立式圆筒形的电加热式稳压器，系统内通常只需要设置一台稳压器。

稳压器上部是蒸汽空间，顶端装有可降温、降压的喷雾器，上封头装有喷雾器接管，与冷却剂系统的冷管段相接；稳压器下部是水空间，电加热器浸没在水中，用来调节温度和压力。

稳压器以波动管与压水堆一回路系统环路中的热管段相连，稳压器的封头中装有隔板和一个栅栏，用以阻止一回路冷却剂直接上冲到水-汽交接面。

压力过高时，由泄压管路将稳压器中大部分蒸汽输送到泄压箱。通常稳压器设有安全阀，在压力超过设定阈值时动作，以确保反应堆冷却剂系统的安全。

3）NHR200 - Ⅱ型核供热堆稳压器设计

NHR200 - Ⅱ型核供热堆的内置汽-气稳压器集成在反应堆压力容器内。

反应堆压力容器的上部有一约 20 m³ 的气空间。在额定运行工况下，该气空间内充有 1.58 MPa 不凝结气体（N_2），它与水蒸气分压一起构成 8.0 MPa 的额定运行压力。在动态过程中，利用水的蒸发及气体的可压缩性，使反应堆冷却剂系统压力维持在规定范围内。

使用 N_2 作为稳压气体,避免了早期稳压器所用压缩空气中的 O_2 等对冷却剂的污染,也缓解了 He 易泄漏的问题。部分 N_2 会溶于冷却剂中,在反应堆水化学作用下生成少量 NH_3,使冷却剂维持弱碱性水质,能够提高一回路设备的不锈钢材料在冷却剂中的耐腐蚀性能。

4)运行

在内置汽-气稳压器运行过程中,液相与汽相处于平衡状态,因此气空间中的压力就等于该温度下水的饱和蒸汽压,再加上气空间内该温度、体积下的 N_2 分压。

内置汽-气稳压器采用自稳压方式实现压力调节。在稳态运行过程中,当冷却剂温度上升时,饱和蒸汽压升高,同时冷却剂体积膨胀,气空间体积压缩,N_2 分压增加,使得一回路压力增加;当冷却剂温度降低时,饱和蒸汽压降低,同时冷却剂体积减小,气空间体积增大,N_2 分压降低,使得一回路压力降低。

设置一根连通管将内置汽-气稳压器(气空间)与压力容器中部冷却剂相连。在出现断管/破口事故时,冷却剂压力迅速降低,而气空间压力仍然较高,通过连通管使气空间与中部冷却剂相通,可减缓冷却剂在气体压力作用下从破口喷射的速率,从而提高反应堆的安全性能。

4.7 控制棒水压驱动技术

安全性和经济性满足较小功率用户需求的小型核反应堆为近年来的研究热点,一体化布置水冷反应堆为小型核反应堆的主要堆型之一,代表堆型如下:阿根廷原子能委员会和 INVAP 公司开发的 CAREM 先进小型核电机组;韩国的系统集成模块化先进反应堆(SMART);日本原子能研究所开发的 MRX 堆;中国的 NHR 5、NHR200-Ⅰ型低温核供热堆;美国西屋公司的国际创新与保障堆(IRIS),以及与 IRIS 类似的堆型 NuScale 和 mPower 多功能小型压水堆等。

核反应堆控制棒驱动机构是反应堆最关键的安全设备,担负着反应堆的启动、功率调节及停堆等重要功能。针对一体化布置水冷核供热堆的特点,清华大学不仅针对 5 MW 堆研发了内置式水力驱动控制棒技术,而且研究开发了技术更为适用的内置式控制棒水压驱动技术,研究内容包括适用功率小于 50 MW 的 A 型和适用热功率为 50~300 MW 的 B 型两型控制棒驱动线的整体设计方案、部件组成、主要功能和性能等工程研究和应用研究。为一体化水堆提供了完整的内置式控制棒驱动线,包括其部件组成、联结结构、固定方式和功能。

4.7.1　水力和水压驱动控制棒的特点

控制棒驱动机构一般位于反应堆压力容器外,称为外置式驱动技术。外置式驱动技术的最大缺点是驱动线长,增加反应堆总体高度和存在弹棒隐患。内置式驱动技术就是把控制棒驱动机构置于压力容器内,缩短了控制棒驱动线,从而降低反应堆高度,避免弹棒事故,增强反应堆安全性,使一体化布置核反应堆更加紧凑、体积减小、自然循环能力加强。

公开报道的内置式控制棒驱动技术有水力驱动控制棒和控制棒电机磁力锁驱动机构,其中日本的 SBWR、阿根廷的 CAREM、中国的 NHR 5 和NHR200 - Ⅰ型低温核供热堆、美国的 IRIS、韩国的 PINCs 堆的设计采用水力驱动控制棒,日本 MRX 堆的设计采用控制棒电机磁力锁驱动机构,仅有中国的 NHR 5 实现了水力驱动控制棒技术的实际应用[4-5]。

NHR 5 和 NHR200 - Ⅰ型低温核供热堆的水力驱动控制棒由循环泵、组合阀、控制棒(又称为步进缸)组成。其中,组合阀由上升电磁阀、下降电磁阀、脉冲缸、保持流量阻力节、下降阻力节和回零阻力节构成;步进缸由外套和内套组成,内套固定,外套运动,步进缸外套装有中子吸收体,步进缸内套上有数目相当于总行程步数的孔槽,各孔槽间的距离为步长,外套上只有一排孔。反应堆压力容器内冷却剂(水)经循环泵加压后,经组合阀注入水力步进缸,通过组合阀产生的恒定水流或脉冲水流控制步进缸外套保持在某一位置或产生步进式运动,从而控制反应堆的运行。水力驱动控制棒系统以反应堆冷却剂作为工质,靠流体动压驱动控制棒运动,决定了其驱动过载能力小的特点;另外,因反应堆冷却剂物性随反应堆的运行工况发生变化,流体动压驱动控制棒运动随工况变化而复杂化。例如水力驱动控制棒的静态、动态保持流量和工作流量随温度发生变化,驱动力也随温度的升高而变小,出现冷态下提一步、热态下不动,或热态下提一步、冷态下提两步的现象,需要采取复杂的工作流量随温度自动调节补偿,或提棒延时随温度自动调节补偿[6-8]。

磁力提升器是压水堆控制棒的驱动机构[9],由一套机电传动组成,其中 3个电磁线圈通过 2 套销爪与传动轴上槽纹的配合作用,使驱动轴和控制棒束做步进式移动。整个驱动机构位于反应堆压力容器顶盖上,压力容器与驱动机构承压壳焊接,驱动轴和销爪机构在承压壳内而电磁线圈在承压壳外。承压壳内的构件如下:固定的提升磁铁,可移动的传递磁铁、衔铁及传递销爪,固定的夹持磁铁、衔铁及夹持销爪。销爪机构有 3 个销爪，它们各自有固定销，按 120°夹角装在传动轴槽纹杆的四周。传动轴加工有环形沟槽，以便销爪能够将它步进移动或保持在所要求的位置。磁力提升器是一种商业化的外置式驱动机构，存在弹棒隐患，对于一体化布置核反应堆其驱动线过长，增加反应堆总体高度。

控制棒水压驱动技术[10]是在对水力驱动控制棒系统深入研究的基础上，结合了商用压水堆磁力提升器的优点发展而来的一种内置式控制棒驱动技术。其驱动机构部件采用 3 个水压缸驱动 2 套销爪机构工作，流体静压驱动的设计，解决了水力驱动控制棒系统动压驱动因工况变化而引起的驱动特性复杂的缺点，使控制棒能够准确定位和步进运动，并具有较大的过载能力，继承了内置式控制棒驱动机构不贯穿压力容器、驱动线短的优点，避免了弹棒事故，增强了反应堆安全性等优点。不仅完全满足一体化布置核反应堆的使用要求，而且可以推广到其他水堆，使其控制棒驱动线缩短。下文给出内置式控制棒水压驱动技术的设计方案、组成、功能和性能等工程研究和应用。

4.7.2　设计方案

内置式控制棒水压驱动技术主要应用于一体化布置水冷反应堆，分热功率小于 50 MW 的 A 型和热功率为 50～300 MW 的 B 型两种设计方案。

4.7.2.1　整体设计

内置式控制棒水压驱动技术包括驱动线和驱动回路两部分，驱动线置于反应堆压力容器内部，驱动回路位于反应堆压力容器外作为工艺回路。

A 型内置式控制棒水压驱动线如图 4 - 13(a)所示，包括组合阀、棒位测量、弹簧箱、驱动机构、控制棒和缓冲器六大部件。六大部件按顺序联结，形成整个控制棒驱动线，置于反应堆压力容器内，即内置式。组合阀和棒位测量为承压部件，以法兰形式与压力容器联结，构成完整的压力边界。缓冲器安装于堆芯下支撑板上，防止拆装过程中控制棒事故跌落而损坏。十字翼吸收体与驱动轴和棒位测量杆连接形成控制棒中心部件。组合阀控制水流使驱动机构工作，拖动控制棒步升、步降和落棒。

B 型内置式控制棒水压驱动线如图 4 - 13(b)所示，包括组合阀、棒位测量、驱动机构、驱动轴、缓冲筒、控制棒和缓冲器七大部件。七大部件按顺序联结，形成整个控制棒驱动线，置于反应堆压力容器内。与 A 型内置式控制棒驱动线比较，组合阀和驱动机构部件相同；棒位测量部件直接检测驱动轴位置，

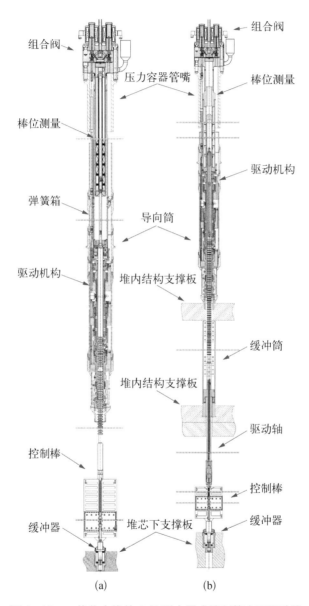

图 4 - 13   一体化水堆的 A/B 型内置式控制棒水压驱动线

(a) A 型;(b) B 型

增加了检测量程及固定驱动机构部件的功能;驱动轴部件为独立部件,组合了缓冲锁和与控制棒的联结机构;缓冲筒部件结合驱动轴部件上的缓冲锁实现控制棒落棒过程中的速度限制及末端制动功能;控制棒部件也是独立部件,满足反应堆换料操作需求;缓冲器部件增加了控制棒部件与驱动轴部件联结位置给定功能,保证其顺利联结。

内置式控制棒水压驱动回路如图 4-14 所示,包括隔离阀、循环泵、过滤器、调节阀、阻力节、截止阀等设备、管道和测点布置。压力容器内的主回路水通过喉部缩管穿过压力容器压力边界,经隔离阀进入循环泵,增压后通过过滤器;水压驱动回路设一用一备的循环泵、过滤器驱动支路,在循环泵前和过滤器后分别设置截止阀实现一用一备切换和维修;过滤器出口的水分为两路,一路进入组合阀,穿过压力容器压力边界以驱动控制棒驱动线,一路经调节阀、阻力节回到循环泵前,以实现控制棒驱动线驱动压力和流量的调节;整体流程和组成设备形成控制棒水压驱动工艺回路。工艺回路在出隔离阀和进组合阀处分别设有压力容器温度测点、组合阀温度测点、进组合阀差压测点和进组合阀流量测点,实现工艺回路的调节性能和驱动性能的检测;在驱动支路上设有循环泵差压测点、过滤器差压测点和循环泵流量测点,实现循环泵和过滤器的性能检测和设备维修。

4.7.2.2 驱动机构

控制棒水压驱动机构如图 4-15 所示,包括驱动机构内套的结构和提升缸、传递缸、夹持缸、传递销爪机构、夹持销爪机构等。驱动机构内套为厚壁管结构,包括提升螺纹台阶、夹持螺纹台阶、夹持爪弹簧架台阶、限位螺纹台阶、传递爪滑槽、传递爪定位块滑槽、夹持爪滑槽、夹持爪定位块滑槽等结构,决定了水压缸和销爪机构的空间位置。夹持缸布置于驱动机构内套夹持螺纹台阶,夹持缸内套缸联结夹持销爪机构;夹持爪弹簧架布置于驱动机构内套夹持爪弹簧架台阶,固定于夹持套夹持爪定位块槽内的爪定位块布置于驱动机构内套夹持爪定位块滑槽,使夹持爪工作在夹持套夹持爪槽和驱动机构内套夹持爪滑槽内,限位堵件布置于驱动机构内套限位螺纹台阶,确定了夹持销爪机构的位置。传递缸布置于传递套传递螺纹台阶,传递缸内套缸联结传递销爪机构;固定于传递套传递爪定位块槽内的爪定位块布置于驱动机构内套传递爪定位块滑槽,使传递爪工作在传递套传递爪槽和驱动机构内套传递爪滑槽内,确定了传递销爪机构的位置,并与夹持销爪机构位置错开。提升缸布置于驱动机构内套提升螺纹台阶,提升缸内套缸与传递套联结;转动提升缸、传递缸、夹持缸,使其引水管通道和支撑通道对齐后锁死。

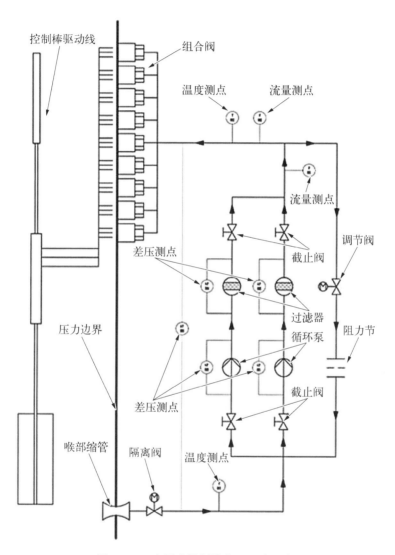

图 4 - 14　内置式控制棒水压驱动回路

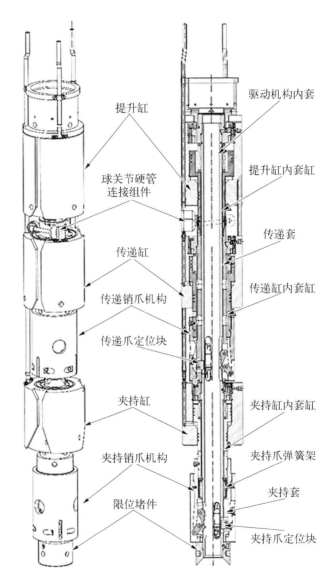

提升缸

球关节硬管
连接组件

传递缸

传递销爪机构

传递爪定位块

夹持缸

夹持销爪机构

限位堵件

驱动机构内套

提升缸内套缸

传递套

传递缸内套缸

夹持缸内套缸

夹持爪弹簧架

夹持套

夹持爪定位块

图 4-15　控制棒水压驱动机构

4.7.2.3　组合阀

控制棒水压驱动机构组合阀结构如图 4-16 所示,包括 3 套三通电磁阀零部件、1 个逆止活塞、1 根进水管、3 个进缸水孔、1 个回零水孔、1 件阀盖、1 件阀体、3 条阀盖螺钉、8 条固定螺钉。

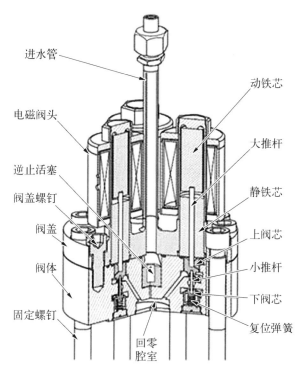

图 4-16　控制棒水压驱动机构组合阀

三通电磁阀的驱动部分由组装在阀盖内部的动铁芯、大推杆、与阀盖螺纹联结并密封焊接的静铁芯等零件、与阀盖焊接的进水管以及安装在阀盖外部的电磁阀头组成。三通电磁阀的阀芯部分由组装在阀体内部的上阀芯、小推杆、下阀芯、复位弹簧、与阀体螺纹联结的密封盖、与阀体焊接的盖堵板组成。阀体与回零腔室堵板焊接成整体,组装了 3 套三通电磁阀驱动的阀盖和 3 套三通电磁阀阀芯的阀体组件,由阀盖定位孔上的定位销定位,金属 O 形环密封,3 条阀盖螺钉联结,8 条固定螺钉压紧在压力容器管嘴法兰上。3 个三通电磁阀拥有一路进水,从进水管至阀体腔室,再由阀体腔室分流 3 股,分别经 3 路来水通道至下阀芯腔。3 个三通电磁阀共用一路排水,从上阀芯腔分别经 3 路排水通道流入回零腔室,再由回零腔室经回零通道从回零水孔排出。3 个三通电磁阀具有 3 路独立的进缸通道和进缸水孔,分别与驱动机构的夹持、传递、提升水压缸连通。三通电磁阀通电时,电磁阀头的磁力克服复位弹簧力和高压来水的压力,使动铁芯驱动大推杆关闭上阀芯,同时小推杆打开下阀芯,此刻高压来水从阀体腔室经下阀芯腔、小推杆腔、进缸通道、进缸水孔流入水压缸,驱动水压缸动作。三通电磁阀断电时,下阀芯在复位弹簧力和高压来水的作用下关闭,同时上阀芯打开,此刻水压缸的水从进缸水孔流入,经进缸通道、小推杆腔、上阀芯腔、排水通道、回零腔室、回零通道、回零水孔排出,水压缸复位,恢复到初始状态。三通电磁阀的供电控制实现了水压缸动作的控制,组合阀的结构实现了驱动机构功能的控制。

阀盖组件与阀体组件由阀盖螺钉联结,逆止活塞处于阀体腔室内,由阀盖定位孔上的定位销定位,金属 O 形环密封,固定螺钉压紧在压力容器管嘴法兰上。工作状态下,阀盖组件进水管的高压来水使逆止活塞处于阀体腔室的底部,关闭阀体腔室底部的逆止通道,打开阀体腔室上部的来水通道;高压来水通过来水通道进入下阀芯腔,组合阀执行驱动机构水压缸的正常控制功能;事故状态下,阀盖组件进水管处的压力低于压力容器的压力,高压水从回零水孔流入,经回零通道、回零腔室、逆止通道,推动逆止活塞至阀体腔室顶部,与阀盖组件进水管形成密封,同时关闭阀体腔室上部的来水通道;逆止组合阀执行高压水被密封在压力容器内的逆止功能。

4.7.2.4 棒位测量

A 型内置式控制棒棒位测量装置如图 4 - 17(a)所示,包括法兰套筒、压管、锁母、密封焊片、引线接口件、吊装螺柱、螺母、进缸水管、安装螺钉和棒位传感器、回零水道。法兰套筒为传感器承压壳,是棒位测量部件的主体部件,棒位传感器置于其 II 形空腔内,棒位信号从引线接口件引出,无须使用耐高温、高压的电器贯穿件,提高了棒位测量传感器的可靠性。来自组合阀部件的 3 股进缸水流和回零水流穿过法兰套筒的进缸流道和回零流道,进缸水管与法兰套筒焊接联结,引流给弹簧箱水管组件。吊装螺柱与法兰套筒螺纹联结,点焊防松,配有螺母,与弹簧箱部件滑动联结,实现驱动机构供水和驱动线的吊装、装拆功能。压管置于棒位传感器顶端,通过与法兰套筒螺纹联结的锁母实施固定,位于锁母上面的密封焊片与法兰套筒实施密封焊接,满足法兰套筒端面的密封要求。安装螺母把法兰套筒固定在压力容器管嘴法兰上,组合阀部件凭借穿过法兰套筒上螺钉通道的长固定螺钉与法兰套筒联结,并加固法兰套筒在压力容器管嘴法兰上的固定,用 C 形密封圈密封。

　　B 型内置式棒位测量装置如图 4 - 17(b)所示,包括法兰组件、套筒组件、联结槽、转接头和棒位传感器。法兰组件由法兰、进缸流道、回零流道、引线接口件、锁母、密封焊片、进缸水管、安装螺钉、螺钉孔道组成。法兰与锁母螺纹联结,与密封焊片密封焊接,与引线接口件和进缸水管焊接联结。来自组合阀部件的 3 股进缸水流和回零水流,穿过法兰的进缸流道和回零流道,进缸水管引流给水管组件,实现驱动机构水压缸供水的衔接功能。套筒组件为长尺寸传感器承压壳,是棒位测量部件的主体部件,由套筒、转接头、压管、棒位传感器组成。棒位传感器置于套筒 Ⅱ 形空腔内,转接头与套筒螺纹联结,通过压管固定棒位传感器,密封焊接防松,棒位信号从转接头开孔引至引线接口件,无须使用耐高温、高压的电器贯穿件,提高了棒位测量传感器的可靠性。法兰组件与套筒组件螺纹连接成长尺寸传感器承压壳,密封焊接防松;长尺寸传感器承压壳联结槽采用联结螺钉与驱动机构滑动联结,实现驱动线吊装、装拆的功

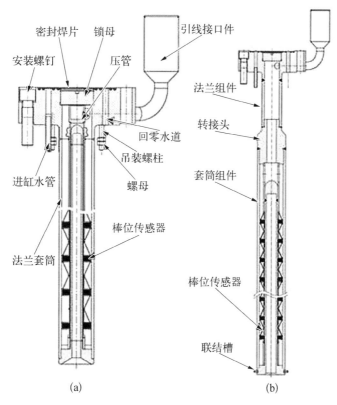

图 4 - 17　A/B 型棒位测量装置原理图

(a) A 型;(b) B 型

能;安装螺母把长尺寸传感器承压壳固定在压力容器管嘴法兰上,组合阀部件凭借穿过法兰上螺钉通道的长固定螺钉与法兰联结,并加固法兰在压力容器管嘴法兰上的固定,用 C 形密封圈密封,满足压力容器压力边界的密封和强度要求。

4.7.2.5　控制棒

A 型控制棒如图 4-18(a)所示,包括上连接轴、上连接套、上十字翼架、吸收棒组件、包覆板、十字翼支撑、铆钉、下十字翼架、下连接套、下连接轴。上连接套、上十字翼架、十字翼支撑上端由定位销确定其联结位置;上连接轴穿过上连接套、上十字翼架中心孔,与十字翼支撑上端螺纹连接,上连接轴与上连接套焊接防松。下连接套、下十字翼架、十字翼支撑下端由定位销确定其联结位置;下连接轴穿过下连接套、下十字翼架中心孔,与十字翼支撑下端螺纹连接,下连接轴与下连接套焊接防松。上、下十字翼架上的凸起结构高于其翼板平面,为十字翼控制棒运动状态的导向,降低十字翼控制棒与燃料锆盒之间的摩擦和磨损。吸收棒组件由上端塞、包壳管、B_4C 芯块、下端塞组成;B_4C 芯块置于包壳管内,上端塞和下端塞与包壳管焊接密封,包壳管腔内充 He,预留热膨胀和逸出气体的空间。吸收棒组件上端和下端分别置于上十字翼架和下十字翼架上的吸收棒组件插孔内,形成一排吸收棒组件定位;U 形包覆板包覆吸收棒组件管排,其边缘采用铆钉分别与上十字翼架、十字翼支撑、下十字翼架铆接为整体结构。U 形包覆板的外边缘采用凹槽结构,紧贴最外边的吸收棒组件管,增强了包覆板的边缘强度,保证十字翼 B_4C 控制棒的整体强度和结构尺寸。

A 型控制棒驱动轴如图 4-18(a)所示,包括棒位测量杆联结、光轴段、环槽段、十字翼控制棒,满足驱动机构实现十字翼控制棒的驱动功能需求。棒位测量杆与驱动轴螺纹连接,点焊防松。环槽段由传递认爪段、标准工作短段、夹持认爪段、标准工作长段、行程限位段组成;传递、夹持认爪段采取窄环宽槽结构,标准工作段、长段采用宽环窄槽结构;行程限位段采取两倍环槽结构的宽槽结构。十字翼控制棒与驱动轴螺纹连接,焊接固定。该十字翼控制棒驱动轴结构给出了其具体工程实施结构,结合驱动机构销爪结构的工作特性,解决了驱动机构初始抓取时的认槽问题及十字翼控制棒最高棒位撞车的限位问题,满足驱动机构实现十字翼控制棒驱动的总体功能要求。

B 型控制棒如图 4-18(b)所示,包括边筋、榫卯结构、包覆板。边筋为半圆边、沉排铆钉孔的筋条,上下端为圆柱榫头结构;上十字翼架下翼角和下十

字翼架上翼角为椭圆柱卯槽结构;边筋置入上、下十字翼架的卯槽内,榫卯结
构固定;边筋、上十字翼架、十字翼支撑、下十字翼架的沉排铆钉孔形成长方形
封闭框架;吸收棒组件排固定于上、下十字翼架的定位孔内;包覆板为四周开
有铆钉孔的长方形薄板,均匀布置冷却水孔,双面包覆在长方形封闭框架内,
四周用铆钉铆接固定,构成整体十字翼。

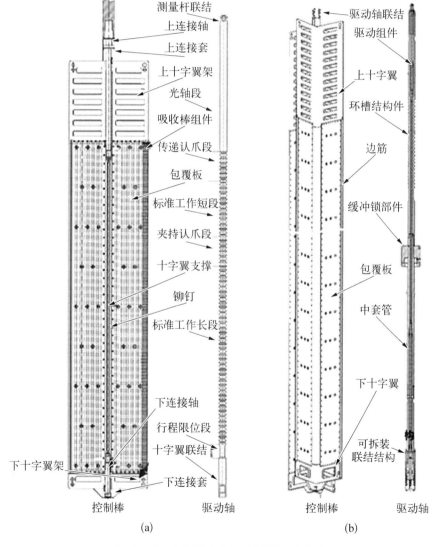

图 4-18　A/B 型十字翼控制棒和驱动轴

(a) A 型;(b) B 型

　　B型驱动轴如图4-18(b)所示,包括联结结构驱动组件、环槽结构件、缓冲锁部件、中套管、可拆装联结结构等。环槽结构件与中套管螺纹连接,之间夹紧固定缓冲锁部件,内六角螺钉防转点焊松动;中套管与可拆装联结结构螺纹联结,短销钉防转点焊松动;联结结构驱动组件置于环槽结构件和中套管内部,轴簧和锁簧压紧,上端通过上胀环与环槽结构件锁死,下端与可拆装联结结构通过滑动销钉联结,用点焊防松,依靠专用拆装工具实现远距离驱动的可拆装联结结构工作。联结结构驱动组件由上端头、上胀环、连接棒、上锁环、轴簧上锁套、上锁销、轴簧、轴簧下锁套、锁簧上止套、锁簧、锁簧下止套组成;上端头与连接棒、连接棒与上锁环螺纹连接,长销钉防转点焊防松;轴簧上锁套通过上锁销固定在环槽结构件上,防松杆固定点焊防松,轴簧下锁套与连接棒螺纹连接,长销钉防转点焊防松,轴簧置于其上、下锁套之间;锁簧上止套置于中套管内,锁簧下止套与连接棒螺纹连接点焊防松,锁簧置于其上、下止套之间;锁簧下止套螺纹连接滑动销钉,滑动销钉点焊在爪驱动滑套上。环槽结构件由光轴段、传递认爪段、标准工作短段、夹持认爪段、标准工作长段、行程限位段组成;Ⅱ形轴簧定位结构位于光轴段上;传递、夹持认爪段采取窄环宽槽结构,标准工作短段、标准工作长段采用宽环窄槽结构;行程限位段采取两倍环槽的宽槽结构。缓冲锁部件由滚轮结构、上锁体、下锁体、活套环、定位螺钉组成;滚轮结构分别周向均布于上锁体和下锁体端部;上锁体与下锁体螺纹连接,活套环置于其间,定位螺钉防转点焊防松。可拆装联结结构与中套管螺纹连接,滑动销钉驱动爪驱动滑套,实现爪与十字翼控制棒的联结和松开功能。

4.7.2.6　落棒缓冲

　　A型控制棒落棒缓冲通过弹簧箱实现,弹簧箱设计如图4-19(a)所示,包括碟簧组件、上导向筒、大弹簧、水管组件、下导向筒、缓冲锁部件、联结螺钉。碟簧组件置于弹簧箱的顶端,通过棒位测量部件压紧碟簧组件,从而固定弹簧箱及驱动机构并补偿热膨胀;上导向筒上端Y形法兰与棒位测量部件滑动联结,为碟簧组件提供安装和变形空间,下端三角法兰与下导向筒上端三角法兰联结,定位螺钉固定,弹簧垫片防松,构成弹簧箱的主体结构;下导向筒下端与驱动机构联结,联结螺钉位于联结固定槽处,环丝防松;水管组件置于上下导向筒的水管卡件内,由粗径直通卡套、金属波纹软管、引水管、细径直通卡套组成,粗径直通卡套联结棒位测量部件的来水管,下段细径直通卡套联结驱动机构的引水管,为驱动机构供水。大碟簧、缓冲锁、大弹簧从下而上依次置于上下导向筒的内腔,缓冲锁与控制棒驱动轴联结,大弹簧为缓冲锁提供附加落棒推力,满足摇摆倾斜条件下落棒速度的要求;上导向筒的通水孔区、下导向筒的缓冲孔区通过补水和排水形成缓冲锁运动的水力阻尼,水力阻尼与大弹簧推力相匹配便能够实现落棒速度的控制;缓冲锁落棒进入下导向筒制动盲区,先被水力制动,后被大碟簧制动。

B 型控制棒落棒缓冲通过缓冲筒实现,缓冲筒设计如图 4 - 19(b)所示,包括缓冲筒通水孔区、缓冲盲区、缓冲孔区、制动盲区、底盘凸起、缓冲锁部件、控

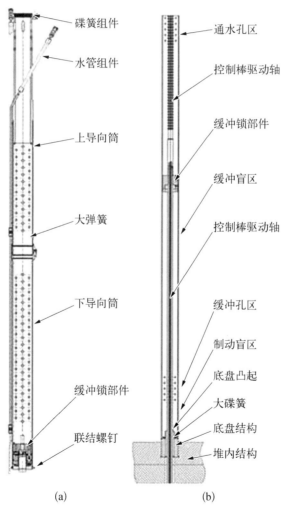

碟簧组件
水管组件
上导向筒
大弹簧
下导向筒
缓冲锁部件
联结螺钉

通水孔区
控制棒驱动轴
缓冲锁部件
缓冲盲区
控制棒驱动轴
缓冲孔区
制动盲区
底盘凸起
大碟簧
底盘结构
堆内结构

(a)　　　　　　　　(b)

图 4 - 19　A 型弹簧箱/B 型缓冲筒

(a) A 型;(b) B 型

制棒驱动轴、大碟簧、底盘结构及其构成的可变腔体,实现水力缓冲、初级减速、次级减速、水力制动、碟簧制动的功能。缓冲筒固定在堆芯支撑结构上,可变腔体由缓冲锁和控制棒驱动轴构成了运动边界,通水孔区、缓冲盲区、缓冲孔区、制动盲区、底盘凸起、底盘构成了静止边界。通过控制可变腔体内水排出的速度,实现缓冲锁和控制棒驱动轴的水力缓冲、初级减速、次级减速、水力制动、碟簧制动功能。十字翼控制棒在落棒过程中,缓冲锁位于缓冲筒通水孔区时刻为落棒初始状态;缓冲锁处于缓冲筒缓冲盲区的时段为落棒缓冲状态;缓冲锁处于缓冲筒缓冲孔区的时段为初级减速状态;缓冲锁处于缓冲筒制动盲区的时段为水力减速状态;缓冲锁处于缓冲筒底盘凸起的时段为水力制动状态;缓冲锁处于大碟簧作用的时段为碟簧制动状态。十字翼控制棒的落棒冲击,可通过调整缓冲筒缓冲孔区和制动盲区的长度尺寸、缓冲锁内壁与缓冲筒底盘凸起的间隙尺寸,使水力缓冲、初级减速、次级减速、水力制动与十字翼控制棒(含驱动轴)重力相匹配,满足落棒时间和落棒冲击的技术要求。

4.7.2.7 缓冲器

A 型控制棒落棒缓冲器如图 4-20(a)所示,包括缓冲器外套、压杆、碟簧、锁母。碟簧置于缓冲器外套内台阶上,压杆插入碟簧中心至缓冲器外套底腔,锁母压紧,锁母与缓冲器外套螺纹联结,螺纹缝隙打孔,孔内点焊防松;缓冲器安装于堆芯下支撑板上,螺纹联结,点焊防松;缓冲器的压杆为冲击载荷的承载件。冲击载荷作用时,缓冲器外套内碟簧的变形力和水的压力同时作用于压杆上,吸收压杆上冲击载荷的能量;压杆依靠碟簧的复位弹力复位。

B 型控制棒落棒缓冲器如图 4-20(b)所示,包括缓冲器外套、压杆、碟簧、压簧、锁母。碟簧置于缓冲器外套内下台阶上,压簧位于缓冲器外套内上台阶上,压杆插入压簧、碟簧的中心至缓冲器外套底腔,通过锁母压紧,锁母与缓冲器外套螺纹联结,螺纹缝隙打孔,孔内点焊防松;缓冲器安装于堆芯下支撑板上,螺纹联结,点焊防松;缓冲器的压杆为联结定位和落棒冲击载荷的承载件。联结定位状态,缓冲器压杆托起十字翼控制棒,使驱动轴联结结构与之联结;落棒缓冲状态,缓冲器外套内压簧的变形力和水的压力首先作用在压杆上,使十字翼控制棒减速,然后碟簧的变形力再作用在压杆上,3 个力共同吸收压杆上十字翼控制棒的冲击载荷能量;压杆的复位依靠压簧和碟簧的复位弹力。

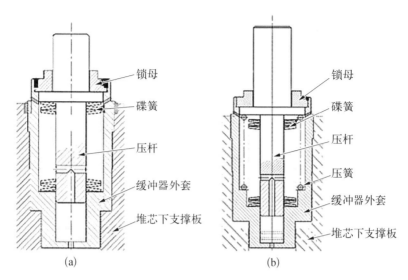

图 4‑20　A/B 型缓冲器

(a) A 型；(b) B 型

4.7.3　功能和性能

控制棒内置式水压驱动技术的工作原理为通过组合阀控制高压来水的通断，使夹持、传递和提升 3 个水压缸依次工作，驱动夹持、传递销爪机构依次动作，驱使驱动轴及控制棒夹持不动，或步升运动，或步降运动，或落棒运动，即控制棒可处于夹持状态、步升状态、步降状态和落棒状态等。

（1）夹持状态。控制棒在某一步位保持不动的状态称为夹持状态。夹持阀打开，高压水经引水管进入夹持水压缸，使夹持水压缸冲压运动至顶部，带动销爪机构动作，抓住控制棒，夹持不动。

（2）步升状态。控制棒从某一步位提升到下一步位的状态称为步升状态，即从一个夹持状态到下一个夹持状态，需要分 6 个步骤完成：第一步，传递阀打开，高压水经引水管进入传递水压缸，使传递水压缸冲压运动至顶部，带动销爪机构动作，抓住控制棒；第二步，夹持阀关闭，夹持水压缸的水经引水管进入组合阀，通过回零孔返回压力容器，使夹持水压缸卸压复位，带动销爪机构动作，松开控制棒；第三步，提升阀打开，高压水经引水管进入提升水压缸，使提升水压缸冲压运动至顶部，带动传递水压缸及销爪机构和控制棒一起提升一步；第四步，夹持阀打开，高压水经引水管进入夹持水压缸，使夹持水压缸冲压运动至顶部，带动销爪机构动作，抓住控制棒；第五步，传递阀关闭，传递水压缸的水经引水管进入组合阀,通过回零孔返回压力容器,使传递水压缸卸压复位,带动销爪机构动作,松开控制棒;第六步,提升阀关闭,提升水压缸的水经引水管进入组合阀,通过回零孔返回压力容器,使提升水压缸卸压复位,带动传递水压缸及销爪机构复位,恢复到夹持状态。

(3)步降状态。控制棒从某一步位下降到下一步位的状态称为步降状态,即从一个夹持状态到下一个夹持状态,也需要分6个步骤完成:第一步,提升阀打开,带动传递水压缸及销爪机构运动至顶部;第二步,传递阀打开,抓住控制棒;第三步,夹持阀关闭,松开控制棒;第四步,提升阀关闭,带动传递水压缸及销爪机构和控制棒一起下降一步;第五步,夹持阀打开,抓住控制棒;第六步,传递阀关闭,松开控制棒,恢复到夹持状态。

(4)落棒状态。控制棒从某一步位下落到零步位的状态称为落棒状态。关闭夹持阀,松开控制棒,控制棒和驱动轴在重力和弹簧力作用下,快速下落到零步位。然后打开夹持阀,抓住控制棒,保持不动。

(5)事故安全。反应堆运行过程中,如果忽然断电,则夹持阀关闭,松开控制棒,控制棒快速下落到零步位,使核反应堆安全停堆;如果循环泵故障,则夹持水压缸失去水压而复位,松开控制棒,控制棒快速下落到零步位,也使核反应堆安全停堆。因此,控制棒具有事故安全停堆的被动安全特性。

4.7.3.1 水压缸性能

水压缸的性能指水压缸的运动阻力和水压缸的泄漏量随运动步数的变化情况,在驱动线的寿期内,要求运动阻力和泄漏量不超过限值。水压缸的运动阻力和泄漏量随运动步数的变化与水压缸摩擦副配伍的选取有关,图 4 - 21 为夹持水压缸分别在 Ti55531 基体镀 TiN 膜与活塞环镀类金刚石碳(diamond-like carbon,DLC)膜配伍,321 不锈钢基体镀 WC+TiN 膜与活塞环镀 DLC 膜配伍,321 不锈钢基体镀 CrC 膜与活塞环镀 DLC 膜配伍工况下的冷态运动阻力和泄漏量实测值,其运动阻力和泄漏量的限值分别为 150 N 和 100 kg/h。从图 4 - 21 可以看出,CrC/DLC 摩擦副配伍最优,WC+TiN/DLC 摩擦副配伍次之,Ti55531+TiN/DLC 摩擦副配伍最差;CrC/DLC 和 WC+TiN/DLC 摩擦副配伍均可满足 100 万步的使用要求,而 Ti55531+TiN/DLC 摩擦副配伍仅满足 50 万步的使用要求。

4.7.3.2 球关节硬管连接组件性能

球关节硬管连接组件为可运动变形的流体输送管道,其可变性解决了内置式控制棒驱动机构在高温、高压、辐照环境下,提升水压缸与传递水压缸相

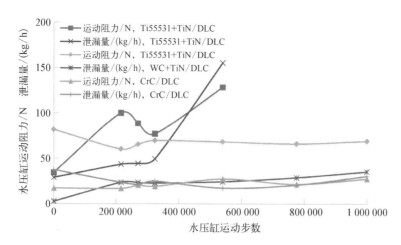

图 4-21　夹持水压缸不同摩擦副配伍的冷态运动阻力和泄漏量实测值

对运动并同时供水的动管线问题,提升了驱动机构的可靠性;球头管的摩擦副采用 321 不锈钢基体 WC/DLC 或 CrC/DLC 涂层,有效降低了球关节的运动阻力和泄漏率,大幅提升了球关节的使用寿命。

图 4-22 所示为 WC/DLC 涂层球关节硬管连接组件的运动阻力在不同运动频率下随运动步数的变化曲线实测值,其运动阻力限值为 5 Hz 运动频率下运动阻力的最大值小于 15 N。从图 4-22 可以看出,随运动步数的增加,其运动阻力缓慢增加;低频运动的运动阻力大于高频运动的运动阻力;WC/DLC 涂层球关节硬管连接组件的运动阻力可满足 400 万步的使用要求。

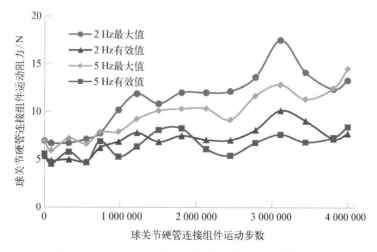

**图 4-22　WC/DLC 涂层球关节硬管连接组件的运动
阻力随运动步数的变化曲线实测值**

图 4-23 所示为 WC/DLC 涂层球关节硬管连接组件的泄漏量随运动步数的变化曲线实测值,其泄漏量限值为 1 kg/h。从图 4-23 可以看出,随运动步数的增加,泄漏量缓慢下降,进入稳定区;随着运动步数进一步增加,在大于约 200 万步后出现随机波动;WC/DLC 涂层球关节硬管连接组件的泄漏量可满足 400 万步的使用要求。

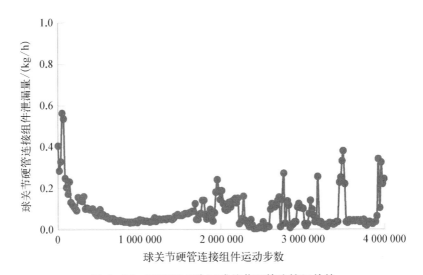

图 4-23 WC/DLC 涂层球关节硬管连接组件的
泄漏量随运动步数的变化曲线实测值

4.7.3.3 驱动机构性能

驱动机构的性能包括水压缸运动行程和最小驱动差压、驱动机构步进行程和抖动量、驱动机构步进时序、驱动机构步进驱动差压、落棒状态夹持爪松开时间。驱动机构的性能与摩擦副的选取、零部件加工和装配、使用环境温度、使用运行时间或寿期等因素有关,需要进行系列试验获取其性能参数。

零部件加工和装配质量、摩擦副选取为水压缸运动行程和最小驱动差压的主要因素。其中,零部件加工和装配质量决定了驱动机构步进行程和抖动量。

驱动机构步进时序,即驱动机构步进 6 个步骤的执行时间和连续步进的最小间隔时间,与驱动机构步进驱动差压和使用环境温度及使用寿期耦合。驱动机构步进驱动差压越大,步进时序越短;使用环境温度越高,步进时序越长;驱动机构使用寿期越长,步进时序越长。但较大的驱动机构步进驱动差压产生较大的水击和撞击及振动噪声,会造成驱动机构的零部件和引水管线损坏,所以驱动机构步进时序的确定非常重要,需要综合优化选取:在较小的水击和撞击及振动噪声下,满足使用环境温度和使用寿期及反应堆控制的要求。

落棒状态夹持爪松开时间为控制棒机械落棒时间的组成部分,是反应堆安全分析所需的参数之一,控制棒机械落棒时间需满足反应堆安全限值。

表 4-6 所示为 CrC/DLC 摩擦副驱动机构寿期初冷态性能参数实测值,满足反应堆控制的使用要求。

表 4-6　CrC/DLC 摩擦副驱动机构寿期初冷态性能参数实测值

序号	名　　称	部件	状　　态	运动行程/mm	驱动差压/kPa
1	水压缸运动行程/最小驱动差压	提升缸	上升	14.85	235
			下降	14.85	
		传递缸	上升	5.00	335
			下降	4.99	
		夹持缸	上升	7.00	398
			下降	7.00	

序号	名　　称	状态	步进行程/mm	抖动量/mm
2	驱动机构步进行程和抖动量	步升	14.87	0.42
		步降	14.87	0.42

序号	名　称	状态	t_1/ms	t_2/ms	t_3/ms	t_4/ms	t_5/ms	t_6/ms	t_7/ms
3	驱动机构步进时序	步升	470	500	712	450	620	900	350
		步降	712	470	500	900	560	620	335

序号	名　　称	数　值
4	驱动机构步进驱动差压/kPa	950
5	落棒状态夹持爪松开机械时间/ms	500

4.7.3.4　组合阀性能

组合阀的性能包括其作为压力边界的承压性能、控制功能和内漏参数,其承压性能通过组合阀的出厂水压试验进行检验,其控制功能通过组合阀台架和驱动线台架的相关检测试验进行检验。表 4-7 所示为组合阀性能内漏参数实测值,其各个阀的内漏值小于 500 g/h 的限值,满足使用要求。

表 4-7　组合阀性能内漏参数实测值

序号	测试台架	状　态	内漏参数实测值/(g/h)				
			提升阀	传递阀	夹持阀	回零孔	逆止阀
1	组合阀台架	热试验前	0	7.20	0	0	0
		热试验后	3.50	54.30	0.30	411.0	0.93
2	驱动线台架	冷态试验	—	—	—	—	2.73
		热态试验	—	—	—	—	微量蒸汽

4.7.3.5　落棒缓冲性能

落棒缓冲性能主要包含两个方面:一方面需要足够快的时间下落至反应堆底部,以满足反应堆安全运行的需要;另一方面需要限制落棒过程中控制棒的速度和制动过程中控制棒的加速度,以保证控制棒在整个寿期内的结构完整性。

图 4-24 所示为 A 型控制棒落棒曲线实测值,其落棒时间小于 1 s,满足反应堆安全运行的需求;落棒过程中控制棒的最大速度和制动过程中控制棒的最大加速度小于限值,满足控制棒在整个寿期内的结构强度要求。

图 4-25 所示为 B 型控制棒落棒曲线实测值,其落棒时间小于 3 s,满足反应堆安全运行的需求;落棒过程中控制棒的最大速度和制动过程中控制棒的最大加速度小于限值,满足控制棒在整个寿期内的结构强度要求。

上述研究结果表明所开发的先进的一体化布置水冷反应堆的内置式控制棒水压驱动技术,包括功率小于 50 MW 的 A 型和热功率为 50～300 MW 的 B型两型的整体设计方案、部件组成、主要功能和性能等满足低温核供热堆实际工程需求。

控制棒水压驱动技术为一体化反应堆提供了完整的内置式控制棒驱动线,包括其部件组成、联结结构、固定方式和功能;降低了反应堆高度;避免了弹棒事故,增强了反应堆安全性;使一体化布置反应堆更加紧凑,体积小,自然循环能力加强。

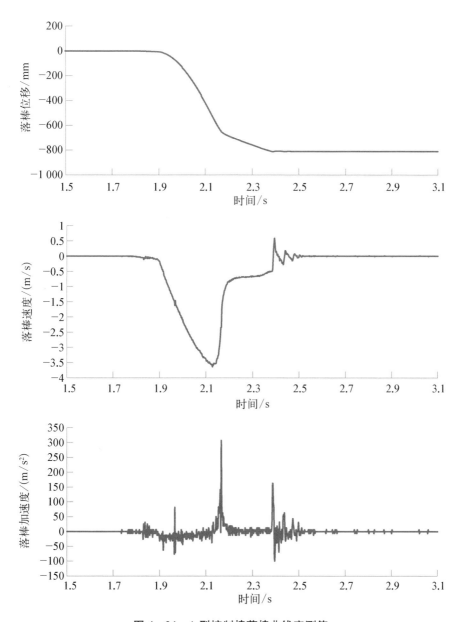

图 4 - 24　A 型控制棒落棒曲线实测值

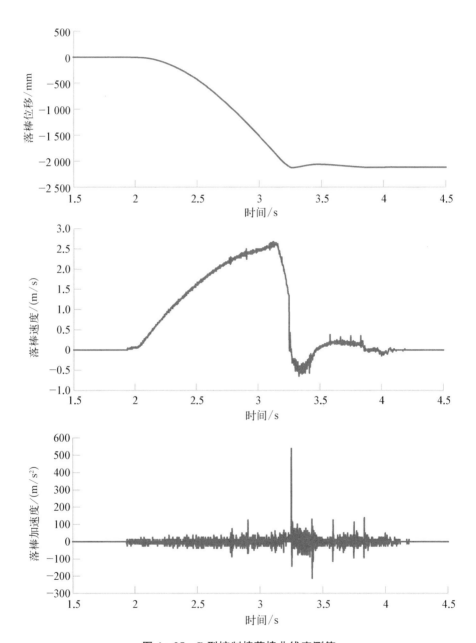

图 4 - 25　B 型控制棒落棒曲线实测值

控制棒水压驱动技术满足压力容器密封,地震、摇摆倾斜和冲击环境等需求,提高了反应堆的环境适应性,为陆基、舰船和可移动一体化布置反应堆的发展提供了新工程技术。

控制棒水压驱动技术的运动部件在不打开压力容器盖的条件下,满足检测、维修和更换等的需要,提升了反应堆的可测量性、可维修性及可靠性。

内置式控制棒水压驱动技术于 2000 年提出,经过了应用基础研究、原理样机、工程样机和系列环境实验研究及验证,产品已经应用于实际的一体化布置核反应堆。

参考文献

[1] 周培德,侯斌,陈晓亮,等.小型反应堆技术发展趋势[J].原子能科学技术,2020,54(S):218 - 225.

[2] Barnett P G. A comparison of the accuracy of some correlations for burnout in annuli and rod bundles[R]. Dorchestor:UK AEA,1968.

[3] Barnett P G. A correlation of burnout data for uniformly heated annuli and its use for predicting burnout in uniformly heated rod bundles [R]. Dorchestor: UK AEA,1966.

[4] Toshihisa I,Shou I,Tsutomu Y,et al. Development of in-vessel type control rod drive mechanism for marine reactor[J]. Journal of Nuclear Science and Technology,2001,38(7):557 - 570.

[5] Zheng Y H,Bo H L,Dong D. Theoretical analysis of the working performance of the hydraulic control rod driving system in perturbation or inclination[J]. Nuclear Technology,2007,157(2):208 - 214.

[6] Zheng Y H, Bo H L, Dong D. The study on the hydraulic control rod driving system in cyclical swing[J]. Nuclear Engineering and Design, 2007, 237(1):100 - 106.

[7] Bo H L, Zheng Y H, Zheng W X, et al. Study on step-up characteristic of hydraulic control rod driving system[J]. Nuclear Engineering and Design, 2002, 216(1):69 - 75.

[8] Zheng Y H, Bo H L, Dong D, et al. Experiment study on rod ejection accident of hydraulic control rod driving system[J]. Journal of Nuclear Science and Technology, 2001, 38(12):1133 - 1137.

[9] Bo H L, Zheng W X, Dong D. Studies on the performance of the hydraulic control rod drive for NHR200 [J]. Nuclear Engineering and Design, 2000, 195(1):117 - 121.

[10] 薄涵亮,郑文祥,王大中,等.核反应堆控制棒水压驱动技术[J].清华大学学报(自然科学版),2005,45(3):424 - 427.

第 5 章
支持系统和辅助系统

一体化壳式自然循环供热堆作为具有固有安全特征的反应堆,相比于传统大型核电站反应堆来说,最大的特点是对专设安全系统和应急响应系统的要求大为降低,有些系统甚至可以取消。例如高压、低压安注系统,因为对于这种壳式供热堆,在任何情况下都不会发生堆芯裸露的事故;又如,在双层壳设计方案中,安全壳可以承受压力容器破口后主回路冷却剂泄放进入安全壳后产生的压力,因而也就不需要设置专门的安全壳喷淋系统。然而,作为一个商业运行的核供热站或核热电站,为了维持整个核供热站/核热电站的安全运行,还是需要一些必备的基本支持系统和辅助系统,如化学和容积控制系统,设备冷却水系统及厂用水系统,除盐水及核岛气体系统,采暖、通风和空调系统等。本章仅对几个主要支持系统和辅助系统进行简单描述。

5.1 化学和容积控制系统

化学和容积控制系统(简称化容系统)是反应堆比较重要的辅助系统之一。该系统的主要功能如下:用于控制反应堆回路系统的水质,以保持材料的耐腐蚀性能;净化冷却剂可以尽可能地消除反应堆冷却剂中的裂变产物和腐蚀产物;通过控制容积,可以调整主回路系统的液位且使其保持在设计范围之内。

5.1.1 概述

在压水堆核电厂中,化容系统的功能是容积控制、化学控制和中子毒物控制[1],具体包括以下方面:

（1）启动前向一回路系统充水，进行水压试验，运行中用于调节稳压器水位，以保持一回路冷却剂的水容积。

（2）调节冷却剂中的硼质量浓度，控制堆反应性的慢变化。

（3）净化冷却剂，减少反应堆冷却剂中裂变产物和腐蚀产物的含量。

（4）供给一回路冷却剂泵轴封系统所需要的轴封用水。

（5）向反应堆冷却剂加入适量的腐蚀抑制剂如 H_2、N_2H_4、LiOH 等，以保持一回路水质。

（6）冷却剂泵停运后提供稳压器的辅助喷淋水。

与压水堆核电厂的化容系统相比，由于 NHR200-II 型核供热堆的设计特点，化容系统的设计较为简化，具体如下。

（1）容积控制。NHR200-II 型核供热堆主回路系统没有主泵和独立稳压器，因此基本不需要考虑主回路升降温度带来的容积变化，不需要考虑主泵轴封注水和稳压器辅助喷淋。系统设计时仅考虑反应堆冷却剂的泄漏、取样等损失。

NHR200-II 型核供热堆压力容器上没有大的引出管，堆壳下半部更没有任何穿管，同时由于压力容器内的水容量相当大，反应堆具有良好的失水响应特性。事故分析证明，在任何情况下，反应堆都不可能发生堆芯失去冷却的现象。因此，化容系统取消了应急补水相关功能。

（2）中子毒物控制。压水堆核电厂在长期功率运行期间，通过调节主回路水的硼质量浓度来控制堆芯反应性。低温堆核设计中，反应性是由控制棒和可燃毒物共同来控制和补偿的，而注硼系统则作为另一种紧急停堆手段。因此，反应堆主回路系统不含硼，系统设计不需考虑中子毒物控制相关的化学控制功能，不需要控制冷却剂中的硼浓度。

（3）化学控制。随着反应堆运行，主回路水的性质（包括氧含量、pH 等）会发生变化，将导致主回路设备或部件的腐蚀，产生腐蚀产物，这是威胁反应堆安全和寿命的隐患[2]。此外，由于堆内中子照射，水中腐蚀产物的活化也有可能带出元件包壳破裂处逸出的裂变产物[1]。因此，需要通过化学控制，维持主回路冷却剂的化学性质。

压水堆核电厂由于主回路系统为含硼运行，因此需添加 LiOH 等来保持主回路系统反应堆冷却剂的 pH。NHR200-II 型核供热堆主回路冷却剂为无硼运行，不需要添加 LiOH 或其他化学物质来调整和保持主回路系统的 pH。

除上述功能外,压水堆核电厂一般还设有加氢系统,以控制反应堆运行期间反应堆冷却剂的氧含量。NHR200 - Ⅱ型核供热堆主回路使用自稳压设计,实现了启堆不排气、停堆不补水的设计目标,反应堆运行期间没有氧含量不合格水的补入,反应堆冷却剂氧含量无须控制。因此,化容系统设计仅考虑反应堆冷却剂的净化以及反应堆启动时的除氧需求。

上述系统的简化不仅有利于节约成本,而且有助于减少操作人员数量,并降低职业照射剂量。

参考国内外有关规范,结合 NHR 低温核供热堆堆型、材料、参数及辐照剂量,确定了低温核供热堆一回路水质指标和补水水质指标(见表 5 - 1 和表 5 - 2)。

表 5 - 1　反应堆一回路水质指标

水化学参数	控制范围
pH(25 ℃)	6.0~10.0
溶解氧浓度/(mg/L)	≤0.10
氯离子浓度/(mg/L)	≤0.10
氟离子浓度/(mg/L)	≤0.10
悬浮固体含量/(mg/L)	≤1.0
硼浓度/(mg/L)	不受限制

表 5 - 2　反应堆补水水质指标

水化学参数	控制范围
电导率(25 ℃)/(μS/cm)	<1
pH(25 ℃)	6.0~8.0
氯离子质量浓度/(mg/L)	<0.10
氟离子质量浓度/(mg/L)	<0.10
悬浮固体质量浓度/(mg/L)	<0.10

5.1.2　设计要求及功能

NHR200-Ⅱ型核供热堆化容系统的设计要求如下:

(1) 化容系统属于非安全级系统,其失效不会造成核安全事故。

(2) 应有足够的离子交换树脂装量,以确保反应堆冷却剂水质保持在规定的限值内。

(3) 本系统净化流量应该使压力容器内的水得到有效净化,以确保反应堆冷却剂水质保持在规定的限值内。

(4) 为提高系统的可用性,净化泵、补水泵、投药泵一用一备。系统的主要设备、阀门及管道的设计应能满足系统功能要求。

结合 NHR200-Ⅱ型核供热堆的总体方案,化容系统主要包括以下功能:

(1) 净化功能。在反应堆运行期间,系统应连续不断地抽取部分反应堆冷却剂进行净化处理,以保证冷却剂工作在反应堆允许的水质限值内,减少反应堆主回路系统的腐蚀。净化流量的选取主要考虑主回路系统冷却剂在一天内可被整体净化1~2次。

(2) 补水及下泄功能。在反应堆正常运行期间,补偿冷却剂的泄漏、取样等损失,保持压力容器内的水位在设计给定的范围内。当反应堆处于启动、加热升温阶段时,可将压力容器内的水排放至调节水箱,以保持压力容器内的水位在设计范围内。

(3) 投药功能。在反应堆初次运行时钝化堆内构件,同时在启堆前保持反应堆冷却剂的溶解氧符合设计要求。

5.1.3　系统运行

化容系统一般由净化泵、回热器、冷却器、净化离子交换床、过滤器、补水泵、调节水箱、投药泵、投药罐以及相应的管道、阀门和测量仪表等组成。图 5-1 为 NHR200-Ⅱ型低温核供热堆的化学容积控制系统流程图。

化容系统净化回路为放射性回路,对 NHR200-Ⅱ型低温核供热堆而言,该系统位于安全壳内且与主回路系统运行压力相同。反应堆正常运行时,净化回路连续运行。反应堆冷却剂在净化泵驱动下,从压力容器流出,流经回热换热器(被返回压力容器的净化后的反应堆冷却剂冷却)及冷却器(被设备冷

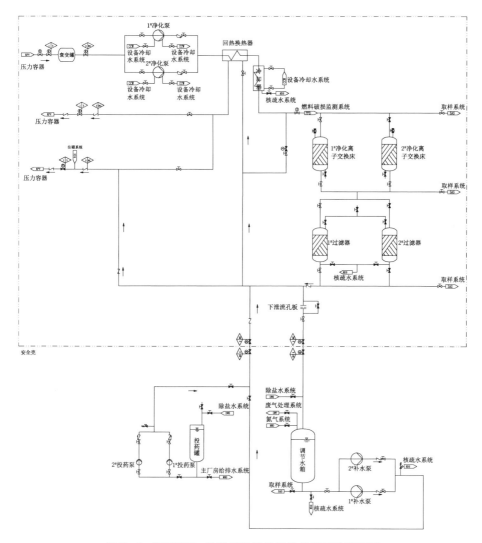

图 5‑1　NHR200‑Ⅱ型低温核供热堆化容系统流程图

却水冷却），降温至 50 ℃以下，然后进入净化离子交换床，除去其中的可溶性杂质和悬浮的杂质。净化后的冷却剂通过过滤器，经回热换热器升温后，从上充回水管线返回压力容器内。净化离子交换床的设计容量可由燃料循环周期、反应堆运行因子、维保周期等确定。一般情况下，为防止在一个周期内正常运行的净化离子交换床饱和，系统可设置两台净化离子交换床。过滤器设置在净化离子交换床下游，用来收集来自净化流的树脂碎片和颗粒状物质。

化容系统补水与下泄回路按照要求注入或排出主回路系统反应堆冷却剂,主要由操纵员手动控制。鉴于 NHR200-II 型核供热堆主回路系统设计为启堆不排气、停堆不补水,补水回路仅为补偿反应堆冷却剂的泄漏、取样等损失,运行方式为间歇式,该功能由调节水箱、补水泵等来实现。上述设备一般位于安全壳外。补水泵从调节水箱吸水,上充量根据压力容器水位来调节。在主回路系统热态调试期间、主回路系统升温时,下泄回路才使用,以排出部分反应堆冷却剂。当主回路需要下泄时,通过专设的下泄回路,经回热换热器、冷却器降温后,下泄流进入调节水箱。下泄流量可由管路上的阀门进行调节,下泄量根据压力容器内的水位来调节。

化容系统投药回路为非放射性回路,一般位于安全壳外。该回路主要在启堆前使用,主要包括投药泵及投药罐等,用于投加 N_2H_4,以保持冷却剂的溶解氧符合设计要求。

当反应堆冷却剂系统进行水压、冷热态试验或首次运行前,系统初装水可通过化容系统的接口实现。反应堆由于维修、检查等原因正常停运时,化容系统可停运,也可继续运行。

此外,化容系统与设备冷却水系统、取样系统、核疏水系统、除盐水系统、废气处理系统、氮气系统等辅助系统均设置接口,以满足化容系统功能及设备运行需要。

5.1.4 化容系统安全分析

化容系统承担净化、补水、下泄及投药功能,既不承担应急补水安全功能,也不承担处理核安全事故的功能,属于非安全级系统。

1) 单一故障准则

化容系统本身属于非安全级系统,化容系统失效不会造成核安全事故,所以不按此准则设计。

2) 一回路隔离

化容系统与反应堆冷却剂系统的接口位于压力容器上的取水口和回水口。根据一回路压力隔离的要求,取水口及回水口均设置了两道不同类型的阀门作为一回路压力边界隔离阀。系统正常运行时,隔离阀处于常开状态。当需进行一回路隔离时,上述阀门按一回路隔离要求进行动作。

3) 安全壳隔离

化容系统承担补水、下泄及投药功能的设备一般位于安全壳外的厂房,贯穿安全壳设有两条管线,分别是补水、投药管线和下泄管线。补水、下泄及投药功能均为间歇运行。根据安全壳隔离的要求,系统在安全壳内外侧各设置了一道阀门作为隔离阀,阀门一般处于常闭状态。当需进行安全壳隔离,上述阀门按安全壳隔离要求进行动作。

4) 安全级电源

化容系统属于非安全级系统,本系统停运不会造成核安全事故。但系统部分电动隔离阀作为一回路压力边界以及安全壳隔离系统的组成部分,由安全级电源供电,保证电动隔离阀运行的可靠性。

5.2　设备冷却水及厂用水系统

低温核供热堆设备冷却水系统具有传热和隔离两个功能,向需要冷却的系统或设备提供冷却水并将热量传递给厂用水系统。厂用水系统的主要功能是将来自设备冷却系统和其他需要冷却的非放射性设备的热量通过冷却塔传输到最终热阱(大气)[3]。

5.2.1　设备冷却水系统

1) 系统功能

本系统在冷却设备的同时还是一个中间隔离系统,保证被冷却设备中的放射性物质不进入厂用水系统。需要冷却的系统或设备主要如下。

(1) 化容系统:净化泵、回热器、冷却器。

(2) 控制棒水力驱动系统:水力驱动泵。

(3) 屏蔽冷却水系统。

(4) 乏燃料池水冷却和处理系统:换热器。

(5) 废气处理系统:冷凝器、冷却器、膜压机。

NHR200-II 型核供热堆的设备冷却水系统的热负荷约为 1 000 kJ。

2) 设计基准和准则

(1) 本系统为非安全级系统,其失效不会导致核安全事故,但会导致停堆。

(2) 本系统属于放射性物质可能沾污的系统,在被冷却的设备出现事故,系统内的放射性水平超过一定限值时,将会报警、换水。本系统疏水及室内地面排水均进入核疏水系统。本系统补水由除盐水分配系统提供。

(3) 本系统的水质标准遵循《压水堆核电厂水化学控制》(NB/T 20436—

2017）。

3）主要设备

由循环泵、换热器、膨胀水箱、各供水回水管路以及投药设备等组成。

（1）循环泵。本系统配置 2 台循环泵，一用一备。

（2）换热器。本系统配置 2 台换热器，一用一备。

（3）膨胀水箱。本系统配置 1 台膨胀水箱，主要功能为调节系统水的容积。

4）系统运行说明

循环泵从膨胀水箱抽水，送到各冷却用水用户，各用户出水回流，汇入总管后进入换热器壳侧，将热量传递给换热器管侧的厂用水系统。冷却后的水回到循环泵入口，形成一个闭式循环系统。

设备冷却水系统流程如图 5-2 所示。

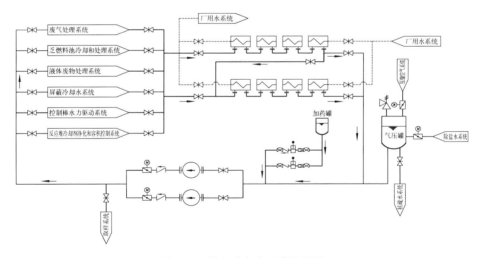

图 5-2 设备冷却水系统流程图

5.2.2 厂用水系统

1）系统功能

NHR200-Ⅱ型核供热堆的厂用水系统为非安全级系统，通过设备冷却水系统为需要冷却的放射性设备提供冷却，也为其他不含放射性介质的设备提供冷却水，并将热量最终散往大气。需要厂用水系统冷却的系统或设备主要如下。

（1）设备冷却水系统：换热器。

（2）中间回路水处理系统：热交换器。

（3）冷冻水系统：冷水机组。

（4）废液处理系统：热交换器。

（5）常规岛辅机冷却系统。

NHR200-Ⅱ型核供热堆的厂用水系统每秒需要传递的热量约为 3 000 kJ，该系统停运不会导致核安全事故，但会导致设备冷却水系统失去热阱，从而导致停堆。

2）主要设备

主要设备包括逆流式机械通风冷却塔、循环泵、过滤器、集水池、各供回水管路以及投药设备等。

（1）机械通风冷却塔。本系统配置 3 台逆流式机械通风冷却塔，夏季两用一备，其他季节一用一备一检修。

（2）循环泵。配置 3 台，两用一备。

3）系统运行说明

循环泵从集水池抽水送到各用水点，回水经过机械通风冷却塔冷却后回流到集水池，形成一个开式循环系统。为保持循环水质稳定，设置一套加药装置，向循环泵吸水管上投药。为防止厂用水系统悬浮物含量过高，在循环水泵出口设置全自动过滤器。厂用水系统补充水由工业水分配系统提供。

厂用水系统流程如图 5-3 所示。

5.3 除盐水系统及核岛气体系统

除盐水系统的功能是生产合格的除盐水，以满足核岛、常规岛和外围设施（BOP）的相关系统在启动、正常运行以及其他特殊工况下的需求。核岛气体系统主要是提供符合要求的高品质压缩空气，以备仪控系统和检修时的用气。

5.3.1 除盐水系统

除盐水系统包括除盐水生产系统、常规岛除盐水分配系统、核岛除盐水分配系统。

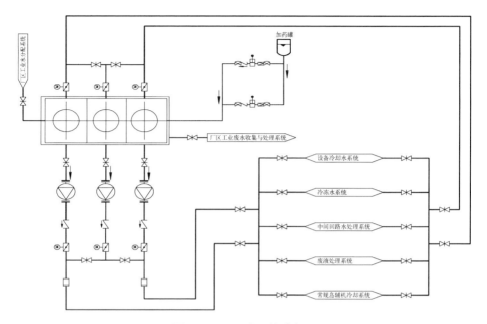

图 5-3 厂用水系统流程图

1) 除盐水生产系统

(1) 系统方案。水处理工艺流程：深度处理后再生水→超滤装置→一级反渗透装置→二级反渗透装置→电除盐装置(EDI)→除盐水箱→供汽补水系统。

(2) 控制水平。为了保证化学水处理系统安全、经济地运行，设置了功能完善的以可编程逻辑控制器(PLC)为核心的带显示器的综合监控系统。该监控系统能够对整个化学水处理系统的运行过程进行自动监测和控制，也可进行人工操作控制。监控系统必须具备现场数据采集与处理、模拟量控制和开关量控制等功能，实现预处理系统的在线水质监制。

(3) 设备布置。化学水处理系统的设备均集中布置。厂房按2台机组一次建成，设备按2台机组设计。

2) 核岛除盐水分配系统

(1) 系统功能。核岛除盐水分配系统为一回路、二回路、设备冷却水系统等工艺系统提供除盐水，并在安装、调试过程中为设备、管路提供冲洗水。常规岛除盐水分配系统由储水箱、除盐水输送泵和配水管网构成。核岛除盐水分配系统由储水箱、除盐水输送泵和配水管网构成。

（2）设计基准和准则。本系统为非安全级系统，系统短期停运不会影响反应堆的运行，但长期停运会导致停堆。系统水质标准遵循《压水堆核电厂水化学控制》（NB/T 20436—2017）。

（3）主要设备。本系统在核岛范围内只有管路和阀门，没有设备。

（4）运行说明。本系统由除盐水设备系统提供除盐水，供至核岛内各用水点。该系统向各工艺系统补水的进水管上均设置了防倒流的止回阀，可防止放射性水回流到本系统；在向各工艺系统补水的进水管上，均设置了连续监测电导率及含氧量的仪表，以保证供水的水质。

5.3.2　核岛气体系统

核岛气体主要为压缩空气。压缩空气系统由压缩空气生产系统和压缩空气分配系统（管网系统）两部分组成。

压缩空气生产系统的功能是生产符合要求的压缩空气，压缩空气分配系统的功能是将压缩空气输送并分配到各用气系统或设备中去。

压缩空气生产系统主工艺设备包括空气压缩机、组合式压缩空气干燥机和储气罐。按照系统气流方向说明如下：

（1）空气压缩机。两台，并联布置，每台压缩机输出的压缩空气通过各自管道汇入压缩空气总管。

（2）组合式压缩空气干燥机。汇入总管后的压缩空气经过除油过滤后，沿管道分别流向两套组合式压缩空气干燥机。

（3）储气罐。经过过滤干燥的压缩空气进入两个储气罐。

储气罐为仪表用压缩空气系统和检修用压缩空气系统分别提供符合高品质要求的压缩空气。压缩空气生产系统供气优先次序为仪表用气优先于检修用气。

5.4　采暖、通风和空调系统

NHR200 - Ⅱ型核供热堆的采暖、通风和空调系统（heating, ventilation and air conditioning, HVAC）的功能与压水堆核电厂的类似，主要实现供热堆相关厂房、区域的供暖、冷却、通风、烟气和热量控制、释放控制。壳式供热堆的采暖、通风和空调系统主要包括主控室 HVAC 系统、安全壳 HVAC 系统和其他区域 HVAC 系统。

5.4.1 主控室 HVAC 系统

1) 设计要求

基于供热堆优越的安全特性,一般不需要可居留保障系统即可保证控制室的可居留性,其设计要求主要包括以下几点:

(1) 保持主控室内的环境为微正压状态。

(2) 保证主控室内的温度、湿度要求,一般要求全年保持室内环境温度为 20～25 ℃,相对湿度为 30%～60%。

(3) 在正常运行状态下提供必要的换气次数,以保证工作人员所需的新鲜空气量。

(4) 采用单独的送风系统,风机等能动部件采用冗余设计,当失去外电源时,由备用电源供电。

2) 系统方案

根据不同地区的环境条件,主控室 HVAC 系统的具体配置和参数可以有所不同。壳式供热堆推荐新风加一次回风的设计方式,室外新风加一次回风通过一套组合式空调机进行空气的过滤、冷却或加热、加湿等处理后由离心风机(2 台 100% 额定风量风机,一用一备)通过送风干管及分支管送至各房间。除卫生间外,其他房间回风由回风管道送至组合空调机组回风段,回风量小于送风量,以保证控制室区域相对正压。卫生间通过轴流风机直接向室外排风,由相邻区域补风,保持房间相对负压。

新风量保证不小于每人 $0.43 \text{ m}^3/\text{min}$。新风口处设置龙卷风阀,当主控室的内外压差达到阈值,龙卷风阀关闭。

本系统风机由正常电源供电,若正常电源缺失,则由柴油发电机组供电。

5.4.2 安全壳 HVAC 系统

1) 设计要求

安全壳 HVAC 系统主要包括以下设计要求:

(1) 为反应堆及辅助工艺系统运行提供适宜的温度,为检修及换料操作人员提供符合防护要求的工作环境。

(2) 保障反应堆正常运行期间,安全壳有不小于 25 Pa 的负压。

(3) 系统中的能动部件应尽量采用冗余设置,排风系统由正常电源和备用电源供电。

（4）安全壳进行有组织的排气。

2）系统方案

（1）安全壳循环通风系统。安全壳循环通风系统是安全壳的一个内部空气循环系统,在电站正常运行或热停堆期间连续运行,用于保持安全壳内适当的温度状态以使设备正常运行。系统设置了 2 台循环冷却机组,一用一备,每台冷却机组配有过滤段、表冷段、风机段,通过送风管道将处理后的空气送到安全壳内相应区域,通过回风管道将空气送回冷却机组。冷却机组由正常电源和备用柴油机电源供电。

（2）安全壳通风换气系统。在反应堆冷停堆期间,安全壳通风换气系统保证安全壳内的维修操作人员处于合适的环境温度,并保证安全壳内的放射性气体浓度低,使人员可以在一定时间内处于安全壳内。

安全壳通风换气系统为直流系统,在冷停堆期间连续运行。设置一台空调机组进行送风,配有过滤段、表冷段、加热段、送风段,送风管道在安全壳内,与安全壳循环通风系统共用送风管道,将处理后的室外空气送到相应区域。设置一台空气净化机组进行排风,配有预过滤段、高效过滤段,排风经过净化机组过滤后,由离心风机经烟囱排到室外空气中。

（3）安全壳空气净化系统。在安全壳内发生污染事故时,启动安全壳空气净化系统,降低气载放射性水平,使人有可能在一定时间内安全地处于安全壳中。

本系统设置了一台碘吸附净化机组和一台离心风机。碘吸附净化机组配有加热段、预过滤段、高效过滤段、碘吸附段、后置高效过滤段。碘吸附净化机组进风口位于安全壳的各层,通风吸风管道将空气送到碘吸附净化机组。经过净化机组净化后,通过送风管道送到安全壳各处。

（4）安全壳负压排风系统。安全壳负压排风系统保证安全壳相对于环境为微负压,以防止安全壳内的放射性气体向周围空气释放。

本系统为间歇运行,只设置排风净化机组和排风机,其中排风净化机组配有预过滤器和高效过滤器。当安全壳内的负压小于下限值时,系统开始运行;当安全壳内的负压大于上限值时,系统停止运行。

5.4.3　其他区域 HVAC 系统

1）设计要求

其他区域 HVAC 系统主要包括以下设计要求:

（1）按照厂房辐射分区原则合理地设计气流走向，使气流由清洁区流向脏区，由放射性浓度低的区域流向放射性浓度高的区域，并保证特殊房间的正压和负压要求。

（2）控制区排风经过净化处理后实行有控排放，保证在任何工况下排放大气环境的放射性总量低于规定限值。

（3）清洁区排风无放射性，直接排向大气。

2）系统方案

（1）核辅助区域通风系统。核辅助区域主要包括化容系统设备间、气体采样分析间、测氢间、废气处理设备间、设备冷却水设备间、脏区风机间等放射性污染区房间，在此区域内设置通风系统，系统以直流方式运行。

核辅助区域送风系统设有一套组合空调机组，包括过滤段、加热段、表冷段，外置 2 台送风机，一用一备。

排风设置 1 台净化机组，包括预过滤段和高效过滤段，外置 2 台排风机，一用一备，其排风量大于送风机的送风量。

（2）辅助厂房非控制区通风系统。主要包括中间回路及部分辅助工艺间通风系统、电气设备间通风系统等。电气设备间包括安全蓄电池间、保护设备间及数字化控制系统（DCS）设备间、配电间等，A、C 序列和 B、D 序列设备间的通风设备需独立设置。安全级设备间的风机由正常电源供电，若正常电源缺失，接至柴油发电机供电。

5.5 电力系统

NHR200-Ⅱ型核供热堆电力系统由正常厂用电系统［核岛、常规岛及电厂辅助系统（BOP）部分］、备用电力系统（核岛及常规岛部分）和应急电力系统组成[4]。

NHR200-Ⅱ型核供热堆全部电气负荷按其所执行的安全功能可分为两大类：安全重要负荷与非安全重要负荷。

（1）安全重要负荷。供热堆安全系统及安全有关系统的用电负荷属于这类负荷。安全系统包括反应堆保护系统、安全执行系统和安全系统辅助设施等。安全有关系统包括反应堆控制系统、信号系统、通信系统、广播报警系统及事故照明等。

（2）非安全重要负荷。除去安全重要负荷以外的其他用电负荷均为非安全重要负荷。供热堆中大部分非安全重要负荷直接接至正常厂用电系统,其余非安全重要负荷与备用电力系统相连接,而安全重要负荷则与应急电力系统相连接。

5.5.1　正常厂用电系统

正常厂用电系统是 NHR200-Ⅱ型核供热堆厂外电力系统的输电线路与电气负荷之间进行配电和连接的系统。厂用电系统的设计应保证在正常运行工况下,厂区各相关负荷能正常供电。

1) 设计要求

全厂正常厂用电系统的设计应保证反应堆在正常运行工况下,全部负荷能正常供电;在预计运行事件及事故工况下(不包括正常电源全部丧失事故),作为优先电源,优先为应急电力系统提供电力。

全厂正常厂用电系统不属于安全级电力系统,因此不必采用 1E 级设备的相应要求。

2) 核岛正常厂用电接线

图 5-4 为双堆布置的 NHR200-Ⅱ型核供热堆核岛正常厂用电系统主接线图。核岛正常厂用电包括 6.3 kV/0.4 kV 干式变压器(堆变)、交流 380 V 公用母线、工作母线,公用母线形式为单母线分段。堆变的高压侧经 6 kV 电缆馈线接至常规岛 6 kV 母线,低压侧接至 380 V 公用母线,公用母线下设交流 380 V 工作母线。工作母线段布置在工艺房间的附近房间;同时,核岛内还设置照明电源母线/检修电源母线。

3) 常规岛正常厂用电接线

常规岛 6 kV 厂用电系统向全厂非安全级负荷及通过备用电力系统为应急电力系统负荷提供正常电源(备用电力系统为非安全级)。

4) 负荷分类

除安全重要负荷外的其他用电负荷均为非安全重要负荷,这些负荷按其在运行中的作用以及在供电中断后所产生的后果和影响分为三类。

(1) Ⅰ类负荷:短时停电可能影响人身或设备安全,使运行中断或产生较为严重的影响。例如主控制室与辅助停堆点的送风、设备冷却水循环泵、主回路水处理上充泵及净化循环泵、应急照明等。这类负荷应由两个独立的母线段供电,当一个电源丧失后,另一个电源立即自动投入。

(2) Ⅱ类负荷:较长时间停电虽有影响正常运行的可能,但在允许的停电

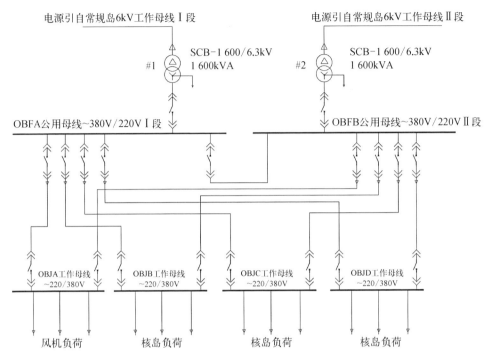

图 5‑4 双堆布置的 NHR200‑Ⅱ型核供热堆核岛正常厂用电系统主接线图

时间里,如及时经过运行人员的操作而重新取得电源,则不致造成混乱的负荷。例如通风系统等,该类负荷可由两路电源供电,采用手动切换。

(3) Ⅲ类负荷:长时间停电不致直接影响运行,如实验室负荷,该类负荷一般由一路电源供电。

5.5.2 备用电力系统

备用电力系统是当来自电网的正常电源不可用时,为供应电能而投入使用的电力系统,包括辅助设备和能量储存装置在内的电力系统,由备用电源(由柴油发电机组、能量储存装置以及辅助设备、蓄电池组及逆变装置等组成)及其相应的备用母线配电设备等组成。

正常电源不可用后,在要求的时间内启动备用柴油发电机组为备用母线供电,用于向允许一定时间内供电中断的交流负荷供电。

由于反应堆全部紧急停堆和专设安全设施负荷均由应急电力系统的不间断电源装置供电,它们在执行安全功能时均不依赖备用柴油发电机组提供电力,所以系统和设备是非安全级的,此时系统的功能仅限于以下方面:

（1）发生火灾事故和需消防疏散时，为消防系统提供备用电源。

（2）恢复部分照明条件。

（3）为保持主控制室的可居留性，作为主控制室非安全级通风空调系统和生活必需用电的备用电源。

（4）负压通风系统投入工作时，作为风机的电源。

（5）通过不间断电源装置为安全母线供电及作为蓄电池的充电电源。

（6）反应堆安全停堆后，为保证长时间的停堆后监测需要，作为蓄电池组的充电电源。

（7）保证核岛重要厂用水设备和冷却水设备的连续运行。

5.5.2.1　设计要求

备用电力系统的设计要求如下。

（1）配置两台供电电源分别来自两段 6 kV 厂用母线的备用变压器，每条供电线路必须有足够的容量和能力，以保证下列条件：① 在正常运行工况下，各相关负荷的正常供电；② 在事故和事故后工况下（除全部正常电源丧失事故），作为优先电源，通过备用母线优先为应急电力系统供电，以满足反应堆安全停闭和专设安全设施运行所需的电力。

（2）备用电力系统按照应急电力系统的两个独立的安全供电序列划分，设置两套备用电源和母线，分属两个序列。

（3）属于不同序列的备用电源和母线按照独立性（电气隔离、设备实体隔离）的原则进行设计。

5.5.2.2　备用柴油发电机组

1）机组配置

每堆设置两台备用柴油发电机组，每套柴油发电机组应包括如下主要设备：

（1）柴油发电机组主机。包括柴油机 1 台、发电机 1 台、机组安装底座。

（2）机组辅助系统。进、排风系统，机组燃油系统（包括日用油箱、油罐、油泵及油位测量装置），机组启动系统（压空启动设备），机组备机系统，机组冷却系统（冷却器和散热风机），机组出线开关柜和控制保护柜等。

2）设备技术要求

每套机组具有"远程控制""就地控制""退出运行""就地试验"四种运行方式，由机组就地控制保护柜盘面上的运行方式选择开关进行唯一性选择。其中，"远程控制""就地控制"用于反应堆应急供电的操作，"退出运行"用于机组检修或更换,"就地试验"用于反应堆运行期间和停堆期间对机组进行相关的试验操作。

机组具有发送电能、手动或自动调整供电品质、监测电量参数的功能。通过各种仪表与指示装置,能为操作员提供足够的运行状态方面的重要运行参数和报警信号,除就地显示外还送入主控制室的应急电力系统监测盘和控制系统采集站。

5.5.2.3　备用母线设计

图 5-5 为 NHR200-Ⅱ型核供热堆备用电力系统主接线图。系统设置两段备用母线(1、2),核岛备用电力系统的两台变压器分别为两段备用母线提供正常电源,两台柴油发电机组分别为两段备用母线提供备用电源。

正常情况下,两路分别来自两段 6 kV 厂用母线的正常电源经电缆馈线分别接入两台变压器的高压侧,其低压侧分别经公用母线与两段备用母线相连。

正常电源与备用电源之间设置必要的联锁,当备用柴油发电机组向备用母线供电时,该母线必须与正常电源断开,以防止向不属于备用母线的其他负荷供电。除在定期试验期间允许并列的工况外的其他任何工况,备用电源和正常电源中只能有一个开关可以合闸。

5.5.3　应急电力系统

应急电力系统是反应堆安全系统的组成部分,包括产生、变换电力和将电力进行分配所必需的设备。

1) 设计要求

(1) 应急电力系统应在向核岛应急电力系统供电的正常电源全部丧失且短时间内无法恢复的设计基准事故条件下,仍能完成其全部安全功能。

(2) 应急电力系统与被供电的安全系统在数量、可靠性、运行特性和环境条件等方面保持一致。应满足多重性(冗余)、独立性(电气隔离、实体分隔)要求及单一故障准则要求,并有对系统和设备的功能进行在役检查、定期试验、维修和更换的措施。

(3) 执行不同安全功能的安全负荷及安全相关负荷,根据其对反应堆安全的影响程度和负荷性质由安全母线供电,安全母线应得到不间断的电力供应。

(4) 应急电力系统应满足各种假设始发事件条件下,系统执行安全功能的要求,并且对完成每项安全功能的手段在数目、容量、连续性、供电质量及持续时间等方面予以保证。

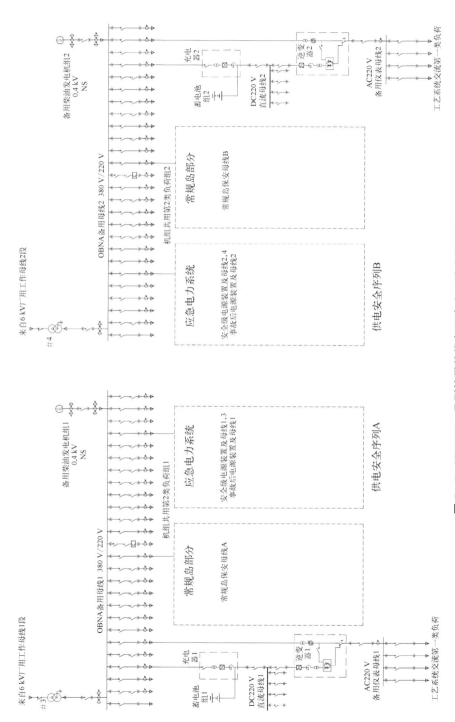

图 5 - 5　NHR200 - Ⅱ型核供热堆备用电力系统主接线图

（5）应急电力系统应能经受在正常运行、预计运行事件和事故工况期间可能出现的稳态和瞬态工况,满足各安全负荷要求的容量和电源稳定性要求。

（6）当厂外电源确认恢复后,应急电力系统由应急电源供电切换到正常电源的一次切换操作只能涉及应急电力系统的一个序列,切换操作必须手动进行。

（7）应急电力系统设置有效的电气保护装置和隔离装置,以防止因过电流和短路造成事故蔓延。

（8）应急电力系统所属设备、部件、电缆均能抵御外部事件（包括自然事件和人为事件）和防护内部飞射物及其二次效应,并满足相应的环境条件要求。

（9）应急电力系统的各种电源和换流设备实现控制和保护自动化,以减少人为因素的干扰。

2）系统设计

应急电力系统是安全级系统,设备包括蓄电池组、交流不间断电源、交/直流配电设备等。系统主要供配电设备均为安全级（1E）,质保等级为 QA1 并满足抗震 I 类要求,系统主接线如图 5 - 6 所示。

应急电力系统正常运行时的供电电源来自厂用工作电源或厂用备用电源,采用蓄电池组作为后备电源。

应急电力系统独立设置 4 套交流不间断供配电装置,分属两个供电安全序列。每个序列内的一套 AC380 V 交流不间断供配电装置为反应堆的一个紧急停堆和专设安全设施序列负荷组供电,以满足多重性要求。4 套安全级交流不间断供配电装置分别为反应堆的 4 个保护通道提供不间断电源。

系统独立设置 2 套事故后不间断供配电装置,分属两个供电安全序列,分别为反应堆的两个事故后监测通道提供不间断电源。

系统的电源和母线严格按照独立性（实体分隔和电气隔离）的原则进行设计。

不间断电源必须有足够的能力为所带负荷提供电力,并满足带负荷期间的工作特性、在要求时间内的过载能力以及在整个运行期间阶跃变负荷能力的要求。

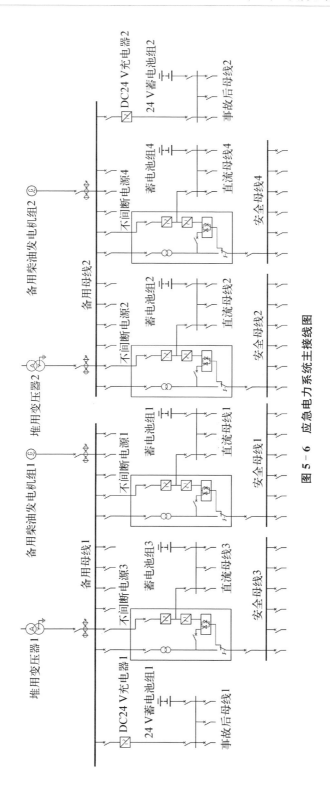

图 5－6　应急电力系统主接线图

5.6 消防系统

消防系统的主要功能是保证发生火灾时或火灾后,仍能维持 NHR200 - Ⅱ 型核供热堆核安全功能的完整性及限制可能导致核热电站设备和仪表长期不可使用的火灾发生。

全厂消防系统划分为核岛抗震消防系统和生产区消防系统两个系统。核岛抗震消防系统主要包括核岛抗震消防供水系统和核岛抗震消火栓系统。生产区消防系统主要包括消防水生产系统、消防水分配系统、柴油发电机房闭式泡沫灭火系统、常规岛自动喷水灭火系统、常规岛室内消火栓系统、BOP 厂房消火栓及自动喷水系统等。

5.6.1 设计原则

为达到 NHR200 - Ⅱ 型核供热堆消防设计的目标,消防系统从防止火灾发生,快速探测、报警并扑灭确已发生的火灾以限制火灾的危害,防止尚未扑灭的火灾蔓延并将火灾对全厂的影响降至最低这三个方面来贯彻纵深防御原则。

1) 一般设计基准

消防设计建立在以下假设的基础上:

(1) 火灾可能在机组正常工况或事故工况下发生。

(2) 火灾发生在有固定或临时可燃物的地方。

(3) 不考虑同一或不同厂房内同时发生两起或两起以上的独立火灾事件。

2) 与安全有关的设计基准

(1) 防止共模失效。通过非能动的火灾封锁法,将安全重要系统冗余设置的设备分别布置在不同的防火区内,避免可能发生的火灾蔓延以及执行同一安全功能的冗余设备同时被损毁。

(2) 火灾探测。根据火灾特点,合理选择火灾探测器,使操作人员和消防人员快速、准确地探知早期火灾,确定火灾的具体位置,启动警报装置,并可手动和自动控制灭火装置。

(3) 灭火。当某一区域内的火灾可能产生影响执行同一安全功能多重设备的火灾时,应根据火灾时要保护的设备及其特性,在该区域内设置固定式或移动式灭火装置。

5.6.2　系统方案

1）消防水生产系统

消防水生产系统为全厂消防系统提供消防水，由消防水池、消防水泵房组成。

2）核岛抗震消防系统

核岛抗震消防系统为反应堆厂房、辅助厂房可能发生的火灾提供所需的消防水。

（1）核岛抗震消防供水系统。由抗震消防水罐和抗震消防给水管网组成。核岛抗震消防系统与生产区消防系统之间设置抗震隔离阀。地震工况下，抗震隔离阀断开，由抗震消防水罐和增压泵为核岛抗震消火栓系统提供消防水；非地震工况时，由生产区消防系统提供消防水量。

（2）反应堆厂房消防系统。NHR200 - Ⅱ型核供热堆反应堆厂房采用的灭火手段是消火栓系统和手提式灭火器，消火栓系统为干管系统。

每层楼梯间和走道区域内设置消火栓，消火栓与消防立管相连接，消防立管与核岛抗震消防水分配系统相连接。

每个消火栓箱内均配置带开关功能的直流雾化水枪，可用于扑灭带电设备的火灾，减少水渍损失，并可以有效防止核飞溅。

消火栓的布置应保证两只水枪的充实水柱能到达室内的任何位置。

厂房设置足够数量的适当类型的手提式灭火器，以便发现火情的人员能及时灭火。

带放射性的消防排水由核疏水系统接收。

（3）辅助厂房消防措施。辅助厂房采用的灭火手段是消火栓系统和手提式灭火器，消火栓系统为湿管系统。消火栓系统和手提式灭火器的设置原则与反应堆厂房相同。带放射性的消防排水由核疏水系统接收。

3）常规岛消防系统

常规岛消防系统对常规岛范围内的一切火灾危险提供防护；常规岛消防系统由核岛消防供水系统供水。

常规岛供热厂房内的循环泵组、给水泵组、补水泵组采用自动喷水系统来保护；配电间采用气体灭火系统来保护；厂房内设消防立管，立管在厂房的每一层都配有室内消火栓及水带、水枪等附件。

厂用变压器和备用变压器设置水喷雾系统来保护。

污废水处理站、空压机站内设置室内消火栓来保护。

非放三修综合车间及仓库、工具库内每层都设置室内消火栓;对于机电仪控备件库和橡胶制品库,采用气体灭火系统来保护。

化工品及油脂库采用自动喷水系统来保护,若物品不可用水扑救,则采用气体灭火系统来保护。

此外,在常规岛范围内的各厂房内,配置手提式或推车式灭火器。根据被保护场所的火灾种类和危险等级,配置灭火器的规格和数量。

5.7 通信系统

供热堆的全厂通信系统由厂内通信系统和厂外通信系统两大部分组成。全厂通信系统在正常运行及事故工况下提供厂内及厂外的通信手段。实现厂内通信功能的系统包括行政电话系统、综合布线系统、安全电话系统、对讲电话系统、调度电话系统、无线通信系统、声力电话系统、警报系统、有线广播系统、时钟系统、工业电视系统。实现厂外通信功能的系统包括行政电话系统、安全电话系统、调度电话系统、无线通信系统。

1)设计原则

(1)通信系统的设计应能保证供热堆无论是在运行工况下还是在事故工况下都有适当的通信手段,以满足有效地实施现代化行政管理和生产调度、维持安全运行、进行事故处理及执行应急计划的需要。

(2)必须设置适当的警报系统和通信手段,以使全体厂区人员即使在事故状态下也能得到警告指令。

(3)厂区内部及对外的通信联系必须保持昼夜畅通。

(4)在厂内电话系统的设计中,应保证凡属安全上重要的生产岗位均应设置两套以上互相独立的通信系统,以保证在任何情况下至少有一种通信系统可用。

(5)为保证警报系统具有较高的可靠性和可用性,警报系统中的关键设备应配置备用设备。

(6)为保证对外通信的可靠性,供热堆应至少具有两种以上的对外通信手段。为减小共因故障所造成的失效概率,若有可能,还应考虑对外通信手段的多样性,以保证在任何情况下至少有一种通信手段可用。

(7) 通信系统所属各部件及设备应满足运行条件和环境条件的各项要求。所采用的部件、设备都应是经国家有关部门批准，并经运行考验证实可靠的合格产品。

(8) 通信系统应满足可试验性要求，应具有进行预运行试验与检查及定期试验与检查的手段和能力。

2）系统方案

供热堆全厂通信系统的设计应保证无论是在运行工况还是事故工况下，均能为供热堆提供适当的通信方式，以满足有效地实施现代化行政管理和生产调度、维持安全运行、进行事故处理及执行应急计划的需要。

（1）行政电话系统。为全厂厂内提供电话通信，且可授权一些电话分机与公网进行直接通信。为了防止行政电话故障而引起电话网失效，在全厂内设置若干直通线，不通过行政电话交换机直接与公网相连（对外通信）。

（2）综合布线系统。为厂内计算机局域网络提供数据、语音、多媒体等信息的传递，支持厂内行政电话交换机用户和计算机网络用户。

（3）安全电话系统。连接全厂内各个关键岗位，使之在事故和应急状态下保持专用可靠和有效的通信联系。安全电话系统执行事故处理的调度指挥通信功能并接入公网，实现对外通信。

（4）对讲电话系统。对讲电话系统是在全厂正常运行工况下，为满足生产调度需求设置的一套专用通信系统。该系统与行政电话系统在功能和设备设置上是两个独立的系统，并采用独立的线路。

（5）调度电话系统。用于实现与相关电网及热网调度部门建立通信联络的功能，通过单独的电缆线路连接到相应的调度用户点。

（6）无线通信系统。在正常及事故的工况下提供有效的通信手段。无线通信设备的使用不得干扰全厂安全运行相关监测及控制等设备的正常运行，同时设备的使用应遵守核电厂相关规定。

（7）声力电话系统。用于工作人员设备调试、维修、检测时的通信。系统为自供电式电话系统，可允许多组工作人员在多条通话链路上同时进行各自独立的通话。

（8）警报系统。警报系统覆盖整个厂区，是全厂火灾或应急状态下通知人员疏散撤离的重要通信手段。

（9）有线广播系统。用于满足各种工况下广播寻人、发布指令的需求，本系统作为全厂统一的有线广播网，在厂区应急状态下可通知到全厂厂区。

（10）时钟系统。接收北斗卫星或全球卫星定位系统（GPS）信号作为全厂基准信号，为电气系统、仪控系统及计算机网络等提供全厂统一的时间信号。

（11）工业电视系统。用于监视重要工艺设备的运行、操作状态，并将画面传至主控室。

（12）全厂通信系统。在通信设备间设置两个电气列头柜，每个列头柜分别由一路非安全级不间断电源和一路厂用电供电，在每个列头柜里进行电源互投，每个列头柜再分别给每个机柜供电。

参考文献

［1］　朱继洲.压水堆核电厂的运行［M］.北京：原子能出版社，2000：57-63.

［2］　云贵春，成徐州.压水反应堆水化学［M］.哈尔滨：哈尔滨工程大学出版社，2009：57-58.

［3］　李广胜，曾建丽，杨廷，等.寒冷地区核电厂重要厂用水系统设计研究［J］.中国核电，2020，13（1）：44-49.

［4］　中核能源科技有限公司，清华大学核能与新能源技术研究院，中广核研究院有限公司.河北核能供热示范项目可行性研究报告：第四卷［R］.北京：清华大学核能与新能源技术研究院，2018.

第 6 章
能量传输、转换和利用系统

在传统的大型压水堆核电站中,主回路冷却剂在蒸汽发生器中将热量传给二次侧的冷却水,冷却水在蒸汽发生器二次侧加热和汽化,产生的水蒸气直接输往大型汽轮发电机组产生电能,这一热电转换过程仅有主回路和二回路两个回路[1]。

池式供热堆、NHR 5 和 NHR200 - I 型低温核供热堆发出的热能是以水为介质,经过三回路携带出反应堆至用户。NHR200 - II 型核供热堆也采用三重回路设计,但第三回路中携带热能的介质既可以是水,也可以是水蒸气。热水进入城市热网,通过供暖的形式输出热量,水蒸气则通过汽轮机带动发电机发电,以电能的形式输出能量。

虽然 NHR200 - II 型核供热堆的三回路可以产生水蒸气,但与大型压水堆核电站二回路 6~7 MPa 的水蒸气压强相比,其蒸汽压强、温度和流量要低得多。此外,与燃煤电站不同,核电站都是采用饱和蒸汽汽轮机。高温、高压水蒸气在汽轮机中做功发电后,乏汽仍携带大量的能量,但因为这些能量是温度较低的潜热,一般是在凝汽器中凝结后由冷却水散往环境。冷却水吸收乏汽潜热后温升约为 10 ℃,因水温仍然不高,所以这部分冷却水的利用价值不大,这将导致大量的能量损失。

如何兼顾供热需求,同时又尽可能地减少能源浪费,苏联/俄罗斯在大型核电站上进行了多种尝试。在大型核电站上多采取在汽轮机前方抽汽供热的方案,这种供热方案的抽汽量可随需求调节,且抽汽对汽轮机供汽蒸汽的压强、温度和发电机组效率等参数影响不大;苏联在 BN - 350 快堆上耦合了发电、供热和海水淡化装置,采取的是抽汽加背压式汽轮机的方案。结合 NHR200 - II 型核供热堆的输出参数,采取何种汽轮机方案需要加以研究。此外,如果 NHR200 - II 型核供热堆仅作为小型核电机组使用,不需要供热,则采取大型核电站中的两回路方案也可以进一步提高发电效率。本章将对上述问题进行论述。

6.1　三回路及二回路方案概述

反应堆主回路(也称一回路)包含在反应堆压力容器内,其功能是包容并建立反应堆冷却剂在系统内的流动,并通过反应堆冷却剂的流动将反应堆燃料元件产生的热能载出。

根据应用场景的不同,NHR200-Ⅱ型核供热堆主输热系统有两种不同的设计方案。方案1采用三回路的设计,与5 MW低温堆核供热站和NHR200-Ⅰ型低温堆核供热站中采用的回路方案相同,即在反应堆冷却剂系统与用户回路之间设置中间隔离回路(见图6-1)。中间隔离回路为强迫循环回路,它由主换热器管侧、蒸汽发生器管侧、循环水泵、容积补偿器及相应的阀门和管道组成。中间回路中的冷却剂流经主换热器管侧,将反应堆中的热量载出,再经过蒸汽发生器传给三回路,即用户回路。

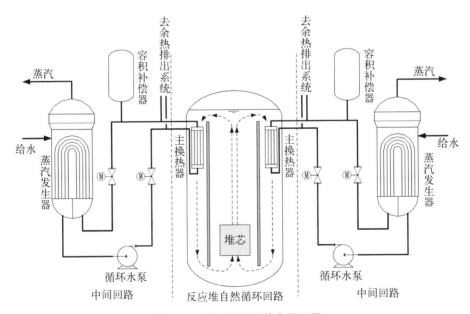

图 6-1　三回路方案基本原理图

中间回路本身作为一个闭合回路,从物理空间上实现了放射性水回路与三回路之间的隔离,起到安全屏障的作用。该方案较适用于工业蒸汽、居民供热等应用场景。

方案 2 为二回路设计(见图 6-2),包括自然循环的反应堆冷却剂系统和蒸汽供应系统。蒸汽供应系统由蒸汽发生器、汽水分离器、循环水泵、隔离阀门和连接管道等部件组成。蒸汽发生器位于反应堆压力容器内,反应堆正常运行时,一回路水加热蒸汽发生器二次侧的给水,使之成为含一定蒸汽量的饱和汽水混合物,汽水混合物由蒸汽发生器进入汽水分离器进行汽水分离,合格的蒸汽进入二回路系统,分离出来的饱和水进入汽水分离器的底部,与来自二回路的给水混合后由循环水泵输送回蒸汽发生器的给水管箱,构成蒸汽供应系统的循环。在反应堆参数不变的情况下,该方案可以输出较方案 1 更高的蒸汽参数,较适用于发电应用的场景。

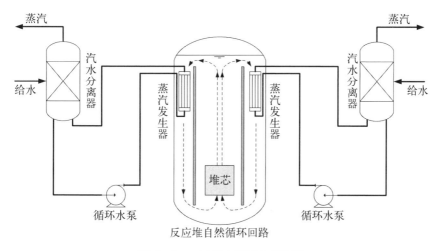

图 6-2 二回路方案基本原理图

6.2 三回路方案的中间回路

NHR200-Ⅱ型核供热堆中间回路系统的设计总则如下：① 应有足够的循环流量,在正常运行情况下能将主回路的热量输送到热网回路中；② 应设置隔离阀门,当主换热器发生泄漏时能迅速将中间回路隔离开；③ 应设置容积补偿器,其容积和储水量应能维持系统压力在允许的限值内；④ 应配置超压保护装置；⑤ 应有供气、净化和补水等辅助系统；⑥ 与余热排出系统共用部分应能满足余热排出系统的要求；⑦ 供电应满足核供热站对电源系统的要求,与余热排出系统共用的阀门应由应急电源供电;⑧ 中间回路与余热排出系统共用部分为安全 2 级,质保 QA1 级,其余为非安全级,但应按抗震I类设计。

中间换热器按 GB 151 设计、制造和验收,质保等级为 QA3 级,抗震类别为 I 类。中间回路按两个环路设计。

如图 6 - 3 所示,中间回路为反应堆冷却剂回路与三回路(汽水循环回路)之间的隔离回路。中间回路设计成两个独立的、完全相同的环路。每个环路的供热能力为反应堆总功率的 50%。主换热器分成两组,每组与一个环路相连。每个环路还包括蒸汽发生器、循环水泵、容积补偿器、隔离阀等[2]。主换热器二次侧进出口至中间回路母管隔离阀之间的部分与余热排出系统共用。这样的设计既满足了余热排出系统多重性的要求,也给供热堆的运行增加了灵活性。中间回路的运行压力由容积补偿器上部空间里的 N_2 来维持。

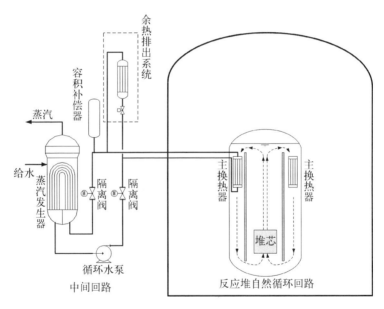

图 6 - 3 中间回路系统流程图

中间回路系统的蒸汽发生器、循环水泵、容积补偿器等主要设备均布置在安全壳外的中间回路厂房内,便于设备的巡检和维修。

6.2.1 中间回路的功能及主要设备

1) 中间回路的功能

在三回路方案的低温核供热堆设计中,中间回路系统作为主输热系统的

一部分,具有下列功能:

(1)输热功能。中间回路系统为一闭式强迫循环回路,其主要功能是安全可靠地将反应堆产生的热量传递给汽水回路。当反应堆处于运行状态时,中间回路中的冷却剂流经主换热器二次侧,将反应堆冷却剂中的热量载出,通过蒸汽发生器产生蒸汽。中间回路设有变频循环泵,实现反应堆与三回路之间的功率匹配。

(2)隔离功能。中间回路的隔离屏障作用是靠中间回路的运行压力高于反应堆冷却剂回路的运行压力来实现的。当一回路与中间回路的分隔边界(主换热器传热管)破裂时,中间回路的介质将向一回路泄漏,一回路的放射性介质不会向外扩散。

(3)余热排出功能。当反应堆需要停堆时,余热排出系统投入,中间回路隔离阀关闭,蒸汽发生器、中间回路循环泵等非安全级部分设备和管道被隔离。

2)中间回路的主要设备

中间回路主要包括循环泵、容积补偿器、蒸汽发生器及上述设备之间的管道和阀门等。蒸汽发生器作为重要的设备将单独介绍。

(1)中间回路循环泵。NHR200-Ⅱ型核供热堆核供热站设有两个中间回路环路,每个环路各设置一台循环泵。中间回路循环泵应能满足在不同的热负荷情况下提供系统所需流量、扬程以及匹配堆热功率和二回路热负荷。

由于中间回路无放射性,循环泵可采用卧式离心泵,并利用变频器进行调速,其扬程、流量调节功能由变频器实现。每台泵设有电机冷却管路,由核岛厂用水系统提供冷却水。

(2)容积补偿器。为提高系统设备的集成度并减少设备造价,低温核供热堆一般采用中间回路和非能动余热排出系统共用容积补偿器的设计。按非能动余热排出系统的要求,该设备为安全 2 级,按 ASME-Ⅲ-NC 分卷的要求进行设计、制造和验收,质保按 QA1 级,抗震按Ⅰ类。

中间回路容积补偿器为立式高温高压容器,其承压壳体由圆筒形壳体与上、下半球形封头焊接而成。其下部空间为去离子水,上部空间充满 N_2。容积补偿器的主要承压部件由不锈钢复合钢板焊接而成,承压基体材料为低合金钢 Q345R,其内表面为不锈钢板。

容积补偿器上封头设有补气、排气、安全泄压的接口,筒体设有补水、检修用人孔的接口,下封头设有连接系统管道及排水的接口。

（3）母管及隔离阀。中间回路系统母管穿出安全壳后，在靠近安全壳的位置通过三通与非能动余热排出系统相连。由于贯穿安全壳的管道及非能动余热排出系统均为安全级，为了与蒸汽发生器、循环水泵等非安全级部分分界，在母管上设置安全级隔离阀。在事故情况下，非能动余热排出系统投入运行时，隔离阀自动关闭。

6.2.2 自然循环饱和式蒸汽发生器

蒸汽发生器在压水堆核电厂有着广泛应用，欧美各国一般采用立式U形管自然循环饱和式蒸汽发生器，而苏联/俄罗斯则大量采用卧式U形管蒸汽发生器。表6-1所示为压水堆核电厂几种典型蒸汽发生器的主要设计参数[1]。

表6-1 压水堆核电厂几种典型蒸汽发生器的主要设计参数

压水堆核电厂名称	Yankee Rowe	秦山核电厂	美滨二号	Stade	大亚湾核电厂	WNP-5	WNP-4	WWER-1000
类型	立式U形管	立式U形管	立式U形管	立式U形管	立式U形管	立式U形管	立式直管	卧式U形管
国家及制造厂家	美国西屋	中国上海锅炉厂	日本三菱重工	德国西门子	法国法马通	美国燃烧工程公司	美国巴布柯克·威尔柯克斯公司	苏联
单台热功率/MW	150	517.5	728	474	965	1 900	1 880	749
一回路运行压力/MPa	13.8	15.2	15.4	15.5	15.5	15.5	15.5	13.9
冷却剂进口温度/℃	293	316.1	320	311.1	327.6	327.3	331	323
冷却剂出口温度/℃	268	287.9	289	284.6	292.4	295.8	298	289
单台冷却剂流量/(t/h)	4 756	12 000	12 240	11 000	16 754	37 273	36 000	14 400
蒸汽压力/MPa	3.43	5.54	5.34	4.97	6.89	7.32	7.14	6.28
蒸汽温度/℃	243	282	269	265	284	289	306	278.5

（续表）

压水堆核电厂名称	Yankee Rowe	秦山核电厂	美滨二号	Stade	大亚湾核电厂	WNP-5	WNP-4	WWER-1000
单台蒸汽产量/(t/h)	258	1 010	1 429	898	1 938	3 905	3 795	1 469
给水温度/℃	160	220	221	207.5	226	232	240.5	220
单台传热面积/m²	1 250	3 072.9	4 120	4 510	5 429	9 700	12 691	5 040
传热管外径/mm	19.1	22	22.22	22	19.05	19.05	15.9	12
传热管壁厚/mm	1.8	1.2	1.27	1.2	1.09	1.07	0.86	1.2
单台传热管数目/根	1 620	2 977	3 260	2 605	4 474	—	16 000	15 648
传热管材料	SS304	I-800	I-600	I-800	I-690	I-600	I-600	12Cr18Ni10Ti
上筒体外径/m	2.59	3.63	4.22	3.60	4.484	6.22	3.72	—
下筒体外径/m	2.16	2.80	3.23	2.74	3.446	4.82	3.72	4(内径)
总高/m	12.3	17.3	19.3	15.7	20.8	20.88	23.0	13.84
净重/t	85	211.5	277	—	330	750	490	264

　　低温核供热堆蒸汽发生器采用立式 U 形管自然循环饱和式蒸汽发生器，其设计要求与核电站的有较大不同：低温核供热堆蒸汽发生器一次侧为没有放射性的中间回路去离子水，且在任何工况下都不执行核安全功能，因此，本设备为非安全级设备。

　　1）蒸汽发生器结构设计及特点

　　低温核供热堆蒸汽发生器基本结构如图 6-4 所示，其二次侧分为上、下两部分，下部为 U 形管束组件，上部为汽水分离器和干燥器。中间回路水经下部接管流入下封头，经 U 形管束组件后再流出下封头。二次侧的给水被一次侧中间回路水加热产生饱和蒸汽，饱和蒸汽向上流动进入旋叶式汽水分离器（也称为一次汽水分离器），其中的大部分水分被去除，分离出的蒸汽进入波纹

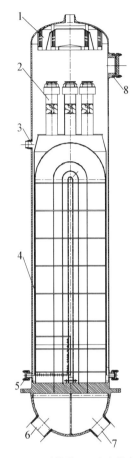

1—干燥器;2—汽水分离器;3—二次侧给水接管;4—U形管束组件;5—排污接口;6—中间回路介质入口;7—中间回路介质出口;8—二次侧检查孔。

图 6-4 蒸汽发生器基本结构图

板式干燥器(也称为二次汽水分离器),进一步去除水分后,达到规定的蒸汽干度后离开蒸汽发生器。

2) 汽水分离装置

汽水分离器和干燥器合称为汽水分离装置,是蒸汽发生器的关键部件,其性能直接影响蒸汽干度。由于蒸汽温度、压力和流量均与压水堆核电站蒸汽发生器有较大不同,在借鉴成熟设计经验的基础上,低温核供热堆蒸汽发生器汽水分离装置进行了较大改进,并通过试验证明,其蒸汽干度可超过 99.9%,不仅满足工业蒸汽、供暖、海水淡化等需求,还可兼顾发电需求。

3) 管束组件及其在役检查

管束组件包括管板和管束,是蒸汽发生器的重要部件。管板基材采用低合金钢,并在一次侧堆焊不锈钢。一般情况下,传热管采用核电上广泛应用的 Inconel 690TT 管材(对应我国牌号为 NS3105),其耐腐蚀性与不锈钢材料相比有较大提高。在汽水循环回路为封闭回路且水质情况较好,特别是氯离子得到严格控制的情况下,传热管也可采用奥氏体不锈钢管材,以降低设备造价、提高经济性。

低温核供热堆的蒸汽发生器传热管为非安全级,即使发生泄漏也不会导致放射性介质进入蒸汽回路,但由于传热管破裂会影响供热堆的可用性,因此,一般情况下仍参考核电站的方式对传热管进行在役检查,检查方法以涡流检测为主。应指出的是,低温核供热堆的蒸汽发生器布置在中间回路厂房,且设备本身不接触放射性介质,因此在役检查的环境大大优于压水堆核电站。

6.3 蒸汽动力转换系统

核电站中,由蒸汽发生器产生的蒸汽将通过主蒸汽管道输往蒸汽动力转换系统。在一般压水堆核电站中,蒸汽动力转换系统又称为二回路系统,由于不含有放射性,二回路系统位于压水堆核电厂常规岛。

压水堆核电厂二回路系统一般由主蒸汽供应系统、汽轮发电机组及其辅助系统、循环冷却水系统等组成,主要有汽轮机发电机组、凝汽器、凝结水泵、给水加热器、除氧器、给水泵、汽水分离再热器等设备。其系统流程及原理与火电厂中的基本相同,差别之处仅在于热源不同,热源由火电厂的锅炉改为压水堆核电厂的蒸汽发生器。典型大型压水堆核电厂热力系统的主要参数如下:新蒸汽压力为 6.43 MPa,新蒸汽温度为 280.1 ℃,排气压力为 7.5 kPa[3]。

NHR200 - Ⅱ型核供热堆热电联供站中的蒸汽动力转换系统也与常规火力发电厂的相应部分类似,主要功能是将核蒸汽供应系统产生的蒸汽送往汽轮机,推动汽轮发电机的转子旋转做功,带动同轴的发电机产生电能,送入电网。

与典型的大型压水堆核电厂热力系统蒸汽参数相比,NHR200 - Ⅱ型供热堆热电联供站中的蒸汽参数要低得多,新蒸汽压力可在 1.0~2.0 MPa 范围内。在 1.6 MPa 的饱和蒸汽压力下,NHR200 - Ⅱ型核供热堆系统可产生的蒸汽最大流量为 315 t/h。

6.3.1 汽轮发电机组

除了发电之外,根据蒸汽利用方案和所采用汽轮机的不同,蒸汽发生器产生的蒸汽在输送到汽轮发电机组发电的同时,还可以根据热用户需求提供合格的工业蒸汽或供热给水。

一般的汽轮发电机组主要由汽轮机、汽水分离器、SSS 离合器、除氧器、低压加热器、凝汽器、凝结水泵、给水泵、主要辅机及发电机等设备及控制系统等组成。而汽轮机又有凝汽式、背压式和抽汽式等多种形式。

采用的抽汽冷凝式饱和汽轮机是经特殊设计的汽轮机,其设计理念集成纯凝、抽汽、背压三种机型的特点,既可适应低温核供热堆的满功率运行(经济性佳),又可适应当地不同季节对供热负荷的需求。该汽轮机由一个高压缸和一个双流低压缸组成,高压缸与发电机直接相连,转速为 3 000 r/min,高压缸后设置汽水分离器,无再热。

抽汽冷凝式饱和汽轮机可以根据不同用户对热电比例要求的不同,合理设计和分配抽汽量。根据运行工况的不同,热力系统分为三种主要工况,包括最大供热工况、纯发电工况和等热电比工况。抽汽供热的热力系统流程如图 6-5 所示。

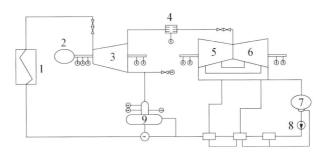

1—蒸汽发生器;2—发电机;3—高压缸;4—汽水分离器;5,6—低压缸;7—凝汽器;8—水泵;9—除氧器。

图 6 - 5   热力系统流程图

6.3.2   常规岛主要工艺系统

除汽轮机组和抽汽系统外,常规岛其他主要工艺系统包括主蒸汽系统、汽轮机旁路排放系统、汽水分离器系统、疏水系统、凝结水系统、给水加热器系统、主给水系统、循环水系统、润滑油系统和供热系统等。

在常规岛范围内,主蒸汽系统的主要功能是将蒸汽发生器产生的蒸汽引至汽轮机,并为汽轮机轴封蒸汽系统及辅助蒸汽系统提供汽源。主蒸汽管道将从蒸汽发生器来的主蒸汽引送到设置在汽轮机厂房内的主蒸汽母管并进行汇流,然后经主蒸汽管道从主蒸汽母管引送到汽轮机高压缸主汽阀的入口。从主蒸汽母管上分别接出两根分支管接至辅助蒸汽系统、轴封蒸汽系统等。

汽轮机旁路系统的功能是在汽轮机启动、甩负荷、反应堆停堆或阶跃减负荷等情况下,将主蒸汽直接排放至凝汽器。根据核岛要求,汽轮机旁路系统的设计容量应满足核岛要求,如旁路排放阀响应时间、反应堆冷却剂系统设计和反应堆控制系统响应等因素,旁路系统有足够的容量来减少主蒸汽动力驱动释放阀、主蒸汽安全阀和稳压器安全阀的动作等级。

来自核岛略带湿度的蒸汽进入汽轮机高压缸膨胀做功,从高压缸排出的湿蒸汽通过高压排汽管道进入汽水分离器,蒸汽在汽水分离器中除去水分后,由低压进汽管道引送到低压缸进行做功。从高压缸排出的湿蒸汽中分离出来的水收集于壳体较低处,并通过壳体疏水接口,排入布置于汽水分离器下方的壳体疏水箱中,经疏水泵升压后进入除氧器。主给水系统将除氧器的水抽出升压后送到蒸汽发生器,保证反应堆整个热负荷范围内向蒸汽发生器提供一定流量、温度的给水。

用于供热系统的蒸汽来自高压缸排汽,疏水后进入除氧器。供热系统包括两种管网:高温管网和低温管网。高温管网热水温度为 135 ℃,返回高温管网的冷水温度为 70 ℃;低温管网热水温度为 90 ℃,返回低温管网的冷水温度为 60 ℃,根据季节供热需求进行调整。机组夏季运行无供热需求,供热系统停运,可全部用于发电。冬季供热需求大时,脱开低压缸并停运,高压缸排汽用于供热,机组发电量减小。在供热需求不是很大时,以抽汽机组方式运行。供热系统由管壳式汽水换热器、膨胀水箱、循环水泵及管道组成。

6.4　核热电联供站

核能供热与燃烧煤、石油和天然气供热相比有着众多的优势。天然气与核能都属于清洁能源,但天然气供热成本大大高于核供热,而燃油供热成本更高,用户更难以承受。

与燃煤热电联产和区域燃煤供热锅炉相比,核供热有以下特点:① 在安全性方面,核供热与燃煤锅炉供热同样安全;② 在环境保护和社会效益方面,燃煤项目以煤作为一次能源,煤燃烧会对城市环境造成严重污染,而核供热无 CO_2、SO_2、烟尘和灰渣排放,因而比燃煤项目更加清洁、环保,社会效益十分显著;③ 在经济性方面,核供热比燃煤供热经济、效益高。虽然核供热一次性投资比燃煤锅炉高,但由于运行寿命长,运营费用远低于燃煤锅炉,年消耗燃料费仅为供热锅炉的 10%～20%,并且受价格因素的影响非常小,可以保证供热价格长期稳定,稳定城市消费价格体系。

单纯供热目的的核能供热是 20 世纪 70 年代以后逐渐兴盛、发展起来的一项新技术。其利用低温低压反应堆进行低温供热,具有以核代煤、净化环境、缓解运输紧张等重要意义,可有效地改善我国能源结构。然而,由于采暖供热负荷最多只能持续半年,这就造成单纯的核供热低温堆设备利用率不高,从而影响经济效益。

为提高经济性,与 NHR200‐I型低温核供热堆的热用户不同,NHR200‐II型核供热堆采用热电联供方案。反应堆提供的能量,在采暖供热季节可以供热为主,而在不需采暖供热的季节则以供电为主。因此,热电联供供热站设计需增加用于能量转换的二回路系统,该系统与火电厂及压水堆核电厂原理基本相同。核热电联供动力站系统流程如图 6‐6 所示。

NHR200‐II型核供热堆产生的热量经过蒸汽发生器转化为水蒸气,一部

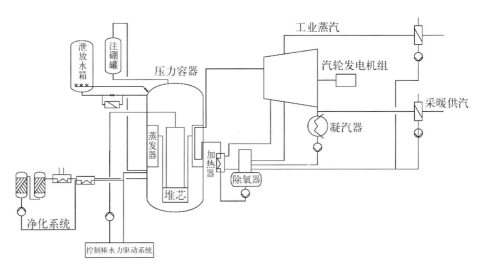

图 6-6　热电联供动力站系统流程示意图

分能量用来发电,一部分用来供给工艺蒸汽或采暖,可根据需求决定供电和供热的比例。比如,在冬天采暖季供热量多些,在非采暖供热季则发电量多些。

核能热电联供,即将反应堆产生的热能转化为水蒸气,在送往汽轮发电机的同时,利用抽汽或排汽进行供热。根据 NHR200-Ⅱ型核供热堆的主蒸汽参数、给水温度及用户供热负荷需求,汽轮机组选用抽汽冷凝式饱和汽轮机,即汽轮发电机组既能发电,又能抽汽供热。

在热电联产供热机组中,工作蒸汽进入汽轮机后,蒸汽在经通流部分做功,几级之后,蒸汽分为两股蒸汽流工作,一股仅用于发电,经通流部分各级做功、发电后进入凝汽器被冷凝,这股蒸汽流称为凝汽流。另一股蒸汽流进入汽轮机,经通流部分前几级做功、发电后被抽出,进入热网加热器对外供热,这股用于发电并供热的蒸汽流称为供热流。热电联产的供热是靠抽出蒸汽供热流完成的。由于利用了蒸汽汽化潜热热量供热,热损失大大减少,与发电凝汽流相比,热效率进一步提高。供热抽汽量越多,热损失就越少,机组热效率也越高。所以对热电联产机组而言,应尽可能多抽汽、多供热。

目前设计的方案中,NHR200-Ⅱ型核供热堆热电联产机组的供热是靠供热流抽汽供热,在供热流供热的同时也少发一部分电量。所以在供热相同的情况下,应尽可能多发电。由于在供热抽汽压力范围内,不论抽汽压力大小,蒸汽汽化潜热相差不大,单位抽汽量所放出的热量基本相同,因此在满足加热热网水温的前提下,如果供热机组的供热抽汽压力过高,那么在对外供热相同的情况下,供热流发电量就减少。相比之下,如果合理确定供热抽汽压力,在供热相同的情况下就可多发电,所以应做到供热抽汽压力与供热要求合理匹配。

在利用抽汽进行供热的热电联供的热电站中,蒸汽进入汽轮机后,经过可调节抽汽口将部分蒸汽抽出来,送往供暖系统。其余的蒸汽继续推动汽轮机做功,直至进入凝汽器,将余热传给冷却水。蒸汽在凝汽器中冷凝成为凝结水,再被泵送至除氧器、预热器,然后进入蒸汽发生器,吸收一回路冷却剂携带的来自堆芯的热量,重新变为蒸汽,完成循环。抽汽式汽轮机核热电联供系统如图 6-7 所示。苏联机械制造试验设计局(OKBM)在 AST-500 核供热堆的基础上提出的热电联供核动力站设计就是采用抽汽式热电联供设计方案。

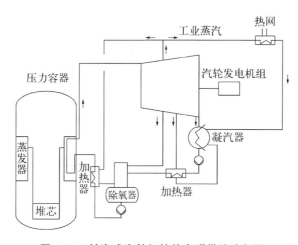

图 6-7　抽汽式汽轮机核热电联供站流程图

利用汽轮机排汽作为采暖热源是热电联供的另一种方式。在该运行方式下,系统一方面带动发电机发电,同时又利用它的排汽向热用户提供热量,其使用的汽轮发电机组排汽压力、温度较一般发电式汽轮机高,为背压式汽轮机。因此,作为能量转换的关键机械设备,背压式汽轮发电机组是热电联供系统里较特殊的设备。自蒸汽发生器产生的新汽经汽轮机做功后,排汽并进入热网换热器,加热热网水,使热网水达到供暖所需的温度。排汽式(背压式)汽轮机核热电联供系统如图 6-8 所示。

清华大学在 NHR 5 低温核供热堆的基础上,通过对二回路进行改造,增加了第三重循环回路,包括增加背压式汽轮机,将原有热网加热器更换为蒸汽发生器等,将原有热网回路改造为第四循环回路,进行了热电联供试验[3]。

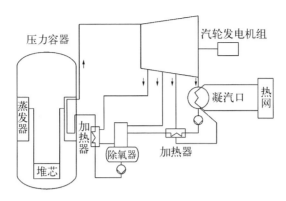

图 6-8 背压式汽轮机核热电联供站流程图

5 MW 低温核供热堆热电联供试验系统组成如图 6-9 所示。试验结果表明，核供热堆热电联供的负荷跟随特性、甩负荷安全特性等都很好。在此基础上，为提高热电联供发电效率，清华大学提出了抽汽-背压式热电联供方案，NHR200-Ⅱ型核供热堆就是此方案的优化设计成果，该设计中反应堆保留了 NHR 5 和 NHR200-Ⅰ型低温核供热堆的主要特点，包括一体化布置、全功率自然循环、水力驱动控制棒等，但反应堆温度压力参数有较大提高。

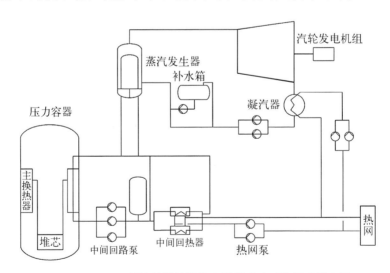

图 6-9 5 MW 低温核供热堆热电联供试验系统组成示意图

通过以上描述可知，在热电联供方案中，由于部分或全部蒸汽通过汽轮机发电后，并未像普通电站那样，在凝汽器中由冷却水散往环境造成余热损失，而是利用热量来供暖，这就减少了损失的份额，从而提高了热效率。因此，相比于压水堆核电厂,热电联供由于新蒸汽参数低,发电效率也较低,但其热利用率比较高。热电联供系统在发电的同时,对用户供热,具有供热效果好、经济效益高和对环境友好等特点。总之,热电联供是实现电和热联合生产的技术,它按照能量的不同类型,将高品质能量用于驱动汽轮发电机发电,发电后的热能用于供热,它符合能量梯级利用原理,很大程度上挖掘了蒸汽的能量潜力,降低了热量损失。

虽然海水淡化技术已经相当成熟,但因为是高耗能的产业,使用传统化石燃料作为能源进行海水淡化,不仅成本高,而且也会带来污染问题。早在 20 世纪 60—70 年代,国际上已经开始探讨核能淡化海水。随着近些年技术的快速发展,世界上已有许多核电站使用核能海水淡化技术为电厂提供工艺用水,但目前还没有专门的可以大规模提供城市生活用水的核能海水淡化厂运行。低温核供热堆,不论是仅提供热水的 NHR200 - I 型低温核供热堆,还是可以热电联供方式运行的 NHR200 - II 型核供热堆,都可以与海水淡化技术很好地耦合,从而为解决城市缺水问题提供一个可以选择的方案。低温核供热堆海水淡化相关技术将在后续章节中详细介绍。

参考文献

[1] 陈济东.大亚湾核电站系统及运行[M].北京:原子能出版社,1998.
[2] 朱继洲.压水堆核电厂的运行[M].北京:原子能出版社,2000.
[3] 马昌文.核能利用的新途径:低温堆核能供热[M].哈尔滨:哈尔滨工程大学出版社,1997:275 - 292.

第 7 章

供热堆的安全特点

低温核供热堆作为提供热能的核反应堆,为了提高经济性,需要建立在居民区或工业园区的周边,因而对安全性有很高的要求。国际原子能机构和国家核监管机构对反应堆事故的分类、选址和安全保障有一系列的法律、法规和要求。低温核供热堆的设计、建造、调试和运行等也都必须严格遵守这些原则。纵深防御理念和原则是建立在核能行业几十年实践与发展基础之上的,对确保低温核供热堆的安全非常重要,这一理念在低温核供热堆的设计、建造、调试和运行等各个环节都得到了落实。此外,随着近些年小型核反应堆技术的兴起,一系列新技术得以研发和实施,在日本福岛核事故之后,国际原子能机构对此进行了专门的总结,这些新的技术许多也都在低温核供热堆上得到了应用。本章在对事故分类及事故分析标准描述的基础上,结合低温核供热堆的设计特点,论述其固有的安全特性,并结合厂址选择等进行环境影响分析及评价。

7.1 事故分类及事故分析标准

反应堆因系统故障或外部原因而导致超过技术规格书运行限值的情况都可以称为事故,事故并不一定都会导致放射性释放后果。对事故进行分类分析,是论证反应堆设计安全性的重要手段之一。事故分析标准是事故分析过程中采用的经认可的准则。

7.1.1 事故分类

事故分类有多种方式,事故分类的目的不同,采取的分类方式也会不同。目前常用的分类方式有两种:按照事故发生频率分类和按照事故影响分类。

7.1.1.1　按照事故发生频率分类

按照事故发生频率,可将事故分为预期运行事件、稀有事故、极限事故和设计扩展工况四类。通过这种分类方式,可以对不同发生频率的事件制定不同的分析和验收标准,对发生频率高的事故后果进行严格防范,防止其造成放射性释放。供热堆作为安全性要求较高的一种堆型,应该严格满足上述要求。

（1）预期运行事件:低温核供热堆在运行寿期内可能发生一次或数次偏离正常运行的事件。

（2）稀有事故:在低温核供热堆寿期内出现的频率很低,频率为 $1\times10^{-4}\sim1\times10^{-2}(堆\cdot年)^{-1}$。

（3）极限事故:发生的频率极低,频率为 $1\times10^{-6}\sim1\times10^{-4}(堆\cdot年)^{-1}$,属于在低温核供热堆规定寿期内预计不会发生的假想事故。稀有事故和极限事故中的典型事故可定义为设计基准事故,针对这类事故,应该在设计上采取适当的措施,确保将事故后果控制在可接受的水平。

（4）设计扩展工况:发生频率低于极限事故,以前称为超设计基准事故,但考虑到公众的可接受性,现在称为设计扩展工况。实际上,设计扩展工况也是此类事故的一个子集,特指其中可能导致比设计基准事故更严重后果或包含多重故障的事故。设计时必须考虑这些设计扩展工况来确定额外的事故情景,并针对这类事故制定切实可行的预防和缓解措施。

发生频率不同的事故可以有不同的分析标准和验收准则。但一般来说,发生频率越高的事故,采用的分析标准和验收准则越严格。通常会在各类事故中选择具有代表性的事故工况开展安全分析。

7.1.1.2　低温核供热堆的运行工况

本书第3章指出,低温核供热堆设计与运行状态的分类与一般核电站类似,根据其发生的频率以及对公众的危害程度分成五类工况。

每个工况中,设计要求应用的基本原则是最有可能出现的工况对公众产生的放射性风险最小,而对公众潜在的放射性风险最大的状况则应当是极不可能出现的,并且应当遵守安全准则和放射性释放准则。针对低温核供热堆Ⅱ类和Ⅲ类工况的事故分析,规定了反应堆保护系统的要求,并决定了这些系统的整定值。针对Ⅳ类工况的某些事故分析决定了专设安全设施性能,以满足安全准则,并且使任何放射性释放的影响最小。Ⅲ类工况、Ⅳ类工况的事故分析可以验证专设安全设施设计的充分性。

下面详细列出低温核供热堆各种工况对应的正常和非正常的现象和

过程。

1) 正常运行和运行瞬态（Ⅰ类工况）

这类工况是在反应堆启动、调试、运行、换料、运维或检修过程中经常或定期出现的工况，其引起的物理参数变化不会达到触发反应堆保护动作的阈值。

（1）稳态运行和启动、停堆操作：① 功率运行；② 启动；③ 热停堆（反应堆次临界状态，反应堆冷却剂系统的平均温度高于允许进行主要维护和检修所要求的温度，符合技术规范书运行限值的工况）；④ 冷停堆（反应堆次临界状态，反应堆冷却剂系统的平均温度不高于允许进行主要维护和检修所要求的温度，符合技术规范书运行限值的工况）；⑤ 换料；⑥ 停堆维护。

（2）在允许偏差范围内的运行。在低温核供热堆持续运行期间，会出现技术规范书所许可的各种偏差，这些偏差必须与其他运行方式一并考虑，如一台中间回路循环泵停止运行时，反应堆仍然运行；某一燃料棒包壳有缺陷，但在技术规范书限值内的运行；在技术规范书允许的主换热器及中间换热器的最大泄漏率下的运行；技术规范书许可的试验。

（3）运行瞬态：① 负荷阶跃变化（变化幅度小于或等于10%额定功率）；② 升温和降温；③ 负荷连续变化；④ 甩负荷（未触发紧急停堆保护动作的瞬态）。

2) 预期运行事件（Ⅱ类工况）

预期运行事件是指在反应堆运行寿期内可能发生一次或者数次偏离正常运行的工况。低温核供热堆设计要求此类工况可能使某些参数达到所规定的阈值，触发反应堆停堆保护系统使其紧急停堆。当完成必要的纠正动作及满足一定要求时，反应堆可以重新恢复运行。单一的Ⅱ类工况不会引发更加严重的Ⅲ或Ⅳ类事故。燃料元件包壳不发生附加破损，反应堆冷却剂系统压力不超过运行限制值。

低温核供热堆预期运行事件考虑的典型工况如下：

（1）一根控制棒在次临界或低功率情况下意外一次提升两步。

（2）一根控制棒在功率运行工况下意外一次提升两步。

（3）负荷过度增加/减少。

（4）丧失中间回路流量正常供给。

（5）丧失外部电力供应。

（6）反应堆冷却剂小管道安全壳外破损。

（7）一套中间回路系统容积补偿器意外失压。

（8）意外切除两套中间回路中的一套。

（9）中间回路换热器一根传热管断裂。

3）稀有事故（Ⅲ类工况）

稀有事故是指在运行寿期内可能出现的频率很低的事故。低温核供热堆设计要求单一Ⅲ类工况事故不应引发更加严重的Ⅳ类工况事故。燃料元件包壳不发生附加破损，反应堆冷却剂系统压力不超过运行限制值。

低温核供热堆Ⅲ类工况考虑的典型工况如下：

（1）反应堆冷却剂压力边界内各种假想断管引起的冷却丧失事故。

（2）主换热器单根传热管断裂。

（3）中间回路系统管道小破口。

（4）储液罐或气体衰变箱破裂。

（5）一台安全阀意外开启并保持常开。

4）极限事故（Ⅳ类工况）

极限事故是指在规定寿期内预计不会发生的假想事故。低温核供热堆设计要求单一的Ⅳ类事故不应使缓解这类事故所需安全措施及专用安全设施发生系统功能丧失，能保持堆芯发热的长期冷却，安全壳仍能保持完整性。燃料元件可能少量附加破损，但对周围环境造成的放射性影响应低于规定限值，不会妨碍或限制非居住区以外居民的日常活动。

低温核供热堆Ⅳ类工况考虑的典型工况如下：

（1）丧失外电源叠加 ATWS。

（2）中间回路大破口。

（3）主换热器两根传热管同时断裂。

（4）燃料装卸事故。

5）附加安全要求

NHR 系列一体化壳式全功率自然循环低温核供热堆具有非常好的固有安全性和非能动安全设施，从设计上保证了不会出现堆芯裸露和堆芯熔化事故，故而不需要考虑Ⅴ类工况所针对的设计扩展工况。但在其事故分析中，对设计提出了一些更严格的附加安全要求：

（1）在各种事故工况下有能力控制事故过程并使之缓解。

（2）所用的安全措施和专设安全设施在事故过程中作用可靠，包括考虑各种单一故障的影响。

（3）采用的事故分析方法及程序可靠。

（4）采用保守的方法进行辐射后果分析，并遵从有关准则、导则、规定。

（5）施加在堆芯和堆内构件上的载荷以及作用在管道和部件上的喷射力所引起的应力场应在规定限制以内。

（6）事故分析中的紧急停堆过程，保守地假设第一停堆信号失效，取用第二停堆信号。

（7）事故分析遵守卡棒准则，即取用紧急停堆反应性时，假定最大反应性当量的一根控制棒卡在堆外。

7.1.1.3　按照事故影响分类

根据低温堆的设计特点，影响反应堆安全的设计基准事故可分为以下六类。

（1）一回路排热增加引起的反应堆功率增加。由于供热堆一回路采用自然循环，通过中间回路的能动循环载出一回路热量，因此，可能造成一回路排热增加的主要因素之一是中间回路泵控制系统失效，导致其流量突然增加。中间回路流量的增加使得通过主换热器载出的热量增加，即一回路排热增加。一回路的冷段温度因而降低，流至堆芯后由于温度负反馈作用带来反应堆功率增加。供热堆的设计特点使一回路排热增加通常由中间回路等外部系统的干扰导致，这也延缓了事故对一回路系统的直接影响，同时一回路自然循环流速低使其对堆芯的作用更缓慢，因此一回路排热增加的事故演变过程较为缓慢，后果很轻。

（2）一回路排热减少引起的堆芯升温。与一回路排热增加类似，可能造成供热堆一回路排热减少的主要原因之一是中间回路泵卡泵或停泵带来的流量减小。与传统压水堆相比，供热堆一回路热容量较大，并且通常采用两环路设计，一个环路中间回路流量的减少对一回路的影响不大。如果由于失电导致两个环路中间回路流量同时丧失，反应堆保护系统会触发控制棒落棒停堆，余热排出系统启动，载出堆芯余热。

（3）一回路冷却剂装量增加引起的反应堆功率增加。采用主换热器实现一回路冷却剂和中间回路冷却剂的传热，并且中间回路压力高于一回路系统压力是供热堆的设计特点之一。当主换热器管道破裂时，中间回路冷却剂进入一回路系统中会造成一回路冷却剂装量增加。由于中间回路冷却剂温度低，进入一回路后导致一回路冷却剂温度降低，温度负反馈作用会导致反应堆功率增加。为此，供热堆反应堆保护系统会将中间回路与一回路之间的压差设为保护信号。事故发生后，该保护信号会触发反应堆落棒停堆，余热排出系统启动载出堆芯余热。

（4）一回路冷却剂装量减少引起的堆芯升温。供热堆的一回路冷却剂装量减少事故与传统压水堆类似，一回路冷却剂装量减少的可能原因是该回路管道破裂或管道上的阀门误开启。供热堆由于一回路运行压力低、温度低，压力容器装水量大，且与一回路相连的管道都在高点位置，因此这类事故不会导致堆芯裸露。供热堆反应堆保护系统也会设置一回路低水位保护信号，当冷却剂失水量超过保护定值时，反应堆保护停堆、余热排出系统启动，载出堆芯余热。同时，管道上的隔离阀关闭，阻止更多的冷却剂流失。

（5）引起反应性及功率分布异常的事故。引起反应性及功率分布异常的事故很多，一般而言，供热堆的事故发生后都会间接引起堆芯反应性及功率分布异常。在此，把引起堆芯反应性及功率分布异常的事故单独分类是特指由于反应堆反应性控制或功率控制系统故障而引起的事故，如控制棒误提升、硼液误注入、功率控制系统故障等。供热堆的设计具有良好的固有安全性，反应性及功率分布异常可以通过负反馈特性自动调节，因此，此类事故一般不会造成严重后果。此外，供热堆通过采用先进设计，如水力（或者水压）驱动控制棒等，从机理上避免反应性大量引入的可能性。

（6）附加工况。将两类或两类以上具有不同影响的事故叠加在一起作为附加工况。例如 NHR200-Ⅱ型核供热堆在事故分析中，考虑了全厂断电叠加 ATWS 事故，并考虑注硼短期内失效以及控制棒引水管双端断裂叠加两道隔离阀失效。附加工况往往可能导致更为严重的后果，因此也成为评判供热堆安全性的依据之一。

7.1.2　事故分析标准

事故分析标准是指事故分析过程中采用的经认可的准则。事故分析的过程涉及很多准则，如事故分类、参数选取、计算假设、结果验收等。从核与辐射安全的角度，事故验收准则受到最主要的关注。事故验收准则也与事故分析方法相关，目前通用的两种事故分析方法是确定论安全分析和概率论安全分析。下面介绍一下这两种方法通常采用的事故验收准则。

确定论安全分析过程通常有 4 个基本要素：

（1）确定一组设计基准事故。

（2）选择特定事故下安全系统的最大不利后果的单一故障。

（3）确认分析所用的模型与分析对象的参数都是保守的。

（4）将最终结果与确定的验收准则相对照，确认安全系统的设计是充分的。

确定论验收准则可以进一步分为定性准则和定量准则，供热堆中应用的典型定性准则包括以下两项：

（1）燃料元件包壳的完好性。在所有设计基准事故工况下，不出现膜态沸腾。燃料元件表面足够的冷却能力可避免燃料元件表面偏离泡核沸腾而造成包壳的破损。

（2）堆芯不裸露原则。在任何设计基准事故和设计扩展工况下，堆芯活性区始终能被水淹没。由于低温核供热堆堆芯功率密度远低于压水堆，只要保证活性区被水覆盖，就不会达到临界热负荷，燃料包壳及芯块温度远低于安全限值，不发生堆芯熔化事件。

供热堆中应用的典型定量准则包括以下三项：

（1）燃料最高温度的限制。UO_2 燃料芯块的熔化温度为 2 804 ℃，为防止燃料芯块熔化，要求满足燃料中心最高温度低于 2 590 ℃。

（2）燃料最大热焓的限制。燃料热焓值过高会导致燃料元件芯块散开而破损，因此要求满足堆芯燃料径向最大平均热焓值小于 837 kJ/kg（已辐照燃料）。

（3）主冷却剂系统压力限制。主冷却剂系统压力过高会造成主冷却剂压力边界破坏，因而要满足主冷却剂系统压力低于压力容器设计值的 110%。

概率安全评价（probabilistic safety assessment，PSA）过程通常分为以下 3 个层次：

（1）一级概率安全评价以堆芯损坏频率（core damage frequency，CDF）为关注目标。

（2）二级概率安全评价以放射性向环境的释放为关注目标。

（3）三级概率安全评价以放射性对公众和环境的影响为关注目标。

供热堆的概率安全准则与其他水冷堆型的没有区别，核安全监管机构对一级 PSA 规定的风险准则通常采用堆芯损坏频率给出，我国对新建核动力厂制定的堆芯损坏频率的目标值为 1×10^{-5}（堆・年）$^{-1}$。对二级 PSA 规定的风险准则通常采用放射性物质大量释放频率或大量早期释放频率进行表征，我国对新建核动力厂提出的核动力厂放射性物质大量释放的目标值为 1×10^{-6}（堆・年）$^{-1}$。

供热堆要实现建设于工业园区或人口稠密区附近的要求，须做到实质上消除堆芯熔化和大规模放射性释放，即确保在设计基准事故和设计扩展工况下，堆芯始终被水淹没，这实际消除了大规模放射性物质释放的可能性，从而实现《小型压水堆核动力厂安全审评原则(试行)》中所要求的"在技术上对外部干预措施的需求可以是有限的,甚至是可免除的"。

7.2 纵深防御的设计原则

与核电站一样,低温核供热堆在为热用户供热的同时也会产生大量放射性物质。核供热站的设计必须保证满足总的核安全目标,建立并保持对放射性危害的有效防御,以保护人员、社会和环境免受危害。这个总的核安全目标可以分解为更具体的辐射防护目标和技术安全目标,参照小型压水堆核动力厂安全目标的相关表述,低温核供热堆也须满足类似的安全目标。

(1)辐射防护目标。保证在所有运行状态下供热站内的辐射照射或由于供热站任何放射性物质计划排放引起的辐射照射保持低于规定限值并且做到合理、可达到的尽量低水平,保证减轻任何事故的放射性后果。

(2)技术安全目标。采取一切合理可行的措施预防供热站的事故,并在一旦发生事故时减轻其后果;对于在供热站设计时考虑过的所有可能事故,包括概率很低的事故,要以高可信度保证任何放射性后果尽可能小且低于规定限值;保证实际消除大量放射性物质释放的可能性。供热站在不采取场外干预措施的条件下,应该为公众提供比大型轻水堆核电厂采取场外干预措施更高的保护水平。

这两方面目标各有侧重,但又互相联系,特别是在减轻事故的放射性后果方面,都提出了要求。为了满足核安全目标,供热站的设计需贯彻纵深防御的理念,即保证与安全有关的全部活动均置于重叠措施的防御之下,即使有一种故障发生,它将由适当的措施予以探测、补偿或纠正,以便对由供热站内设备故障或人员活动及外部事件等引起的各种瞬变、预计运行事件及事故提供多层次的保护,对可能的放射性危害层层设防。

经过核能行业的实践与发展,纵深防御概念目前基本分为以下五个层次。

(1)第一层次防御的目的是防止偏离正常运行及防止系统失效。这一层次要求按照恰当的质量水平和工程实践正确并保守地设计、建造、维修和运行核电厂。

(2)第二层次防御的目的是检测和纠正偏离正常运行状态,以防止预计运行事件升级为事故工况。尽管有第一层次的防御,核电厂在其寿期内仍然可能发生某些假设始发事件。这一层次要求在设计中设置特定的系统和设施,通过安全分析确认其有效性。

（3）设置第三层次防御基于以下假定：尽管极少可能,某些预计运行事件或假设始发事件的升级仍有可能未被前一层次防御所制止,而演变成一种较严重的事件。这些不大可能的事件在核电厂设计基准中是可预计的,并且必须通过固有安全特性、故障安全设计、附加的设备和规程来控制这些事件的后果,使核电厂在这些事件后达到稳定的、可接受的状态。这就要求设置的专设安全设施能够将核电厂首先引导到可控制状态,然后引导到安全停堆状态,并且至少维持一道包容放射性物质的屏障。

（4）第四层次防御是针对设计基准可能已被超过的严重事故,并保证放射性释放保持在尽可能低的水平。这一层次最重要的目的是保护包容功能。除了事故管理规程之外,这可以由防止事故进展的补充措施与规程,以及减轻选定的严重事故后果的措施来达到。由包容提供的保护可用最佳估算方法来验证。

（5）第五层次,即最后层次防御的目的是减轻可能由事故工况引起潜在的放射性物质释放造成的放射性后果。这方面要求有适当装备的应急控制中心及场内、场外应急响应计划。

纵深防御概念应用的另一方面是在设计中设置一系列的实体屏障,以包容规定区域的放射性物质。所必需的实体屏障的数目取决于可能的内部及外部灾害和故障的可能后果。就典型的水冷反应堆而言,这些屏障可能是燃料基体（如棒状元件的燃料芯块）、燃料包壳、反应堆冷却剂系统压力边界和安全壳。

纵深防御概念同样应用于低温堆核供热站的设计,提供一系列多层次的防御（固有特性、设备及规程）,用以防止事故并在未能防止事故时保证提供适当的保护。

在低温堆核供热站总体上仍维持五个纵深防御层次的同时,考虑到其堆型的特点,在纵深防御层次设置的重点上与传统的大型轻水堆核电厂有所不同。供热站应将前三个层次,至多第四个层次的防御作为重点,从而实现"在技术上对外部干预措施的需求可以是有限的,甚至是可免除的"。包容放射性物质的实体屏障仍然是燃料基体、燃料包壳、反应堆冷却剂系统压力边界和安全壳,但考虑到低温核供热堆事故工况下放射性释放量小,对最后一层实体屏障——安全壳的要求可以适当降低,以降低供热站建造与运行维护的成本。

为实现第一层次的有效防御,低温堆核供热站主要采用良好的设计、制造、建造与运行管理方式,保证设备质量,保证各系统正常运行。为实现第二层次的有效防御,低温堆核供热站合理设置专用系统,并制定合适的运行规程,加强运行管理和监督,在发生预期运行事件时能及时检测到并及时排除故障,纠正偏离正常运行的状态。第三层次的有效防御主要通过合理设置保护系统和专设安全设施来实现,在发生设计基准事故时能保证安全停堆,防止事故状态进一步恶化而超过设计基准。第四层次的有效防御主要是通过合适的事故管理规程以及预设的缓解严重事故后果的措施来实现。第五层次的防御不是低温堆核供热站的防御重点,但事先制订场内应急响应计划并维持应急计划的有效性是必要的,一旦发生概率极低的放射性释放事故,启动场内应急响应以减轻放射性释放引起的后果。

低温堆核供热站纵深防御各层次设置的合理性将在第 8 章中通过完整的安全评价加以证明。

7.3 提高小型堆安全性的技术措施

围绕核安全的纵深防御,归根结底,最重要的三个问题就是反应性控制、余热排出和放射性产物的控制。反应性控制就是利用多种手段使链式反应可控,使反应堆按操作人员的要求提升、降低或维持反应堆功率水平,并在停堆状态下使核反应堆处于临界点之下,链式反应不再继续大规模释放能量。余热排出系统则是要保证反应堆停堆之后的剩余发热能够安全、可靠地排出堆外,不致因为余热导不出反应堆压力容器而造成反应堆压力容器内的温度、压力过高,从而造成次生灾害。日本福岛核事故就是因为地震造成了能动余热排出系统彻底失去电力供应,余热无法导出,最终因堆内温度升高、锆水反应产生 H_2 导致 H_2 爆炸而使得反应堆压力容器破坏,从而使放射性物质随爆炸烟羽散往大气环境。控制放射性产物释放到环境中的首要措施就是采取多层实体防护,以保证即使发生了堆芯熔化事故,也要通过熔融物堆内滞留等措施,使放射性物质仅限于核电站内部,不会释放到场区之外。

在日本福岛核事故之后,国际原子能机构(IAEA)发布的最新报告从 6 个方面总结和归纳了成员国在研发小型反应堆(SMR)过程中采取的各种各样的安全措施,严格遵守这些纵深防御措施,将确保新一代小型反应堆的安全性走上一个新台阶,从而可以从理论上消除大规模的放射性物质释放到环境中[1]。低温核供热堆正是广泛遵循了这些设计原则,从而大大提高了安全性。

SMR 先进技术的发展方向是从设计上保证反应堆具有固有安全特性,并大量采用非能动的工程设计安全措施,以保证在任何假想事故状态下都不会出现大量放射性物质散往环境中的情况。

过去几十年,小型堆的研发中引入了大量固有安全的设计理念,这些理念的落实大大提高了新一代小型核反应堆的安全性,这些措施包括反应堆一回路的紧凑型模块化设计或一体化布置,结合内置式控制棒驱动机构、内置水平全浸没泵、气体稳压器等。紧凑型模块化设计取消了可能发生破口事故而导致堆内冷却剂大量流失的大直径管路,一体化设计更是基本消除了一回路冷却剂大量流失的可能性,这些设计保障了无泄漏冷却剂系统的固有安全设计理念;较小的燃料装量、低功率密度堆芯、较低的燃料棒线发热率、较大的燃料棒表面积、大的核燃料棒表面积与核燃料棒体积比、高热导率核燃料的使用,结合一回路大的冷却剂装载量等措施,不仅有助于降低堆芯内的热能储能水平,而且在事故工况下使反应堆具有更高的整体热容量和储存衰变热的能力,从而提高了安全性。

全燃耗期负反应性系数、控制棒意外动作的限制、无液态硼系统、全功率自然循环、主管道上限流装置、安全阀、稳压能力强的大空间、自稳压系统,以及随着数字技术的发展和应用,控制室人机界面的改进,各类管理措施的完善等,也都大大提高了 SMR 运行的稳定性和安全性。

7.3.1　反应性控制

SMR 反应性控制依靠冗余和多样化的能动、非能动停堆系统,包括重力驱动插入堆芯的控制棒或弹簧驱动插入堆芯的控制棒等方式实现,重力注硼、高压硼水注入及爆破膜硼水应急注入等则确保了在事故工况下,即使控制棒不能插入堆芯,也能控制反应性,使反应堆安全停堆。

为了防止控制棒发生弹棒事故,多个最新设计的 SMR 的停堆系统都采用了内置式的控制棒驱动系统,如 NHR 5、NHR200 - I、NHR200 - II、CAREM25、IRIS、mPower 和 Westinghouse 的 SMR 设计等。

传统核电站反应堆的控制棒驱动机构都有贯穿承压壳的开孔,以便安装控制棒驱动机构,虽然这种方法降低了驱动机构对温度的要求,但一旦穿壳管道发生破断,则控制棒有可能在堆内压力的作用下弹出堆外,从而造成反应性事故,或者大量冷却剂快速流出导致堆芯裸露和熔毁,这些都是极其严重的核事故,必须绝对避免。内置式控制棒和驱动机构都置于反应堆压力容器内,任何情况下都不会发生弹棒事故,因为内置式控制棒的进出水穿壳管道一般直径很小而且开口位于堆芯之上很高的位置,所以即使发生管道破口事故,冷却剂的流失速度和流失量相对都很小,工作人员有足够的时间采取处置措施。

CAREM25、IRIS 和 Westinghouse 的 SMR 等小型反应堆上都有非能动的第二停堆系统,而 SMART 反应堆上采用的是能动的第二停堆系统。

7.3.2　余热排出系统

在链式反应受控并使反应堆停堆之后,另一个确保反应堆安全的重要措施是及时排出堆芯剩余发热。余热功率最大可以达到反应堆额定功率的 3%,对于一个 1 000 MW 热功率的核反应堆来说,刚停堆时的剩余发热可以达到 30 MW,虽然之后这一剩余发热功率迅速衰减,但这么大的发热功率及后续的剩余发热量都必须安全、高效地及时载出,否则压力容器的压力过高或过度的锆水反应都会造成严重的后果,可能导致核事故的发生。

与以前采用的许多由泵、阀、换热器和管道组成的能动式余热排出系统不同,新一代的 SMR 普遍采用了非能动的余热排出系统,而且这一设计思想也在新一代大型核电站反应堆上得到了应用,如 AP1000、CAP1400 和"华龙一号"等。

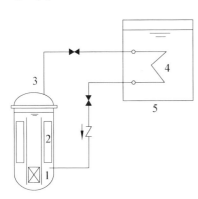

1—堆芯;2—蒸汽发生器;3—反应堆压力壳;4—换热器;5—水池。

图 7 - 1　主回路水受热蒸发和冷凝导出余热原理图

非能动的余热排出系统有多种设计形式,如在 CAREM25、NuScale 和 AP1000 等反应堆中,反应堆剩余发热加热主回路水,主回路水受热后蒸发产生蒸汽,蒸汽通过管道导入浸没在水池中的 C 形换热器并冷凝,从而将热量传入水箱里的水,水箱里的水受热后蒸发,将热量带入安全壳内部,而安全壳又有一套非能动的措施使热量最终传入大气,如图 7 - 1 所示。因为水箱的水量足够大而且通过合理设计,在安全壳内壁上凝结的冷凝水还会不断流回水箱作为补充水,所以即使不从外部向水箱补水,这一余热导出的过程也可以长时间地持续进行,从而确保反应堆的安全。

在一体化的小型反应堆设计中,被剩余发热加热的主回路水在自然循环状态下流过主换热器或蒸汽发生器,并通过并联在二回路上的余热载出系统支路将热量带入浸没于水池中的热交换器，并传入蒸发水池或大气中，如图 7-2 所示。IRIS、SMART 和 NuScale 采取的就是这种余热载出系统设计，清华大学壳式低温核供热堆余热系统也有类似设计，而且还有直接以空冷散热器取代水箱的其他设计方案，并已得到了试验验证，证明了其安全可靠的余热导出性能。

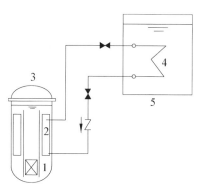

1—堆芯；2—蒸汽发生器；3—反应压力壳；4—换热器；5—水池。

图 7-2　借助主回路换热器导出余热原理图

由于上述热量传输的过程都是借助自然力，不需要外界的能量输入就可以进行，因此在事故工况下也可以保证安全运行，从而消除由于剩余发热不能导出而可能造成的破坏和衍生的核事故。

7.3.3　安全注入系统

为了防止事故工况下堆内高温高压冷却剂流失造成堆芯裸露和熔化，一种方法是在设计上保障不会发生堆内冷却剂的大量流失，如采用常压的池式堆设计、堆芯位于地面之下，或在反应堆内有高温、高压冷却剂的情况下，在设计上消除压力容器堆芯液位之下的贯穿管道等。另一种方法是设置非能动安全注入系统，在事故情况下自动向堆内补充冷却水，从而保证堆芯始终处于淹没状态。

由动力驱动水泵向堆内注水的方案需要外界能量输入，一旦发生福岛核事故那样的内外部电力输入全部中断的情况，安全注入系统就将无法向堆内注入冷却水，从而可能发生危及堆芯安全的事故。而非能动的堆芯注入系统（见图 7-3），安全注入系统的驱动力是加压的高位水箱或是直接依靠重力进行安全注入的非能动安全系统，这类系统在事故工况下不需要电力输入就可以将冷却水注入发生了冷却剂流失的堆壳之内，从而确保堆芯不会裸露和熔化。

此外，还有一些新型反应堆设计，如清华大学的壳式低温核供热堆，从根本上消除了堆内冷却剂大量流失的可能性，从而消除了堆芯裸露和熔化的可能性，将反应堆的安全性提高到了新的高度。

图 7-4 显示了能动的高压泵驱动注入系统，这类系统注入过程需要外部电源，或需要反应堆产生的蒸汽进行驱动。

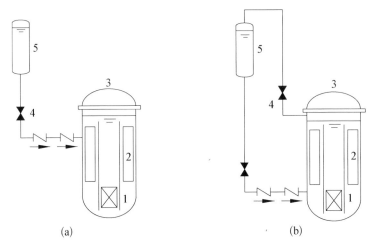

1—堆芯;2—蒸汽发生器;3—反应堆压力壳;4—注硼隔离阀;5—储硼罐。

图 7-3　非能动高压注入系统原理图

（a）加压罐注入；（b）重力注入

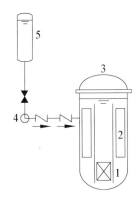

1—堆芯;2—蒸汽发生器;3—反应堆
压力壳;4—高压注硼泵;5—储硼罐。

图 7-4　能动的高压泵驱动注入系统

为了万无一失,设计上还考虑了失水事故发展到一定程度,反应堆压力容器内压力下降到一定程度后的低压注入系统。图 7-5 显示的是能动的低压泵注入系统和非能动的高位水箱、加压罐注入系统。美国的 NuScale 采用的是循环阀方案,如图 7-6 所示。

7.3.4　安全壳系统

除了燃料芯块、燃料包壳和一回路压力边界外,安全壳是作为事故工况下防止放射性物质散往环境的四道实体屏障中的最后一道。最新设计的反应堆在确保安全壳的完整性方面也采取了许多新的措施,如双层安全壳、非能动安全壳冷却系统、非能动堆腔淹没系统、长期重力补水系统、安全壳建筑、惰性安全壳等。

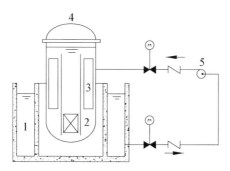

1—水池;2—堆芯;3—蒸汽发生器;4—反应堆压力壳;5—低压泵。

(a)

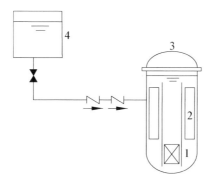

1—堆芯;2—蒸汽发生器;3—反应堆压力壳;4—高位水箱。

(b)

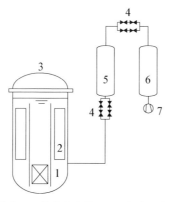

1—堆芯;2—蒸汽发生器;3—反应堆压力壳;4—爆破膜;5—水池;6—加压气罐;7—压气机。

(c)

图 7 - 5　低压注入系统

(a) 低压泵注入系统;(b) 非能动高位水箱;(c) 加压罐注入系统

安全壳内压升高的原因是事故工况下大量携带了高能量的冷却剂，它们以汽-水混合物或水蒸气的形式喷射进入安全壳内，因而如何降低安全壳内的蒸汽量以及及时冷却安全壳内的蒸汽就是确保安全壳完整性的主要努力方向。AP1000、"华龙一号"和 CAP1400 都采用了非能动的安全壳散热系统，或通过自然循环冷却的钢制安全壳内壁，或通过设置在安全壳内部的依靠自然循环进行热交换的换热系统，将事故工况下安全壳内的水蒸气进行冷凝，并将凝结过程放出的热量依靠自然力传导到安全壳外，并最终进入大气，如图 7-7 所示。

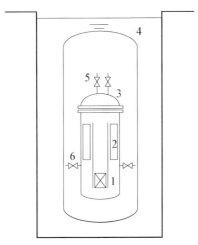

1—堆芯；2—蒸汽发生器；3—反应堆压力壳；4—安全壳；5—排气阀；6—再循环阀。

图 7-6 美国 NuScale 的循环阀注入方案

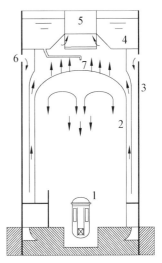

1—反应堆；2—钢制安全壳；3—混凝土安全壳；4—高位水箱；5—汽-气混合物出口；6—进气口；7—喷淋口。

图 7-7 非能动安全壳冷却系统

目前设计的小型堆上则设置了压力抑制系统，如 CAREM25 和 IRIR 有专门的管路和阀门系统，在需要时会将反应堆压力容器内的蒸汽引入设置在安全壳内的水池中，使蒸汽在水中冷凝，从而确保有足够的时间采取措施以使压力容器和安全壳内的压力都不超过设计允许值，清华大学壳式低温核供热堆采取的也是类似原理的压力抑制系统(见图 7-8)。SMART 这样的小型堆与一些二代堆大型核电站类似，采用的是安全壳喷淋系统来冷凝释放到安全壳内的蒸汽，从而达到抑制安全壳内压力过高的目的，如图 7-9 所示。

美国 NuScale 和 Westinghouse 的 SMR 则采用了浸没式安全壳，即将整个安全壳放置在一个深水池中，从而也很好地解决了事故工况下安全壳内压力过高的问题。

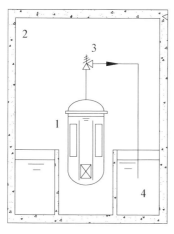

1—反应堆;2—安全壳;3—安全阀;4—水池。

图 7 - 8　水池冷凝蒸汽的压力抑制系统

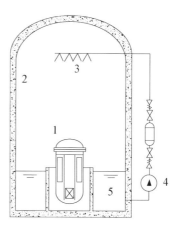

1—反应堆;2—安全壳;3—喷淋装置;4—水泵;5—水池。

图 7 - 9　安全壳喷淋降压系统

7.3.5　严重事故缓解系统

接受了美国三哩岛、苏联切尔诺贝利和日本福岛核电站事故的深刻教训,新一代反应堆设计中对发生严重事故后的缓解措施也给予了充分的重视。一个努力的方向是通过压力容器底部的外部冷却将熔融的堆芯混合物限制在压力容器内,从而防止放射性物质散失到安全壳内并进而散失到环境中(见图 7 - 10)。另一个努力的方向是设计专门的堆芯熔融物捕集设施,一旦发生了堆芯熔化并熔穿了压力容器,这一系统将使熔融混合物进入专门的通道和空间,并有更大的冷却面积,防止熔融物对其他设施的进一步损坏,从而保障安全壳的完整性并防止放射性物质进入周边环境(见图 7 - 11)。

除了上述措施之外,安全壳内还设置有消氢系统和通风过滤系统(见图 7 - 12),一方面可以有效地降低安全壳内的 H_2 体积分数,防止发生类似福岛核事故中由于 H_2 爆炸而损坏安全壳的事故;另一方面是在正常工况和事故工况需要向大气排放气体时,先通过过滤系统过滤掉有害物质,然后排入大气,以防止任何没有经过处理的可能带有放射性物质的气体排入大气环境。

上述措施构成了反应堆的五道纵深防御策略,极大地提高了新一代核反应堆的安全性。它们在池式堆、壳式堆和池壳式供热堆的设计中都或多或少得以采纳和体现。

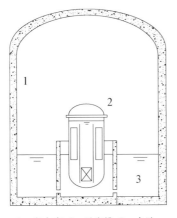

1—安全壳;2—反应堆;3—水池。

图 7 - 10　堆芯熔融物限制
在压力容器内

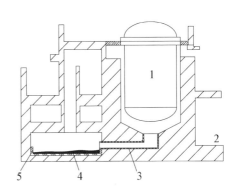

1—反应堆;2—混凝土基座;3—防护层;4—
熔融物;5—冷却装置。

图 7 - 11　堆芯熔融物捕集措施

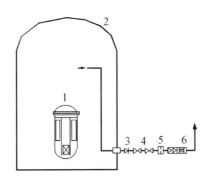

1—反应堆;2—安全壳;3—爆破膜;4—隔离阀;5—孔板;6—过滤器。

图 7 - 12　通风过滤系统

7.4　厂址选择及厂房布置概述

核供热堆提供的产品是热,要将热量借助冷却剂水或蒸汽输往热用户,为了减小热损失,自然要求供热堆建在距离用户尽可能近的地方,但厂址是供热堆存在的地理位置和空间特征的总和,其选择不仅仅是经济性问题,还需要考虑安全性、公众可接受性等多方面因素,而且厂址的空间特征还会随时间发生变化,因而厂址选择需要综合考虑,下面重点从安全性角度进行介绍。

7.4.1　厂址选择考虑因素

从安全性角度出发,厂址的选择不仅会影响供热堆的运行安全,也会影响事故后放射性物质释放给公众和环境带来的风险。

供热堆作为陆上固定式热中子反应堆，在厂址选择中需要考虑以下方面：① 厂址对供热堆的影响；② 供热堆对厂址及周边区域的影响；③ 人口因素的影响。

首先，应考虑对供热堆可能产生安全影响的厂址因素。影响供热堆安全的厂址因素可分为自然因素和外部人为因素两类。同时要考虑这些因素在供热堆整个寿期内可能发生的变化。影响供热堆安全运行的厂址自然因素包括地质特征（断裂、塌陷、沉降或隆起等）、基土性能、地震、气温、水源、降水和洪水、热带气旋、强风和龙卷风。此外，还应考虑厂址相关历史自然现象对于供热堆的潜在安全影响，如火山活动、沙暴、泥石流、雨凇、雾凇、冰冻、冰雹及地下潜冰等。

其次，供热堆对厂址及周边区域的影响主要与厂址放射性物质扩散条件相关。与此相关的厂址因素包括大气弥散条件、基本地形特征、水文特征等。其中，影响大气弥散条件的厂址因素主要包括基本气象条件，如风速、风向、气温、降水量、湿度、大气稳定度等。影响厂址基本地形特征的因素主要包括地面高度、下垫面粗糙度、建筑物分布、沿海厂址的海岸效应等。水文特征包括地表水文特征（天然水体和人工水体）和地下水文条件。

最后，需要考虑厂址周边人口因素的影响，包括人口分布特征、人口增长率、饮食习惯、水土利用情况以及任何可能影响供热堆正常运行或可能导致事故的其他人为事件。水土利用因素中应考虑供农业、畜牧业、水产养殖业、商业利用的水源和土地以及圈定的自然保护区情况。人为事件因素也会随着时空发展而发生变化。随着科技的进步，人为事件因素除了考虑传统的飞机坠毁、化学品爆炸等之外，还增加了无人机、网络袭击等因素。

供热堆厂址选择比大型压水堆有更大的灵活性，可根据应用需求建在无法与主电网相连接的偏远地区、电网末端等。为居民供热时，可选择靠近人口中心的区域，还可根据应用需求设计成可移动式的供热站。

7.4.2　厂址评价需要考虑的基准事件

应对所选的厂址从安全可靠性、环境相容性、技术可行性和经济合理性等方面进行评价，给出体现厂址因素的综合评价结果。厂址评价需要考虑厂址极端气象事件和极端外部事件对于供热堆的影响，同时也要考虑供热堆假象事故对于厂址环境和周边公众的影响。

厂址极端气象事件通常包括设计基准龙卷风、极端风速、极端积雪及雪压、极端气温和极端降水,并且要考虑可能存在的组合效应与次生灾害,确定其危险性。

厂址极端外部事件通常包括飞机坠毁、爆炸、易燃气体漂移、火灾、毒气漂移等。此外,还需要考虑厂址周围现有的或规划中的工业、运输和军事等设施可能发生的潜在事故对核设施的影响。厂址极端外部事件的选取通常需要依据对厂址附近的工业、交通和军事设施的调查结果确定。

在评价供热堆事故对于厂址环境和周边公众的影响时,应基于供热堆的设计特点,从事故发生的可能性和事故潜在后果两方面出发,研究确定供热堆的选址假想事故。例如,清华大学壳式核供热堆的设计特点保证了其即使在未能紧急停堆的设计扩展工况下,供热堆燃料包壳外表面和燃料芯块中心的最高温度也不会超过各自的温度限值,燃料元件不会烧毁,不会造成放射性后果。相比之下,乏燃料转运跌落事故的发生频率更高,后果更为严重,因此选择乏燃料转运跌落事故作为壳式核供热堆选址阶段的假想事故。

7.4.3 厂区构筑物

构筑物是指与生产设备配套用的各种土建设施。典型的核供热堆为了实现热量的输出一般采用三个回路。其中一回路和中间回路在厂区布置,而热网回路可穿越厂区与用户相连。厂区构筑物指布置在厂区内的构筑物。

构筑物的设计和建造应以满足所包容系统设备的安全要求为前提。构筑物在厂区内的布置也应在满足有关核安全法规和导则要求的前提下,结合厂址地形、地质条件和取排水条件开展,以便于实现核能供热输出为目标。下面按照厂区的功能分区,分述各区内布置的主要构筑物。按照工艺要求可以将厂区分为主装置区、辅助装置区、厂前生产行政管理区等功能区,各功能区域布置的构筑物如下。

1) 主装置区

主装置区布置的构筑物主要是供热站主厂房。主厂房内也会按照辐射分区原则进行房间布置,主要包含反应堆工艺用房(包含反应堆操作大厅、反应堆堆舱和二次安全壳内的反应堆辅助系统设备间等)、中间回路厂房(包含中间回路系统、中间回路水处理系统、设备冷却水系统和主厂房给排水系统等)、电气控制厂房(包含计算机机房、主控制室、公共控制室、辅助停堆点、安全母线及蓄电池室等)、固体废物库、排风机房、废物处理用房等。必要时,主厂房外还会设置排放烟囱、排放水池等。

2) 辅助装置区

辅助装置为非放射性区域,区域内通常布置的构筑物有水工厂房、储水罐、玻璃钢冷却塔、非放射性废水及雨水泵房、变电所、辅助锅炉房、储油罐及燃油泵房、备品备件库及维修车间、污水及废水处理站等。辅助生产的构筑物一般布置在这个区域。

3) 厂前生产行政管理区(简称厂前区)

厂前区为办公服务区,区域内通常布置的构筑物有综合办公楼、展示中心、食堂、倒班宿舍、环境监测及应急中心、武警部队宿舍楼、汽车库、进厂主入口等。厂前区也会为生产、生活设施提供相关的构筑物。

7.4.4　放射性废物的管理

低温核供热堆产生的各类气体、液体、固体受到严格限制,放射性水平低,不会对环境及公众健康造成影响。尽管如此,供热堆在设计和运行过程中仍需要考虑放射性废物的储存和运输问题。

低温核供热堆的放射性废液来源主要是主回路和主回路水处理系统设备的泄漏水、放射性设备检修时的排放水、放射性厂房地面和设备的冲洗水以及实验室等的排放水。由于低温核供热堆工作在冷却剂温度相对较低的条件下,破损燃料元件裂变产物的泄漏和堆内材料的腐蚀都较小,因此主回路水中的放射性水平比传统压水堆低。放射性废液可以收集、储存于原水槽中,进行蒸发和离子交换处理。达到排放要求后的废液可以送入排放水槽,监测后排放或复用。未达到排放要求的废液可以放置在废液储罐中封存。蒸发浓缩液排到固体废物处理系统的浓缩液槽,然后进行固化处理。

放射性废气主要来自反应堆压力容器顶部气空间中的放射性气体的排放和泄漏,包括以下几种:① 裂变气体(Kr、Xe)、^3H、挥发性的碘以及极少量随蒸汽夹带进入气空间的颗粒物;② 活化产物,它们是一些活化的气态物质,例如 ^{41}Ar、^{16}N、^{17}N 等,此部分数量很小;③ 某些带放射性的工艺系统泄漏,造成该系统所在房间空气被污染。这些放射性物质随房间通风而排到大气环境。可以通过排风、储气的方式对放射性废气进行管理。排风系统和放射性废气储存罐的设计应满足放射性废物管理要求。

固体放射性废物的主要来源包括以下方面:① 来自废水处理系统蒸残液的水泥固化物;② 来自主回路水处理系统及废液处理系统的废树脂;③ 来自废水及废气处理系统的过滤器废旧滤芯;④ 其他可压缩及不可压缩的干废

物,如更换下来的活性炭吸附器内的活性炭,高效空气过滤器、辅助厂房去污后的设备及部件,运行和检修过程中被放射性沾污的各种纸张、擦拭布、废弃工作服、手套、口罩等。

根据国内外核电站的运行经验及设计参数估算,一座 200 MW 核供热堆每年产生的放射性固体废物的种类、数量及比活度如表 7-1 所示。

表 7-1 200 MW 核供热堆放射性固体废物种类、数量及比活度

废 物 名 称	数量/(桶/年)	比活度/(Bq/kg)
蒸残液固化块	33	$3\times10^4\sim3\times10^6$
废树脂固化块	90	$4.4\times10^6\sim4.4\times10^7$
废过滤器芯	4($\varnothing$1 100 mm×1 300 mm 的混凝土桶)	$3.7\times10^7\sim3.7\times10^8$
可压缩废物(压缩后)	6	$<1\times10^5$
不可压缩废物	38(其中 35 是专用包装箱)	—

可以在厂区建设固体废物库或固体废物处理系统,为供热堆正常运行和维修期间产生的放射性固体废物提供收集、暂存、固化、包装和临时储存场所,以便以后对这些废物进行厂外最终处置。

7.5 环境影响分析及评价

低温核供热堆与其他类型的核裂变反应堆一样,运行时会因为堆芯核燃料裂变而产生大量放射性物质,这些放射性物质绝大部分被包容在堆芯燃料元件中,即位于放射性物质的第一道实体屏障之内;只有极小部分放射性物质位于燃料元件外,其中包括从燃料元件释放的极少量放射性物质,也包括直接在燃料元件外产生的放射性物质,比如一回路冷却剂及反应堆结构材料受裂变中子辐照产生的活化产物。位于燃料元件外的放射性物质,在某些特殊情况或异常事件下还可能有微小份额迁移到第二道、第三道实体屏障外,甚至释放到环境中。环境影响分析就是结合供热堆的放射性源项分析和供热堆的设计特点,评价有可能释放到环境中的放射性物质及其影响。

7.5.1　放射性源项

核动力厂产生和释放的放射性物质统称为"放射性源项",或简称"源项",它是核动力厂安全审评和环境影响评价重点关注的内容,也是公众最为关注的内容。对一个系统或一个回路而言,源项是指排入该系统或回路的放射性物质的数量、组成成分,也包括排放方式和排放速率等,因为这些因素都将直接影响辐射后果的严重性。对核动力厂整体而言,源项一般特指一定时间内排放到环境的放射性物质数量和组成成分,当然也包括排放方式。源项又分为正常运行的源项和事故源项。核动力厂正常运行时的放射性源项是评价其环境影响大小的基础,该源项不能超过核动力厂环境辐射防护相关国家标准规定的限值,并且要做到合理可达到的尽量低的水平,因此,该源项的设计值以及申请的排放量管理目标值是设计和优化放射性废物管理系统的依据。事故源项则是指核动力厂事故期间的放射性物质排放,是衡量核动力厂核安全性的重要标尺,也是周围公众最为关心的。合理可信的源项分析以及低温核供热堆核供热站良好的安全特性保证了事故源项尽可能小,事故辐射后果以较大裕度低于规定限值,这将对加强核供热站公众可接受性起到至关重要的作用。

7.5.1.1　堆芯放射性总活度

反应堆堆芯是核动力厂放射性物质的最主要来源。在大型轻水堆核动力厂中,事故源项分析时特别关心反应堆堆芯放射性总量达到了多少,因为在很多情况下堆芯放射性总量将直接决定事故源项的大小,特别是在堆芯熔毁的严重事故下,堆芯放射性总量、燃料元件熔毁的份额以及安全壳气体释放份额三者的乘积直接对应释放到环境的事故源项。堆芯放射性总量则与反应堆连续运行时间的长短有很大关系。低温核供热堆在事故工况下基本不会发生燃料熔毁,事故源项与燃料中累积的放射性物质总量有一定关系,在反应堆正常运行期间,由堆芯释放到一回路并在一回路系统中累积的放射性物质对事故源项也有不可忽视的作用。随着反应堆的运行,一回路累积的放射性物质主要包括放射性裂变产物和中子活化产物。

堆芯放射性物质包括放射性裂变产物、活化产物和重金属核素,对采用 ^{235}U 作为核燃料的低温核供热堆,重金属核素一般指锕系核素。考虑到低温核供热堆核动力厂每座反应堆的功率一般只有百万千瓦级大型压水堆的十分之一甚至更低,因而堆芯放射性总量也相应低得多。一座热功率为 200 MW 的低温核供热堆堆芯中放射性总量为 1.10×10^{19} Bq,其中裂变产物为 $6.60 \times$

10^{18} Bq,锕系核素为 4.38×10^{18} Bq。

7.5.1.2 正常运行工况下主回路中的放射性核素

供热堆正常运行工况下主回路水中放射性的主要来源如下。

(1) 水及杂质元素的活化。首先是水本身的氧、氢同位素在堆内中子作用下产生感生放射性 ^{16}N、^{17}N 和 ^{3}H(氚)等,其次是主回路水中微量杂质元素 Na、Fe、Mn 等的活化。因为 ^{16}N 发射出能量分别为 2.74 MeV、6.13 MeV 和 7.12 MeV 的高能 γ 射线,成为主回路水屏蔽的一个重要辐射源。

(2) 燃料元件包壳及反应堆结构材料的腐蚀与活化。燃料元件包壳一般采用 Zr-4 合金,堆内构件则大多采用不锈钢材料。这些材料或者先被活化后再腐蚀到主回路水中,或者先被腐蚀到水中后再被活化,成为主回路水中放射性物质的重要来源。

(3) 燃料元件棒中的裂变产物从破损元件包壳裂缝向外泄漏。由于燃料元件制造工艺成熟且严格,可保证燃料元件破损率极低,如 NHR200-Ⅰ型低温核供热堆所用燃料元件的破损率低于 0.01‰(实际运行统计结果为 1.03×10^{-6}),化容系统、屏蔽等设计输入的源项为 0.1% 的燃料元件破损率;而且对反应堆设置了燃料元件破损监测系统,一旦发现燃料元件包壳破损率超过规定值,则停堆并更换破损元件。

(4) 元件棒外表面沾污铀裂变生成的裂变产物,一般动力堆元件制造要求铀的最大表面放射性污染应小于 1×10^{-8} g/cm^2[见《三十万千瓦压水堆核电厂燃料棒设计规定》(EJ/T 495—1989)]。

压力容器上部气空间的放射性来自水中放射性核素的逸出。

在选取一些极端参数的保守计算条件下,得到一座 200 MW 低温核供热堆主回路水中堆芯出口处的放射性浓度,即 ^{16}N、^{17}N、^{3}H 和碘同位素的放射性浓度分别为 1.3×10^{9} Bq/L、1.7×10^{5} Bq/L、1.4×10^{7} Bq/L 和 2.3×10^{6} Bq/L,其余核素的放射性浓度为 7.1×10^{6} Bq/L。需要指出的是,由于 ^{16}N 和 ^{17}N 的半衰期很短,分别为 7.13 s 和 4.169 s,向环境迁移的过程中将迅速衰减,因而对环境的影响可以忽略不计。

7.5.1.3 中间回路水中放射性核素浓度

为保证热用户的安全,供热堆设置了三个回路,并采取多种安全措施来防止主回路中的放射性物质进入热网回路。对壳式低温核供热堆而言,中间隔离回路的压力高于主回路和热网回路,例如 NHR200-Ⅰ型壳式供热堆设计中的主回路压力为 2.2 MPa;中间回路泵的入口压力为 2.6 MPa,出口压力为

2.8 MPa;热网回路压力为 1.0 MPa。只要带放射性的主回路水不进入中间回路,则热网回路就不会受到放射性污染。从以上设计参数可知,若主换热器管道有微小破裂,则中间回路的水向主回路泄漏。运行及停堆期间为维持中间回路的压力始终高于主回路压力,在中间回路设置了稳定压力的稳压罐,当中间回路由于慢泄漏而引起压力下降时,可采取对稳压罐补气或补水的办法维持中间回路的压力高于某一确定值,而且此值高于主回路压力波动的峰值压力。对该 200 MW 供热堆的初步计算表明,主回路的峰值压力为 2.4 MPa,而中间回路的最低压力维持在 2.5 MPa。中间回路与主回路之间,以及中间回路与热网回路之间皆设置可自动关闭的隔离阀。中间回路上设置有压力监测器,当由于某种原因使中间回路的压力降到低于 2.5 MPa 时,则发出停堆信号,并自动关闭中间回路与主回路间的隔离阀,从而防止由于中间回路的压力继续下降而造成主回路带放射性的水泄漏到中间回路。在中间回路上除设置压力监测器外,还在稳压罐上设置了水位监测器,一旦中间回路某处破损使稳压罐水位下降较快,达到某一定值时也发出停堆信号,并自动关闭中间回路与主回路间的隔离阀。

中间回路水中放射性的可能来源如下: ① 主换热器中的中间回路水在压力容器内的中子作用下产生的活化放射性;② 在极端情况下,主回路带放射性的水泄漏进入中间回路。由于主换热器位于压力容器内堆芯上方,且其下端离堆芯活性区顶的距离大于 2 m,对于整个主换热器而言,平均热中子注量率至少低于 $1\times10^{3}\,(cm^{2}\cdot s)^{-1}$ 量级,加上对中间回路水中杂质浓度的要求很严,从而可推算出中间回路水中的活化放射性的总浓度至少低于 1×10^{-3} Bq/L 量级,此值远低于自然界水中天然本底放射性总活度水平,因而可不考虑第一种情况引起的中间回路水中的放射性。第二种情况是考虑到虽然主回路水向中间回路泄漏的可能性极小,但在特别异常的工况下也有可能发生这种泄漏。为此在中间回路上还设置了放射性监测,包括连续监测和定期取样监测。一般来说,取样监测的探测下限可做到小于 1 Bq/L,可据此设定某一放射性浓度水平作为中间回路水放射性浓度的控制水平。例如,某 200 MW 供热堆中间回路水放射性浓度的控制水平定为 18.5 Bq/L,当由监测发现中间回路水的放射性浓度达到 18.5 Bq/L 时,则停堆,并更换掉中间回路水。因而即使是在极端的异常工况下造成主回路水泄漏到中间回路中,也能确保中间回路水的放射性浓度低于控制水平。而在正常运行工况下,主回路水是不会泄漏到中间回路中去的,中间回路水的放射性浓度将远低于控制水平。

NHR200-Ⅱ型核供热堆秉承 NHR200-Ⅰ型低温核供热堆的设计理念，同样设置主回路、中间回路和热网回路。在反应堆运行及停堆期间，按照中间回路的设计运行方式以及采取一定的监测与控制措施，始终维持中间回路工作压力高于主回路压力，从而使中间回路起到隔离主回路放射性的作用。分析表明，中间回路水由于中子活化而产生的放射性浓度也大大低于自然界水中的天然本底放射性浓度。

5 MW 低温堆连续运行了三个供暖期，其监测结果表明，中间回路水的放射性浓度仍保持运行前的水平，即仍为天然本底水平。因此可以说，中间回路水中基本不含放射性。

7.5.1.4 热网回路水中最大可能的放射性浓度

热网回路水中放射性的唯一来源是被污染的中间回路水向热网回路的泄漏。在计算热网回路水中最大可能的放射性浓度时，假设中间回路水被污染并达到控制水平，例如 18.5 Bq/L。实际上根据监测方法的探测限，中间回路放射性控制水平可设定得比 18.5 Bq/L 更低，从而导致热网回路中的放射性水平也会更低。中间回路水向热网回路的泄漏分为以下两种情况。

1) 中间换热器有小破口，中间回路水长期小流量向热网回路泄漏

若中间回路水的放射性浓度为 $C_1(\mathrm{Bq/L})$，中间回路向热网回路的泄漏率为 $V_1(\mathrm{m^3/h})$，热网回路拥有的水量为 $Q(\mathrm{m^3})$，由于各种原因引起的热网回路水量损失率为 $V_2(\mathrm{m^3/h})$，放射性核素的衰变常数为 $\lambda(\mathrm{h^{-1}})$，则可以推导出长期慢泄漏造成热网水中放射性浓度 $C_2(\mathrm{Bq/L})$ 随时间 t 的变化关系式为

$$C_2(t) = \frac{C_1 V_1}{Q(\lambda + V_2/Q)}\left[1 - \mathrm{e}^{-(\lambda + V_2/Q)t}\right] \qquad (7-1)$$

作为保守的计算，忽略衰变的影响，则长期泄漏达到平衡后，热网水中放射性浓度为

$$C_2 = \frac{C_1 V_1}{V_2} \qquad (7-2)$$

作为计算实例，某 200 MW 核供热堆热网回路总水量为 2 300 $\mathrm{m^3}$，流量为 6 000 $\mathrm{m^3/h}$，由于各种原因引起热网水的损失率大于流量的 1%（即大于 60 $\mathrm{m^3/h}$），在计算中取 $V_2 = 60\ \mathrm{m^3/h}$。对于泄漏率 V_1，清华大学已建成的 5 MW 低温核供热堆能做到的探测下限为 2 L/h。在计算实例中选取允许泄漏率的管理控制值为 5 L/h，即当中间换热器破口很小，泄漏率小于 5 L/h 时，

则供热堆继续维持运行,只有当大于 5 L/h 时才停堆并修补破口。因此,对于运行参数为 $C_1 = 18.5$ Bq/L,$V_1 = 5$ L/h 和 $V_2 = 60$ m³/h 的情形,不考虑核素的衰变,平衡后热网水中放射性浓度 C_2 为 1.5×10^{-3} Bq/L。

2) 中间换热器出现大破口,造成瞬时大流量泄漏到热网回路

一旦中间换热器发生断管事故,则大量水迅速泄漏到热网回路。中间回路压力下降,压力信号立即发出停堆命令,同时中间回路与热网回路间的阀门将自动关闭,以中断中间回路水继续向热网回路泄漏。此过程在 30 s 左右完成。在实例计算时,采用比实际情况更为恶劣的保守假设:① 从断管到中断泄漏共经历的时间为 1 min;② 断管之后中间回路压力迅速下降,但计算中仍认为中间回路维持压力不降,与热网回路之间压差不变;③ 忽略水喷流过程中沿管路及弯头的沿程阻力,使得断口处喷射流速达到最大。对于某 200 MW核供热堆,在如此保守的假设条件下,计算得到热网水增加的放射性浓度仅为 4.2×10^{-3} Bq/L,叠加长期小泄漏造成的放射性浓度,热网回路水中最大可能的放射性浓度也仅为 5.7×10^{-3} Bq/L,比建议的热网水中放射性浓度安全目标值 0.37 Bq/L 还低约两个数量级。

上面的分析表明,低温核供热堆在正常运行工况下中间回路不会受到放射性污染,而在事故工况下引起中间回路水被污染的可能性也极小。即使假设由于事故引起中间回路水被放射性污染并达到控制水平,且长期保持此放射性水平继续运行,则在中间换热器两种泄漏工况叠加的情况下,热网水可能达到的最大放射性浓度也满足安全要求[2]。

7.5.2　正常运行时放射性物质排放对环境的影响

虽然低温核供热堆在正常运行工况和事故工况下,中间回路水被污染的可能性极小,热网回路水被污染的可能性更小,但在极端假设情景下,热网回路水仍可能受到微弱的放射性污染,导致其中的放射性核素浓度比安全目标值低两个数量级;另外,低温核供热堆运行时也还会或多或少释放气载放射性物质和液态放射性物质。这些放射性污染或放射性流出物对热用户和环境的辐射影响也需要进行分析。

7.5.2.1　热网回路的辐射影响

热网水可能达到的最大放射性浓度仅为 5.7×10^{-3} Bq/L。从以下三个方面进行安全评价,该浓度的放射性物质对热用户的辐射影响是极其微小的。

(1) 自然界水中天然本底放射性总活度水平处于 $1 \times 10^{-2} \sim 1 \times 10^{-1}$ Bq/L

的范围。由此可知,热网水可能达到的最大放射性浓度比它低 1 个数量级左右。

(2) 用此浓度的水为居民供暖,在十分保守的假设条件下计算,即每年供暖 180 d,居民每天在离暖气 0.5 m 处停留 10 h(如靠近暖气睡觉),把暖气片等效为 80 cm×130 cm 的面积,取 γ 射线的平均能量为 1 MeV,则可计算出居民每年受到的附加外照射剂量小于 10^{-7} mSv。此值十分小,完全可以忽略。

(3) 若此浓度的水不慎被居民饮用,此值比《电离辐射防护与辐射源安全基本标准》(GB 18871—2002)中规定的高毒核素 ^{90}Sr 在饮水中的通用行动水平 100 Bq/kg 低 4 个多数量级,故不需要采取任何干预行动,对居民的辐射影响也是可以忽略的。

综上所述,低温核供热堆在正常运行工况下热网回路水是不会被放射性污染的,对供热用户不会造成辐射影响。即使在发生概率极低的事故条件下,热网水可能达到的最大放射性浓度也极低,采用此浓度的水向居民供暖,对热用户的辐射影响极小,完全可保证广大居民的辐射安全。

7.5.2.2 气载放射性物质排放对环境的影响

1) 放射性废气来源

低温核供热堆正常运行工况下气载放射性物质向环境排放的主要来源通常有如下 6 种:

(1) 取样监测系统定期取样监测造成的废气排放。

(2) 压力容器上部气空间的泄漏排放(对一体化自稳压壳式低温核供热堆而言)。

(3) 一回路水的泄漏排放。

(4) 反应堆舱内空气中 N_2 的活化。

(5) 废气处理系统的排放。

(6) 压力容器开盖检修时的排放。

对经废水处理系统处理达标后进行蒸发排放的核动力厂,向环境排放的气载放射性物质一般还包括蒸发后排向大气的 ^{3}H。

2) 对废气排放的管理与控制

与大型核电厂类似,低温核供热堆核动力厂设置废气处理系统,用于收集、储存、处理供热堆压力容器和安全壳内的放射性气体,并有组织地控制排放。

对来自反应堆压力容器内的放射性气体,比如压力容器开盖检修前的排气、压力容器内放射性气体取样监测后排放的尾气,一般都需要压缩到废气处理系统的储气罐中暂存,以使短寿命核素衰变,储存时间可设置为不少于

90 d。

对某些带放射性的工艺系统,微小泄漏造成该系统所在房间空气被污染,特别是一回路系统或与一回路相连的系统中工艺流体的泄漏,可能使得安全壳内空气中含有气载放射性物质,反应堆舱内空气的活化也使得安全壳内含有一些特定的放射性核素,比如 ^{41}Ar。这些被轻微污染的空气体积较大,且放射性活度水平通常较低,不适宜由废气处理系统的储气罐收集和暂存,而是随房间通风排到大气环境。通风系统根据辐射分区组织气流,保持清洁区为正压,以防止粉尘或外部污染气体进入室内,保证放射性区域为负压,使气流始终由清洁区流向脏区,由低放射性区流向高放射性区。在反应堆正常运行状态下,通风系统保证放射性气体流经过滤设备后通过烟囱有组织排放,设置的气载放射性流出物监测系统对烟囱流出物实行在线连续监测和取样监测,保证排放的气载放射性水平和排放总量低于规定值。

3) 放射性废气排放量以及对环境的辐射影响

按照保守的计算假设和参数,得到某座 200 MW 低温核供热堆每年排到环境的气载放射性物质总量为 6.91×10^{12} Bq,其中惰性气体为 6.8×10^{12} Bq,I 为 3.0×10^9 Bq,^{3}H 为 7.2×10^{10} Bq,^{14}C 为 3.3×10^{10} Bq。如果对处理达标的低放射性废水进行蒸发排放,则每年由蒸发途径排向大气环境的 ^{3}H 另有 5.0×10^{10} Bq。

气载放射性流出物通过烟囱排入大气后在大气中混合、扩散与稀释,使得周围大气环境中存在少量的放射性污染,核动力厂周围公众成员浸没于被放射性核素污染的空气中将受到辐射照射,称为烟羽浸没外照射;气载放射性物质中的 I 及气溶胶微粒在扩散过程中还会逐渐沉积到地表面,公众成员处于受污染的地面时将受到地面放射性沉积物引起的外照射;放射性沉积物还可能落入水中造成水体污染,公众成员在该水体中游泳或进行水上作业时也将受到外照射。除外照射外,如果公众成员将放射性核素摄入体内,则将受到该核素发出的射线的辐射,这种类型的照射称为内照射。内照射途径包括吸入污染空气中的放射性核素受到内照射,饮用放射性污染水受到内照射,以及食入含放射性的食物受到内照射。其中,最后一种途径又包括几种情况:放射性物质沉积在植物的叶面上,以及通过根部吸收并沉积在土壤中的放射性核素都会转移到植物体中,直接食入这些植物的可食部分造成食入内照射;产奶动物食用被放射性核素污染的饲料,导致产的奶有放射性,摄入这类奶或奶制品造成食入内照射;产肉动物食用被放射性核素污染的饲料,导致产的肉有放射性,食用这些动物的肉也将造成食入内照射。H 和 C 是人体食物和饮水中的主要核素,在整个食物链传输过程中的量很大。在分析食入途径的内照射时,应重点考虑 ^{3}H 和 ^{14}C 造成的影响。

计算表明,某 200 MW 低温核供热堆厂址污染最严重方位空气中的最大放射性浓度比针对公众的安全限值至少低 5 个数量级,气载放射性物质排放引起食物中放射性核素活度水平的增加量也是微不足道的。最大个人剂量出现在污染最严重方位 0~0.5 km 区域,最大值仅为 9.18×10^{-4} mSv/a,比核动力厂向环境释放的放射性物质对公众个人(成人)造成的有效剂量约束值 0.25 mSv/a 低了 2 个多数量级。得到该剂量值的计算过程中对食入剂量计算参数采取了最严厉的保守假设,导致食入途径成为对公众造成剂量的关键途径,并且剂量值偏高。也就是说,在低温核供热堆正常运行状态下,周围公众实际受到的辐射剂量将比上述剂量计算值低得多。

7.5.2.3 液态放射性物质排放对环境的影响

1) 放射性废液来源

低温核供热堆核动力厂放射性废水的主要来源有如下 4 种:

(1) 主回路和主回路水净化处理系统设备的泄漏水。

(2) 放射性设备检修时的排放水。

(3) 放射性厂房地面和设备的冲洗水。

(4) 放化实验室等的排放水。

洗衣废水不输入放射性废水处理系统,被放射性污染的工作服作为固体废物处理,不进行清洗。为便于管理,将放射性废水按其来源和活度水平进行分类。比如某 200 MW 低温核供热堆核供热站,就把前 3 种废水归为 Ⅰ 类废水,活度水平估算不会超过 1×10^5 Bq/L;把实验室排水及其他废水归为 Ⅱ 类废水,活度水平估算不会超过 1×10^3 Bq/L。

2) 对废液排放的管理与控制

低温核供热堆核供热站设置放射性废液处理系统,对反应堆正常运行、预计运行事件及维修期间产生的低放射性废液进行收集、储存、处理以及有控制的排放。

放射性废液一般收集、储存于两个原水槽中,当一个原水槽充满后送去进行蒸发和/或离子交换处理,处理后的废水送入排放水槽,监测后排放或复用。蒸发浓缩液则排到固体废物处理系统进行水泥固化处理。

为控制处理后的放射性废水向环境的排放量及避免误排放,一般设置两个排放水槽,当一个水槽积满后,处理后的废水排入另一个水槽,并对积满的水槽进行取样分析监测。当废水的放射性浓度小于排放标准值时,则可以复用或排放,反之则返回废水处理系统重新处理,直至达到排放标准。这种排放方式称为槽式排放。排放时,将经监测合格的水排入受纳水体;如果供热堆厂址对处理达标的废水没有接纳水体,则可排入核动力厂的排放水池中进行自然蒸发。考虑到低温核供热堆产生的低放射性废水量很少,放射性废液处理工艺可将低放射性废水中 ^{3}H 以外的其他核素处理到很低的浓度,如除 ^{3}H 以外总放射性水平达到 7.4 Bq/L,甚至 3.7 Bq/L。在低放射性废水中, ^{3}H 一般以氚水(HTO)形式存在,与水分子的化学性质几乎相同,放射性废液处理系统是难以净化 ^{3}H 的,即处理后的低放废水中氚浓度几乎维持不变。由于担心排放水池中 ^{3}H 有可能渗透到地下水中,考虑尽可能复用经处理后的废液,例如作为反应堆主回路的补充水以及放射性设备清洗和检修清洗用水;另外,可选择将复用后的部分不平衡水量直接蒸发,实现液态途径放射性的零排放。

3) 放射性废液排放量以及对环境的辐射影响

某 200 MW 低温核供热堆厂址受纳水体为海洋,经净化处理后需要排放的废水保守估计为每年 400 m ^{3},当浓度小于等于 7.4 Bq/L 后将与浓盐水一起排向海洋,则液态流出物每年排放的放射性总量最多仅为 2.96×10^6 Bq(除 ^{3}H外),剂量效应较弱的 ^{3}H 则每年排放 1×10^{10} Bq。

排入海洋的放射性核素通过下列途径对公众造成辐射照射:

(1) 食入水生生物造成的内照射。

(2) 岸边沉积造成的外照射。

(3) 在海域中水上作业及游泳造成的外照射。

计算结果表明,由于 200 MW 低温核供热堆液态放射性流出物的排放量很小,即使是在十分保守的假设条件(不考虑海水的稀释作用)下,公众个人的辐射剂量计算值也是非常小的,而且主要来自岸边活动所引起的外照射。儿童的岸边活动时间小于成人,因而儿童受到的剂量也将小于成人。液态放射性流出物排放对公众造成的辐射剂量,关键途径是岸边活动,关键核素是 ^{60}Co,公众成员受到的最大个人剂量为 4.71×10^{-5} mSv/a,平均剂量为 5.83×10^{-6} mSv/a。

又如,针对大庆厂址 NHR200 - I 型低温堆核供热站的分析表明,正常运行时平均年产废水量评估约为 300 m ^{3},经处理后,约 1/3 用作主回路补水及放射性污染设备的清洗水,余下的排入循环冷却水池作为补水用。循环冷却水

池面积为 $750\,\mathrm{m}^2$。按年最大降水量和最小蒸发量计算,年补水量为 $536\,\mathrm{m}^3$,大于废水排放量,故可完全容纳在池中。

大庆地区年最大降尘量为 $0.48\,\mathrm{kg/m}^2$,故每年在池底沉积的淤泥量为 $360\,\mathrm{kg}$。每年排入冷却水池的废水量为 $200\,\mathrm{m}^3$,比活度为 $7.4\,\mathrm{Bq/L}$,因而每年排放的放射性总活度为 $1.48\times10^6\,\mathrm{Bq}$。考虑冷却池每两年清一次淤泥,因而水池中放射性活度为 $2.96\times10^6\,\mathrm{Bq}$。若假设所有放射性物质全部溶解于水中,则水的比活度为 $2.0\,\mathrm{Bq/L}$;水池清淤时,假设所有放射性物质转到淤泥中,则淤泥的比活度为 $4.1\times10^3\,\mathrm{Bq/kg}$。

随池水自然蒸发而释放的放射性所造成的影响是可以忽略的,主要影响是池底清淤时工作人员受到的外照射。水池两年清淤一次,取工作人员清淤工作时间为 $24\,\mathrm{h}$(工作 $3\,\mathrm{d}$,每天 $8\,\mathrm{h}$),计算表明工作人员受到的外照射剂量当量率为 $4.4\times10^{-6}\,\mathrm{mSv/h}$,整个清淤期间每个工作人员受到的外照射剂量当量为 $0.11\,\mu\mathrm{Sv}$。尽管淤泥可以作为非放射性固体废物处理,但对于这些略带放射性的淤泥仍应严格管理,采用挖坑掩埋的方式,防止放射性物质以再悬浮的方式扩散开来。

7.5.3 供热站事故对环境的影响

考虑到低温核供热堆的热用户特点及经济性,供热站需建设在靠近热用户的位置,以冬季供暖为主的供热站甚至需要建于密集居住的居民区附近。这就对低温核供热堆提出了比大型轻水堆核电站更高的安全要求,体现在低温核供热堆安全设计上则是需要遵循严格到近乎苛刻的设计原则[3-4]。

低温核供热堆安全目标从根本上应依靠其良好的固有安全性,而不是通过进一步提高设计等级、增加各类安全设施达到。目前,一些国家研究的各种类型的低温核供热反应堆,多沿着这种思路。

7.5.3.1 NHR 5 的事故安全特征及环境影响

NHR 5 采取了一系列措施提高其固有安全性,如一体化布置、自然循环和自稳压,将主换热器及整个主回路都布置在一个反应堆压力容器内,而且压力容器在堆芯活性区及其以下的部位都没有穿管。主回路水的少量小口径的工艺引出管都集中在压力容器上部,没有外延的粗管道和大型复杂的部件,系统压力靠壳内上部蒸汽空间以自稳压方式维持,这不仅可极大地降低冷却剂压力边界泄漏的概率,避免反应堆出现大量失水事故,而且可大大缓解泄漏事故的后果。一回路系统运行压力约为 $1.5\,\mathrm{MPa}$,冷却剂依靠冷段和热段形成密度差,在压力容器内形成自然循环,从而使堆芯实现了全功率的自然循环冷却,取消了较易损坏的转动部件——主循环泵,提高了堆芯冷却的可靠性。同时,余热排出系统也是采用自然循环方式,因此,即使丧失外电源,也可以长期维持反应堆堆芯的适当冷却。该堆核设计保证在反应堆整个运行期内均具有较大的负温度系数。反应堆结构上采用安全壳紧贴压力容器的双层壳结构,并能承受较高压力。即使安全壳内发生冷却剂压力边界破损事故,也能保证冷却水淹没堆芯。此外,由于采用低温低压低功率密度的设计,燃料中心温度、燃料包壳表面温度、偏离泡核沸腾比等主要设计限值都有很大的裕量。NHR 5 运行参数低、热惯性大的设计特性不仅可提高系统设备可靠性,而且可使在瞬态工况或事故工况下过程参数的变化比较平缓。NHR 5 控制棒传动机构采用水力驱动系统,控制棒没有伸出压力容器,驱动介质为反应堆冷却剂,由于其设计特性及失事安全的设计原则(如停电、停流、断管等故障均导致落棒),可以认为控制棒弹出事故或其他引起大的反应性扰动的事故是不可信的。同时,该堆还设置了硼注入系统,并具备泵注硼和氮气注硼两种方式,进一步确保了实现安全停堆的可信度。对于任何设计基准事故,保护逻辑系统一律只自动触发两种动作,即停堆和打开余热排出系统的阀门,从而大大降低误操作的可能性。

通过采取以上各种设计措施防止堆芯失水,使得 NHR 5 具有良好的固有安全性,可确保 NHR 5 在任何设计基准事故下堆芯不会裸露,不必设置应急堆芯冷却系统,不会导致堆芯失去冷却从而造成大量放射性物质的释放。即使在可信的设计扩展工况下,也能在相当长的时间内维持堆芯不裸露,这样,操纵员就有足够的时间采取临时应急措施缓解事故后果,如向堆内补水,通过其他途径向堆内注硼等。

对 NHR 5 可能造成反应堆放射性物质逸出的事故进行了分析[5]。造成反应堆放射性逸出的最重要的事故是在换料时一盒燃料组件跌落。在保守假定盒中全部元件棒破损并且通风系统失效的情况下,该盒燃料组件中全部放射性物质将通过烟囱逸出到环境中,对公众造成的放射性剂量最多是 0.3 mSv,远低于需要采取应急隐蔽等措施的通用干预水平。此外,还进行了 ATWS 事故的分析。分析结果表明,即使发生这种事故,NHR 5 也不会发生放射性污染。全部安全分析结果表明,NHR 5 是非常安全的,对环境和公众健康的影响是可以忽略的。

7.5.3.2　200 MW 低温核供热堆的事故安全特征及环境影响

200 MW 壳式低温核供热堆秉承 NHR 5 的设计原则,同样也具有壳式低温核供热堆的固有安全性,不会发生全堆熔化或堆芯部分燃料熔化的严重事故,因而也不会造成放射性物质大规模释放。

国家核安全监管部门审查通过的工况分类设计准则是反应堆事故分析的依据。根据对低温核供热堆的事故分析以及放射性源项分析,以下事故向环境释放的放射性物质可能相对较多:

(1) 反应堆冷却剂小管道(取样管或仪表管)破裂事故。

(2) 反应堆冷却剂压力边界内各种假想断管引起的冷却剂丧失事故。

(3) 废液储存罐或废气储存罐破裂造成的泄漏事故,如废气储气罐泄漏事故、核疏水系统集水箱泄漏事故、泄压箱泄漏事故。

(4) 一台泄压阀或安全阀意外开启并保持常开。

(5) 燃料元件操作事故或燃料装卸事故。

(6) 反应堆控制棒引水管破断叠加两道隔离阀失效事故。

其中,只有反应堆冷却剂小管道破裂事故属于预期运行事件,其他都属于事故工况。

考虑到公众心理及社会影响,国家核安全局还可能进一步要求分析辐射后果超过设计基准事故(工况Ⅲ和工况Ⅳ)和设计扩展工况(工况Ⅴ)的假想严重事故,作为厂址选择、厂房设计以及环境影响分析及评价的输入源项。对某厂址 200 MW 低温核供热堆,该纯粹假想的严重事故描述如下:0.3% 燃料元件附加损坏,压力容器外与一回路相连的最大直径的管道双端断裂且不能隔离。对该假想事故,仍按确定论方法进行放射性源项分析,而不是采用针对设计扩展工况的现实方法。因此,其事故源项计算中包含很多保守的假设和参数,包括以下基本假设。

(1) 安全壳外与一回路相连的最大直径管道为控制棒引水管。在发生控制棒引水管双端断裂并叠加两道隔离阀失效 Ⅴ 类工况事故后,假设由于某些原因造成堆芯有 0.3% 的燃料元件烧毁,被烧毁元件中 100% 的惰性气体和 50% 的 I 释放出来进入主冷却剂水中。

(2) 根据 Ⅴ 类工况的热工水力学分析在不利的环境温度下得到的主回路失水量结果,再增加一定的保守性,得到源项计算中采用的主回路失水量,该水量比热工水力学分析结果多几吨。主回路的失水量是通过控制棒引水管破口排入安全壳的水量,其中烧毁元件释放的放射性碘是溶解在水中的,进入安全壳的份额即主回路失水量占主回路总水量的份额;而烧毁元件中释放的惰性气体则全部进入安全壳。

（3）事故发生后,压力容器上部气空间中原有的全部放射性以及通过破口排放的主冷却剂水中原有的放射性也进入安全壳,考虑到主回路的状态变化,在放射性释放的计算中考虑了 I 的尖峰效应,假设尖峰效应使得主回路水中原有的放射性 I 浓度增加 100 倍。

（4）主冷却剂水进入安全壳后,I 的气/水分配因子为 10^{-2}。

（5）在安全壳的泄漏过程中考虑到安全壳壁面和设备表面的吸附和沉积作用,在空气中的 I 有 50% 沉积下来。

（6）安全壳的体积泄漏率设计为在事故峰值压力时不超过 5%/d。根据热工水力学分析结果,其后各时段的泄漏率如表 7-2 所示。

表 7-2　各时段的泄漏率

时　段	0~8 h	8~24 h	1~3 d	3~7 d
泄漏率	$L_1 = 5\%/d$	$L_2 = 0.6L_1$	$L_3 = 0.5L_1$	$L_4 = 0.5L_1$

在壳式低温核供热堆项目的研发过程中,对假想严重事故的辐射后果计算仍然采用保守的模式和参数,特别是在大气扩散计算中,采用的假设十分保守,这样,在相同的放射性源项条件下,能得到更大的辐射剂量后果。辐射后果计算中还采用了其他保守假设,比如放射性物质排放按地面释放考虑,从放射性物质释放开始到停止食用受污染食物之间的时间为 1 年等,这些假设可以使计算得到的辐射剂量进一步加大。

在计算事故放射性释放对公众引起的辐射剂量时,考虑了以下途径:

（1）在排气烟羽中,由 β 辐射引起的外照射（β 浸没照射）。

（2）在排气烟羽中,由 γ 辐射引起的外照射（γ 浸没照射）。

（3）地面放射性沉积物,由 γ 辐射引起的外照射（地面污染 γ 外照射）。

（4）吸入空气中的放射性核素引起的内照射（吸入）。

（5）通过食入污染的食物引起的内照射（食入）。

在这种计算条件下,200 MW 壳式低温核供热堆在假想严重事故发生后下风向上的个人有效剂量也是很小的。针对某厂址的分析表明,在离排放点 100 m 处的最大个人有效剂量为 0.913 mSv,甲状腺剂量为 3.76 mGy。又如,针对山东核能海水淡化工程厂址分析表明,在离排放点 250 m 处的最大个人有效剂量为 0.735 mSv,甲状腺剂量为 6.38 mGy。考虑到《电离辐射防护与辐射源安全基本标准》(GB 18871—2002)中规定的紧急防护行动隐蔽与碘防护的通用优化干预水平分别为 10 mSv 和 100 mGy,而且是可防止剂量,比较可知,即使在发生超设计基准的假想严重事故时,针对上述两个厂址进行的分析都表明,公众成员可能受到的最大个人剂量(有效剂量和甲状腺剂量)都远远低于需要采取紧急隐蔽措施和碘防护的通用干预水平。

分析表明,壳式低温核供热堆具有良好的固有安全特性,采取了多重安全措施,即使采用确定论方法对设计扩展工况进行评价,事故对公众成员引起的最大个人剂量也是很小的,能够在任何情况下保障公众成员的健康与安全,不需要采取包括隐蔽之类的场外应急措施。事故对环境的辐射影响很小,即使建在城市周边,城市居民的安全也能得到有效保障。

7.5.3.3　池式供热堆失水事故分析及环境影响

这里以 DPR‐3 型 200 MW 深水池供热堆为例论述池式低温核供热堆的事故特性。根据池式供热堆的设计特点,可能发生的主要事故有失流事故、失水事故和误提棒事故等。失水事故是其中较严重的事故,发生该事故时,大气成为一个大"热阱",在事故过程中保持恒温、恒压[6]。

池式堆的设计保证失水事故时满足以下安全限值:① 不容许堆芯燃料元件表面出现偏离泡核沸腾(DNB)现象,堆芯最小 DNB 比不小于 1.3,因而不可能发生锆‐水(汽)反应;② 为保持燃料包壳的完整性,包壳温度上限为 1 204 ℃;③ 燃料芯块不熔化,其最高温度小于 2 200 ℃。

当池式供热堆发生失水事故时,池水从破口流失,液面不断下降。当低于破口位置时,池水不再流失,水池液面也不再显著下降。事故后期如果不采取任何其他措施,仅靠池水蒸发带出剩余发热,液面降至堆芯顶部位置时,大约需要 26 d。这说明有足够的时间去采取措施,投入余热冷却系统或向池内补水,以便维持长期冷却条件。

失水事故分析结果说明,深水池低温常压的特性及深埋地下的大型水池的设置,使反应堆具有较高水平的安全性能,即使在水池的地面以上部分发生较严重的大破口失水事故,在控制保护系统能够正常停堆的情况下,反应堆的过渡过程是安全的。即使水池的余热冷却系统没有投入,也不需要人员干预和其他设备的投入,剩余池水仍能在较长时间内保持反应堆被淹没和余热的排出,不会发生严重事故。

通过对深水池低温核供热堆失水事故的计算和分析,可以得出如下结论:

(1) 对可能发生的热管段和冷管段大破口失水事故的研究表明,无论是热管段还是冷管段的大破口失水事故,都不会导致偏离设计基准的严重后果,反应堆可以安全地过渡到停堆状态。

(2) 在发生大破口失水事故,流失部分池水的情况下,反应堆依靠池水的蒸发仍然至少可维持 26 d 的冷却时间,而不致使堆芯裸露。

池式供热堆堆芯位于水池底部,始终处于淹没状态;在任何事故下,依赖反应堆固有负反馈特性可实现自动停堆;停堆后不采取任何余热冷却手段,1 800 t 水可确保逾 20 d 堆芯不裸露,实现"零堆熔"。燃料包壳、堆水池、深埋地下及密封厂房等四道屏障有效隔离放射性,可确保放射性物质不会泄漏到厂房外,实现近零排放。因此,池式低温核供热堆可以切实消除大规模放射性释放,无须场外应急,可以邻近居住区建设[7]。

参考文献

［1］ International Atomic Energy Agency (IAEA). Design safety considerations for water cooled small modular reactors incorporating lessons learned from the Fukushima Daiichi accident ［R］. Vienna: IAEA, 2016.

［2］ 刘原中. 低温核供热堆热网回路的辐射安全评价[J]. 辐射防护,1994,14(3):222 - 225.

［3］ 郑文祥,董铎,马昌文,等. 5 MW THR 的安全特性和设计准则[J]. 核动力工程,1990,11(5):15 - 18.

［4］ 郑文祥,董铎. 5 MW 低温核供热试验堆及其安全特性[J]. 原子能科学技术,1990,24(6):30 - 36.

［5］ 王大中,董铎,马昌文,等. 5 MW 低温核供热试验堆(5MW THR)[J]. 核动力工程,1990,11(5):8 - 14.

［6］ 郭景任,施工,赵兆颐,等. 200 MW 池式供热堆失水事故分析[J]. 核动力工程,2000,21(2):141 - 145.

［7］ 陈华,向毅文. 核能供热新星:泳池式低温堆简介[J]. 区域供热,2018(1):18 - 23.

第 8 章

供热堆的安全性保障

我国核安全法规《核动力厂设计安全规定》（HAF102－2016）对总的核安全目标进行了定义：在核动力厂中建立并保持对放射性危害的有效防御，以保护人员、社会和环境免受危害。总的核安全目标又由"辐射防护目标"和"技术安全目标"所支持。辐射防护的目标如下：保证在所有运行状态下核动力厂内的辐射照射或由于该动力厂任何计划排放放射性物质引起的辐射照射保持低于规定限值并且做到合理可达到的低水平，保证减轻任何事故的放射性后果。技术安全目标如下：采取一切合理可行的措施防止核动力厂事故，并在一旦发生事故时减轻其后果；对于在设计核动力厂时考虑过的所有可能事故，包括概率很低的事故，要以高可信度保证任何放射性后果尽可能小且低于规定限值，并保证有严重放射性后果的事故的发生概率极低。

核能行业经过 70 余年的发展，经受过 3 次严重核事故的教训，人们对核安全目标已经有了全新的、更深刻的认识，总结提出了纵深防御概念，从设计、选材、设备制造、建造、安装、调试、运行、监测、控制、抑制始发事件升级、缓解严重事故影响以及限制事故影响范围等多个方面提出了严格要求，并细化为五个层次的纵深防御措施。

第一层次防御的目的是防止偏离正常运行及防止安全重要物项的失效；第二层次防御的目的是检测和纠正偏离正常运行状态，以防止预期运行事件升级为事故工况；第三层次防御的是某些预期运行事件或假设始发事件未被前一层次防御所制止而演变成的事故，通过固有安全特性和（或）专设安全设施等，避免堆芯损坏和放射性释放的发生；第四层次防御是针对设计基准可能已被超过的严重事故，保证放射性释放尽可能低，即包容功能；第五层次防御的目的是减轻事故造成的放射性后果，即如何从设置应急控制中心及场内、场外应急响应计划来保障安全目标的达成。

无论是 5 MW 低温核供热堆(NHR 5)、NHR200 - Ⅰ型低温核供热堆还是NHR200 - Ⅱ型热电联供供热堆,均采用了许多先进技术,完全遵循五道纵深防御的设计理念进行设计、建造、调试和运行,以保障其安全。本章详细分析和介绍了壳式低温核供热堆如何确保每一道纵深防御措施的严格落实,从而通过五道纵深防御措施保障低温核供热堆的安全。

8.1 第一道纵深防御措施的落实

第一层次防御的目的是防止偏离正常运行及防止安全重要物项的失效。这一层次要求按照恰当的质量水平和工程实践,正确并保守地设计、建造、维修和运行核电厂。

供热堆在设计上要求反应堆具有固有安全特性和采用非能动安全设施[1-2],技术上尽量采用成熟的和被实际或试验验证过的方案,同时充分借鉴5 MW 低温核供热堆上成熟的调试和运行经验,从而多方面确保了第一道纵深防御措施得以落实。

8.1.1 供热堆的固有安全特性

1) 一体化设计避免大破口 LOCA

壳式低温核供热堆的反应堆本体设计采用一体化布置、全功率自然循环冷却、自稳压的轻水堆方案。整个一回路,包括堆芯、堆内构件、主换热器、控制棒水力驱动机构等均布置在压力容器内,堆内结构采用吊挂式布置,堆芯安装在吊篮的底部。系统压力由壳内上部气-汽空间维持,一回路系统不设主循环泵,冷却剂依靠压力容器内“热区”与“冷区”的密度差形成自然循环。

反应堆结构紧凑,一回路系统全部包容在反应堆压力容器内,没有外延的粗管道和其他大型、复杂设备,从设计上排除了发生大破口 LOCA 造成严重失水事故的可能性。小口径穿管均布置在压力容器上部,不仅减小了冷却剂压力边界泄漏的概率和后果,而且保证在发生断管和两道隔离阀同时失效的情况下,堆芯也不会裸露。

2) 冷却剂体积与堆芯功率比大

壳式低温核供热堆的反应堆功率密度较低,压力容器内装有大量的过冷水,其单位热功率的水容积约为压水堆核电厂的 15 倍,这对堆芯余热排出、防止堆芯失水和缓解其他事故后果均有较大益处。

3) 堆芯功率密度低

作为壳式供热堆设计方案之一的 NHR200 - I 型低温核供热堆,其堆芯功率密度约为 36.2 kW/L,相比于 5 MW 低温核供热堆有所提高(5 MW 供热堆平均功率密度约为 24 kW/L),但堆芯体积比功率仍不及压水堆电站反应堆的 1/2。

4) 稳压空间大

壳式低温核供热堆采用自稳压方式,在压力容器顶部预留了较大的气空间,利用混入定量非凝结气体(N_2),与蒸汽一起,共同维持反应堆运行压力,省去了复杂的外加热稳压器系统。较大的稳压空间可使反应堆压力在运行期间保持平稳,在异常工况下不发生大幅波动,有利于反应堆的运行安全。5 MW 低温核供热堆的运行结果表明,在这种稳压方式下,反应堆压力的稳定性维持得很好,具备自稳压的能力。

5) 利用自然循环载出衰变热

壳式低温核供热堆的反应堆一回路可实现全功率自然循环,因此在反应堆停堆后,其衰变热也可依靠自然循环载出。非能动余热排出系统采用三重自然循环方式:第一重是堆内自然循环,衰变热通过自然循环传给主换热器;第二重是余热排出系统自然循环,热量由主换热器传至空冷散热器;第三重是空气自然循环,空冷塔内的空气通过自下而上的流动,将散热器热量带入最终热阱(大气)。

6) 压力容器中子注量小

壳式低温核供热堆的反应堆堆芯和压力容器之间设计了较宽的水层,其压力容器中子注量比压水堆核电厂低约 4 个量级,这不仅可延长核供热堆的运行寿期,而且也有利于反应堆的退役处置。

7) 紧贴式钢制安全壳抗压能力高

壳式低温核供热堆在紧贴反应堆压力容器外设置了第二层承压安全壳。即使发生压力容器破损的罕见事故,冷却剂排放到安全壳内,由于压力容器、安全壳两壳之间的空腔较小,钢制安全壳的抗压能力高,两壳之间压力达到平衡后,继续由安全壳承压,最终抑制了冷却剂的流失,保证反应堆堆芯完全被水淹没,防止由于失水导致的堆芯裸露事故。

8) 内置控制棒避免弹棒

壳式低温核供热堆的控制棒采用水力驱动,控制棒没有伸出压力容器,工作介质为反应堆冷却剂。由于其设计特性及"失效—安全"的设计原则(如停电、停流、断管等故障均导致落棒),控制棒弹出事故或其他引起大的反应性扰动事故是不可信的。同时,该堆设置了非能动式注硼系统,进一步提高了实现安全停堆的可信度。

8.1.2 基于成熟和验证过的技术

20 世纪 80 年代末建成的 5 MW 低温核供热堆使我国掌握了设计、建造、调试和运行低温核供热堆方面的技术和经验,这些工作为 200 MW 核供热示范工程建设奠定了坚实的基础。因此,在 200 MW 核供热示范工程设计时,尽量采用了这些成熟和验证过的技术[3-4],具体包括以下几个方面。

1) 设计手段

NHR 5 建设期间已经开发了一整套设计分析软件,包括物理、热工、结构力学、环境影响评价、瞬态和事故工况分析及概率安全评价(PSA)等。其中,许多软件是国际核能界公认的先进分析工具。同时,在应用这些软件时结合供热堆的特点,建立了一系列先进的分析模型。这些软件和模型完全适用于壳式低温核供热堆。因此,在设计工具和方法方面,已拥有了一套先进、完整的开发技术,能够满足新设计要求。近年来,紧跟国际先进技术发展,对设计分析软件进行了进一步深入开发,优化设计,完成了适用于轻水堆堆芯物理计算的 CPACT 程序系统和采用 CSA 算法的堆芯换料设计优化程序。因此可以说,壳式低温核供热堆的设计手段是多样且成熟的。

2) 反应堆设计

200 MW 壳式低温核供热堆的核心部分——反应堆的主要设计特性,包括一体化、全功率自然循环、自稳压、双壳结构、含可燃毒物燃料的使用、控制棒传动方式和乏燃料储存等,这些都与 5 MW 低温核供热堆基本相同。因此,反应堆设计可以充分借鉴 5 MW 低温核供热堆的经验。同时在 5 MW 低温核供热堆的调试运行实践中对上述设计进行了检验,相应的经验反馈也已用于 200 MW 供热堆的设计中。

3) 系统设置

200 MW 低温核供热堆系统设置原则与 5 MW 低温核供热堆相同,保持了系统简单和小型化的特点。主要系统的功能基本相同,设备类型相似,并充分吸收了我国近年来最新的科技成果,可确保系统及设备的技术参数是可实现的,不存在颠覆性的技术难点,因此保证了壳式低温堆系统设计的可实现性。

4) 大型设备制造

壳式低温堆的关键设备和部件,如压力容器、安全壳和主换热器等,比

5 MW 低温核供热堆所用设备的体积更大,功能要求更严格。21 世纪以来,我国核工业发展迅速,大量核电站已完成或正在建设,压力容器、安全壳等大型设备制造的工业水平大幅提高。壳式低温堆的主要设备在外形尺寸、重量或承压、耐辐照等性能方面的要求均低于核电站同类设备,因此,我国已具备完全自主进行壳式低温堆大型设备的制造能力。

5) 模块化建造技术

采用壳式低温堆技术的核供热站将采用模块化建造技术,单个反应堆模块的功率为 200 MW,根据需求进行多模块配置,这样不仅可以进一步降低大型设备的制造和安装难度,还可以保持核供热堆安全性高的特点。同时,采用模块化建造技术还有利于降低设备生产成本,提高核供热站建造和运行的经济性。

8.1.3 NHR200‑Ⅱ型核供热堆核热电站的调试

核热电站的调试目的是验证其设计功能,发现设计、制造、安装过程中的缺陷,并处理这些缺陷。

NHR200‑Ⅱ型核供热堆核热电站的调试,原则上可参照核电厂的调试流程进行,同时还要结合核热电站的特点,进行适应性调整。壳式供热堆因为主回路没有循环泵,所以许多涉及流动和加热的试验无法自行完成,需要配置一套专用的外加热系统,该系统具有对供热堆主回路进行注水、排水、压力控制与维持、加热和冷却等功能,还可以在反应堆进行初次临界试验时,对反应堆注排水进行精确的控制等。

调试任何一个系统时,都需要其他系统的支持。因此,电气系统、BOP 系统、仪表系统和其他冷却水等服务性系统需要先进行前期调试,然后再进行核岛和常规岛系统的调试。下面仅就核热电站的特点对调试过程进行简要介绍。

1) 单系统冷态功能独立试验

核热电站有热工测量、综合控制、电力供应、通风、冷却水等各种辅助系统,还有核岛的反应堆及中间回路系统、氮气系统、净化系统、控制棒水力驱动系统以及常规岛的二回路系统等。各类系统功能不同,冷态功能独立试验内容也各异。在开展试验前,均需编制相应的调试文件。

由于核热电站大部分系统均与压水堆核电厂的系统类似,在此不再重复说明。控制棒水力驱动系统是壳式低温堆独有的系统,下面对其冷态功能调试进行说明。

系统安装完成后,首先需要进行串洗,目的是清除安装过程中遗留在管路中的灰尘、焊渣(安装时要尽量避免)等异物。串洗前,需要与反应堆隔离,同时隔离控制棒水力驱动泵(简称棒驱泵或驱动泵)、过滤器等主要设备,清洗水水质应与系统正常工作时的水质相同,即使用 A 级水。水的流速不小于设计流速的 125%,串洗系统设置循环水箱和过滤器。通过检查水质,确认系统洁净度已满足要求。

之后,连通棒驱泵,进行单机恢复和试车。主要内容是检查接线和泵的转动方向是否正确,电机绝缘是否满足要求,启动电流是否与设计一致,振动、温升、声音是否正常等。

2) 冷态功能综合试验

在完成串洗、单机恢复和试车后,进行系统压力试验,测试整个系统的密封性或泄漏率。合格后,即可进行系统冷态功能测试和调整。

(1) 一回路压力边界水压试验。在各工艺系统冷态功能独立试验完成后,先开展一回路压力边界水压试验和密封性试验,试验范围包括压力容器、与一回路冷却剂系统相连的第一道隔离阀及两者间的管道。

一回路压力边界水压试验(也称压力试验)设置了具有加热功能的专用试验装置,其专用外接管道通过净化系统或控制棒水力驱动系统的进、回水管上合适的接口位置(如没有可以兼用的接口,则需预留专用接口)与压力容器相连。试验期间,要保证压力容器温度不低于 15 ℃。

水压试验分台阶进行,在最高压力以下的各台阶水压试验要求保压时间为 30 min;最高压力台阶的水压试验要求试验压力取 125%设计压力,保压时间为 15 min。然后降压至 110%设计压力并保持 30 min,以进行密封性试验。试验过程中,对焊缝、法兰、卡套等连接处的泄漏情况进行目视检查。此外,升、降压过程中的升、降压速率需满足技术要求。

为防止一回路安全阀开启而影响水压试验,试验前需隔离或临时拆除两道安全阀。

(2) 水力驱动控制棒驱动线及其回路系统联调试验。完成一回路压力边界水压试验后,即可开展水力驱动控制棒驱动线及其回路系统联调试验。与之相配合,控制系统、棒位测量系统、供电系统、冷却水系统等都需投运,以保障试验的进行。联调试验的主要内容是完成主路和旁路流量的调整,确保冷态下泵出口压力和旁路流量满足设计要求,然后组合阀全部上电,在夹持缸全部打开的情况下,记录进组合阀流量,对每根控制棒进行提升操作,记录提升过程中的最高和最低压力及最大和最小流量。此后,对每根棒进行全行程提升和下降操作,确认棒位测量系统的准确度。

(3) 多系统联调试验。除水力驱动控制棒驱动线及其回路系统联调试验外,在冷态综合试验阶段,还应开展中间回路系统、化学与容积控制系统、氮气系统、一回路压力泄放系统、取样系统等多系统的联调试验。验证系统的流量、压力等参数应满足设计要求,同时验证热工仪表、控制系统的功能是否正常。由于冷态功能综合试验阶段各系统已具备连续运行的能力,因此,在允许的情况下,各系统应尽量长时间地保持运行,以确认系统及设备长期工作的可靠性。

3) 热态功能试验

热态功能试验是指在热态下对反应堆及中间回路系统和二回路系统进行的功能试验,以验证各系统的热态功能。

因热态功能试验为反应堆装料前的试验,为保证堆芯完整性,尤其是为了开展控制棒驱动线堆上热态综合试验,反应堆需装入燃料组件模拟件以构成控制棒下部运行通道。

热态试验时,可以采用两种加热方式。一种是使用专用外加热系统,与反应堆形成一个循环回路,此时反应堆可以处于满水状态,通过外加热系统的稳压罐实现系统稳压,同时系统的充水和排水功能也由外加热系统完成。另一种方式是在净化系统的回水管路上设置专用加热装置,此时反应堆压力容器上部需预留气空间,并预先充入一定量的高纯 N_2,系统充、排水则由净化系统及其辅助系统完成。

热态试验时,为充分测试压力容器、系统的密封性,以及压力容器、热管道及其支撑的变形和冷却情况,试验条件如下:压力容器最高压力为额定运行压力,冷却剂最高温度为堆芯出口温度。对 NHR200 - Ⅱ型核供热堆而言,热态试验温度为 278 ℃,压力为 7.0 MPa。试验期间投运控制棒水力驱动系统,一方面检查系统管路和支架的变形是否满足设计要求,另一方面,对每根控制棒进行全行程提升和下降操作,再次验证棒位测量系统的准确度,并测量紧急落棒时间。热态试验主要测试一回路材料和设备的热态特性。测试期间,中间回路可不投入运行。如投运中间回路,则需要增大加热装置的功率,补偿中间回路对外排热的影响;此外,还要对蒸汽发生器产生的蒸汽进行处理,避免蒸汽发生器超压。

二回路的热态试验主要是验证汽轮发电机组的性能,需要单独建设蒸汽供应系统。由于二回路汽轮发电机组、管路及支吊架安装均可选用工业成熟产品,因此,供热堆调试期间,可不对二回路进行单独的热态试验。

4) 安全壳气密性试验

安全壳气密性试验的目的是在模拟反应堆发生失水事故的条件下,检验安全壳的强度和密封性。

安全壳气密性试验是装料前必要的试验之一。试验有两种方式:一种是低压试验,在较低压力下测量安全壳的气密性,然后通过理论分析,外推得出事故情况下的泄漏量,这种方式较为简单,但需要有成熟的理论;第二种是全压试验,即在冷态下,向安全壳内充入压缩空气,压力与事故工况下系统的压力相同,测量得到真实的泄漏率,这种试验方式需要拆除一些不耐高压的设备,准备工作多,试验时间也较长。

5) 反应堆装料

壳式低温核供热堆燃料组件分为棒束组件与通道组件,棒束组件装在通道组件中,装料方式与压水堆类似,采用湿式装料。装料机为专用装料机构。由于采用了十字翼控制棒,因此装料方式更为简化。

对于采用水力驱动控制棒技术方案的壳式低温核供热堆而言,因驱动机构结构不同,安装方式不同,装料过程也会存在差异,本节以 NHR200 - Ⅱ堆为例简述装料过程,具体如下:① 装料准备,堆内构件安装状态处于装料开始状态,即具备第一组棒束组件的安装状态,此时所有通道组件已完成安装,压力容器注水量满足要求,中子监督装置可用,装料机正常可用,注硼系统备用(装载了一定浓度和体积的硼溶液);② 安装棒束组件与控制棒组件,从堆芯中央至边缘按堆芯布置图和装料顺序有顺序地进行棒束组件与控制棒组件的安装,即每装入四组棒束组件后插入一根控制棒驱动线中心部件(其下部为十字翼控制棒组件);③ 安装堆芯上部堆内构件和压力容器顶盖;④ 完成控制棒驱动线的剩余安装工作。

6) 首次临界前试验

目的是检查反应堆是否具备首次临界的条件,确保首次临界的安全。临界前试验主要内容如下:

(1) 压力容器及连接管密封性检查。首次临界需要使用装入堆内的外推计数管,其耐压能力较低,因此仅对压力容器及连接管在低压(约为 0.6 MPa)下进行密封性检查。

(2) 控制棒系统、棒位测量系统的可运行性检查和控制棒快速落棒时间测量,注硼系统可用性检查,以保证临界安全,在异常情况下能够安全停堆。

（3）保护系统、核测系统和中子通量监测音响警示装置功能检查,物理启动系统检查和紧急停堆按钮功能检查。

（4）厂房环境辐射、放射性流出物辐射剂量监测系统可用性检查,并对厂房环境剂量本底和放射性流出物辐射剂量本底进行测量。

（5）区域γ探测器、强γ探测仪、区域中子探测器、气载放射性监测装置可运行性检查。

（6）一回路水质监测和工艺辐射剂量本底测量等。

7）首次临界试验

壳式低温核供热堆为无硼堆芯,首次临界需要使用提棒外推法实现,以获得现装载条件下的临界棒位,同时确认中子监测系统的有效性。

在次临界状态下,堆内中子通量与有效增殖因子 k_{eff} 有以下关系：

$$N = \frac{N_0}{1 - k_{eff}} \qquad (8-1)$$

式中,N_0 表示冷停堆状态下堆内的中子通量。随着 k_{eff} 的增大,堆内的中子通量 N 也将不断增大,通过测量 N,就能够得到相应的 k_{eff}。

试验使用计算机进行数据处理,采用以下计算式进行临界棒位的推算：

$$P(i+1) = P(i) + \Delta P(i+1)N_i/(N_{i+1} - N_i) \qquad (8-2)$$

式中,$P(i)$ 表示第 i 次提棒后的棒位；$\Delta P(i+1)$ 表示第 $i+1$ 次提棒时的提升棒位增量；N_i 表示第 i 次提棒后,堆内中子通量达到稳定时的数值。

利用这个公式,使用 Excel 软件的计算功能,只要输入每次提棒后的处于稳定状态的中子通量的数值,就可以直接得到一个新的外推临界的棒位。

稳定数值确定条件是棒提升到位后,等待 2 min 后开始计数,记录 10 s,累计计数达到 1 000 以上,清零后再次重新计数,共记录 3 次,根据记录算出每秒的平均计数率,将以上 3 次计数取平均值。

8）低功率试验

低功率试验包括零功率和低功率两个阶段。在零功率试验阶段,通过测试反应堆堆芯的物理特性和重要的物理参数,以确认其设计的符合性。在低功率试验阶段,投运中间回路以产生蒸汽,验证一、二回路的匹配性,同时完成二回路的热态试验,如二回路带有汽轮发电机组,还需开展汽轮发电机组在低功率下的发电试验。

零功率试验又可分为冷态和热态两个阶段。在冷态零功率试验阶段,主要完成零功率物理功率水平确定、核测量仪器量程搭接、控制棒冷态当量刻度、堆芯径向中子通量对称性检查、反应堆后备反应性测量、"卡棒"时临界状态检查以及反应堆停堆深度测量等试验。在热态零功率试验阶段,使用专用的一回路外加热系统对反应堆一回路冷却剂进行升温,同时完成控制棒热态当量刻度以及温度系数的测量等试验。

由于壳式低温核供热堆可在常温下启动,而且对热启堆时的温度没有要求,反应堆的启动方式更为简便和灵活。因此,有必要更加准确地测量出反应堆的冷却剂反应性温度系数。为此,对测量方法进行了改进。在某一温度 t_1 下,提棒临界,通过调整棒位获得一个较短的功率增长的周期,约为 20 s。将控制棒下插,使反应堆保持次临界状态。使用外加热系统对反应堆一回路进行升温,控制升温速度为 3~4 ℃/h。当温度升高 5 ℃左右时,再次提棒至原来棒位,反应堆依然维持在一个超临界状态,在负反应性温度系数作用下,将获得一个较长周期,约为 60 s。利用最小二乘法求得的功率增长周期对应的反应性分布为 ρ_{t_1}、ρ_{t_2},则温度在 t_1 至 t_2 范围内的冷却剂反应性温度系数为

$$\alpha_t = (\rho_{t_1} - \rho_{t_2})/(t_2 - t_1) \tag{8-3}$$

这种测量方法有以下优点:① 两次测量状态下棒位相同,避免了使用控制棒相对价值进行测量的相对法带来的误差;② 简化了测量过程,控制棒只需提到原来的棒位,计算中只考虑功率增长周期这一个因素;③ 实现了全范围测量,获得了常温到热态温度范围内的全部冷却剂反应性温度系数,提高了测量结果的精确度。

低功率物理试验的功率水平一般不超过额定功率的 10%,可使堆芯出口温度和堆内压力都达到设计值。升功率过程中,可以验证一回路水位调节的能力以及堆内初始氮气装载量是否满足要求。通过中间回路,蒸汽发生器可产生一定量的蒸汽,用于对二回路系统进行热态试验,检查系统的密封性和支吊架的变形、重要设备的功能,如安全阀的起跳定值、汽发机组及其辅助设施的功能、二回路热网的低功率运行特性、海水淡化装置的运行能力等。

在低功率运行阶段,还要对核热电站所有的系统进行测试,以确认其功能与设计要求一致。尤其是余热系统试验,需要在运行工况下开展余热系统稳态载热能力测试和在停堆后进行余热排出系统投运试验,并测试投运时的载热能力。

低功率试验完成后,拆除启动计数管及其干孔道。

9) 功率试验

在功率试验前,首先开展反应堆一回路压力边界密封性试验。

遵照压水堆核电厂调试一般要求,核供热站的功率试验分为 4 个台阶,分别是 25% 满功率、50% 满功率、75% 满功率和 100% 满功率。

在每个功率台阶下,均要进行核功率测量仪表标定试验,通过热功率反算出较为准确的核功率。开展厂房环境、放射性流出物、区域 γ、区域中子以及工艺辐射剂量监测,将获得数据与本底数据相比较,对设计参数进行校验。同时,还要对一回路水质的电导率进行持续的在线监测,并取样测量 Cl⁻、F⁻ 以及悬浮物等杂质含量,确保水质满足设计要求。

功率试验阶段,还将开展一些特殊的试验来验证反应堆的运行特性,例如反应堆正常运行状态下扰动试验。该试验在反应堆正常运行工况下,通过向压力容器内补气、补水和向二回路及热网补水,测试了反应堆对扰动的响应特性,上述扰动可分为反应性扰动和负荷改变扰动两类。通过试验,确认这些正常操作对反应堆的运行参数的影响程度,制订合理的补气和补水的操作流程。

(1) 单双环路切换试验。核热电站的中间回路系统为两个独立环路,均可以单独运行。为此,需在 50% 功率台阶进行单双环路的切换试验。其过程大致如下:在反应堆 50% 额定功率运行工况下,逐渐降低一个环路流量,同时逐渐提升另一个环路流量,直至一个环路停运,维持另一个环路运行一段时间。随后,再次调整流量,交换两个环路的运行状态。

(2) 二回路甩负荷试验。二回路甩负荷是一个设计基准事件,发生二回路甩负荷时,依靠功率自动调节系统或人工调节,反应堆应能够快速降功率,并最终维持在一个低功率运行的稳定状态。

NHR200-II 型核供热堆核热电站的二回路配置了汽轮发电机组、供热热网或工业蒸汽系统(如海水淡化等)。开展甩负荷试验,停闭二回路一部分系统,造成蒸汽压力激增,进而触发功率自动控制系统调小中间回路流量,并根据堆芯出口温度和堆压力,适时下插控制棒。二回路甩负荷试验需在每个功率台阶进行一次,以验证甩负荷时,反应堆及二回路各系统的响应。

10) 核热电站验收试验

核热电站验收试验是转入商运前的最后一个试验。与压水堆核热电站类似,验收试验需在反应堆满功率运行工况下进行,持续时间不少于 168 h。验收试验要测试整个核热电站的稳定工作能力,试验中反应堆应能稳定运行,对于偏离正常运行工况的异常事件,应在反应堆自调节的基础上,自动或手动干预,返回正常运行工况。用于发电的汽轮发电机组,应具备满功率连续发电运行的能力。对于供热回路和热网,应能达到设计值,并提供稳定的热力。对于海水淡化设施,应能够连续运行,达到设计的淡水产量。

8.1.4 反应堆的启动和停闭

壳式低温核供热堆的运行可以划分为 8 个运行阶段,即启动前的准备与检查、各系统启动与投入、压水运行启动、稳定功率运行、提高或降低运行功率、正常停堆、停堆后的再启动、停运。

8.1.4.1 正常启动

壳式低温核供热堆采用一体化布置,反应堆压力容器上部空间充有一定量的不凝结气体——N_2,使得反应堆在启动、升功率、稳定功率运行、降功率以及停堆过程中,始终能够保持堆芯出口温度具有一定的过冷度,同时也可维持一回路压力在一定范围内变化,保证了反应堆的安全。因此,反应堆能够在常温至堆芯出口温度之间的任一温度下启动。

反应堆常温启动后,经过升温、升压过程,达到稳定运行,在升温过程中不凝结气体 N_2 近似地遵守理想气体的气态方程 $pV/T=R$,N_2 在水中的溶解量是压力和温度的函数 $m=f(T, p)$;而水的体积膨胀量以及蒸汽分压的增加量都与温度存在对应关系,因此,在启动前,根据冷态和额定状态的参数进行计算得到的初始 N_2 分压和水位值,并充入定量的 N_2,就可以保证反应堆在稳态运行时的温度和压力参数是合适的。

反应堆水位和 N_2 压力调整通常在常温启动前进行。首先要对压力容器进行补水或排水,调整堆内水位至规定值。调整压力容器上空腔的 N_2 压力至初始值,如反应堆首次运行或其检修时出现过压力容器接通大气的情况,则须对压力容器上空腔进行充分抽真空后再充入 N_2。

低温堆启动过程中靠提升控制棒即可实现临界,操作较为简便。常温启动时,根据前一次启动的临界棒位和运行燃耗,可以较为准确地估算出临界棒位。热态启动时,要考虑燃耗、碘坑以及温度的影响。

5 MW 低温核供热堆的运行经验表明,NHR 型壳式低温堆可以采用变负荷和固定负荷两种启动方式。变负荷启动是指在启动过程中根据反应堆功率调整中间回路流量,以保证负荷与反应堆功率相匹配,因此启动时应使中间回路保持最低流量或停运。固定负荷启动,按反应堆计划达到的给定功率,将中间回路流量调整至额定工作状态的数值,然后再启动反应堆,两种方式均可使反应堆顺利进入稳定运行工况。

常温启动下,可以采用变负荷和固定负荷两种方式。中间回路系统可以在临界后再投运,此时中间回路与一回路温度相同,尚未发生换热,因此不会对一回路冷却剂温度造成影响。

热态启动时,只允许采用变负荷启动方式。需在提棒前就投运中间回路,使一回路和中间回路达到动态平衡。同时,中间回路要维持最低流量,一方面可以减少散热量,使一回路保持较高温度,缩短反应堆重返满功率的时间;另一方面可以减缓一回路冷却剂的温度变化,减少向反应堆堆芯引入的正反应性,确保启动安全。其原因为反应堆停堆后,堆芯下部局部死水区的水降温较快,如中间回路流量过大致使一回路自然循环流量增大,可能会将死水区低温水带入堆芯进而引入正反应性,存在不利于安全启动的隐患。

反应堆停堆时间较长会致使部分 N_2 从一回路冷却剂中析出,为避免集聚在屏蔽泵内的气体影响泵的正常运行进而影响回路系统运行,因此与一回路相连的控制棒水力驱动系统和化容系统应采用具有在线排气功能的泵,以提高反应堆的运行因子。

一回路冷却剂采用化学除氧,常温启动后,在冷却剂温度为 $80 \sim 120$ ℃时,使用投药泵加注 N_2H_4,并在此温度范围内,多次测量溶解氧含量,合格后方可继续升温。

8.1.4.2　过渡到功率运行

除氧完成后,反应堆继续升温、升压,并按技术要求将堆芯出口升温速率控制在 30 ℃/h 以内。

为了便于控制,一般采用变负荷运行方式。反应堆启动后,中间回路保持最低流量,通过提升控制棒,增加反应堆功率为一回路升温、升压。在此过程中,要注意控制一回路水位,可通过水位调节系统排出多余的水以保持水位基本稳定在初始值。例如对于 NHR200-Ⅱ型核供热堆,当堆芯出口温度达到278 ℃时,反应堆压力应达到 7 MPa,此时反应堆已进入功率运行工况,此后可通过停止提升控制棒、增加中间回路流量以使反应堆功率继续上升。

由此可见,反应堆从启动过渡到功率运行的过程中,影响反应性控制的方式如下:前期由控制棒提升直接引入,当反应堆压力和堆芯出口温度达到设计值后,停止提升控制棒,依靠增加中间回路流量来降低主换热器入口温度,在负反应性温度系数作用下,向堆芯引入正反应性。

过渡至功率运行过程中,二回路配置的汽轮发电机组应在中间回路流量增加前,完成相应的暖管、建立真空、暖机等操作。在中间回路流量增加后,再进行冲转和带载等工作。热网回路流量也应随中间回路流量增加而相应增加,以与一回路输出的核功率平衡。

反应堆从低功率升到满功率的过程中,一回路流量和中间回路流量均是非线性变化的,而对于热网,其流量通常为阶梯型。下面对此过程进行简要分析。

以 NHR200-Ⅰ型低温堆核供热站为例,在一回路出口水温基本不变的条件下,计算出二回路流量在各种功率状况下的数值,以便使各回路的流量、温度与功率匹配。计算时做如下设定:① 设一回路出口水温恒为 210 ℃;② 主换热器为 U 形管结构,一回路水走管外,二回路水走管内;③ 二回路设置两条独立环路,每环路并行地流过 3 台主换热器,然后流过 2 台串联的中间换热器;④ 在变负荷运行阶段,三回路水流量恒为 2 580 t/h,回水温度恒为 70 ℃。

做了上述设定,可推算出供暖第一阶段一回路、二回路和三回路流量随负荷变化的曲线(见图 8-1)。

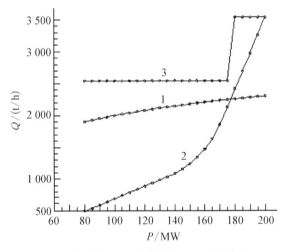

1——回路流量;2—二回路流量;3—三回路流量。

**图 8-1　200 MW 核供热堆一、二、三回路
流量随功率变化曲线**

由图 8-1 可知,功率为 80～160 MW 时,二回路流量与堆输出功率呈线性关系;当功率大于 160 MW 时,流量随功率增加更快。这种现象可从热交换器的换热计算式(8-4)得到解释。

$$Q = u_d A F_T \Delta T_{LMTD} \tag{8-4}$$

式中,Q 为每秒的换热量(W);u_d 为总换热系数[W/(m²·℃)];A 为总换热面积(m²);F_T 为多流程修正数;ΔT_{LMTD} 为对数平均温压(℃)。

ΔT_{LMTD} 的计算式如下:

$$\Delta T_{LMTD} = (\Delta T_1 - \Delta T_2)/\ln(\Delta T_1/\Delta T_2) \qquad (8-5)$$

式中,T_1 为热端温度差(℃);ΔT_2 为冷端温度差(℃)。

u_d 的计算式如下:

$$1/u_d = 1/k_o + R_{fo} + \Delta x/K_w + R_{fi} \cdot \frac{A_o}{A_i} + A_o/(A_i k_i) \qquad (8-6)$$

式中,k_o 和 k_i 分别是热交换管外和管内对流传热系数[W/(m²·℃)];R_{fo} 和 R_{fi} 分别为管外和管内侧的污垢热阻(m²·℃/W);A_o 和 A_i 分别为管外壁和管内壁单位长度面积(m²);Δx 为管壁厚(m);K_w 为管壁导热系数[W/(m·℃)]。

当考虑由二回路流量的增加或减少而引起热交换系数变化时,R_{fo}、R_{fi}、Δx、K_w、A_o 和 A_i 是常量,对动态过程不起作用,所以仅考虑 k_o 和 k_i。又由图 8-1 可见,当堆功率由 80 MW 增加到 200 MW 时,一回路流量仅增加 20%,所以 k_o 对总换热系 u_d 有影响,但影响不大。从图 8-2 可见,主换热器的对数平均温度由 1、2、3 和 4 这几条曲线决定。当堆功率增加到较高水平时,ΔT_{LMTD} 是减小的。为了使反应堆增加同样值的功率(例如以 5 MW 为一等份),那么在高功率水平状态下,u_d 必须增加更多,也就要求对 u_d 影响最大的 k_i 增加更多,故需要二回路流量增加得更多。

反应堆稳定运行期间,对压力容器补气和补水的操作会对反应堆造成反应性扰动,对中间回路和热网进行补水会造成负荷扰动,这些扰动都会使反应堆出、入口温度和功率发生小范围变化,但

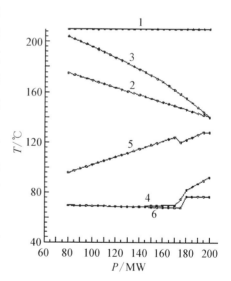

1——回路出口水温;2—一回路入口水温;3—二回路出口水温;4—二回路入口水温;5—三回路供水温度;6—三回路回水温度。

图 8-2　200 MW 核供热堆一、二、三回路水温随功率变化曲线

271

影响极小。当天气、供热面积等原因引起负荷变化时,不需人为地采用控制棒调节功率,也不需要由控制系统跟踪调节控制棒,反应堆因负温度系数的作用可以自动完成功率跟随调节。

8.1.4.3 反应堆的停闭

供热堆正常停闭的主要过程如下:首先降低二回路负荷并同时降低中间回路流量,在此过程中,如果堆芯出口温度和堆内压力升高,则适时下插控制棒,以确保上述参数在运行范围内。其次,中间回路流量降低到最小流量后,继续运行并开始下插控制棒,在此过程中,热量通过二回路载出并使得一回路冷却剂平均温度平稳下降。然后投运一回路水位调节系统,以使压力容器内水位保持在运行值。最后,当控制棒全部下插到底后,停运二回路和中间回路,投运非能动余热排出系统,使堆芯余热安全载出。

在非计划停堆工况下,控制棒将全部掉落到底,中间回路系统将自动隔离,非能动余热排出系统将自动投运。需要手动停闭二回路,同时使用一回路水位调节系统调整压力容器内水位。

核供热站设置了非能动余热排出系统,其运行特性在 5 MW 低温核供热堆上得到了全面验证。5 MW 低温核供热堆的余热载出系统是被动式非能动系统,通过自然循环导出反应堆内的剩余发热,系统由主换热器、蒸汽发生器和空冷器组成。运行和试验结果表明,反应堆在功率运行时停堆,余热载出系统可以很快建立自然循环,而且自然循环导出的热量大于堆芯的剩余发热,不用人为干预即可将反应堆系统降温至冷停堆水平。图 8-3 给出了 5 MW 低温核供热堆停堆冷却试验曲线。

研究表明,当发生冷却剂丧失事故,压力容器内水位下降至自然循环中断点以下时,依靠冷凝换热,余热载出系统仍能正常工作并可靠地导出堆芯余热,保证反应堆处于安全状态。图 8-4 给出了自然循环中断条件下余热系统的工作特性试验结果。

非能动余热排出系统可在无电力供应、无人值守的情况下,顺利载出反应堆堆芯余热,保证反应堆的安全。由于堆芯功率密度较低,在停堆较长时间后,余热将降到较低水平,这时即便停闭非能动余热排出系统,依靠反应堆本体自身散热,依然能使反应堆保持在安全停闭状态。

由上述描述可见,低温核供热堆从设计、安全原则、安全设施和调试、运行、实际验证试验等多个方面,充分贯彻了第一道纵深防御原则得到了很好的贯彻,也取得了所希望的结果。

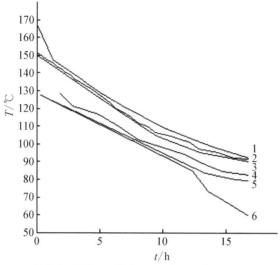

1—堆芯出口温度；2—堆芯入口温度；3—蒸汽发生器入口温度；4—蒸汽发生器出口温度；5—空冷器入口温度；6—空冷器出口温度。

图 8-3　停堆冷却试验曲线

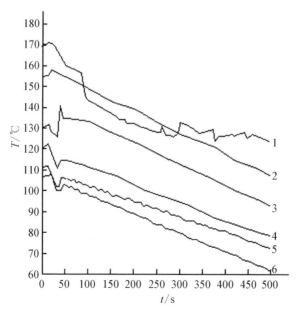

1—堆芯出口温度；2—堆芯入口温度；3—余热散热器入口温度；4—余热散热器出口温度；5—余热蒸汽发生器入口温度；6—余热蒸汽发生器出口温度。

图 8-4　自然循环中断条件下余热系统工作特性试验结果

8.2 第二道纵深防御措施的落实

第二层次纵深防御的目的是检测和纠正偏离正常运行状态,以防止预期运行事件升级为事故工况。尽管设有第一层次纵深防御,核电厂在其寿期内仍然可能发生某些假设始发事件。这一层次要求设置在安全分析中确定的专用系统,并制定运行规程以防止或尽量减少这些假设始发事件所造成的损坏。

根据上述原则,要求针对低温核供热堆建立起一套严格的在役检查、运行监测和控制保护措施。低温核供热堆的运行检测由完善和准确的堆内、堆外测量装置完成。控制系统主要包括控制功率变化的控制棒系统,还有控制反应堆温度、液位等参数的装置和控制蒸汽排放的装置等。此外,低温核供热堆还特别重视在反应堆参数发生任何可能偏离正常运行的状态时,有安全可靠的专用保护系统予以纠偏。低温核供热堆的保护系统由三个子系统组成:紧急停堆系统、专设安全设施驱动系统(engineered safety features actuation system,ESFAS)和注硼触发系统,这些系统的启动和运行必须遵守一定的规则。上述措施构成了低温核供热堆纵深防御的第二道措施。

8.2.1 反应堆的检测和在役检查

核反应堆是一个复杂的系统,由各种各样的系统和设备组成,系统和设备是否保持正常状态,直接关系到反应堆的安全运行。反应堆建造、调试完毕投入运行之后,仍然需要定期对系统和设备进行检测和检查。

1) 在役检查要求

为了保证核电厂运行寿期内的安全运行,需要制订在役检查大纲,在核电厂服役前和寿期内进行在役检查,目的是针对可能出现的性能劣化,对重要的构筑物、系统和部件进行检查,评价其是否能继续安全运行,或者是否有必要采取补救措施。这些在役检查要求完全适用于低温核供热堆。

在役检查大纲包括核电厂运行寿期内要进行的检验和试验,规定了检查范围、检查周期、频度、合格标准、结果评价等要求。在核电厂运行开始前,必须进行役前检验,以提供初始状态下的数据,将在役检查大纲中的检验和试验结果与之比较,从而评价缺陷可能的发展和部件的可接受性。

在役检查的对象主要是安全级物项,根据安全重要性考虑下列系统和部件:

（1）反应堆冷却剂系统中的承压部件。

（2）为保证在有关运行工况和假想事故工况下，反应堆停堆和冷却核燃料的反应堆冷却剂系统部件及与系统相连接的部件。

（3）其移位或故障可能危及上述系统的其他部件。

对于要进行在役检查的部件，通常要进行目视检查、表面检查和体积检验，承压系统和部件还须进行系统泄漏试验。

核电厂的在役检查大纲内容必须在一定的间隔期内完成。在整个核电厂运行寿期内，检验进度可以是均匀分布的检查间隔期，也可以是非均匀分布的检查间隔期，后者可以使检查间隔期适应部件故障的概率和特性。在役检查大纲需要得到安全当局的批准，役前和在役检查实施报告直接影响反应堆装料、运行等关键节点。

《核电厂在役检查》（HAD103/07）给出了压水堆核电厂安全一级部件的检验方法，如表 8-1 所示。表 8-2 为均匀分布检验进度表，检查周期一般为 10 年，每个周期内对反应堆压力容器等安全一级部件进行 100% 的检验。

表 8-1　压水堆核电厂安全一级部件检验方法

受检的零部件（反应堆压力容器）	检验方法
壳体的纵焊缝和环焊缝	体积检验
封头的径线焊缝和环焊缝	体积检验
容器与法兰及封头与法兰的环焊缝	体积检验
一回路接管与容器的焊缝以及接管内侧径向截面	体积检验
容器贯穿件包括控制棒驱动机构和仪表贯穿件	体积检验
接管与过渡段的焊缝	体积检验
≥50 mm 螺栓和双头螺栓的螺母	目视检验
≥50 mm 承压的螺栓和双头螺栓	目视检验
≥50 mm 带螺栓的双头螺栓孔之间的孔带	目视检验
≥50 mm 的封口垫圈	目视检验
压力容器内表面	目视检验

（续表）

受检的零部件（反应堆压力容器）	检验方法
整体焊接支撑件	体积或表面检验
支撑部件	目视检验

表 8－2　均匀分布检验进度表

检查间隔期	检查期，电厂运行开始后累计的服役时间/a	要求完成的最小检验百分数/%	最大检验百分数限额/%
第一个 10 年	0～3 3～7 7～10	16 50 100	34 67 100
第二个 10 年	10～13 13～17 17～20	16 50 100	34 67 100
第三个 10 年	20～23 23～27 27～30	16 50 100	34 67 100
第四个 10 年	30～33 33～37 37～40	16 50 100	34 67 100

2）风险指引的在役检查

针对小型模块式反应堆（SMR）的特殊性，NRC 在 2014 年将适用于 SMR 的专门安全审查要求补充编入 NUREG－0800，题为"Introduction — Part 2：Standard Review Plan for the Review of Safety Analysis Reports for Nuclear Power Plants：Small Modular Reactor Edition"。NuScale 反应堆是目前进展最快的 SMR，NRC 专门针对 NuScale 颁布了 9 个针对性的专用审查大纲（design-specific review standard，DSRS），明确许可了风险指引的在役检查（RI－ISI）在 SMR 一回路压力边界在役检查中的应用。

风险指引在役检查（RI－ISI）的核心思想是从部件的失效可能性和失效后果两个维度来评价部件的安全重要性，使失效概率高且安全重要性高的项目得到足够的重视,对于失效概率低且安全重要度低的项目,可降低检查的频度、数量或改变检查方法,以提高在役检查的效率。失效可能性主要考虑各种可能存在的劣化机理及其引起的失效概率。失效后果评估根据部件失效对堆芯损坏频率(CDF)和早期大量释放频率(LERF)的影响来评估其后果。如果部件失效的后果导致 CDF 的增加小于 1×10^{-6}(堆・年)$^{-1}$、LERF 的增加小于 1×10^{-7}(堆・年)$^{-1}$,那么认为部件失效的风险是可以承受的。

基于大量运行经验及理论分析,ASME 以规范案例(code case)的形式对 XI 卷进行了一定的补充修正,引入风险指引见解,减少或免除了一部分检查和试验。ASME 规范案例 N－691 给出了反应堆压力容器风险指引型在役检查的分析方法,提供了将反应堆压力容器筒体承压焊缝以及全焊透接管焊缝的检查间隔由 10 年延长至 20 年的可能性。另外,NRC 也批准了一部分免除一定区域或部件在役检查要求的申请。1995 年,NRC 根据美国电力研究所的沸水堆容器和堆内构件维修项目(BWRVIP)计算的压力容器环焊缝的失效频率远小于限制要求,批准 BWR 免除反应堆压力容器环焊缝体积检查。

3) NHR200－Ⅱ型核供热堆在役检查

一体化反应堆是目前的发展趋势,但是存在着反应堆压力容器难以在役检查的问题。需要从设计上考虑,减免一些焊缝的在役检查要求,同时还能保证寿期内反应堆的安全。NHR200－Ⅱ型核供热堆的设计实现了这个目标。

NHR200－Ⅱ型核供热堆采用一体化布置、全功率自然循环、自稳压设计,反应堆压力容器的筒体及底部封头采用了双层壳结构。只有当双层壳同时失效的情况下,才会发生堆芯大量失水和早期大量放射性释放。利用风险指引的分析方法,压力容器双层壳同时失效的频率远小于规定的 CDF 与 LERF 的限制条件,满足 CDF 的增加小于 1×10^{-6}(堆・年)$^{-1}$、LERF 的增加小于 1×10^{-7}(堆・年)$^{-1}$ 的要求。依据 NRC 的审评原则,NHR200－Ⅱ型核供热堆压力容器内层筒体环焊缝可以与 BWR 一样申请免除在役检查,从而既简化了在役检查内容,又保证了寿期内一体化反应堆 NHR200－Ⅱ型核供热堆的安全。

NHR200－Ⅱ型核供热堆冷却剂系统在役检查方案如下:首先,反应堆压力容器完成所有检查项目的役前检查,主要包括筒体环焊缝、二次包容壳体环焊缝、筒体接管焊缝、顶部贯穿接管内表面、堆焊层内表面、主螺栓、主螺母及垫圈、吊耳、支撑裙等,采用体积检查、表面检查和目视检查等方法。其次,在役检查期间,反应堆压力容器除了申请免除筒体环焊缝及二次包容壳筒体环焊缝,其余的筒体接管焊缝、顶盖贯穿接管内表面、主螺栓、主螺母及垫圈、吊耳、支撑裙等,均应进行检查。最后,在寿期内,还将定期进行压力泄漏检测试验,并对反应堆压力容器内层筒体的密封性能和结构强度进行检验。

8.2.2 堆外检测系统

1) 堆外中子注量率测量

反应堆功率正比于堆芯内中子注量率。中子注量率对反应堆功率变化的响应速度快(毫秒级),所以普遍用来监测堆的核功率。由于堆芯内环境条件十分严酷,一般中子探测器难以长期工作,所以把中子探测器置于反应堆压力容器外,测量自堆芯泄漏出来的中子,所以也称为堆外中子测量系统,其注量率水平一般比堆内低3个量级。

NHR200-Ⅱ型核供热堆长期停闭后再启动时,从中子源水平到满功率水平,探测器处的中子注量率会变化约10个量级。用一种探测器难以满足要求,通常把整个测量范围分为源区段、中间区段和功率区段,分别用不同的探测器进行测量。为避免出现盲区,相邻两种探测器的测量范围要求有1~2个量级的重叠。

由于源区段中子注量率水平很低,且有较高的γ辐射场,探测器通常采用硼正比计数管,测量的中子注量率为$1 \times 10^2 \sim 1 \times 10^5 (\text{cm}^2 \cdot \text{s})^{-1}$;中间区段用带γ补偿的电离室或裂变室,测量的中子注量率为$1 \times 10^2 \sim 1 \times 10^{10} (\text{cm}^2 \cdot \text{s})^{-1}$;功率区段采用不带γ补偿的电离室,测量的中子注量率为$1 \times 10^8 \sim 1 \times 10^{10} (\text{cm}^2 \cdot \text{s})^{-1}$。

2) 核测量系统

堆外核测量系统在反应堆启动、正常运行、预计运行事件、事故工况和停堆工况下对反应堆的中子注量率水平及其变化率进行监测,向保护系统、事故后监测系统、主控制室和备用停堆点、控制系统、报警系统提供监测信息,由这些系统产生相应的控制、保护动作和向运行人员提供显示信息,保证核供热堆的正常运行和安全。共设8个测量子系统,其中有源量程子系统2个,中间量程子系统2个,功率量程子系统4个。

设计原则如下:

(1) 必须设置中子注量率测量手段,从中子源水平到最大可能功率水平全范围监测反应堆的核功率水平。允许用不同类型的测量手段相互衔接,覆盖全量程范围,各区段之间至少搭接一个量级。

(2) 停堆时必须有中子注量率监测和显示,且满足安全启动最低限值。

必须考虑长期高功率运行后停堆状态下裂变产物衰变对再次启动时中子注量率测量的影响。

（3）必须设置冗余测量通道，以满足"单一故障准则"，冗余度应与保护系统一致。应尽可能满足"故障安全准则"。

（4）执行安全功能（保护、事故后监测、备用停堆点监测）的核测量通道与执行非安全运行功能（运行监测、控制）的核测量通道可以共用，但必须使用隔离措施。隔离措施属于安全级设备。

（5）中子探测器及其支架必须能承受所处的环境条件（为事故后监测产生输出信号的探测器还必须能承受事故后的环境条件），并应考虑足够长的使用寿命。

（6）核测量仪器必须有在线自检和定期试验的手段。

共设置 8 个探测器孔道（干孔道）且位于压力容器外侧，其中 2 个用于源量程子系统和中间量程子系统，4 个用于功率测量子系统，2 个为备用孔道。

探测器安装位置必须考虑堆芯结构及中子源位置与强度等因素，保证停堆状态下系统的计数率满足启动安全最低限值（$2\ \mathrm{s}^{-1}$），且在有效增殖因子 k_{eff} 约为 0.99 时，裂变中子份额不小于 95%，计数率不小于 $10\ \mathrm{s}^{-1}$；探测器处的中子注量率变化范围在反应堆正常运行时不应超过探测器的额定测量范围，在反应堆事故状态下不应超过其极限值；探测器处停堆状态下的 γ 最大剂量率不应超过探测器脉冲工况下允许的最大值。

3）过程测量系统

过程测量系统用于监测全厂的反应堆及其辅助系统、二回路系统以及 BOP 的热工过程参数，为全厂的安全和运行提供必要而充分的信息。

过程测量系统向控制系统和运行人员提供反应堆及各工艺系统的过程参数及重要设备的状态信息，以便运行人员全面监测全厂的运行状态，并据此执行反应堆启动、运行和正常停闭等操作，并根据过程测量参数由控制系统自动地或由操纵员手动地采取校正动作，使参数维持在规定的运行限值以内。

过程测量系统为反应堆保护系统提供可靠监测信号，当被监测参数达到或超过保护整定值时发出保护触发信号，完成必要的保护动作，使反应堆达到并维持在安全停堆状态。过程测量系统还为事故后监测系统和备用停堆点提供可靠的测量信号，满足事故和事故后工况对全厂安全状态的监测。

过程测量系统主要由热工过程参数测量传感器、变送器组成。所有非安全级传感器/变送器的测量信号全部送到控制系统和报警系统的过程控制站，执行控制或控制室显示、报警功能。所有安全级测量信号送保护系统或事故后监测系统,并经隔离分配后送至控制系统(用于显示、控制和联锁目的)或经保护逻辑装置或事故后监测处理装置处理后通过数据通信(经通信隔离)发送至报警系统(用于显示和报警目的)。此外,如用于调试和维护目的,可设置少量的就地显示仪表,以方便相关系统的调试或就地维护。

安全级仪表设计原则如下:

(1)冗余原则。所有安全级仪表均有冗余设置。每个保护监测变量分别设置冗余测量通道。用于事故后监测和备用停堆点显示的过程监测变量设置冗余测量通道。

(2)多样性原则。对于每一个假设始发事件,尽量采用不少于两个不同的物理量进行监测。不能采用不同的物理量进行监测时,应尽量采用多样性设备对同一个物理量进行监测。多样性的设置可以避免某些共因故障使安全功能受到危害。

(3)独立性原则。应保证冗余通道之间的电气隔离,保证在任一通道发生的开路、短路和错加不同电压等故障都不会扩展到其他通道。安全级系统的测量仪表与非安全级系统的测量仪表尽可能独立设置,必须共用传感器信号时应通过电气隔离装置进行信号分配,电气隔离装置也为安全级,保证非安全级系统在任何情况下都不危害安全级系统的功能。不同通道的电源也应独立设置。应该保证属于不同冗余通道的传感器、变送器、贯穿件安装位置之间的实体分隔,其电缆与电缆槽架也应该是实体分隔的。实体分隔措施可以是空间分离或屏障分隔。安全级仪表的电缆不与非安全级的电缆或同为安全级电缆但属不同冗余通道的电缆共用电缆通道和桥架。

(4)受限寿命原则。安全级系统仪表采用受限寿命原则。达到设计规定的受限寿命,不管仪表的实际状况如何均应更换。

(5)可更换性。所有安全级仪表均应设计成是可更换的。

(6)抵抗事故能力。在最大可信事故条件下,安全级仪表应能承受事故工况的温度、湿度、压力、辐射、喷射物等环境条件而不失效。对于事故后监测仪表,满足安全分析的前提下,允许在事故后工况下仪表精度降低,以保证安全重要参数的连续监测和安全功能的完整性。

(7)抵抗火灾能力。电缆应该是低烟、无卤、阻燃的,穿过不同防火区时应设置防火封堵,防止火灾的发生和蔓延。

(8)维修和校验。应对仪表进行定期校验和维护。安全级系统冗余的测量通道间也可以通过互校验,及时发现超差的或故障的通道。

8.2.3　堆内监测系统

反应堆正常运行时,各参数均稳定在一定范围内,或按要求进行变化。堆内参数是最重要的监测参数,可直接并快速地反映反应堆的运行状态,堆内监测系统就是对选定的堆内参数进行连续测量,从而判断反应堆的运行状态,并在必要时发出调节或保护信号。

1) 压力容器液位测量系统

反应堆压力容器液位测量系统能够连续测量反应堆压力容器内的液位,当发生失水事故时,触发紧急停堆和一回路隔离以及中间回路隔离专设动作,并为操作人员监测掌握失水事故的发生和发展趋势提供依据。

NHR200-Ⅱ型核供热堆压力容器液位测量系统设置 4 个液位测量通道,作为保护系统的输入通道。液位信号还被送入控制系统,在主控制室有压力容器液位指示。

压力容器液位测量采用差压式测量原理。该系统的差压变送器取压管一端与压力容器顶部相接,另一端接至压力容器下部。每个通道使用一套数据处理装置,信号处理装置根据所需的输入信号来计算反应堆压力容器的实际液位,这些信号包括来自反应堆一回路冷却剂系统的压力信号、堆芯温度信号、测量差压信号、引压管中的液体密度信号等。该测量系统的每个通道设置一台全量程差压变送器,用来测量反应堆冷却剂全功率自然循环时,从压力容器底部至顶部全范围的液位。

2) 棒位测量系统

棒位测量系统测量控制棒在堆内的位置,并为控制室运行人员提供棒位指示信号;为控制棒控制系统提供上、下极限位置联锁信号。

棒位测量系统主要包括两个组成部分:内置式棒位测量传感器部分和棒位测量仪器部分。棒位测量传感器安装于反应堆压力容器内部,棒位测量仪器安装于仪器间内,两者之间采用专用电缆连接。由于反应堆采用内置式水压驱动控制棒,要求棒位探测器放入压力容器内并能长期可靠工作,为此采用内置式棒位测量传感器。棒位测量仪器主要由激励信号发生、激励信号放大、有效值测量和数据处理四个主要部分构成。

传感器整体安装在压力容器内部的控制棒正上方,测量芯棒的底部与控制棒驱动轴顶端机械连接。当控制棒上下运行时,连接于控制棒驱动轴顶端的测量芯棒跟随控制棒一起同步运动,测量芯棒中的导磁材料段与非导磁材料段交替间隔进出各个测量线圈,使各个测量线圈的电感交替发生变化,对应测量线圈两端交流电压有效值发生变化。有效值测量电路可测量出各个线圈两端的交流信号有效值并将之转换为线性变化的直流信号。数据处理电路则将测得的各个线圈输出信号通过模数转换获得与测量线圈数量一致的多位数字信号,这些数字信号就是对应棒位的编码,最后将数字编码转换为相应的棒位输出。

8.2.4　反应堆控制系统

为了保证供热堆的安全运行,着重对功率、蒸汽发生器水位和蒸汽压力进行监测和控制,针对上述三个参数的控制系统介绍如下[5]。

1) 功率控制系统

反应堆功率控制系统执行控制棒正常提升和插入,用于实现反应堆的启动、功率运行、功率转换和正常停堆。控制棒按照功能分为安全棒组、补偿棒组和调节棒组,并且有手动和自动两种控制模式。系统的主要控制任务包括调节反应堆功率,使得反应堆输出功率与负荷需求相适应;调节反应堆堆芯出口温度,满足所给定的稳态运行方案;在正常运行工况下,抑制引入反应堆的内、外反应性扰动。

系统功能如下。

(1) 控制棒操作:按照控制台的操作指令执行控制棒正常提升、插入有关的控制任务,完成反应堆的启动、功率运行、功率转换和正常停堆。

(2) 安全联锁:确保只有在规定的条件全部满足的情况下,才能将控制棒控制系统投入并保持在工作状态;只有满足规定的安全联锁条件和逻辑次序才能操作控制棒。

(3) 控制方式切换:在控制室手动实现手动或自动控制方式的选择与切换。

(4) 功率自动调节:根据功率给定值或负荷需求,自动升降功率或将功率维持在给定值。

(5) 棒位监测和信息显示:在控制室提供控制棒棒位和功率控制系统运行状况的信息显示。

反应堆功率控制系统采用符合工业标准的控制站实现,通过逻辑组态编程实现控制棒的升降操作、安全联锁、控制方式切换、核功率自动控制、棒位监测和信息显示等功能。为了提高功率控制系统的可靠性,根据不同的控制和监测功能,分别由不同的控制站实现。

功率自动调节采用调节核功率与中间回路流量相结合的协调控制方案。以功率给定值或负荷需求作为输入变量,以中间回路流量作为手段,调节蒸汽发生器出口压力,使反应堆输出热功率与负荷需求匹配。增加(或减少)中间回路流量,使主回路传递给中间回路的热功率及中间回路传递给供热回路的热功率增加(或减少)。在保持控制棒位置不动的情况下,主回路输出热功率的增加(或减小),将使主回路平均水温下降(或上升),由于堆芯的负温度系数的反应性反馈作用,一定程度上将使反应堆功率增加(或减少)。因此,为了同时维持反应堆主回路主要参数(如堆芯出口水温)在规定范围内,需要调节控制棒在堆芯的位置,使主回路主要参数返回规定范围内。

反应堆功率控制系统包括堆芯出口温度调节系统和蒸汽发生器出口压力调节系统:

(1)堆芯出口温度调节系统。在反应堆功率运行时,当堆芯出口水温偏离规定的范围时,给出堆芯出口水温的误差信号,该误差信号通过 PID 调节器,输出控制信号给控制棒水力驱动系统,通过升降控制棒,使堆芯出口水温恢复到规定范围内。

(2)蒸汽发生器出口压力调节系统。在反应堆功率运行时,当负荷需求与反应堆功率出现不匹配时,给出蒸汽发生器出口压力的误差信号,该误差信号通过 PID 调节器,输出控制信号给中间回路泵变频器,通过改变中间回路泵转速,改变中间回路流量。

2)蒸汽发生器水位控制系统

蒸汽发生器主要功能是把中间回路冷却剂从反应堆堆芯带走的热量经蒸汽发生器管壁传给二回路水,使之产生蒸汽,带动汽轮机做功。在运行过程中,如果蒸汽发生器水位过低,会产生下列危险:引起蒸汽进入给水环,从而在给水管道中产生危险的汽锤;引起管束传热恶化;引起蒸汽发生器的管板热冲击;如果水位过高,会有淹没汽水分离器的危险,使蒸汽干度降低而危害汽轮机叶片。由此可见,控制蒸汽发生器水位的重要性。

蒸汽发生器水位控制的功能是将蒸汽发生器二回路侧的水位维持在程序设定值上。蒸汽发生器的水位取决于给水流量、给水温度、反应堆冷却剂温度和蒸汽流量。每台蒸汽发生器的水位调节都是用控制进入所述蒸汽发生器的给水流量来实现的。采用两个并联安装的阀门调节流量:一是用于大流量的正常运行的主调节阀;二是用于低负荷运行的旁路调节阀。为优化阀门的运行,应尽量使通过阀门的差压近似恒定,这可以由控制给水泵的转速完成。特别是任何一台蒸汽发生器的阀位变化,必须通过给水泵速度的变化得到迅速补偿。

蒸汽发生器水位控制系统由蒸汽发生器给水流量调节系统和主给水泵转速调节系统组成。前者可以对每个蒸汽发生器分别调节,流量变化比较慢;后者是对所有蒸汽发生器给水一起调节,流量变化比较快。

在蒸汽发生器中,由于蒸汽流量的变化,蒸汽发生器内沸腾段的气泡量随局部压力的变化而变化,使水位呈现瞬时的"虚假水位"现象。由于这种虚假水位现象的出现,为了改善控制系统的调节特性,通过引进蒸汽流量与给水流量的失配信号就能抑制主给水控制阀受"虚假水位"的影响。因此,蒸汽发生器给水流量调节系统是由蒸汽流量、水位和给水流量组成的三冲量给水调节系统。利用并联安装在每条给水管路(蒸汽发生器入口侧)上的两个调节阀控制给水流量,从而调节水位:一个是"低流量"阀,或称旁路阀,用于启动和低负荷运行,在高负荷时保持全开;另一个是高流量阀,或称主阀,用于15%以上负荷运行。

主给水泵转速调节系统用于调节主给水泵的转速,使蒸汽母管与给水泵出口母管间的压差保持为规定的程序定值,该程序定值为蒸汽流量的增函数。主给水泵转速调节系统由两个调节回路组成:一个是蒸汽总流量及蒸汽/给水压差调节回路,按照蒸汽总流量确定给水联箱/蒸汽联箱压差的整定值;另一个是转速调节回路,机械液压式转速调节器调节给水泵转速。

3) 蒸汽排放控制系统

反应堆功率不能总是像汽轮机负荷那样快速变化。蒸汽排放系统减缓了由汽轮机大量、快速负荷降低引起的核蒸汽供应系统温度、压力瞬态的幅度,用直接向凝汽器或大气排放主蒸汽的方法,从而提供一个"人为的"反应堆负荷。该功能由蒸汽旁路控制系统(向凝汽器排放蒸汽)和大气排放控制系统(向大气排放蒸汽)实现。

蒸汽旁路控制系统能够有控制地将一部分蒸汽通过旁通阀直接导入凝汽器,它是功率调节的辅助系统。整套旁通阀分成若干组。其中一组用于反应堆冷却,通常称为"反应堆冷却阀"。它经常动作,经过特别设计能够快速打开。在正常工况下,旁通阀是关闭的。蒸汽旁路控制有两种方法:平均温度控制方法和蒸汽集管压力控制方法。

平均温度控制方法通常用于控制棒自动控制范围(15%～100%额定功率)内。在甩负荷时,因为平均温度定值与负荷呈线性函数关系,由于负荷突然减小,平均温度定值与平均温度测量值之间产生偏差信号。此信号送到温度控制器和阈值继电器,根据偏差大小,由温度控制器或阈值继电器快速开启旁通阀。此后,控制棒系统动作,通过插入控制棒降低反应堆功率,当平均温度测量值接近它的新的整定值时,调节阀的开度减小,旁路蒸汽流量减小。直到平均温度测量值与整定值之间的偏差小于死区,旁通阀全部关闭,以避免负荷微小的扰动引起蒸汽旁路系统频繁动作。

当蒸汽集管压力控制方法用于控制棒系统手动控制范围(0～15%额定功率)时,可以手动调整压力整定点,蒸汽压力偏差信号经 PI 调节器产生调节信号,还可以在控制室手动控制。反应堆从热停堆工况下冷却,靠调低整定点压力方法进行操作。蒸汽集管压力控制方法比平均温度控制方法具有更好的压力控制效果。

大气排放控制系统在蒸汽旁路控制系统不可用时提供了"人为"的负荷,并且允许将反应堆冷却剂系统冷却到能将余热排出系统投入使用的程度,从反应堆冷却剂系统中排出蓄存的能量和余热,以控制蒸汽发生器的压力为零负荷值,并且维持反应堆冷却剂系统的平均温度接近其热停堆值。向大气排放的回路由装在相应的蒸汽发生器出口处的主蒸汽管道上的一根管道、电动隔离阀和调节阀组成。电动隔离阀在正常情况下是开启的,可以在调节阀发生故障时将回路隔离。排汽的调节阀位于出口,受调节通道控制。调节通道的压力整定值使得机组在正常运行工况下、甩负荷或紧急停堆时,在冷凝器可用的范围内,蒸汽发生器出口处的实际压力低于给定的压力整定值;而在冷凝器不可用时,能够在启动安全阀之前排出部分蒸汽流量。

8.2.5　保护系统

为了确保供热堆的安全运行,设置了反应堆保护系统,保护系统通过对选取的部分参数进行连续监测,判断反应堆的运行状态,并在需要时自动发出控制信号对反应堆的状态进行自动调控。

1) 反应堆保护的目的与措施

保护系统连续监测供热堆的状态,当所监测的保护变量达到或超过整定值时,产生紧急停堆信号,自动停闭反应堆;在某些设计基准事故工况下,还将自动触发相应的专设安全设施动作,以防止反应堆状态超过规定的安全限制值或减轻由此引起的后果,从而保证反应堆设备及人员、社会和环境的安全。

保护系统由三个子系统组成:紧急停堆系统、专设安全设施驱动系统(ESFAS)和注硼触发系统。

2)反应堆保护系统的设计原则

壳式低温核供热堆保护系统的主要设计原则如下。

全部预计运行事件和设计基准事故下的安全动作均应自动触发且自动完成,以便在预计运行事件或设计基准事故开始的一段合理的时间内,不需要操作员的干预。在不需要立即动作的情况下,可允许手动启动安全动作。必须把对操作员在短时间内进行干预的要求降至最低。

重要的安全功能设置系统级手动触发动作作为自动触发的后备。手动触发的设计应使自动触发电路中的故障不妨碍手动触发。

保护系统应能满足反应堆安全分析提出的保护功能及性能要求,包括需要保护的反应堆状态、保护动作、监测变量、安全限值、监测量程、精度及响应时间等。

为了保证保护功能的有效性,对于事故分析中的每一种假设始发事件,尽量采用两种不同的监测变量进行保护,以实现保护功能的多样性。在不能采用不同的监测变量时,可用不同的测量仪表监测同一种变量。

在设计基准事故工况下,保护系统应能在所处的工况条件下满足功能及性能要求,实施自动保护功能。

第二停堆系统的触发电路与保护系统触发控制棒停堆的电路相独立,且具有多样性。

主控制室应提供足够的信息,使操作员可以连续监视保护变量、保护系统的工作状态及触发动作的执行效果,其信息显示设备可以不是安全级。

为了实现全厂的安全目标和可用性目标,保护系统必须最大限度降低拒动概率(应触发时不触发的概率),确保反应堆的安全性。同时,应尽可能降低误动概率(不应触发而触发的概率),保证反应堆的连续可运行性。

必须保证保护系统对其他系统的独立性,保护系统不得受其他系统的任何影响导致丧失安全功能。必须在冗余安全通道之间、安全通道与非安全通道之间采取电气隔离和实体分隔措施。

壳式低温核供热堆保护系统的设计还必须满足有关法规和标准规定的下列基本要求。

(1)单一故障准则。必须确保保护系统的某一监测通道或某一逻辑列内的任何单一故障均不会导致系统丧失保护功能。不仅要考虑系统内部故障，还要考虑支持系统(如电源)单一故障及外部事件引起的故障(包括外部单次事件引起的多故障)情况下不会导致保护系统丧失安全保护功能。

(2) 冗余。为防止单一故障引起保护功能失效，保护系统设计必须采用冗余技术。保护监测通道、逻辑符合和触发输出列都应有一定的冗余度(至少二重冗余)。

(3) 符合。必须采用符合技术，以减少信号波动、仪表漂移、系统内元器件故障等因素使保护系统产生误动作的可能性。

(4) 独立性。为了克服冗余部件相互之间的有害作用，保护系统各冗余监测通道之间以及冗余逻辑列之间，均应按独立性原则(电气隔离、实体分隔)设计，防止一个通道(或逻辑列)故障导致其他通道(或逻辑列)同时失效的可能性。保护系统与其他系统之间也应按独立性原则设计，防止其他系统故障导致保护系统丧失其执行安全功能的可能性。

(5) 多样性。对每个规定的反应堆假设始发事件尽量用不同物理效应的变量来监测，在某些条件下可用不同类型的设备来测量同一物理变量，以便克服共因故障。

(6) 故障安全原则。紧急停堆系统应使在系统失电或监测通道和逻辑列开断、短路等故障发生时，均导致触发安全动作。

(7) 自动保护功能。保护系统对各保护动作均应能自动触发，且保护动作一经触发，就应一直进行到完成。只有在保护变量重新恢复到安全值后，才能手动重新将保护系统投入。系统保护动作信号只能做有条件的旁通而不能被抑制。

(8) 环境适应性。保护系统的监测通道仪表及逻辑装置应安装于按抗地震要求设计的设备间。在各种设计基准事故下，设备间的环境条件(湿度、温度、压力及辐射等)应满足保护系统功能及性能有效性的要求。

(9) 可试验性。系统应具有在役检验手段，便于运行人员确认系统功能的有效性，或尽快发现系统可能出现的安全故障及非安全故障，以保证系统连续处于完好工作状态。定期检查时，应确保不会妨碍保护系统的正常功能，也不会造成误停堆。

(10) 手动触发功能。保护动作除由保护系统自动触发外，还应能由手动触发，自动触发电路中的故障不应阻碍手动触发。备用停堆点也应提供必要的手动触发功能。

（11）旁通。有维修旁通和运行旁通两种。使用维修旁通时,应能确保保护系统的自动保护功能。为了满足不同运行工况的需要,可在一定条件下旁通部分功能。但只有在设计允许的条件满足时,才能实现要求的旁通。在执行旁通后,如果旁通条件失去,则旁通应自动失效并使系统进入安全状态。

（12）安全联锁。在保护系统内应设置必要的安全联锁,保护系统与其他有关系统之间也应设置必要的安全联锁,使反应堆的启动、运行一直处于保护系统的监督保护之下。

（13）信息显示。在主控制室应能提供保护系统自身状态有关的信息（故障、检查、旁通等）显示,应置于运行人员便于观察的位置。紧急停堆时应在控制室给出声光报警。

（14）质量和鉴定要求。设计及制造过程应按安全级设备质保要求实行全面质量控制。质保文件需建立档案,并在整个反应堆寿期内妥善保存。鉴定应符合相关法规标准。

（15）电源。保护系统的冗余监测通道及冗余逻辑列应由具有相同冗余度的、独立的安全级电源分别供电。对供电状况应有监督指示,供电不正常时应有报警信号。

（16）电缆。保护系统应采用低烟、无卤、阻燃电缆。

（17）标志。保护系统冗余通道的部件、设备及连接电缆应采用不同颜色的标志,并应与非安全系统的标志颜色明显区别,以易于识别。

3）紧急停堆系统

在发生预计运行事件,使得监测的保护变量达到保护整定值时,输出紧急停堆触发信号,使停堆断路器动作,从而断开控制棒驱动回路的电磁阀驱动电源,所有控制棒依靠自身重力快速下降进入堆芯,停闭反应堆。在触发停堆（不管是自动触发,还是手动触发）的同时,联锁自动启动余热排出系统,载出停堆后的堆芯剩余发热。

4）专设安全设施驱动触发系统

发生设计基准事故,使得监测的保护变量达到专设动作整定值时,在触发紧急停堆的同时,输出专设安全设施触发信号,启动专设安全设施,以减轻事故的后果。

针对不同的设计基准事故,壳式低温核供热堆专设安全设施驱动下列两种隔离。

（1）安全壳隔离。在发生主回路系统失水事故时,为减轻失水事故的后果,安全壳隔离系统自动关闭从压力容器通向安全壳外工艺管线上的阀门,包括反应堆冷却剂处理系统取水和回水管隔离阀、控制棒水力驱动系统取水和回水管隔离阀以及气体系统隔离阀。

(2) 中间回路隔离。在发生中间回路破管事故时,为了防止中间回路水的大量流失和相连的余热排出系统失水,自动关闭中间回路主管线上的几个隔离阀门。

5) 注硼触发系统

注硼触发系统是反应堆的第二停堆系统,在发生 ATWS 叠加事故时,靠手动触发注硼功能,将硼水注入堆芯,使反应堆安全停闭。

6) 保护系统的实现

保护系统为四通道冗余、局部符合逻辑、两级四取二(“2/4”)表决的结构,采用数字化技术实现。其结构特点如下:

(1) 采用四个冗余监测通道和四个冗余逻辑符合“列”。

(2) 采用局部符合逻辑。对每个保护变量分别进行“2/4”表决,只有当同一个保护变量的四个监测通道的信号至少有两个同时越限时才作为“触发”信号。

(3) 实现两级“2/4”表决。四个表决器同时执行对保护变量的“2/4”表决;对四个表决器的输出结果再进行第二次“2/4”表决。

反应堆保护系统包括从敏感元件到安全驱动器输入端的所有设备和线路。其构成分为两个基本部分:安全监测装置和安全逻辑装置。安全监测装置包括核测量通道(核探测器和核测量仪器)、过程测量通道(敏感元件和变送器)、信号调理单元和定值比较单元。安全逻辑装置包括逻辑符合单元和触发输出单元,实现手动投入、自动触发信号输出、运行状态显示、事故报警触发信号输出、运行旁通以及必要的隔离、检验等电路。

保护系统对同一个保护变量分别采用四个独立的通道进行监测,每个监测信号分别经信号调理单元传送至定值比较单元;定值比较单元对保护监测变量分别进行模数转换和定值比较,在达到保护整定值时,输出通道触发信号到逻辑符合单元。逻辑符合单元接受定值比较单元的通道触发信号,分别对各个保护监测变量的通道触发信号进行“2/4”表决处理,形成“列”触发信号输出。触发输出单元接受逻辑符合单元的“列”触发信号,对“列”触发信号进行“2/4”表决处理,产生停堆和专设触发信号。两路停堆触发信号(和专设触发信号)分别送至两路安全触发器(和专设触发器)的输入端,分别控制两个停堆断路器(和专设控制电路),实现反应堆紧急停堆和专设安全设施的触发。

所有自动保护动作都设有手动操作作为备份,手动触发功能不受自动触发电路的限制,相关的设计如下:

(1) 在主控制室的控制台上,设置两个紧急停堆按钮,使得在任何情况下,操纵员可以通过手动操作任一个紧急停堆按钮,实现触发落棒紧急停堆。

(2) 在主控制室的控制台上,为反应堆的每个专设动作设置两个手动操作按钮,使得在任何情况下,操纵员可以通过手动操作任一个专设操作按钮,实现触发专设动作。

(3) 在主控制室的控制台上,为反应堆的注硼操作设置两个手动操作按钮,使得在任何情况下,操纵员可以通过手动操作任一个注硼操作按钮,实现触发注硼。

(4) 在主控制室外适当地点设置备用停堆点,为反应堆设两个手动紧急停堆按钮,使得在主控制室不可用时,可以在备用停堆点使反应堆停堆并进行事故后监测。

8.2.6 第二停堆系统——非能动注硼系统

由 8.2.5 节的描述可见,低温核供热堆通过在役检查、堆内外运行监测和各种严格细致的控制保护措施,充分落实第二层次纵深防御中检测的目标,确保可以及时发现偏离正常运行的状态。第二层次纵深防御的另一个目标是纠正偏离正常运行状态,以防止预期运行事件升级为事故工况,这是通过及时停闭反应堆,并使反应堆处于次临界状态达到的。

注硼系统就是供热堆的第二停堆系统,它在反应堆服役期间一直处于待役状态,只有在第一停堆系统控制棒系统出现故障,不能执行停堆功能时,才启动注硼系统,终止链式反应,关闭反应堆。注硼系统属于供热反应堆的专设安全设施,它作为供热反应堆的第二套停堆系统,可以独立地执行停堆功能,但不作为快速停堆的手段。

在反应堆寿期内的任何时候,注硼系统都应能够可靠地执行停堆功能。为此,本系统的设计遵循下述准则:

(1) 在一定的时间内将足够量的硼溶液注入堆芯,使反应堆停闭。

(2) 系统应有足够的硼储备,使反应堆达到冷态停堆,并维持一定深度的次临界。

（3）系统的设计应符合单一故障准则，即系统在投入运行的过程中需要操作的设备，必须有 100% 备用量。

（4）本系统在设计上应有切实措施，保证在系统不需要投入时硼溶液不会漏入反应堆冷却剂系统，以免干扰反应堆的正常运行。

（5）系统设计采用非能动运行原则。

8.2.6.1　NHR 5 的注硼系统

NHR 5 的注硼系统设置了两套独立、互为冗余的注硼方式：一是动力注硼，通过注硼泵将硼质量分数为 8% 的硼液注入堆芯；二是压气注硼，通过高压气罐（备用动力源）将硼液注入堆芯。注硼系统由储硼罐、注硼泵、高压气罐（备用动力源）、电加热器、过滤器及管路阀门等组成，系统设置了两台（一用一备）柱塞泵用于动力注硼，系统流程如图 8-5 所示。

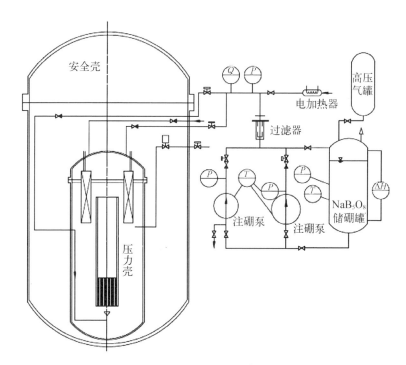

图 8-5　NHR 5 注硼系统流程图

本系统的设备都以反应堆事故工况下可能达到的最高参数作为设计参数。设计压力为 3.5 MPa，设计温度为 250 ℃。

本系统在反应堆压力容器外面的两个隔离阀及其与压力容器的连接管道为安全 1 级，质保 QA1 级；其余设备及管道为安全 3 级，质保 QA2 级。所有设备都属于抗震Ⅰ类。

本系统工作介质为 NaB_5O_8 溶液(浓度为 8%),由优级 NaB_5O_8 与纯水配制而成,通过注硼泵送至硼液储罐并循环混合均匀。考虑到材料与工作介质的相容性,本系统用材一律采用不锈钢。本系统的设备及管道外面一律加装保温层。

一旦出现事故且需注硼紧急停堆时,启泵、打开沿线电动阀进行注硼。NHR 5 注硼系统的工作条件如下:当两个停堆保护信号动作后未停堆,堆内超压使安全阀开启 100 s 后,若反应堆仍未停闭,则系统开始向反应堆堆芯注入 NaB_5O_8 溶液以实现停堆。在硼注入堆芯且当堆芯硼浓度达到 200 ppm时,反应堆进入次临界状态;主冷却剂硼浓度达到 500 ppm 时,达到冷停堆水平。注硼系统主要参数如表 8-3 所示。

表 8-3　注硼系统主要参数

名　　称	数　　值
停堆硼浓度/ppm	200
冷停堆硼浓度/ppm	500
浓硼液储量/kg	1 000
浓硼液温度/℃	＞12
浓硼液 NaB_5O_8 浓度/%	8
注硼流量/(L/h)	1 000
注硼压力/MPa	3.5

事故排除后,采取排水稀释法不断降低主冷却剂中的硼浓度,当降至 50 ppm 以下时停止排放,采用化容系统硼床将硼浓度降至 1 ppm 以下后方可正常启堆。

8.2.6.2　NHR200-Ⅰ和 NHR200-Ⅱ的注硼系统

与 NHR 5 不同,NHR200-Ⅰ和 NHR200-Ⅱ型低温核供热堆注硼系统采用了非能动的重力注硼方案。重力注硼系统由注硼罐、漏液捕集器、阀门和相应的管道组成,系统流程如图 8-6 所示。

一般情况下,包括反应堆处于停堆、正常功率运行和一般瞬变过程,重力注

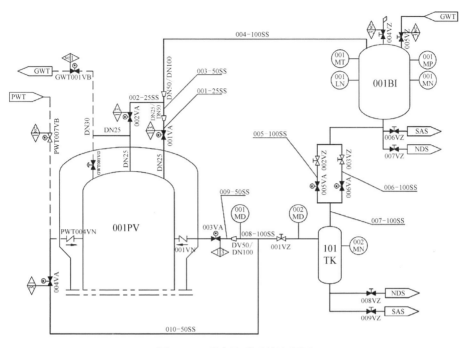

图 8‑6　重力注硼系统流程图

硼系统借助隔离阀与反应堆隔离开,注硼系统(除反应堆隔离阀以内的部分管道以外)处于常温常压状态。当需要注硼时,打开储硼罐气体空间与反应堆压力容器之间的连通管和注硼管上的隔离阀,使注硼罐与反应堆压力容器连通,注硼罐内压力很快升高。当注硼罐和反应堆压力容器的压力达到平衡以后,因为注硼罐内液位比反应堆压力容器高,硼液即可在重力的作用下沿注硼管注入反应堆。由于压力容器的蒸汽及 N_2 不断地通过气体连通管流入注硼罐,注硼罐内压力得以维持基本与反应堆压力容器相等。因此,硼溶液能够不断地流入反应堆[6]。

NHR200‑Ⅰ和 NHR200‑Ⅱ型低温核供热堆事故分析结果表明,即使发生 ATWS 事故,依靠供热堆良好的自调节性能就可以使反应堆功率降下来,直至热态停堆。在这种情况下,为了防止反应堆重返临界状态,维持反应堆处于长期冷态停堆状态,才启动注硼系统向反应堆注入硼溶液。

8.3　第三道纵深防御措施的落实

第三层次纵深防御的设置是基于以下假定:尽管极少可能,但某些预计运行事件或假设始发事件的升级仍有可能未被前一层次防御所制止,从而演变成一种较严重的事件。这些不大可能的事件在核电厂设计基准中是可预计的,并且必须通过固有安全特性、故障安全设计、附加的设备和规程来控制这些事件的后果,使核电厂在这些事件后达到稳定的、可接受的状态。

遵循上述原则,壳式低温核供热堆主要是依靠合理设置的保护系统和专设安全设施,来保障这一层次防御目标的实现。在反应堆参数纠偏过程中,首先将供热堆引导到可控制状态,然后引导到安全停堆状态,这是依靠上节介绍的第二道纵深防御措施中冗余的控制棒系统和注硼系统实现的。在供热堆状态可控之后,首要任务是及时导出堆芯余热,并在需要时及时启动反应堆冷却剂系统的超压保护系统,排出压力容器内的蒸汽,以免反应堆压力容器内的压力和温度过高。只有及时导出堆芯剩余发热,才能更好地维持包容放射性物质的屏障——压力容器和安全壳的完整,从而避免放射性物质的外泄。

依赖壳式低温核供热堆的固有安全性设计和上述措施,针对低温核供热堆可能出现的典型事故,进行安全分析,从而可以证明不论是正常运行和运行瞬态,还是发生失水事故、失去外部电力供应和功率运行,一根控制棒意外一次提升两步等典型的设计基准事故时,低温核供热堆都可以保证安全可控和停堆,并能防止事故状态进一步恶化而超过设计基准。

8.3.1　安全壳

作为防止放射性物质释放的最后一道实体屏障和防止外来因素对核反应堆安全的威胁,一般核电站都设有厚约 1 m 的钢筋混凝土安全壳,"华龙一号"更是设置了双层钢筋混凝土安全壳。安全壳内不仅包括核反应堆本体,还包括蒸汽发生器、稳压器、主循环泵、主管道及其他主要涉放射性附属设施等。安全壳不仅可以防止壳内反应堆事故导致的放射性物质不受控地释放到环境中,而且也可以防止外部飞机撞击对核反应堆造成的损坏。

为了保证安全壳的完整性,安全壳本身也设有保护其自身安全的设施,一回路破口事故将导致冷却剂流入安全壳和壳内压力升高,这是威胁安全壳完整性的主要因素,如何抑制安全壳内压升高是安全壳安全系统的首要任务。传统的大型压水堆核电站多采用喷淋装置,通过喷淋水凝结安全壳内的水蒸气,达到降压的目的。AP1000 采用的是钢筋混凝土安全壳内衬钢制安全壳的方案,通过钢制安全壳外表面液膜蒸发带走壳内传导过来的热量,从而冷凝安全壳内的水蒸气达到抑制壳内压升高的作用。"华龙一号"采用了在安全壳内设置冷凝器的方法,通过非能动自然循环过程,将安全壳内的蒸汽冷凝,并将热量传给钢筋混凝土安全壳外部的冷却水池。

NHR 5 和 NHR200-Ⅰ型低温核供热堆除了外部的钢筋混凝土建筑外,还采用了紧贴式的钢制安全壳。钢制安全壳可以承受主回路破口后冷却剂释放导致的压力升高,并可以抑制一回路冷却剂的过度流失,从而保证低温核供热堆的堆芯始终被水淹没且不会发生堆芯裸露和堆芯熔化事故,这种双层承压壳的设计是壳式低温核供热堆固有安全的重要措施之一。

NHR200-Ⅱ型核供热堆采用了与一般压水堆核电站类似的钢筋混凝土建筑安全壳,但反应堆压力容器下部仍然保留了双层钢制壳体的结构,这种设计结合了上述两种安全壳的优点。

8.3.2　非能动余热排出系统

余热排出系统是为了保证反应堆停堆安全的专设安全设施。其功能是在反应堆停堆后,将一回路冷却剂传送过来的反应堆余热传送到大气中,降低一回路冷却剂的温度,以确保不超过燃料元件设计限值和反应堆压力边界的设计条件。

余热排出系统应该保证 NHR 系列低温核供热堆正常停堆和事故停堆后能够执行其载出余热的功能。为此,系统设计应遵循以下原则:① 系统设计采用自动投入和非能动运行的原则;② 系统设计保证在当地最恶劣气象条件下不丧失其执行安全功能的能力;③ 系统设计符合多重性原则;④ 系统设计服从单一故障准则。

余热排出系统与中间回路连接的设备(包括空气冷却器、容积补偿器及隔离阀)和管道都按照 ASME 规范安全 2 级部件、质保 QA1 级进行设计。空冷塔风门为非安全级,质保 QA2 级;空冷塔为安全级,质保 QA3 级。本系统的所有设备(包括空冷塔、风门在内)及管道都按抗震Ⅰ类设计。

除容积补偿器的波动管和空冷器的连接管道以外,所有管道需要保温。

8.3.2.1　剩余发热

在反应堆停堆后,堆芯发热功率并不会立即降低到 0,而是首先迅速地降低到稳态热功率的一定比例(百分之几的量级),并继续缓慢地下降。核反应堆的剩余发热曲线受衰变产物组分及其半衰期等多种因素影响。剩余发热功率虽然数值不高,但将维持相当长的一段时间。

有多种计算方法可用于估算剩余发热的大小。例如

$$\frac{P}{P_0} = 6.48 \times 10^{-3} \left[t^{-0.2} - (t + T_0)^{-0.2} \right] \qquad (8-7)$$

式中，P 为剩余发热功率；P_0 为稳态热功率；t 为停堆时间；T_0 为停堆前反应堆已运行的时长，t 与 T_0 的单位均为 d。

表 8-4 给出了几种典型场景下反应堆剩余发热的相对水平。

表 8-4　典型场景下的反应堆剩余发热

场　　景	$(P/P_0)/\%$
反应堆以功率 P_0 持续运行 1 a，停堆 1 s 后	6.10
反应堆以功率 P_0 持续运行 1 a，停堆 1 min 后	2.60
反应堆以功率 P_0 持续运行 1 a，停堆 10 min 后	1.60
反应堆以功率 P_0 持续运行 1 a，停堆 1 h 后	1.00
反应堆以功率 P_0 持续运行 1 a，停堆 24 h 后	0.45
反应堆以功率 P_0 持续运行 3 d，停堆 1 s 后	5.90
反应堆以功率 P_0 持续运行 3 d，停堆 1 min 后	2.30
反应堆以功率 P_0 持续运行 3 d，停堆 10 min 后	1.20
反应堆以功率 P_0 持续运行 3 d，停堆 1 h 后	0.70
反应堆以功率 P_0 持续运行 3 d，停堆 24 h 后	0.16

壳式低温核供热反应堆的堆芯处于衰变热状态时，其主输热系统往往已停止运行，此时如果没有专设安全系统排出堆芯衰变热，则有可能造成燃料元件温度超设计限值甚至烧毁，因此必须在反应堆系统中设置专门的热工水力回路导出堆芯剩余发热以及堆内构件、反应堆冷却剂储存的热量，这样的系统称为余热排出系统。

8.3.2.2　非能动余热排出系统设计

余热排出系统可以能动运行，也可以设计为非能动运行。早期的余热排出系统往往设计为由应急柴油机带动泵来驱动的能动流体回路，自第三代压水堆核电站设计出现以来，核能界已广泛接受"非能动安全"的理念。"非能动安全"是指使系统无须依赖外部能量输入即可运行,或是仅使用很有限的能动部件来触发系统自动运行的一种安全设计理念。

对于采用非能动安全理念的一体化壳式供热堆余热排出系统来说,其可行的设计方案包括从一次侧直接引管对一回路冷却剂进行冷却,或是将余热冷阱接入二次侧回路建立自然循环来间接冷却一回路。两种理念在一体化压水反应堆设计实践中均有应用案例。例如,美国西屋公司的 WSMR 一体化压水堆采用一次侧非能动余热设计,而韩国 SMART 反应堆和美国 IRIS 一体化堆则采用二次侧非能动余热设计。

1)NHR 5 的余热排出系统

NHR 5 低温核供热堆的余热排出系统与中间回路相连(见图 8-7),主要由蒸汽发生器、空气冷凝器、补偿水罐、手动隔离阀、电动隔离阀等组成。5 MW 低温核供热堆设计了两列完全独立的且分别与两台主换热器相连的余热排出子系统,互为冗余,每列回路的设计功率为反应堆额定功率的 1.5%。只要有一列运行,即可满足余热排出的要求。

该系统从主换热器二次侧的中间回路引出管路,与空冷器一起构成了一个蒸发-冷凝的自然循环回路,最终将余热传递到最终热阱(大气)中,该系统可以多种方式投入。该系统还设计了集气罐和放气阀以防止气塞,保证了系统的可靠性。NHR 5 低温核供热堆的余热排出系统通过了国家核安全局的审查认可,其热态试验结果表明系统载热能力大于0.1 MW,满足设计要求。

非能动余热排出系统的工作原理如下:中间回路热水经旁路引至余热系统蒸汽发生器管侧并将热量传给蒸汽发生器壳侧的低压水,壳侧低压水受热蒸发产生的蒸汽上升到反应堆建筑物屋顶的空气冷凝器并

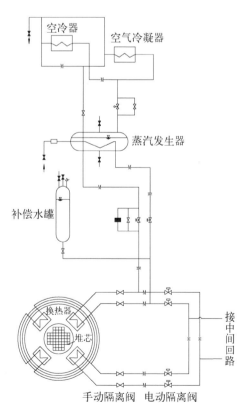

图 8-7　NHR 5 的余热排出系统流程图

将热量散入大气,凝结水靠重力流回蒸汽发生器和中间回路,构成闭式循环。NHR 5 余热排出系统主要参数如表 8-5 所示。

表 8-5　NHR 5 余热排出系统主要参数

名　称	数　值
余热子系统列数/列	2
每列子系统载出功率比/%	1.5
余热系统载出功率比/%	3.0
蒸汽发生器热水侧压力/MPa	1.5
蒸汽发生器蒸汽侧压力/MPa	约 0.1
蒸汽发生器蒸汽侧温度/℃	约 100

2) 200 MW 堆的余热排出系统

NHR200-Ⅰ和 NHR200-Ⅱ型核供热堆也设计了两列相互冗余且独立的非能动余热排出系统,但 200 MW 低温核供热堆的余热排出系统与 5 MW 的有很大不同。虽然 200 MW 低温核供热堆的余热排出过程也是通过三个回路间的传热过程将热量导出,但其余热排出系统第二个传热回路中充满水,NHR 5 低温堆的回路则不是,它是依靠部分水的蒸发和蒸汽冷凝的循环过程将热量导出。

NHR200-Ⅱ型核供热堆非能动余热排出系统的工作原理是通过三重相互耦合的自然循环回路将余热排到最终热阱(大气)。反应堆的剩余发热靠一回路水的自然循环流动输送到主换热器的一次侧,构成第一重自然循环。主换热器将一次侧热量传递给主换热器二次侧流体,受热的二次侧水靠自然循环驱动,流经部分中间回路及余热排出系统管道,上升到空冷器的传热管内,被空冷器管外的空气冷却后再回流到主换热器中,构成第二重自然循环回路。第三重自然循环是空气在空冷塔内自下向上流过空冷器的翅片管,带走余热空冷器的热量。系统额定载热功率为反应堆热功率的 3%。

图 8-8 是 NHR200-Ⅱ型核供热堆非能动余热排出系统的流程图。

NHR200-Ⅱ型核供热堆的非能动余热排出系统由空冷塔、风门、空冷器、管道(部分与中间回路共用)、若干台并联布置的主换热器(与中间回路共用)、

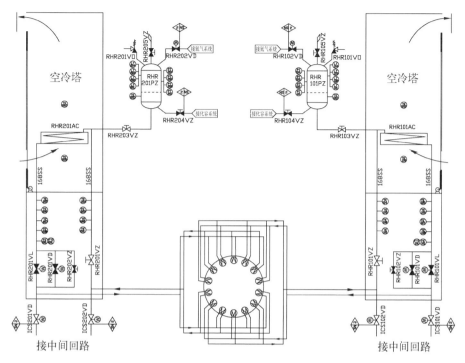

图 8-8 NHR200-Ⅱ型核供热堆非能动余热排出系统流程图

容积补偿器(与中间回路共用)及阀门等组成。

NHR200-Ⅱ型核供热堆非能动余热排出系统建有空冷塔,空冷器布置在空冷塔内。空冷塔位于厂房上部,其外墙设计为可抵御外部事件。空冷塔的建筑高度足以保证余热排出系统自然循环所需的提升高度。在空冷塔底部和布置空冷器的标高处留有检修门。空冷塔下部布置有进风口,上部布置有出风口。考虑到冬季空冷器的防冻,空冷塔的进出口均安装有风门,风门外面有钢结构的防护栅栏,以阻挡外部物项进入空冷塔。冬季反应堆运行,余热排出系统备用时,空冷塔进、出口风门将关闭。空冷器及空冷塔进口的温度测量仪表将实时监测余热排出系统内的水温及其周围空气温度,水温过低时报警。

NHR200-Ⅱ型核供热堆非能动余热排出系统与中间回路共用容积补偿器,该容积补偿器上安装有安全阀,可以保护余热排出系统不会超过压力限值。分析证明,无论是正常停堆还是事故停堆,余热排出系统的运行压力都不会超过设计限值。此外,容积补偿器上还设有补水阀、排气阀、安全阀和波动管隔离阀。

非能动余热排出系统的阀门主要包括余热排出系统管道热管段上的一个

常开手动隔离阀、冷管段上的两台电动隔离阀和一台小口径手动调节阀。反应堆正常运行时,非能动余热排出系统处于备用状态,隔离阀关闭,系统运行压力与中间回路相同,系统温度为环境温度。反应堆停堆后,中间回路隔离阀关闭,余热排出系统空冷回路隔离阀开启,系统投入运行。余热排出系统隔离阀是自动的,也可以手动操作。处于自动状态时,与反应堆停堆动作联动。一旦发生停堆动作,将同时触发两个隔离阀门开启(一个开启就能启动余热排出系统),余热排出系统投入运行。在反应堆处于功率运行状态时,这两个阀门均处于关闭状态。如果出现余热排出系统误投入,操作员可以采取远程控制或就地操作关闭隔离阀,从而控制余热排出系统的误投入。

在非能动余热排出系统的控制与运行方面,系统在空冷器进、出口管道上设有温度测点,空冷器出口管道上设有流量测点。空冷塔进、出口均设有空气温度测点。容积补偿器上设有液位、温度和压力测点。风门设有位置状态显示信号,可以判断风门开关状态。以上测点全部在控制系统中显示。非能动余热排出系统投入前应确认风门开启,然后隔离阀开启即可使余热排出系统投入运行。通过监测系统水温度、空气温度和水流量即可确认余热排出系统的运行情况。容积补偿器上的压力、液位测点可用于监测余热排出系统的运行压力、容积补偿器的水位等。容积补偿器的水位低于正常运行水位下限时报警并及时补水,补水不成功需要停堆检修。容积补偿器的压力下降说明系统发生了泄漏,应及时停堆检修。

8.3.2.3 余热系统安全性分析

为了提高非能动余热排出系统的安全性,系统设计中考虑了自动投入和非能动原则、多重性原则和单一故障原则。

1) 自动投入和非能动原则

非能动空冷余热排出系统是非能动系统,只需空冷塔的进出口风门处于打开状态,系统即自动投入运行。系统工作状态由空冷器管侧进出口温度及流量、空冷塔进出口温度变化确定。随着停堆时间的增长和衰变功率的减少,一回路、余热排出系统温度、流量将逐渐降低。非能动空冷余热排出系统的驱动力来源于流体受热形成的重力压差,系统的布置保证了三重回路之间具有足够的高度差,且作为热源的反应堆堆芯处于最低位置,可以保证自然循环的畅通。

2) 多重性原则

非能动空冷余热排出系统设有两列相同而又相互独立的回路,每列回路的设计排热能力均为 3% 的反应堆热功率。只要有一列回路投入运行就能满足余热的正常排出,因此系统具有 100% 的冗余量。

3) 单一故障原则

影响系统投入运行的能动部件——阀门,采用双阀并联布置,任一阀门失效都不会影响本系统的安全功能。例如,本系统的动作部件——隔离阀设置了两个,且符合失效安全原则,保证了系统具有可靠的可用性。

风门驱动装置为非安全级,如果发生余热排出系统投入而风门未开启的情况,可由空冷器出口水温监测发现,操作员可及时手动开启风门。由于反应堆冷却剂水有相当大的蓄热能力,反应堆冷却剂温度在短时间内不会有大的变化。

8.3.3 安全泄放系统

安全泄放系统是壳式低温核供热堆冷却剂系统的超压保护系统,由安全阀、泄压箱以及连接管道和隔离阀门组成。反应堆冷却剂系统超压时,安全阀起跳排出蒸汽,通常进入泄压箱冷凝,其中的不能冷凝的气体则由废气处理系统进行处置。安全泄放系统提供的超压保护,可有效防止堆芯及其他相关设备损坏,保护反应堆冷却剂压力边界的完整性。

安全泄放系统安全阀及其进口管段的运行参数通常与反应堆的运行参数相同。安全阀出口以后的泄放管道及设备一般处于常温常压状态,只有在安全阀开启时才处于工作状态。

对于较低运行压力的开放式池式供热堆,无须设置安全泄放系统;对于分布式布置的壳式反应堆,如 AP1000、M310 和 HAPPY-200 等,安全阀一般设置在稳压器上;而一体化布置的反应堆,如 NHR 系列反应堆、NuScale 反应堆,安全阀布置于压力容器的顶盖上部。

8.3.3.1 系统设计原则

为实现对反应堆冷却剂系统的超压保护,壳式低温核供热堆安全泄放系统在设计上遵循以下原则:

(1) 系统设计应保证在任何工况下反应堆一回路压力不超过设计压力的 10%。

(2) 系统应有措施以防止由于本系统干扰可能造成反应堆一回路冷却剂的过多流失。

(3) 系统中的能动设备应符合单一故障准则或多重性准则。

（4）安全阀总排量应该足以限制由于预计的事故工况所引起的压力升高。

（5）泄压箱容量应该足以容纳在预计的事故工况下安全阀可能排出的冷却剂介质，并把它们的参数控制在安全范围内。

（6）系统设计应采取措施避免由于安全阀开启后不回座引起的冷却剂过量流失。

8.3.3.2 系统设计方案

本节以 NHR200-Ⅱ型核供热堆为例，论述在安全泄放系统设计中如何遵循设计准则，以实现对反应堆冷却剂系统的超压保护。

1）系统组成

NHR200-Ⅱ型核供热堆的安全泄放系统包括两路配置相同的并联支路，每个支路包含一个安全阀、一个电动隔离阀、管道，两条支路汇合后，引入多功能池（泄压箱）。

NHR200-Ⅱ型核供热堆的安全泄放系统直接与压力容器相连。系统的工作压力和温度与冷却剂系统相同。安全阀是反应堆冷却剂的压力边界，是核安全一级设备；安全阀后的管道到电动隔离阀为核安全三级，隔离阀后的设备、管道、阀门为非安全级。

2）系统说明

NHR200-Ⅱ型核供热堆的安全泄放系统流程如图 8-9 所示。

安全泄放系统的两个安全阀均安装在反应堆压力容器顶盖引出的管嘴法兰上，用于超压保护。在安全阀的下游设置了电动隔离阀，一般情况下，电动隔离阀保持常开状态。当安全阀开启后未能回座时，及时关闭电动隔离阀，以防止冷却剂进一步流失。两个电动隔离阀出口管线汇总后，将安全阀排出的蒸汽-不凝结气体混合物经由一个汇集管路通过联箱及喷嘴排放至多功能池，并在多功能池的水中进行冷凝和冷却，不凝结气体则通过反应堆大厅通风系统进入废气处理系统，达标后通过烟囱排放。

反应堆正常运行期间，本系统处于备用状态。安全阀正常关闭，电动隔离阀打开。泄放管道、多功能池中的联箱及喷嘴均处于常温常压状态。

（1）系统正常投入状态。反应堆冷却剂系统压力超过正常运行压力，达到压力设计限值以前，第一道安全阀起跳，排出部分冷却剂气体，防止反应堆冷却剂系统压力超过设计限值进而造成堆芯及其他相关设备损坏，保证其压力边界的完整性。

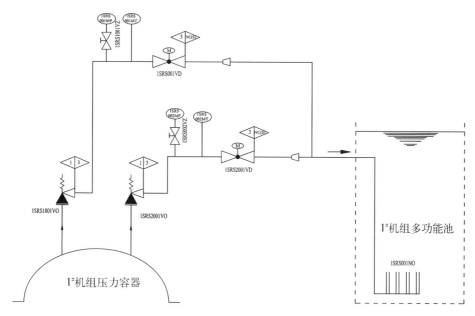

图 8 - 9　NHR200 - Ⅱ型核供热堆安全泄放系统流程图

（2）第二道安全阀投入。第一道安全阀起跳后,若反应堆冷却剂系统压力继续升高,或者第一道安全阀因故未起跳,当压力升高到第二道安全阀的起跳压力时,第二道安全阀起跳,排出冷却剂气体。

（3）安全阀开启后未能回座。当安全阀开启后未能回座时,电动隔离阀及时关闭,以防止冷却剂的进一步流失。

（4）安全阀出口温度升高。反应堆运行期间,通过安全阀的状态指示和温度测点分别监测安全阀是否正常工作。如果发现温度测点的指示大于安全壳内的环境温度,而反应堆冷却剂系统的运行压力正常或略低,说明安全阀有泄漏。若温度升高较快并达到报警限值,说明安全阀的泄漏较大,应考虑停堆检修安全阀。

3）设备说明

（1）安全阀。安全阀是适用于蒸汽及其他气体工作条件下的压力释放装置,是压力容器超压保护常用的卸压装置。ASME 对安全阀的整定压力、整定压力容差、排放压力、回座压力与被保护系统的设计压力的相关性进行了规定。NHR200 - Ⅱ型核供热堆的两台安全阀的设计遵循该标准。

对于背压较大的压力释放装置,一般采用先导式安全阀;在 NHR200 - Ⅱ

型核供热堆的安全泄放系统中,联箱及喷嘴在多功能池的设计压力为1 MPa,即便考虑泄放时管道阻力产生的压力,背压也小于1/2安全阀回座压力,满足平衡式弹簧安全阀的背压要求,设计中选用了平衡波纹管式安全阀。安全阀喉径与压力容器接管最小尺寸相同。

(2)电动隔离阀。在安全阀的下游设置了常开的电动隔离阀。一般情况下,电动隔离阀保持常开状态,当安全阀开启后未能回座时,电动隔离阀则及时关闭,以防止冷却剂的进一步流失。

(3)联箱和喷嘴。联箱及喷嘴位于多功能池底部,用于将排放出来的反应堆冷却剂蒸汽和N_2释放到多功能池水中,并利用池水将蒸汽冷凝。泄放管道从上而下到箱内下部联箱。联箱的喷嘴上开有若干针孔。其总面积约等于泄放管的截面积。

(4)泄压箱。在核电厂,泄压箱的功能是收集、冷凝和冷却由稳压器安全阀、余热排出系统安全阀、化容系统安全阀排放的蒸汽及一回路系统阀门杆填料装置泄漏的冷却剂。其功能是使一回路冷却剂不向反应堆安全壳排放,避免带有放射性的一回路冷却剂对安全壳的污染。为实现对排放蒸汽的有效冷却,正常状态下泄压箱预先装载总高度为65%的去离子水,上部充以一定压力的N_2,以防止因稳压器排放的蒸汽中含有的H_2与空气中的O_2而产生爆鸣气体。

NHR200-Ⅱ型核供热堆的安全阀起跳时,排放蒸汽的温度、压力都远低于压水堆核电厂稳压器安全阀排放的蒸汽参数,开放式的多功能池完全可以替代泄压箱,冷凝、冷却安全阀起跳排放的蒸汽和不凝结气体,包容反应堆冷却剂,使其不向安全壳排放。

8.3.3.3 定期试验和维修

安全泄放系统的定期试验和维修主要包括安全阀的整定压力试验、电动隔离阀的动作试验、更换易损件检查、管道焊缝在役检查等,如表8-6所示。

表8-6 安全泄放系统设备的定期试验和维修

序号	试 验 项 目	试 验 周 期	试验/维修方式
1	安全阀整定压力试验	1年	在线试验
2	安全阀更换易损件	2～3年(可与换料周期一致)	拆卸,设备厂派员维修

（续表）

序　号	试　验　项　目	试　验　周　期	试验/维修方式
3	电动隔离阀动作试验	3 个月	在线试验
4	电动隔离阀更换易损件	2～3 年(可与换料周期一致)	拆卸，拆卸维保
5	管道和焊缝在役检查	10 年	在线检查
6	联箱和喷嘴腐蚀、堵塞检查	2～3 年	在线试验

8.3.3.4　安全分析

NHR200-Ⅱ型核供热堆设有停堆保护系统，当反应堆冷却剂压力达到 8.8 MPa，触发反应堆保护系统信号，控制棒在重力作用下下落，反应堆停堆，同时余热排出系统启动。因此，在设计基准事故序列中不存在因反应堆冷却剂系统超压而导致的安全阀起跳。但在事故序列中存在着安全阀因机械故障误开启不回座，而阀后的电动隔离阀无法关闭的事故，该事故工况排出的反应堆冷却剂少于控制棒引水管双端断裂引起的小破口 LOCA，堆芯始终处于淹没状态，冷却剂排放产生的放射性在可控范围内。

8.3.4　典型事故分析

低温核供热堆属于陆上民用核设施范畴，在其设计、建造、运行、退役等方面，原则上均须遵从并满足我国的相关安全法规要求。

通过对反应堆进行安全分析，可以评价反应堆的设计是否满足核安全法规的相关要求。目前主要的安全分析方法有基于确定论的安全分析方法和基于概率论的安全分析方法。本节将结合低温核供热堆的特点，应用发展比较成熟的确定论安全分析方法对低温核供热堆设计中所考虑的事故工况及典型事故的发展过程和结果进行简要分析和介绍。

8.3.4.1　事故分析中的工况假设

（1）初始工况。在事故分析中，所用的初始工况参数需要考虑其稳定运行的不确定性，即在额定初始参数的基础上考虑一定的偏差，偏差应选取向事故后果更加不利的方向。

（2）功率分布。反应堆系统的瞬态响应与堆芯内部功率分布相关。综合考虑燃料组件类型、控制棒布置、提棒程序等。功率分布情况与反应堆燃耗有关，在事故分析中将选取寿期中最不利的功率分布情况。

（3）反应性系数。反应堆系统的瞬态响应与反应性反馈系数，特别是与慢化剂温度系数及多普勒温度系数有关。在事故分析中，按保守性要求，将选择不利于事故后果的反应性系数。

（4）控制棒插入特性。在反应堆紧急停堆时，全部控制棒将快速插入堆芯。在考虑控制棒反应性总引入当量以及引入速率时进行保守假定：最大反应性价值的一根控制棒卡在堆外；控制棒从最初满功率插入位置全部落入堆芯的时间保守取值。

（5）堆芯剩余发热。事故分析保守假设在堆芯紧急停堆前反应堆经历了无限长的额定运行时间。在低温核供热堆事故分析中，停堆后的剩余发热采用美国 ANS 标准裂变产物发热曲线，并进一步出于保守考虑，将堆芯剩余发热增加 20%。

（6）仪表漂移及功率定标误差。事故分析取用的紧急停堆定值点，在额定定值基础上考虑仪表漂移及功率定标误差。出于保守考虑，误差选取偏向不利于事故后果的方向。

为了保证反应堆在各种事故进程中的安全，反应堆安全保护系统设置了一些紧急停堆信号，当这些参数值达到紧急停堆定值时，保护系统发出紧急停堆信号。事故分析中，考虑到由于信号探测器响应、保护系统通道反应以及控制棒系统的动作延迟等原因造成的停堆保护参数达到紧急停堆定值到控制棒下落之间会有一定的时间延迟，将选取不利于事故后果的延迟时间进行分析。

8.3.4.2　事故分析使用的计算机程序

低温堆供热堆安全分析中所使用主要计算机程序如下。

（1）RETRAN‑02 程序：一个由美国 EPRI 开发的轻水堆瞬态分析系统程序，在国内外广泛用于 PWR 或 BWR 系统的瞬态热工的最佳估计，可以给出系统流路中冷却剂压力、温度、流量等参数的变化。在低温堆供热堆事故分析中，该程序用于反应堆主冷却剂系统、中间回路系统、二回路系统的瞬态计算。

（2）CTF 程序：一个可用于核电站系统中系统部件的热工水力特性的大型热工分析程序，采取了两相三流场数学物理模型，可以用于分析核电站瞬态及事故工况下各组件中冷却剂的热工水力特性。

（3）GOTHIC 程序：一个可用于安全壳设计、论证、安全和运行分析的通用热工水力分析程序。由美国电力研究所（EPRI）提供支持，Numerical Application Incorporated(NAI)进行开发并维护。该程序得到了美国核管会（NRC）的批准，已广泛地用于核电厂安全壳相关各种事故的计算与分析。

8.3.4.3　典型事故

参照压水堆的事故分类标准，根据低温核供热堆的设计特点，将影响反应堆安全的设计基准事故分为 5 类，包括主回路系统排出热量增加、主回路系统排出热量减少、反应堆冷却剂装量意外增加、反应堆冷却剂装量意外减少、反应性及功率分布异常。NHR 系列低温核供热堆主回路设计采用全功率自然循环，因此不考虑反应堆冷却剂流量减少这一类设计基准事故。下面以 NHR200-Ⅱ型核供热堆为例，对 3 种典型的事故工况进行简要介绍。

1）失水事故

NHR200-Ⅱ型核供热堆的一体化布置从根本上消除了出现管道大破口的可能性，因此在低温核供热堆失水事故中只考虑那些贯穿压力容器的小管道发生断裂的事故。低温核供热堆事故分析中，典型的小破口失水事故包括控制棒引水管断裂，压力容器安全阀意外开启并常开，压力容器反应堆冷却剂小管道破断等。控制棒引水管断裂事故由于管道破断位置最低，因此造成的冷却剂丧失量最大。

低温核供热堆贯穿压力容器的管线，安装有不同原理驱动的隔离阀门。事故分析中假想该管线在压力容器外发生双端错断，反应堆主回路内的冷却剂将通过破口向安全壳排放。当反应堆系统事故触发紧急停堆并实施系统隔离后，破口排放导致的主回路冷却剂丧失即刻停止。若假设隔离阀门失效，与压力容器相连的上游破口将继续排放。随着破口排放，安全壳压力、温度升高。当压力容器和安全壳压力平衡，破口排放完全结束。低温核供热堆设计中要求该事故除了法规中对 LOCA 提出的验收准则，还需要其进一步满足：

（1）最小 DNBR 大于限值的 1.35 倍。

（2）燃料中心最高温度小于 2 590 ℃。

（3）燃料径向平均最高比焓小于 837 kJ/kg。

（4）主冷却剂系统压力要低于压力容器设计值的 120%。

（5）反应堆堆芯始终被水淹没。

该事故分析遵循单一故障等相关保守性原则，针对初始工况、系统动作时间、专设安全设施投入等均采用了不利于事故后果的假设。分析结果表明，在设计基准考虑的失水事故过程中,堆芯余热能够通过非能动余热排出系统安全载出,反应堆堆芯始终能被冷却剂有效淹没和冷却,最小DNBR远大于设计限制,堆芯不会发生烧毁损坏。安全壳最高压力小于设计值,没有放射性物质向环境释放。

2) 失去外部电力

由于电网断电或其他一些电力故障,引起外部电力的丧失。失去外部电力供应后,由电动泵驱动中间回路的循环流量将迅速减小,使主回路系统载出热量减少,导致主回路系统升温、升压,可能触发停堆保护系统以保证反应堆安全。丧失外部电力供应事故按运行工况分类属于Ⅱ类事件,分析中应用的验收准则如下:

(1) 最小DNBR大于限值的1.35倍。

(2) 燃料中心最高温度小于2 590 ℃。

(3) 燃料径向平均最高比焓小于837 kJ/kg。

(4) 主冷却剂系统压力要低于压力容器设计值。

(5) 反应堆堆芯始终被水淹没。

该事故分析遵循单一故障等相关保守性原则,针对初始工况、系统动作时间、专设安全措施运行等均采用了不利于事故后果的假设。分析显示,保守假设丧失外部电力供应后,中间回路流量瞬时为零,主回路热阱丧失,堆芯开始变热,由于慢化剂温度反馈,核功率下降,最小DNBR增加,主回路压力、液位也因热量累积而上升,直至触发停堆保护信号,使反应堆紧急停堆。整个事故过程中,燃料中心最高温度、主冷却剂系统压力以及最小DNBR等参数远低于验收准则中的安全限值。主冷却剂压力边界完整,无意外放射性释放。

3) 功率运行时一根控制棒意外一次提升两步

NHR200-Ⅱ型核供热堆使用了一种新型的水压驱动控制棒系统,其特性使得在低温核供热堆中不会发生像通常压水堆中可能出现的控制棒组弹出这一类会引起较大正反应性变化的反应性事故。功率运行时,由于水压驱动控制棒系统本身故障,一根控制棒意外一次提升两步将引入正反应性,导致反应堆功率增加,堆芯燃料温度和冷却剂平均温度上升,从而进一步使得压力容器内上腔室气室压力增加。燃料温度和冷却剂温度上升将引入负反应性反馈,对堆芯功率增加起到一定的抑制作用,当其不足以抑制反应堆功率增长时,反应堆安全参数由于过度偏离将会导致触发停堆保护。功率运行时一根控制棒棒意外一次提升两步属于Ⅱ类事件,分析中应用的验收标准如下:

（1）最小 DNBR 大于限值的 1.35 倍。

（2）燃料中心最高温度小于 2 590 ℃。

（3）燃料径向平均最高比焓小于 837 kJ/kg。

（4）主冷却剂系统压力要低于压力容器设计值。

（5）反应堆堆芯始终被水淹没。

该事故分析遵循单一故障等相关保守性原则,针对初始工况、系统动作时间、专设安全措施运行等均采用了不利于事故后果的假设。分析结果显示,功率运行时一根控制棒意外一次提升两步将导致反应堆功率增长,但燃料温度和冷却剂温度上升抑制了堆芯功率的过度增长,在经历一段过渡时间后,反应堆重新趋于新的稳定状态,整个过程中没有触发反应堆紧急停堆保护。事故过程中,燃料中心最高温度、主冷却剂系统压力以及最小 DNBR 等参数远低于验收准则中的安全限值。主冷却剂压力边界完整,无意外放射性释放。

8.4 第四道纵深防御措施的落实

纵深防御第四层次防御的是设计基准可能已被超过的严重事故,采取的防御措施要确保放射性释放维持在尽可能低的水平。

这一层次最重要的目的是保护包容功能,要求即使发生了堆芯裸露和堆芯熔化事故,堆芯熔融物仍能被限制在压力容器内,压力容器非能动冷却、堆芯熔融物捕集措施和消氢措施就是保护包容功能的措施。

8.4.1 壳式低温核供热堆的设计扩展工况分析

堆芯熔化的前提是冷却剂大量丧失导致堆芯裸露,壳式低温核供热堆的固有安全特性和消除堆芯高度之下穿壳管道的设计原则,实际上已经确保了壳式低温核供热堆不会发生冷却剂大量流失导致的堆芯裸露和堆芯熔化事故,实际上也就消除了危及包容功能现象的出现,所以壳式供热堆实际上仅需要三道纵深防御措施就足以保障其安全。

尽管低温核供热堆实际上不会出现纵深防御措施中要防护的第四层次和第五层次的问题,为了表明低温核供热堆的安全性,还是选取了两个设计扩展工况进行详细分析,分别是"全厂断电叠加 ATWS 事故,并考虑注硼短期内失效",以及"控制棒引水管双端断裂叠加两道隔离阀失效"。下面是以 NHR200 - II 型核供热堆为例给出的分析结果。

全厂断电叠加 ATWS 事故的后果如图 8-10～图 8-13 所示。全厂断电事故发生后,控制棒应自动落棒,保守假设其没有下落。由于失去热阱,一回路温度开始上升(见图 8-10),压力增加(见图 8-11)。一回路温度、压力到达峰值后随着余热排出系统的启动逐步下降。由于冷却剂温度负反馈的作用,事故发生后反应堆功率迅速下降,最后与余热排出功率达到平衡(见图 8-12)。事故发生后的参数远低于安全限值。这是所有一回路排热减少事故中假设条件最苛刻、后果最严重的事故,依靠非能动余热排出系统的作用,反应堆的安全得到了保证,这表明 NHR200-Ⅱ型核供热堆具有优秀的非能动安全性能。

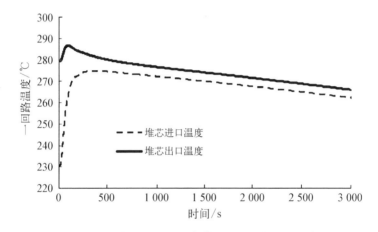

图 8-10 全厂断电叠加 ATWS 事故下堆芯冷却剂温度变化曲线

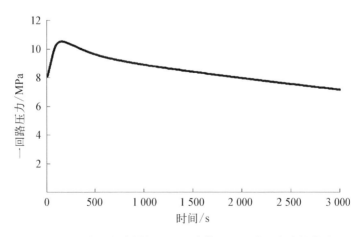

图 8-11 全厂断电叠加 ATWS 事故下一回路压力变化曲线

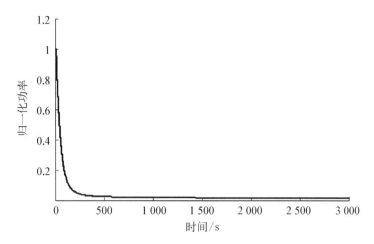

图 8 - 12　全厂断电叠加 ATWS 事故下堆芯功率变化曲线

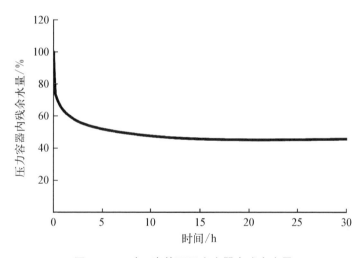

图 8 - 13　破口事故下压力容器内残余水量

在所有与一回路相连、贯穿压力容器的小管道中,控制棒引水管位置最低,孔径最大。因此,在所有的冷却剂装量减少事故中,控制棒引水管双端断裂失水量最大。在这一事故中,还保守地假设了两道隔离阀失效。控制棒引水管双端断裂叠加两道隔离阀失效事故的后果如图 8 - 13 所示。破口发生后,冷却剂的流失造成一回路水位下降并触发停堆信号,反应堆停堆,启动余热排出系统,同时低水位信号还触发隔离阀关闭。由于保守假设两道隔离阀均失效,因此冷却剂喷放继续,随着水位降低至破口以下,喷放的冷却剂由液相转为气相,喷放流量大大降低。事故发生后,安全壳的压力由于高温冷却剂的流入迅速升高,一回路的压力随着破口喷放及余热排出系统的启动而降低。两者平衡后喷放停止。事故发生 30 h 后,压力容器剩余水装量仍高于 40%,足以覆盖堆芯。该事故下堆芯始终能够保持被水淹没,燃料及包壳温度远低于限值,充分表明了 NHR200-Ⅱ型核供热堆在失水事故下的安全性。

全厂断电叠加 ATWS 事故是所有一回路排热减少事故中假设条件最苛刻、后果最严重的事故,而控制棒引水管双端断裂叠加两道隔离阀失效事故是所有失水事故中发生概率极低、后果最严重的。分析结果表明,事故过程中,燃料中心最高温度、主冷却剂系统压力以及最小 DNBR 等参数远低于安全限值,依靠非能动余热排出系统的作用,反应堆的安全能够得到保证。

即使在发生概率极低、同类事故中后果最严重的两个假想设计扩展工况下,NHR200-Ⅱ型核供热堆仍能保持安全,这充分表明了壳式低温核供热堆具有非常优异的安全性能。

8.4.2 池式低温核供热堆的设计扩展工况分析

由于池式供热堆的低参数、深水池等特点,与壳式堆相比更不会出现冷却剂大量流失导致的堆芯裸露和堆芯熔化事故,为了论证池式供热堆的安全性能,以"燕龙"堆为例分析了如下三种多重失效的设计扩展工况:

(1) 外电源丧失 ATWS。

(2) 热阱丧失 ATWS。

(3) 失控提棒 ATWS。

通过对这些事故的计算分析,可以得出如下结论:

(1)"燕龙"池式供热堆在外电源丧失事故发生以后,立即中断了强迫循环冷却,同时在控制棒停堆系统全部失效的情况下,没有任何安全设备动作和人员干预,反应堆依靠本身固有的负反应性反馈,尤其是低压相变产生的较大空泡负反应性的作用,能够有效地降低反应堆功率,并使反应堆进入热停堆状态。

(2) 在发生外电源丧失 ATWS 事故时,循环泵并没有附加的惯性设置,由于"燕龙"供热堆深水池的特殊结构,仍具有良好的由强迫循环冷却向自然循环冷却转换的过渡特性。

(3) 当全部热阱丧失,余热冷却系统没有投入的情况下,发生 ATWS 事故时,依靠大量池水的热容和池水的蒸发,仍然可以维持 20 d 以上的堆芯冷却时间,具有较长的事故宽容期。

（4）当发生功率异常升高情况下的 ATWS 事故时，反应堆深水池的设计特点使它具有自动限制功率和限制温度的能力，会维持在略偏离正常工况的条件下运行，而不会过多地偏离运行限值，不会超出设计的允许范围。

综上所述，池式供热堆 ATWS 事故分析表明，在事故过程中，主要参数没有超出允许范围，没有采取任何设备动作和人员干预，反应堆能够自动降功率，进入热停堆状态并维持长期堆芯冷却条件，有足够的时间（20 d）投入余热冷却系统，或向水池补水。因此，可以认为池式低温核供热堆发生堆芯熔化的概率极低，与其他类型的反应堆相比可以忽略。

8.5　第五道纵深防御措施的落实

纵深防御的第五层次是制订与执行有效的应急响应计划，以减轻放射性释放造成的后果。第五层次的防御是最后层次的防御，该层次的防御不是低温堆核供热站的防御重点，防御措施也仅以完善场内应急响应计划为主。

8.5.1　场内应急准备和响应

虽然低温堆核供热站发生放射性释放事故的概率很小，并且即使发生事故，放射性释放量也较小，但是制订合适的场内应急预案、保证有效的场内应急准备和响应仍然是必要的。为保证在低温堆核供热站发生事故的情况下，能够控制事故状态的进一步恶化，减轻可能的放射性后果，保护环境，保障公众和工作人员的安全，应制订场内应急预案，以指导和落实核供热站的应急准备工作，保持充足的应急响应能力，并保证及时、有效地采取适当的应急响应行动。

与大型轻水堆核电厂相比，低温堆核供热站的场内应急准备与响应其实没有本质上的区别，主要包括的内容如下：

（1）建立健全场内应急组织，明确各应急组织机构的职责，明确与场外组织（包括后援组织）之间的关系，并建立与保持与场外组织之间畅通的联系途径。

（2）根据核供热站事故分析及辐射后果评价的结果，合理划分核供热站应急状态等级，并制订合适的应急行动水平。

（3）确定合适的应急计划区边界。根据低温核供热站的固有安全特性以及设计运行特点，从技术上可将核供热站的应急计划区边界设置为厂区边界。

（4）对应急设施和应急设备的配置与准备，是场内应急准备的重点。应急设施和应急设备主要包括应急指挥中心或应急控制中心、事故后果监测与评价系统、取样和评价系统、通信系统、气象数据监测系统、火灾探测系统和消防供水系统等。主控制室和备用停堆点在应急响应期间将承担很多应急响应的职责，特别是在应急响应的启动和初始阶段、应急指挥中心启动之前，作为临时应急指挥中心履行应急启动、应急通知、应急指挥、防护行动建议等职责。因此，在应急准备中往往也将这两个设施包括在内，进行相关应急设备及其他应急资源的配置。应急指挥中心及其配套设施是重要的应急设施，其中一般设置丰富且冗余的通信系统，保证应急信息收集与发布途径的畅通。可视化的应急辅助决策支持系统也逐渐成为应急指挥中心的标准配置之一。

（5）应急响应行动按照应急预案中规定的各级应急状态应采取的对策和防护措施来开展，各应急组织还需细化制订各自的应急响应程序，按程序开展应急响应行动，履行应急响应职责。场内应急防护行动的总体要求如下：① 在采取校正行动、控制事故状态时，充分考虑实施场内应急防护行动的要求；② 场内应急防护行动完全基于对事故工况和堆芯损伤状态的评价、事故释放源项和后果的估计以及辐射环境监测数据的收集与分析；③ 应急防护行动必须在应急总指挥的统一指挥下协调进行。

（6）为了保持核供热站的应急响应能力，加强人员培训，定期进行应急演习，定期进行应急预案及应急程序的修订更新，以及对应急设备定期进行维护或功能试验等，都是不可或缺的应急准备工作。

8.5.2　场外应急准备和响应

根据《小型压水堆核动力厂安全审评原则（试行）》[7]，并且参照国际原子能机构在《核电厂设计安全规定》(*Safety of Nuclear Power Plants: Design*)(No. SSR - 2/1)中的观点以及法国和德国等国家对下一代压水堆的安全要求，在设计上所要达到的一个基本目标如下：尽管仍然可以要求设置外部干预措施，然而在技术上对外部干预措施的需求可以是有限的，甚至是可免除的；小型压水堆核动力厂对于所有设计基准事故和设计扩展工况的重要事件序列，场外个人（成人）可能受到的有效剂量和甲状腺当量剂量分别低于隐蔽和碘防护的干预水平，在技术上应为实施场外应急简化甚至取消场外应急创造条件。低温堆核供热站从其技术特点上看，是完全能满足这些要求的。

按照相关核安全法规的要求,为了保障低温堆核供热站的安全管理和运行,以及尽量减少在正常运行和事故工况下放射性释放对厂址周围公众可能产生的辐射照射,应在厂址周围设立非居住区。非居住区内严禁有常住居民。核供热站营运单位对非居住区内的土地应拥有产权和全部管辖权,有控制非居住区内任何一种或全部活动的权力,责成有关人员负责执行这种控制权,并对在其内从事与核供热站运行无关活动的任何个人建立控制其活动的实施程序。为方便起见,并考虑到即使发生概率极低的设计扩展工况,厂址附近的剂量仍然很低,建议非居住区边界与厂区边界重合,并在厂区边界设置围墙。比如,可以将供热站的非居住区半径(以反应堆为中心)设定为 250 m。

对低温堆核供热站应急准备与响应而言,与大型轻水堆核电厂一样,人们更为关注的是场外应急预案与应急计划区的范围。根据《核电厂应急计划与准备准则 第 1 部分:应急计划区的划分》(GB/T 17680.1—2008),对核电厂应急计划应考虑的事故规定如下:

(1) 确定核电厂应急计划区时,既应考虑设计基准事故,也应考虑严重事故。

(2) 对于发生概率极小的事故,在确定核电厂应急计划区时可以不予考虑,以免使所确定的应急计划区的范围过大而带来不合理的经济负担。

一般来说,应急计划区的范围按照如下三个技术准则来确定:

(1) 在应急计划区之外,由设计基准事故产生的预期剂量不超过相应防护行动的通用优化干预水平。

(2) 在应急计划区之外,由大多数严重事故序列产生的预期剂量不超过相应防护行动的通用优化干预水平。

(3) 在应急计划区之外,所考虑的最严重的严重事故序列使公众个人可能受到的最大预期剂量不应超过发生严重确定性效应的阈值剂量。

也就是说,应急计划区的测算是从辐射剂量的角度对应急计划区的大小进行分析计算,并且应急计划区的大小不能以最严重的事故为基础,否则过大的应急计划区可能会带来较多的负面影响,包括对核电厂的运营产生不合理的经济负担。

前面的分析已经表明,低温核供热堆在任何可信的事故下都不会发生堆芯裸露和堆芯熔化的事故,所以也不会导致大量放射性物质释放况。如某厂址 200 MW 壳式低温核供热堆在假想严重事故发生后在离排放点 250 m 处的最大个人(成人)有效剂量仅为 0.735 mSv,甲状腺剂量仅为 6.38 mGy,远远低于需要在场外采取应急隐蔽的通用优化干预水平(10 mSv)和应急碘防护的通用优化干预水平(100 mGy),更是远低于应急撤离的通用优化干预水平(50 mSv)。即从辐射防护的角度而言,不需要在场外采取隐蔽、撤离、碘防护等紧急防护措施,以核供热站的厂区边界作为核供热站烟羽应急计划区的边界就可以满足《核电厂应急计划与准备准则 第1部分:应急计划区的划分》(GB/T 17680.1—2008)关于应急计划区大小的原则要求。因此,核供热站从技术角度可以取消场外烟羽应急计划区。烟羽早期应急仅限于核供热站场内,可把烟羽应急计划区取为与非居住区和厂区相同,即在非居住区边界与厂区边界重合的基础上进一步与烟羽应急计划区重合,更方便核供热站营运单位根据场内应急预案进行事故早期烟羽应急管理。

需要特别说明的是,核电厂应急计划区测算时所考虑的严重事故一般都隐含堆芯熔化的源项假设,而低温堆核供热站因其固有安全设计特性,实际消除了堆芯熔化的可能性。从辐射后果角度推算核供热站的应急计划区时选取"假想严重事故",虽然也假设一定比例(如0.3%)的燃料熔毁,但事故严重程度比大型轻水堆核电厂传统意义上的严重事故要低得多。此外,对核供热站假想严重事故的放射性源项与剂量后果仍按设计基准事故的方法进行分析是偏于保守的,如果考虑概率准则的使用、更少的事故释放和更长的释放延迟时间等,核供热站的事故安全性将更好,应急计划区可进一步缩小。

核供热站应急计划区的最终确定除了这种基于辐射剂量的测算之外,还需要考虑一些非技术方面的要素,比如应急计划与准备的代价、当地有关部门的应急响应能力以及公众接受性等因素。因此,应急计划区的确定并不是一个单纯的技术过程,而是一个多因素综合决策的过程。就目前国内核能行业发展的人文环境而言,核供热站仍应按纵深防御原则保留核应急防御层次,通过更多的研究推动低温核供热堆核应急法规制度的建立与完善,在简化核供热站核应急准备与响应方面提供更多的技术支持与法规依据。

如果监管部门仍然要求制订核供热站场外应急预案,则根据厂址情况提出实施简化场外应急的建议,如取消早期告知公众的要求,不需要对事故情况下的紧急通报进行专门的应急准备,取消烟羽应急计划区,取消两年一次的大规模场外应急演习,不要求做医学服务的安排,仅保留食入应急区的概念及其预期剂量的评价能力和相应的安排,应急培训和演习等应急响应能力保持活动的频率要求可以适当放宽等。

当然,无论核供热站是否需要场外应急,在核供热站应急计划中都应保留限制场外有限范围(如规划限制区)内居民饮食的选项,并建立相应的监测程序。在应急准备中需始终保持对场外区域实施应急辐射监测的能力。

上述论述和分析充分表明,壳式低温核供热堆不仅在固有安全性设计方面,而且在保护系统、专用安全设施设置上,在设计、加工、制造、调试和运行等各方面都已经做了深入细致的研究,五道纵深防御措施得到了全面贯彻和落实。安全分析结果表明,一体化壳式低温核供热堆不仅技术先进、成熟,而且安全性好。此外,一体化壳式低温核供热堆已在不同尺寸、设计参数和功率等方面形成系列,可以适用于供热、热电联供、海水淡化和小型动力等不同应用领域,具有极大的推广应用价值。

参考文献

[1] 王大中,林家桂,马昌文,等.200 MW 核供热站方案设计[J].核动力工程,1993,14(4):289-295.

[2] 郑文祥,王大中.我国核供热堆的设计特性和安全概念[J].核科学与工程,1995,15(4):317-324.

[3] 王大中,董铎.5 MW 低温核供热试验堆三个冬季供热运行总结[J].中国核科技报告,1992(增刊3):76.

[4] International Atomic Energy Agency(IAEA).Design approaches for heating reactors[R].Vienna:IAEA,1997.

[5] 刘隆祉,安贞彩,赵海歌,等.200 MW 核供热堆功率调节系统控制原理[J].核动力工程,1995,16(5):447-453.

[6] 高琅琅,姜胜耀,张佑杰,等.重力注硼系统压力响应特性实验研究[J].核动力工程,2000,21(3):232-238.

[7] 国家核安全局.关于印发《小型压水堆核动力厂安全审评原则(试行)》的通知:国核安发[2016]1 号[Z].北京:国家核安全局,2016.

第 9 章

低温堆核能海水淡化

中国冬季有采暖需求的地区,一般采暖季为 4～7 个月,池式堆和 NHR200 - Ⅰ型低温核供热堆由于设计为单纯的采暖供热,所以在非采暖季只能停闭维修,不能全年运行,这使得核供热站的利用率不高,进而影响经济效益。5 MW 堆和 NHR200 - Ⅰ型低温核供热堆虽然也可以输出蒸汽,但因为蒸汽参数低,汽轮机的能源转化效率远低于大型燃煤电站的发电效率,不适合作为热电联供能源。NHR200 - Ⅱ型核供热堆在应用范围上已经有了很大的扩展,结合发电、供热和海水淡化等综合热利用技术,低温核供热堆的经济性和竞争性将大大提高。

海湾国家的实践已经证明,大规模海水淡化是一条解决淡水短缺的技术路线,不论是闪蒸法、多效蒸馏法等热法海水淡化技术,还是近几十年快速发展起来的膜法海水淡化技术,都需要消耗大量的能源,核能海水淡化是一条既能解决消耗大量宝贵的化石燃料,又可以得到大量宝贵淡水资源的高新技术,具有极大的发展前途。

我国是一个淡水资源严重短缺的国家,对海水淡化技术也有极大的需求。结合山东核能海水淡化厂项目,清华大学从厂址选择、气象和地质条件、环境分析、用户需求等多方面出发,完成了山东核能海水淡化厂 NHR200 - Ⅰ型低温核供热堆与热法海水淡化技术的耦合、NHR200 - Ⅱ型核供热堆与热法-膜法混合法海水淡化技术方案的耦合等多种方案的比较和可行性分析。本章对目前世界上主流的海水淡化技术和山东核能海水淡化厂进行介绍。

9.1　核能海水淡化的意义

海湾国家的实践已经证明,大规模海水淡化是一条解决淡水短缺的技术路线,然而,不论是闪蒸法、多效蒸馏法等热法海水淡化技术,还是近几十年快速发展起来的反渗透膜法海水淡化技术,都需要消耗大量能源。核能海水淡化是一条既能解决消耗大量宝贵的化石燃料,减少污染物排放,又可以得到大量宝贵淡水资源的高新技术,具有极大的发展前途。

9.1.1 水资源现状

我国是一个人均水资源严重匮乏的国家,水资源总量为 2.81×10^{12} m^3/a,人均拥有量仅为 2 171 m^3/a,是世界人均水平的 1/4,被联合国列为 13 个最贫水国之一。

水利部发布的 2019 年度《中国水资源公报》显示,2019 年全国水资源总量为 29 041.0 亿立方米,其中,地表水资源量为 27 993.3 亿立方米,地下水资源量为 8 191.5 亿立方米,地下水与地表水资源不重复量为 1 047.7 亿立方米[1]。

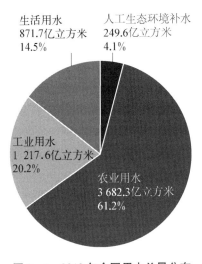

2019 年,全国用水总量为 6 021.2 亿立方米,其中,生活用水为 871.7 亿立方米,占用水总量的 14.5%;工业用水量为 1 217.6 亿立方米,占用水总量的 20.2%;农业用水量为 3 682.3 亿立方米,占用水总量的 61.2%;人工生态环境补水量为 249.6 亿立方米,占用水总量的 4.1%(见图 9 - 1)。地表水源供水量为 4 982.5 亿立方米,占供水总量的 82.8%;地下水源供水量为 934.2 亿立方米,占供水总量的 15.5%;其他水源供水量为 104.5 亿立方米,占供水总量的 1.7%。

图 9 - 1　2019 年全国用水总量分布

2019 年全国人均综合用水量为 431 立方米,城镇人均生活用水量(含公共用水)为 225 L/d,农村居民人均生活用水量为 89 L/d。

目前全国有 400 多座城市缺水,108 座城市严重缺水。在国民经济中占有举足轻重地位的沿海地区的工业城市人均水资源占有量大部分低于 500 m^3,有些沿海城市的人均水资源占有量甚至低于 200 m^3,属于极度缺水状况。有关部门估计,每年因缺水造成的直接经济损失达数千亿元。沿海部分地区存在地下水超采和水质性缺水严重等问题,水资源的压力越来越大,急需寻找新的水资源增量。

随着经济的持续发展和人民生活水平的提高,人们对水量的需求越来越高,对水质的要求越来越高,特别是华北地区,而水资源的不足,时空分布的不均,使本来紧张的水资源供需矛盾更加尖锐。水资源短缺已成为制约社会进步和经济发展的瓶颈。为了经济和社会的可持续发展,解决水资源问题是非常迫切的,也是势在必行的。

全球水的总储量为 13.86 亿立方千米,其中海洋水占总储量的 96.5%。海水资源极其丰富,海水淡化已成为缓解淡水资源危机的重要途径之一。海水淡化是当今世界竞相研究的高新技术,而且已形成一个市场开发与社会应用前景极为广阔的新兴的朝阳产业。海水淡化水水质好,供水稳定。对沿海区域,如华北地区,可在海边建立核能海水淡化中心,通过中短程管道输水输送给沿海内陆城市,解决水资源短缺问题。

海洋中蕴藏着丰富的淡水资源,向海洋索取淡水,充分开发和利用海洋中淡水资源已成为社会的当务之急,海水淡化技术是开发和利用海水资源的重要手段和有效方法。2017 年,国家发展和改革委员会、国家海洋局联合发布《全国海洋经济发展“十三五”规划》[2],在海水利用方面提出要“在确保居民身体健康和市政供水设施安全运行的前提下,推动海水淡化水进入市政供水管网,积极开展海水淡化试点城市、园区、海岛和社区的示范推广,实施沿海缺水城市海水淡化民生保障工程。在滨海地区严格限制淡水冷却,推动海水冷却技术在沿海电力、化工、石化、冶金、核电等高用水行业的规模化应用。支持城市利用海水作为大生活用水的示范。”

核能海水淡化不仅能生产具有经济竞争力的高品质淡水,而且可以优化能源结构,缓解能源供求矛盾和大量燃烧化石燃料造成的环境污染问题。核能是清洁能源,核能海水淡化在解决水资源短缺的同时,缓解了地区能源紧张和环境的恶化,是集能源、环境和水资源为一体的综合利用技术。

核能海水淡化产水成本虽然比目前居民生活用水水价高,但低于工业用水水价。因此,采用核能海水淡化解决沿海城市的水资源短缺是可行的,在市场化的条件下,水价是非常有竞争力的。此外,随着技术的进步,海水淡化成本将逐步下降,其经济性将逐步提高。

9.1.2　海水淡化技术应用现状

海水淡化技术经过几十年的发展,从技术上讲,已经比较成熟,如中东一些国家已经将海水淡化水作为非常重要的饮用水源了。

9.1.2.1 海水淡化技术概况

目前,世界上海水淡化方法主要有蒸馏法、膜法、结晶法、离子交换法等工艺,其中蒸馏法主要分为多级闪蒸(multistage flash,MSF)、多效蒸馏(multiple effect distillation,MED)、压气蒸馏等,膜法主要分为反渗透法、电渗析法等,如图9-2所示。多级闪蒸、多效蒸馏和热压缩多效蒸馏(MED-TVC)等热法工艺和反渗透法等膜法工艺在商业上已获得广泛应用。

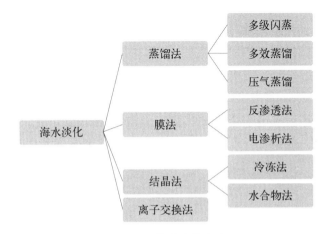

图9-2 海水淡化方法

目前,研究和开发海水淡化技术的主要国家有美国、法国、德国、日本、以色列和中国。我国海水淡化技术是自20世纪60年代开始在政府支持和国家重点攻关项目驱动下发展起来的,国家科学技术委员会和国家海洋局共同组织了全国海水淡化会战,同时开展电渗析、反渗透、蒸馏法等多种海水淡化方法的研究,为海水淡化事业的发展奠定了基础。国家海洋局和中国科学院在1974年共同组织召开了全国首届海水淡化科技工作会议,制定了发展规划。

"七五"以来,闪蒸法、多效蒸馏法、反渗透海水淡化技术的开发研究逐渐列入国家五年规划和国家重点攻关项目,闪蒸法、多效蒸馏法、反渗透海水淡化技术得到很大进展,通过示范工程建设,淡化装置的规模逐渐扩大。通过国家攻关项目的支持,2004年在山东青岛黄岛发电厂建成了一套淡水产量为3 000 m³/d的低温多效蒸馏海水淡化装置。1997年在浙江嵊山镇建造了500 m³/d反渗透海水淡化示范工程,吨水耗电在5.5 kW·h以下,填补了我国反渗透海水淡化工程的空白。2000年,在科技部重点科技攻关项目"日产千吨级反渗透海水淡化系统及工程技术开发"的支持下,先后在山东省长岛县、浙江省嵊泗县建成了 1 000 m³/d 级的反渗透海水淡化示范工程,采用压力交换式能量回收装置,吨淡水能耗降至 4.20 kW·h 以下,各项技术经济指标达到国际先进水平。

9.1.2.2　全球海水淡化应用概况

世界海水淡化年合同装机容量变化如图 9-3 所示,图 9-4 反映了世界海水淡化合同装机总容量的年度变化情况。正如 IDA 淡化年报[3] 所述,淡化合

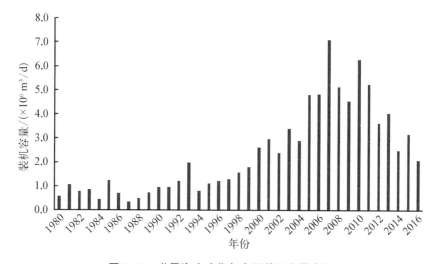

图 9-3　世界海水淡化年合同装机容量变化

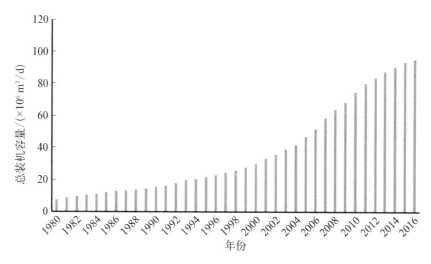

图 9-4　世界海水淡化合同装机总容量年度变化情况

同装机容量在近 20 年内增长迅速,1996 年、2006 年、2016 年世界海水淡化合同装机总容量分别为 22 980 000 m³/d、51 750 000 m³/d、95 590 000 m³/d。在上述淡化能力中,采用的淡化工艺主要是热工艺和膜工艺。

1998 年全球主要淡化工艺所占比例的统计如表 9 - 1 所示。从表中可以看出,1998 年热工艺所占比例为 52.8%,膜工艺所占比例为 39.1%。在海水淡化方面,热工艺超过总产能的半数,而在苦咸水淡化方面,膜工艺则占有绝对优势。

表 9 - 1 1998 年世界范围各种淡化工艺的比例

淡 化 工 艺	比例/%	淡化容量/($\times 10^6$ m³/d)
多级闪蒸(MSF)	44.4	10.02
多效蒸馏(MED)	4.1	0.92
蒸汽压缩(VC)	4.3	0.97
反渗透膜(RO)	39.1	8.83
电渗析(ED)	5.6	1.27
其他	2.5	0.56
总计	100.0	22.57

到 2018 年,全球海水淡化产能为 6.2×10^7 m³/d,其中反渗透、多级闪蒸、多效蒸馏技术分别占全球总产能的 54%、31% 和 10%。从工程数量上来看,反渗透、多级闪蒸、多效蒸馏分别占全球海水淡化工程总数的 71%、11% 和 14%[4]。

与 1998 年相比,2018 年热工艺所占比例下降,膜工艺所占比例上升,反渗透海水淡化新增产能超过热法海水淡化技术。目前全球累计已有海水淡化产能中,反渗透法已超过总产能的 50%。

在世界上海水淡化能力所占比例最大的中东地区,大量使用的是能耗最高的多级闪蒸工艺,这是因为在 20 世纪 60—70 年代,多级闪蒸工艺已发展成为成熟的海水淡化技术,而且多级闪蒸工艺对原水品质要求不高。此外,中东地区阿拉伯国家具有丰富的、价格低廉的能源。这些因素导致多级闪蒸工艺在中东地区大量使用。目前能源情况已不相同,虽然历史原因使阿拉伯国家仍在大量使用和新装多级闪蒸工艺海水淡化装置,但许多阿拉伯国家也在积极寻求新的海水淡化技术和海水淡化能源,探讨核能海水淡化和多级闪蒸工艺之外的其他海水淡化技术。

9.1.2.3　我国海水淡化应用现状

自然资源部战略规划与经济司发布的《2019 年全国海水利用报告》显示,截至 2019 年底,全国现有海水淡化工程 115 个,工程规模为 1 573 760 t/d[5],其中,2019 年新建成海水淡化工程 17 个,工程规模为 399 055 t/d,主要满足沿海城市石化、钢铁、核电、火电等行业用水需求。

全国海水淡化工程规模增长情况如图 9-5 所示。全国现有万吨级及以上海水淡化工程 37 个,工程规模为 1 403 848 t/d;千吨级及以上、万吨级以下海水淡化工程有 42 个,工程规模为 162 522 t/d;千吨级以下海水淡化工程有 36 个,工程规模为 7 390 t/d。2019 年全国新建成海水淡化工程最大规模为 180 000 t/d。

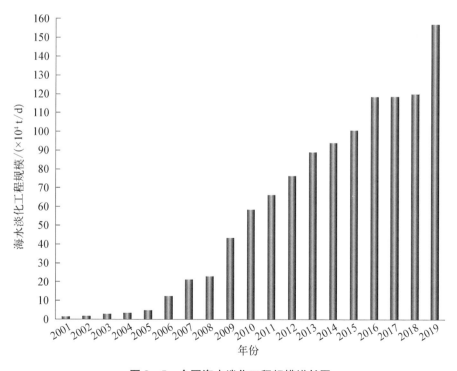

图 9-5　全国海水淡化工程规模增长图

全国海水淡化工程技术应用情况如图 9-6 所示。截至 2019 年底,全国应用反渗透技术的工程有 97 个,工程规模为 1 000 930 t/d,占总工程规模的 63.60%;应用低温多效技术的工程有 15 个,工程规模为 565 530 t/d,占总工程规模的 35.94%;应用多级闪蒸技术的工程有 1 个,工程规模为 6 000 t/d,占总工程规模的 0.38%;应用电渗析技术的工程有 3 个,工程规模为 800 t/d,占总工程规模的 0.05%;应用正渗透技术的工程有 1 个,工程规模为 500 t/d,占总工程规模的 0.03%。

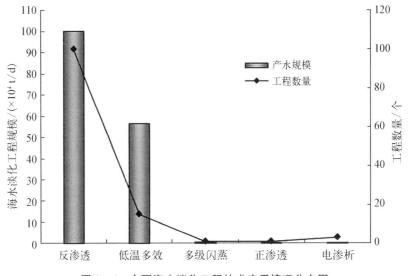

图 9-6 全国海水淡化工程技术应用情况分布图

2019 年,新增应用反渗透技术的工程 12 个,工程规模为 38 755 t/d;新增应用低温多效技术的工程 2 个,工程规模为 80 000 t/d;新增应用"反渗透+低温多效"技术的工程 2 个,工程规模为 280 000 t/d;新增应用电渗析技术的工程 1 个,工程规模为 300 t/d。其中,新增低温多效海水淡化工程集中在北部海洋经济圈,通过回收利用石化、钢铁企业的生产余热来淡化海水。曹妃甸首钢京唐钢铁 $3.5×10^4$ t/d 的低温多效海水淡化工程是国内自主设计制造中的最大单机规模工程。大连长兴岛恒力石化 $4.5×10^4$ t/d 的低温多效海水淡化工程是国内首个以石化行业低温工艺热水作为热源的海水淡化工程。2019 年,"反渗透+低温多效"技术应用规模快速增加,新增 10 万吨级以上海水淡化工程均采用该技术,包括浙江舟山绿色石化基地炼化一体化项目配套"10.5 万吨/天低温多效+7.5 万吨/天反渗透"海水淡化工程与河北纵横集团丰南钢铁有限公司"7.5 万吨/天反渗透+2.5 万吨/天低温多效"海水淡化工程。

9.2 主流海水淡化技术

目前国内外使用的可以大量提供淡化海水的主流海水淡化技术主要是多级闪蒸法、多效蒸馏法和反渗透法[6-7]。多级闪蒸法和多效蒸馏法属于热法技术，以水蒸气作为载热介质加热海水进行海水淡化。反渗透法属于膜法技术，主要是使用电力或蒸汽驱动水泵使海水加压，借助反渗透膜进行海水淡化。

9.2.1 多级闪蒸法

闪蒸是蒸馏法的一种，其原理是海水经过加热后进入闪蒸室，闪蒸室内的压力低于热海水对应的饱和蒸汽压力，热海水进入闪蒸室后因过热而闪蒸汽化，汽化的蒸汽冷凝后即为淡水。多级闪蒸（MSF）是将预热的高温海水在多个闪蒸室内逐级降压闪蒸产生二次蒸汽，产生的蒸汽被管内海水冷凝成为产品淡水，同时海水吸收蒸汽冷凝放出的热量而被预热。多级闪蒸的级数随不同的设计要求而定，各级闪蒸室的压力依次递减。

MSF 海水淡化工艺流程如图9-7所示。海水首先进入最末两级闪蒸室中，一方面作为冷却水冷凝蒸汽成为淡水，另一方面利用蒸汽冷凝过程中释放的热量加热海水。经加热的冷却水一部分排出，一部分与末级部分浓盐水混合，混合后的盐水自后向前流经闪蒸室中的管程，冷却闪蒸室内闪蒸出来的蒸汽，蒸汽冷凝为淡水，盐水进一步得到加热。逐级加热后的盐水从第一级闪蒸室进入盐水加热器，在盐水加热器中，利用来自热源的新蒸汽热量，盐水被加热到最高温度。加热后的盐水进入第一级闪蒸室，一部分盐水发生闪蒸，产生

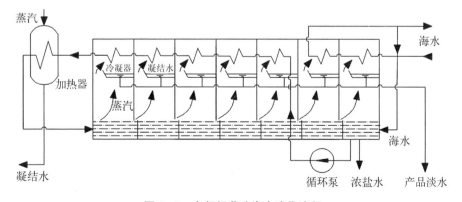

图9-7 多级闪蒸法海水淡化流程

的蒸汽被闪蒸室上方的冷却管冷却成淡水,剩余盐水流入下一级闪蒸室内。热盐水闪蒸、在闪蒸室上方蒸汽冷凝和盐水加热的过程在各级闪蒸室内重复。

在 MSF 工艺中,蒸汽的产生是由海水的显热提供能量,产生单位质量的蒸汽需要数倍的海水降温放出的热能。因此,MSF 工艺需要循环的海水流量要比其他热工艺大许多,增加了产水的能耗。

从 20 世纪 60 年代起,多级闪蒸技术在中东地区得到了大规模商业应用。多级闪蒸对原海水要求低,预处理简单。多级闪蒸法海水淡化具有制造运行经验丰富、技术成熟、单机容量大等优点,单机最大容量可达 7 500 t/d。

虽然 MSF 工艺消耗能量大,但由于历史原因和中东地区客户的原因,MSF 工艺在海水淡化市场中占有的份额仍很大。近年来,MSF 海水淡化技术也在发展,耗能指标在逐渐降低。多级闪蒸法的缺点是海水淡化闪蒸温度高、动力消耗大、易腐蚀、易结垢,但这些问题也在逐渐得到改进。

多级闪蒸海水淡化工艺使用的是大量的约 100 ℃ 的较低温度的热源,适宜与具有大量低温热源的火电厂联产,形成水电联产工程。

9.2.2 多效蒸馏法

多效蒸馏法也是基于海水蒸发和蒸汽在串联隔离容器中冷凝的原理。每一蒸汽发生器中固定有热交换管道。

水蒸气被引入第一级蒸汽发生器的集束管之中,同时未受热的海水喷射到集束管上。水雾滴落到加热的集束管外壁,最终的热交换使得管内的水蒸气冷凝变为软水,滴落到外管壁的部分海水转变为水蒸气。产生的新蒸汽收集进入第二级蒸汽发生器的集束管内,在第二级蒸汽发生器中与喷洒的海水进行热交换。这一过程可重复多次,串联的蒸汽发生器可达 12 级以上。在每一级中,淡化水在出水口回收,而残留的盐水则积聚收集于蒸汽发生器的下方。低温多效蒸馏中热交换管道可采用水平管布置或竖管布置。理论上讲,应用低温多效蒸馏技术,1 kg 蒸汽生产的软水质量相当于串联的蒸汽发生器的级数。在最后一级蒸汽发生器中产生的蒸汽冷凝后,沿导槽泵回锅炉,在锅炉中再次转变为蒸汽并注入机组的第一级蒸汽发生器中。

多效蒸馏工艺是利用蒸汽潜热多次转换来生产淡水,因而效率较高。水平管多效蒸馏工艺的海水温度一般小于 70 ℃,因此在防止结垢、前处理和利用低品位能源方面具有明显的优点,但其传热系数低,可利用总温差小。这些因素综合起来,使水平管蒸发工艺的效数少,比传热面大,设备的初始投入高。

由于水平管多效蒸馏工艺的突出优点,其在海水淡化领域获得越来越多的应用。

为了改善多效蒸馏海水淡化的效率,可在系统中加入热蒸汽压缩机(TVC),形成带有热压缩的低温多效蒸馏海水淡化工艺(MED-TVC)。在最后一级蒸汽发生器的出口,产生的蒸汽在热压缩机中进行部分再循环,热压缩机的部分蒸汽还要由锅炉供汽。混合蒸汽用于再次加热第一级蒸汽发生器中的海水。热压缩多效蒸馏工艺(MED-TVC)是通过热压缩器实现低品位的蒸汽再利用的海水淡化工艺,能同时达到节约热能和增加产水的目的,特别适用于原蒸汽成本较高的条件。一个 4 效的 MED-TVC 淡化系统,其造水比(gained output ratio,GOR)在理论上可达到 8,相当于不带热压缩的 10 效 MED 淡化装置的造水比。与多级闪蒸淡化装置对比,多级闪蒸需要 16~18 级才能达到造水比 8。除上述特点外,热压缩多效蒸馏淡化系统还同时具有多效蒸馏的其他优点。图 9-8 为低温多效蒸馏海水淡化工艺流程示意图。

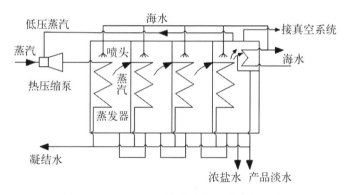

图 9-8　MED-TVC 海水淡化工艺流程示意图

为了提高效率,在系统中也可加入机械蒸汽压缩机(MVC),形成带有机械蒸汽压缩机的低温多效蒸馏海水淡化工艺(MED-MVC)。它可以应用电驱动手段使末级蒸汽发生器产生的蒸汽全部被再次压缩。机械蒸汽压缩机(MVC)优于热蒸汽压缩机,能源效率高于热蒸汽压缩机。

多效蒸馏海水淡化使用大量的低温热源,适宜与具有大量低温热源的火电厂或热电厂联产,形成水电联产工程。

目前世界上已建有多座应用多效蒸馏技术工艺的大中型海水淡化厂。其中,以色列的 Ashdod 淡化厂是一座大容量双目的淡化厂。Ashdod 水厂有 6 效蒸汽发生器,产水能力为 17 000 m³/d,进入第一效的蒸汽温度为 56 ℃,造水比为 5.8~6.2,转换比为 0.33。这个水厂的设计使用了中间隔离设备,即采用了冷凝器的冷却水闪蒸,产生进入第一效的加热蒸汽,实现了实体隔离的目的。

竖直管多效蒸馏技术在 20 世纪 70 年代也有较快发展。在竖管多效蒸馏(VTE-MED)工艺中,蒸汽发生器的壳体和内部的传热管束均是竖直布置的,最高运行温度大多为 110~120 ℃,最大产水容量可达到 8 500 m³/d。意大利石油集团的两个商用机组是塔式布置的 VTE-MED 装置,最高运行温度为 113 ℃,产水能力最大的机组为 2 400 m³/d。20 世纪 90 年代,美国南加州大都会水区(metropolitan water district,MWD)和以色列等联合提出 VTE-MED 方案,并完成了示范厂的初步设计,该淡化系统以大型混凝土塔为外壳,使用铝合金传热管,各蒸汽发生器呈塔式布置,产水能力为 284 000 m³/d。

9.2.3 反渗透法

反渗透法是膜分离海水淡化技术的一种,是利用与渗透过程相反的过程进行海水淡化。如图 9-9 所示,用一张只透过水而不能透过盐的半透膜将淡水和盐水隔开,淡水会自然地透过半透膜至盐水一侧,这种现象称为渗透。随渗透到盐水一侧水的增加,盐水一侧的液面升高,当盐水一侧的液位达到某一高度时,渗透的自然趋势被这一液柱高差产生的压力所抵消,从而达到平衡,这一平衡压力即为渗透压。若在盐水一侧施加一个大于渗透压的压力,则盐水中的水会反向透过半透膜到淡水侧,从而达到淡化的目的。由此可见,反渗透淡化的原理是在压力推动下利用薄膜脱盐,实际生产过程中产生反渗透压力的动力源是海水高压泵。

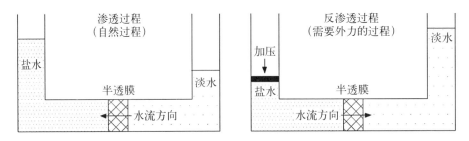

图 9-9 渗透和反渗透原理

为了取得必要的反渗透速率,实际施加的压力一般大于 5.5 MPa。反渗透过程的能量消耗主要用于克服浓咸水的渗透压,渗透压随浓度增高而增大,因此,原水中盐的浓度越高,能量消耗越大。为了节省增压耗用的能量,反渗透机组设置有能量回收装置。压力交换式能量回收装置是一种转换效率较高的能量回收装置。

完整的反渗透系统由预处理、反渗透和后处理三部分组成,如图 9-10 所示。预处理的目的是除去可能阻塞薄膜的物质或破坏薄膜构造的成分,反渗透法对预处理要求较高,处理的方法包括凝聚沉淀、过滤、添加抑制结垢的药物等。经过预处理,海水由高压泵送至反渗透组件(见图 9-11),生产反渗透

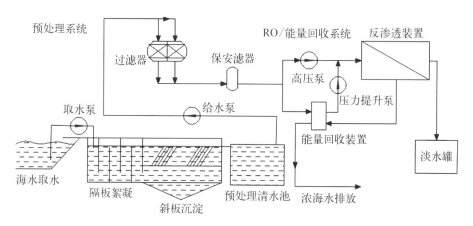

图 9-10　反渗透系统主要组成

图 9-11　反 渗 透 组 件

淡化水。后处理的目的是根据海水淡化水的特性、对管网的腐蚀、饮用安全性等方面的要求对淡化水进行矿化、pH 调节、投加缓蚀剂、消毒以及淡化水的储存与运输等。

反渗透的关键技术是反渗透膜和能量回收装置。经过世界上许多国家几十年的不懈努力,反渗透技术在膜及能量回收装置等关键技术方面已经取得了令人瞩目的进展,主要包括以下方面。

(1) 反渗透膜的性能明显提高。自 1978 年成功开发了海水淡化反渗透复合膜至今,经过 40 年的不断发展,海水淡化反渗透复合膜的性能已经有了较大的提高,盐透过率不断下降,膜的脱盐率高于 99.7%,水通量不断提高,抗污染和抗氧化能力不断提高。

(2) 能量回收效率明显提高。高效能量回收装置已经成功用于海水反渗透淡化系统,高压泵和能量回收装置的效率不断提高。其中一种能量回收装置称为功交换器,将排放的浓盐水压力传给补给海水,转换效率高达 89% ～ 96%。通过采用能量回收技术,已使每吨淡水电耗大幅下降。

(3) 淡化成本明显下降。由于膜的性能不断提高,反渗透膜与组件的生产已经相当成熟,高压泵和能量回收装置的性能持续进步,各种预处理新工艺不断提出,可保证膜组件的安全运行,使设备的运行管理更为简单;海水淡化工程公司之间竞争加大,使得设备的投资费用不断降低,从而使反渗透海水淡化的造水成本不断下降。以上措施使得反渗透海水淡化的投资费用不断降低,淡化水的成本明显下降。

反渗透海水淡化为无相变过程,通过采用能量回收技术使每吨淡水电耗大幅下降。同时,反渗透淡化技术具有以下主要优点:可模块化设计,装置规模灵活;操作简单、灵活,启动时间短,可根据需要随时增减产水量(多用谷电),可调节度好;维修方便;装置紧凑,占地较少;建设周期短等。

反渗透法适合大、中、小型海水及苦咸水淡化,大型淡化厂可通过多台中、小型装置并联实现。此外,反渗透对给水预处理的要求严格,反渗透膜需要定期更换,产水量对海水温度变化较敏感。

从产水水质看,反渗透所产淡化水的溶解固体总量(total dissolved solid, TDS)比多级闪蒸和多效蒸馏海水淡化所产淡化水高。若需实现较小的 TDS,则需增加反渗透级数。从适用范围来看,由于反渗透法对预处理要求较高,因此预处理投资高,但从另一方面来说,反渗透法适应的水质范围更广。

反渗透法与蒸馏法海水淡化都有已建成的大中型海水淡化工程,技术都是成熟的,图 9-12 所示为阿联酋日产 170 000 t 的反渗透海水淡化厂。

图 9-12　阿联酋日产 170 000 t 的反渗透海水淡化厂

9.3　低温堆与海水淡化装置的耦合

前文提到,一体化壳式低温核供热堆是具有良好固有安全特性、全功率自然循环、自稳压的新一代小型核反应堆[8],既可以热水、蒸汽的形式输出热能,也可配置汽轮发电机组同时进行发电和供热,所以低温核供热堆既可以与闪蒸法(MSF)、低温多效蒸馏法(MED-TVC)、高温多效蒸馏法(VTE-MED)等热法海水淡化工艺耦合,也可以与反渗透膜法(RO)和反渗透-多效蒸馏法混合(RO/MED)淡化工艺相耦合[9-12],这些不同的组合构成集能源、环境和水资源优势为一体的综合应用。

9.3.1　低温 MED 工艺与 NHR200-Ⅰ耦合

多效蒸馏(MED)海水淡化工艺是利用蒸汽潜热多次转换来生产淡水,具有效率较高的优点。带有热压缩的低温 MED(MED-TVC)工艺的技术特点是能够利用蒸汽的压力能。热压缩器(TVC)可以利用新蒸汽将压力较低的乏蒸汽增压到较高压力,使蒸汽的能量得到有效利用。

根据分析,一座 NHR200-Ⅰ型低温核供热堆可以配四套 MED-TVC 海水淡化机组,供给热压缩器的原蒸汽来自核反应堆的蒸汽发生器。淡化装置的造水比可达 15,每套机组的淡化水量为 26 875 m^3/d,总产水量为 107 500 m^3/d。

NHR200-Ⅰ型低温核供热堆与 MED-TVC 海水淡化工艺耦合的流程如图 9-13 所示。每套机组有 14 效蒸汽发生器,前 6 效是带有热压缩的多效蒸馏,以 MED-TVC 方式运行,后 8 效仅是多效蒸馏,以 MED 方式运行。

核反应堆产生的热量通过蒸汽发生器传递到给水并使之转化为蒸汽,蒸汽供给海水淡化装置中的热压缩器,通过热压缩器吸入第 6 效的压力较低的蒸汽,热压缩器出口蒸汽进入第一效蒸汽发生器并被冷凝为饱和水,同时其释放的热量将管外海水加热,使部分海水蒸发产生二次蒸汽作为热源进入下一效。第一效产生的冷凝水的主要部分作为给水返回供热堆的蒸汽发生器,其余部分作为淡化水。这个冷凝—蒸发是潜热传递的过程,该过程从第一效一直持续到最后一效。在每一效中,上一效产生的蒸汽在管内被冷凝,产生淡化水,同时管外的盐水被加热产生蒸汽,产生的蒸汽及剩余的盐水传递到下一效。由于第六效产生的蒸汽一部分被吸入热压缩器,因此从第七效至第十四效与第一效至第六效相比,加热蒸汽流量减少了,每效产生的淡化水也相应减少。最后,生产的淡化水进入产品水储存罐;盐水在回收部分热量后与冷却用海水混合,并通过排水系统排入大海。

NHR200-Ⅰ型低温核供热堆产生的新蒸汽压力为 0.24 MPa、温度为 126 ℃,从第六效吸入的负荷蒸汽压力为 0.012 6 MPa、温度为 50.5 ℃,吸入比为 1.3。从热压缩器排出的蒸汽,即进入第一效蒸汽发生器的蒸汽压力和温度分别为 0.026 7 MPa 和 66.5 ℃。热压缩器要满足满负荷和部分负荷时的性能要求。14 效总的造水比略大于 15 效。MED-TVC 海水淡化工艺的最高盐水温度不超过 65 ℃。

海水淡化机组的主要设备包括蒸汽发生器组件、给水预热器、热压缩器、盐水回热器、淡水回热器、抽空系统等。

蒸汽发生器组件由壳体、管板、传热管、水箱及给水喷淋装置等主要部件组成。壳体上部是给水水箱及喷淋装置,中部为水平布置的传热管束,传热管两端通过胀接等工艺与管板相连,管板再与壳体相连形成 1 效蒸汽发生器腔室,腔室传热管下部有盐水收集水箱,管板两端有淡水收集水箱。为了确保进入淡化系统的给水温度满足要求,淡化系统中设有盐水回热器和淡水回热器。这两个设备主要在冬季海水温度较低时使用,使海水在进入终端冷凝器之前先预热,以便通过终端冷凝器后达到淡化系统对给水温度的要求。

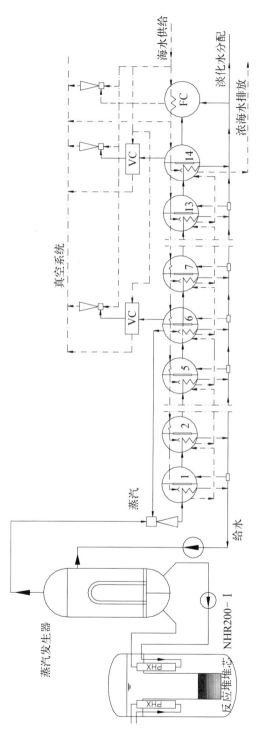

图 9 - 13 NHR200 - Ⅰ 型核供热堆与 MED - TVC 海水淡化工艺耦合流程示意图

海水淡化系统采用并联给水,进入任何一效的给水盐度是相同的,前6效的各效给水流量是相同的,后8效的各效给水流量也是相同的。各效给水均未达到饱和状态,进入蒸汽发生器后再被加热后达到饱和状态。

针对核能海水淡化技术,除了技术和经济要素外,公众更关心的是淡化的海水是否存在核污染。对于这个方面,为了保证核能海水淡化装置的安全以及所生产的淡化水的安全,采用了多道物理实体隔离和保护联锁措施。

(1)与用于核能供热的情形相同,在核能海水淡化系统中,低温核供热堆也设置了中间回路系统,分别通过主换热器和蒸汽发生器与反应堆冷却剂系统和蒸汽供应系统进行物理隔离,且中间回路系统压力高于反应堆冷却剂系统压力和蒸汽压力。即使主换热器和蒸汽发生器发生泄漏,也能保证蒸汽发生器产生的蒸汽不被放射性污染,同时对蒸汽的放射性进行监测。

(2)在蒸汽发生器与淡化机组的热压缩器之间设置隔离阀,必要时可以关闭隔离阀进行隔离。

(3)第一效的冷凝水与其他效产生的淡化水分别收集和储存,第一效的冷凝水用作蒸汽发生器的给水和厂用水。

在核能海水淡化厂运行期间,可能由于核供热堆方面或海水淡化装置方面的一些事件,相互影响各自的正常运行。因此,为了保证核供热堆和淡化装置的设备与人员的安全,应在核供热堆的控制保护系统与海水淡化装置控制保护系统中设置必要的安全联锁保护信号,以达到对核供热堆和淡化装置的保护目的。安全联锁保护信号包括以下几种:核供热堆失去蒸汽供应;海水淡化机组失去给水,停止原蒸汽供应;部分淡化机组失去给水,停止部分机组原蒸汽供应;给水流量过低,停止原蒸汽供应;热压缩器出口蒸汽温度过高,停止原蒸汽供应;第一效咸水温度过高,停止原蒸汽供应;末效咸水液位过高,停止原蒸汽供应;阻垢剂注入流量过低,停止原蒸汽供应等。

由此可见,低温核供热堆与海水淡化装置之间只有热的传递过程,没有任何物质的交换过程,从而保证淡化的海水不会受到反应堆放射性物质的污染。

9.3.2 高温 MED 工艺与 NHR200-Ⅰ耦合

在竖管多效蒸馏(VTE-MED)工艺中,蒸汽发生器的壳体和内部的传热管束均是竖直布置的。海水淡化单元可采用水平排布形式,也可以采用塔式布置形式。

竖管多效蒸馏(VTE-MED)工艺,由于最高运行温度为 110~120 ℃,而水平管束多效蒸馏工艺的海水温度一般都小于 70 ℃,所以竖管多效蒸馏海水淡化也称为高温多效蒸馏海水淡化。

NHR200 - Ⅰ型低温核供热堆与 VTE - MED 海水淡化工艺耦合的流程如图 9 - 14 所示。此方案的海水淡化单元采用水平和塔式混合布置形式,每套 VTE - MED 海水淡化机组可由若干效组成,依次布置在 3 个混凝土塔中。

来自 200 MW 核供热堆蒸汽发生器的原蒸汽,进入淡化系统的第一效被冷凝成淡水,同时将海水加热并使其部分蒸发,产生的二次蒸汽作为热源再进入下一效。第一效的冷凝水全部作为核供热堆蒸汽发生器的给水,沿回水管道返回核供热堆的蒸汽发生器。以后各效产生的淡化水经逐级闪蒸回收热量后输送至产品水储存罐,咸水在回收部分热量后与冷却水一起进入排水系统。

蒸汽发生器-预热器模块的传热管是竖直布置的,预热器位于蒸汽发生器传热管束的中央区域,两者构成了一体化的蒸汽发生器-预热器模块。混凝土淡化塔用来容纳和支撑蒸汽发生器-预热器模块,并具有组织蒸汽流道和效间流体流动等功能。

一座 NHR200 - Ⅰ型低温核供热堆可以配几套相同的 VTE - MED 海水淡化机组,每套机组由蒸汽发生器-预热器模块、混凝土塔、末级冷凝器与调节冷凝器、真空系统及冷却器等主要设备组成。

经过预处理的给水,经终端冷凝器预热后进入脱氧塔除氧,然后由给水泵泵入位于塔下部的给水分配器,通过给水分配器把给水分配到每列预热器中,给水经过串联布置的各级预热后到达顶部,然后经给水分配孔板使给水均匀进入第一效蒸汽发生器的管内,在第一效中继续被加热到 115 ℃的饱和状态。

来自核供热堆的加热蒸汽进入第一效蒸汽发生器的壳侧,被第一效蒸汽发生器管内流动的海水冷凝成淡化水,同时把管内海水加热。管内的海水加热到 115 ℃的饱和状态并部分蒸发,管内形成的汽、液两相流在重力及差压作用下向下流出第一效蒸汽发生器,进入第二效蒸汽发生器顶部的咸水接收池。在咸水池中,蒸汽与咸水分离,分离的二次蒸汽经过除湿器后作为热源进入第二效蒸汽发生器的壳侧,咸水则进入蒸汽发生器的管侧并继续重复上述冷凝蒸发的过程,这种冷凝—蒸发的过程一直进行到最后一效。

终端冷凝器与调节冷凝器用于冷却来自最后一效蒸汽发生器的二次蒸汽和预热给水。

各效被冷凝的蒸汽成为该效生产的淡化水,上一效蒸汽发生器产生的淡水通过连接两效的回水弯,靠重力和压差流到相邻的下一效蒸汽发生器的淡水槽,通过闪蒸达到回收部分热量和降温的目的。淡化水的 TDS 与低温多效蒸馏海水淡化的 TDS 相同,小于 20 mg/kg。

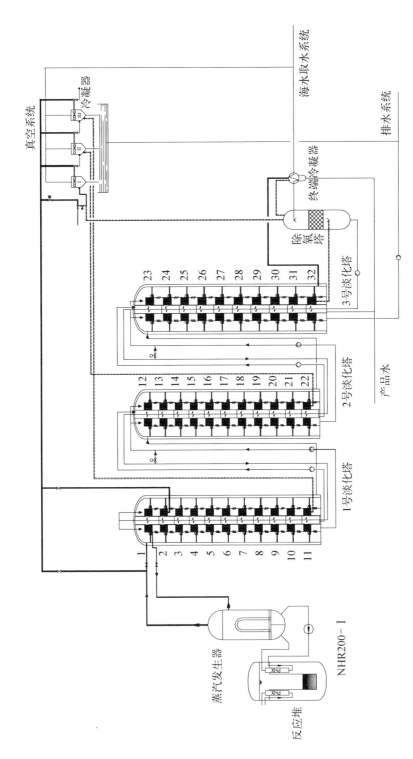

图 9 - 14　NHR200 - I 与 VIE - MED 海水淡化工艺耦合流程示意图

一座 NHR200 - I 型低温核供热堆有两台蒸汽发生器,每台蒸汽发生器产生的新蒸汽压力为 0.24 MPa,温度为 126 ℃,蒸汽流量为 164 t/h,可分别送往两套相同的 VTE - MED 淡化机组,海水淡化系统的最高咸水温度约为 115 ℃,每套机组产水能力可达 80 000 t/d,造水比达 22。在不同季节,VTE - MED 海水淡化机组的最高咸水温度是不同的,夏季最高是 120 ℃。

根据上述淡化系统工作原理可知,低温核供热堆与 VTE - MED 海水淡化机组装置之间也是只有热的传递过程,没有任何质的交换过程,从而保证淡化的海水不会受到反应堆放射性物质的污染。

9.3.3　RO/MED 混合工艺与 NHR200 - II 耦合

在反渗透海水淡化系统中,动力成本占产水总成本的比例很大,动力成本主要来自大功率的海水高压泵。当核反应堆与反渗透海水淡化工艺系统相耦合时,一种方案是海水反渗透淡化系统利用核反应堆产生的电力带动高压泵,对于这种方案,核反应堆与海水淡化系统耦合关系简单,只有电力系统之间的联系,没有工艺系统之间的联系,可看成海水淡化系统是核动力电厂的用户。还有一种耦合方案是针对大功率的海水高压泵,利用核反应堆产生的蒸汽,通过汽轮机直接驱动高压泵。

无论哪种方式,设计上都可以考虑将汽轮发电机组凝汽器的冷却水作为反渗透海水淡化系统的给水,因为一般核电站冷却用海水的温升约为 10 ℃,而反渗透工艺的给水温度在一定范围内提高将会大大提高淡化系统的产水率,这对海水淡化的经济性是非常有利的。

NHR200 - II 型核供热堆(NHR/M - 200)与 RO/MED 混合法海水淡化工艺耦合的流程如图 9 - 15 所示。在 NHR/M - 200 中,堆芯产生的热量由一回路系统通过蒸汽发生器传给蒸汽供应回路,再通过汽水分离获得饱和蒸汽。新蒸汽供给汽轮机发电或直接拖动高压泵。饱和蒸汽推动汽轮机,或发电,或直接拖动反渗透海水淡化系统的高压泵,同时从汽轮机的中间抽汽口抽取部分蒸汽进入蒸汽重整器,并在二次侧产生饱和蒸汽,用于 MED - TVC 海水淡化系统。

汽轮机的排汽在凝汽器中冷凝成为凝结水,经加热和除氧之后重新返回蒸汽发生器汽水分离器。凝汽器的冷却海水是经过预处理的海水,经过凝汽器加热后,海水温度上升,升温后的海水作为给水进入反渗透海水淡化

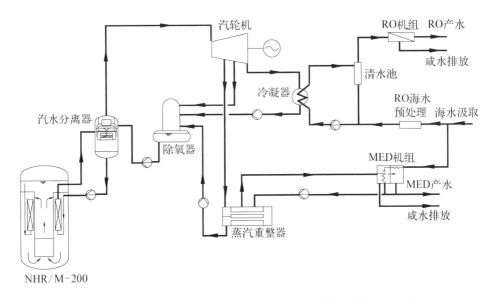

图 9‑15　NHR/M‑200 与 RO/MED 混合海水淡化工艺耦合示意图

系统。因为反渗透海水淡化系统的给水温度每升高 1 ℃,系统的产水量将提高 2%～3%,因而用汽轮机凝汽器的冷却水作为反渗透海水淡化系统的给水,有利于提高反渗透海水淡化系统产水量。由此可见,本方案充分利用了核反应堆产生的能量,从而大大提高了整个核能海水淡化系统的能量利用率。

热法和膜法海水淡化技术各有优缺点和适用的范围,如热法技术成熟,可利用低品质热,产水水质高等;而膜法技术发展快,利用电力就可方便地进行海水或苦咸水淡化,但其缺点是对海水预处理要求高,给水温度对系统产水影响大等。因此将这两种方法相结合,可以满足不同用户需求及改善淡化系统经济性。

结合一体化 200 MW 核反应堆既可以发电,又有不同温度和压力的抽汽可以利用,而且发电后还有大量的乏汽热量可以利用等特点,NHR/M‑200 与 RO/MED 混合海水淡化工艺耦合是一种优化的方案。

与 NHR/M‑200 相耦合的 RO/MED 混合海水淡化装置,反渗透和多效蒸馏海水淡化工艺的产水量可根据需求进行设计,反渗透海水淡化系统可由多套反渗透海水淡化机组组成。若以反渗透产水为主,反渗透海水淡化系统淡水产量可达 240 000 m³/d,带有热压缩的低温多效蒸馏(MED‑TVC)海水淡化系统的淡水产量可达 10 000 m³/d。

9.4　山东烟台核能海水淡化示范工程项目

山东省是我国北方严重缺水的省份之一,胶东地区尤为严重。胶东地区水资源总量约为 136 亿立方米,多年平均降雨量为 650 mm,人均水资源占有量为 347 m^3,仅为全国人均水平的 1/6,为世界人均水平的 1/24,远远低于国际公认的人均 1 000 m^3 的临界值,属于人均占有量小于 500 m^3 的水资源危机地区,属于资源性缺水地区。2000 年前后,胶东地区又出现了更为严重的干旱。为了缓解淡水资源危机,同时优化能源结构,缓解能源供求矛盾和大量燃烧化石燃料造成的环境污染问题,山东烟台核能海水淡化示范工程项目获得立项并开展了项目可行性研究。

9.4.1　山东烟台核能海水淡化示范工程项目概述

山东核能海水淡化厂的推荐厂址位于山东省烟台市牟平区养马岛。山东核能海水淡化示范工程的建设规模和内容包括一座热功率为 200 MW 的壳式反应堆、一个与之耦合的日产淡水 10 万吨以上的海水淡化厂以及辅助设施[13]。辅助设施包括海水取排水设施、锅炉房、变电站、化学水处理车间、维修间及备品备件库、办公、保安、油库等。

山东核能海水淡化厂的核反应堆采用清华大学开发的 200 MW 一体化壳式低温核供热堆,该堆具有良好的固有安全性,运行可靠,操作方便,完全满足核能海水淡化的安全要求。海水淡化厂将利用供热堆所产生的饱和蒸汽作为热源进行海水淡化。对于热功率为 200 MW 的低温核供热堆,与不同的海水淡化工艺耦合后,有不同的产水能力。

在该示范工程项目可行性研究中,分别选取 NHR200 - I 型和 NHR200 - II 型核供热堆,匹配不同的海水淡化工艺,进行了多种核能海水淡化方案的比较。NHR200 - I 型低温核供热堆匹配带热压缩的多效蒸馏海水淡化工艺(MED - TVC),可日产淡水 10.75 万立方米;匹配竖直管多效蒸馏海水淡化工艺(VTE - MED),可日产淡水 16 万立方米。NHR200 - II 型核供热堆发电并采用反渗透和 MED - TVC 混合工艺淡化海水,可日产淡水 25 万立方米。所产淡水一部分供给工业园区,一部分供给瓶装水灌装厂用于生产纯净水或瓶装矿泉水,其余部分进入烟台市市政自来水网。

通过对山东核能海水淡化高技术产业化示范工程进行可行性研究,可以

形成如下结论:

(1) RO/MED 混合法、MED – TVC 和 VTE – MED 三种海水淡化工艺方案与核反应堆耦合技术方案,无论是核反应堆方案,还是海水淡化方案,都是现实可行的。

(2) 核反应堆具有很高的安全性,核能海水淡化厂不会对公众健康和环境安全造成不利的影响。

(3) 核反应堆与淡化机组耦合界面的设计措施可确保淡化水的品质和淡水供应的安全性,可确保产品水不会受到放射性污染。

9.4.2　热压缩多效蒸馏工艺方案

多效蒸馏工艺是利用蒸汽潜热多次转换来生产淡水,因而其效率高于 MSF 工艺。水平管多效蒸馏工艺的海水温度一般小于 70 ℃,因此在防止结垢、前处理工艺和利用低品位能源方面具有明显的优点,但其传热系数低,可利用总温差小。综合而言,水平管蒸发工艺的效数少,比传热面大,设备初始投入高。热压缩多效蒸馏(MED – TVC)工艺是通过热压缩器将低品位的蒸汽进行再利用的海水淡化工艺,能同时达到节约热能和增加产水的目的。水平管多效蒸馏工艺的突出优点使其在海水淡化领域获得越来越多的应用。

山东核能海水淡化厂带有热压缩的多效蒸馏、水平管、降膜海水淡化工艺(MED – TVC),由 4 套相同的多效淡化机组组成,每套机组的产水能力为 26 875 t/d,总产水量为 107 500 t/d。每套机组有 14 效蒸汽发生器,前 6 效是带有热压缩的多效蒸馏(即 MED – TVC),后 8 效仅是多效蒸馏,即 MED(无热压缩)。最高咸水温度不超过 65 ℃,造水比略大于 15,供给热压缩器的原蒸汽来自核反应堆的蒸汽发生器。

汲取的海水经过滤与杀菌处理后,部分海水送入水力喷射器用于淡化机组的抽空,另一部分经终端冷凝器后加入阻垢分散剂,经过分步预热,以并联给水方式进入各效蒸馏单元。各效生产的淡水和剩余的咸水到下一效闪蒸回收热量和降低温度,最后,生产的产品水进入产品水储存罐;咸水在回收部分热量后与冷却用海水混合,并通过排水系统排入大海。

淡化系统热压缩用的原蒸汽由核供热堆的蒸汽发生器供给,进入第一效的原蒸汽和负荷蒸汽冷凝后大部分作为给水返回蒸汽发生器,剩余部分作为厂用水。MED – TVC 海水淡化机组的主要参数列于表 9 – 2 中。

表 9 - 2　MED - TVC 海水淡化机组设计工况参数

项　　目	设 计 工 况
海水取水温度/℃	20
进入终端冷凝器的海水流量/(t/h)	3 810
淡化系统给水流量/(t/h)	3 700
淡化系统给水温度/℃	29
喷淋海水最高咸水温度/℃	64.4
冷却用海水排放流量/(t/h)	110
冷却用海水排放温度/℃	29
咸水排放流量/(t/h)	2 580
咸水排放水温度/℃	32.2
排放咸水含盐量/(g/kg)	45.2
产品淡水流量/(t/h)	1 120
产品淡水近似温度/℃	31

MED - TVC 淡化厂的主要系统有海水汲取和预处理系统、热压缩多效蒸馏海水淡化装置、给水预热及分配系统、产品水分配及储存系统、咸水与冷却水排放系统、海水淡化装置的辅助系统、供电系统等。

1）海水汲取和预处理系统

淡化厂的海水汲取量由淡化厂的给水流量、冷却水流量和水力抽空系统的用量确定。最大设计海水汲取流量为 $4 \times 10\,095$ t/h。

热压缩低温多效蒸馏装置的海水预处理过程相对较为简单，仅添加阻垢剂和消泡剂，这种方法在海水淡化厂中应用广泛。

2）热压缩多效蒸馏海水淡化装置

海水淡化厂由 4 套相同的带有热压缩多效蒸馏淡化装置组成，每个机组有 14 效蒸汽发生器，前 6 效是 MED - TVC，后 8 效是单一的 MED。淡化装置的外壳直径约为 6 m，分两列布置在 32 m×112 m 的场地上，每套机组的产水量为 26 875 t/d。

淡化机组的主要设备和系统包括蒸汽发生器组件、咸水回热器、淡水回热器、热压缩器、给水预热器、射水真空泵及抽空冷凝器、启动喷射泵、阻垢及消泡药品添加装置、仪控系统、供电系统、蒸汽发生器酸洗设备等。

蒸汽发生器模块由壳体、管板、传热管、水箱及给水喷淋装置等主要部件组成。壳体上部是给水水箱及喷淋装置,中部为水平布置的传热管束,传热管两端通过胀接等工艺与管板相连,管板再与壳体相连形成一效蒸汽发生器腔室,腔室传热管下部有咸水收集水箱,管板两端有淡水收集水箱。

咸水回热器和淡水回热器主要在冬季海水温度较低时使用,使海水在进入终端冷凝器之前先预热,以便最终通过终端冷凝器后达到淡化系统对给水温度的要求。咸水回热器与淡水回热器均为板式换热器。

热压缩器的原蒸汽来自核供热堆蒸汽发生器,压力为 0.24 MPa,温度为 126 ℃,从第 6 效吸入的负荷蒸汽吸入比为 1.3。从热压缩器排出的蒸汽进入第 1 效蒸汽发生器,蒸汽温度为 66.5 ℃。

真空系统是为了建立和维持 MED - TVC 海水淡化系统正常工作所需的真空度及维持压力的递降分布。真空系统中抽空选用水力喷射泵,其工作原理简单,可靠性高,维修简单。

3）给水预热及分配

海水淡化系统采用并联给水,进入任何一效的给水盐度是相同的,各效给水均未达到饱和状态,进入蒸汽发生器后,加热后达到饱和状态。

4）产品水系统

淡化系统生产的淡水需要靠水泵把水输送到产品水储存罐。淡化厂的产品水储存设备容积为 28 000 m³,使用 2 个容积各为 14 000 m³ 的水箱。产品淡水的 TDS 小于 25 mg/L。若作为饮用水,还需要对产品淡水进行饮用化处理。饮用化处理包括再矿化、加氧及杀菌等步骤。

5）咸水和冷却水排放

淡化系统最后一效的咸水通过咸水泵排出,真空系统和终端冷凝器等用的冷却水最终要排放回大海。

6）化学清洗系统

为了清除传热管表面沉积的污垢,保持淡化系统的产水效率,各淡化机组都设有化学清洗系统。清洗系统利用咸水泵把稀盐酸洗液经给水预热系统及给水分配系统喷淋到蒸汽发生器传热管束上。蒸汽发生器的酸洗频率为每年1 次,在淡化系统停止运行时进行,化学清洗采用浓度为 30％的盐酸溶液。

7）仪表及控制

在正常运行情况下，核能海水淡化厂能自动运行，控制室操作人员在出现报警和外部问题时进行干预，现场操作人员负责日常检查。所有要进行的控制工作都应具有在发生误操作时能关闭淡化厂，以保护设备和人员免受伤害和损坏的功能。

淡化厂出现非正常工况时，要求淡化厂能自动关闭。淡化厂关闭过程应确保不损坏淡化厂，还应确保即使部分或全部丧失电力或仪表气源供应时，也能安全地完成淡化厂的关闭。

淡化厂运行期间，可能由于核供热堆方面或淡化厂方面的一些事件，相互影响各自的正常运行，为了保证供热堆和淡化厂的设备与人员的安全，设置了必要的联锁保护信号，达到对供热堆和淡化厂的保护目的。

8）供电系统

淡化厂电力供应的电源电压有 6 kV 和 380 V 两种，6 kV 电源主要用于各类大功率的用电设备，如海水泵、给水增压泵及水力喷射泵等。小功率的动力设备和照明等使用 380 V 电源。

9.4.3　竖管多效蒸馏工艺方案

在竖管多效蒸馏（VTE‐MED）工艺中，蒸汽发生器的壳体和内部的传热管束均是竖直布置的。蒸汽在管外冷凝成为产品淡水，同时管内向下流动的海水液膜被加热，而且部分海水蒸发生成二次蒸汽。管内剩余的咸水作为给水进入下一效，生成的二次蒸汽作为热源同时进入下一效蒸汽发生器的管外侧，这个蒸发冷凝过程重复进行到最后一效。

竖管降膜式多效蒸馏器可以水平排列，效间通过水泵相连；也可以垂直层叠布置，这种塔式布置结构可省去效间水泵，从而节省能源和提高系统长期运行的稳定性和可靠性。因为可利用的总温差大，在效间温差一定时可增加淡化系统的效数，可以提高造水比。VTE‐MED 具有传热系数高、造水比高和高转换比等技术优点。

山东核能海水淡化示范工程的竖直管多效蒸馏海水淡化工艺（VTE‐MED），核供热堆采用 NHR200‐Ⅰ 型低温核供热堆，核反应堆产生的热量通过热传输，由蒸汽发生器产生蒸汽，供给海水淡化机组作为加热蒸汽。淡化厂由 2 个相同的 VTE‐MED 淡化机组成，每套机组有 32 效，分别布置在 3 个混凝土塔中，不同季节淡化机组的最高咸水温度是不同的，夏季最高是

120 ℃。全厂设计产水能力为 2×80 000 t/d,造水比为 22。VTE-MED 海水淡化机组的主要参数列在表 9-3 中。

表 9-3   VTE-MED 海水淡化机组设计工况的主要参数

参　　数	参　数　值
供汽流量/(t/h)	164
供汽温度/压力/(℃/MPa)	126/0.24
抽空系统用汽流量(运行阶段)/(t/h)	4
进第一效蒸汽流量/(t/h)	160
海水流量/(t/h)	10 134
海水取水盐度/(g/kg)	31.5
海水取水温度/℃	20
调节冷凝器冷却水流量/(t/h)	3 200
抽空冷却器冷却水流量/(t/h)	1 400
冷却水温度/℃	20
给水流量/(t/h)	5 534
产品水流量/(t/h)	3 334
最高咸水温度/℃	115
咸水排放量/(t/h)	2 200
咸水盐度/(g/kg)	79.2
产品水 TDS/(mg/kg)	<20
产品水温度/℃	29.2
排水流量(包括冷却水)/(t/h)	13 600
排水盐度(包括冷却水)/(g/kg)	46.9
排水温度(包括冷却水)/℃	30.1

1) VTE - MED 海水淡化系统流程

取水系统抽取的海水,经过预处理后分别作为给水和冷却水。给水在真空状态下除气后进入给水预热系统,由给水泵泵入位于 3 号塔下部的给水分配器,通过给水分配器把给水分配到预热器中,给水经过串联布置的 31 级预热后,到达 1 号塔顶部,给水均匀进入第一效蒸汽发生器的管内,在第一效中继续被加热到饱和状态,并在重力和压差作用下流向以后各效。

来自核供热堆的加热蒸汽进入淡化系统第一效蒸汽发生器的壳侧,加热管内的海水,同时被冷凝成淡水。管内的海水加热到饱和状态并有部分蒸发,管内形成的汽液两相流在重力及压差作用下向下流出第一效蒸汽发生器,进入第二效蒸汽发生器顶部的咸水接收池。在咸水池中,蒸汽与咸水分离,分离的二次蒸汽作为热源进入第二效蒸汽发生器的壳侧,咸水则进入蒸汽发生器的管侧并继续重复上述冷凝蒸发的过程。这种冷凝—蒸发的过程一直进行到最后一效。

第一效的冷凝水作为给水全部返回蒸汽发生器,以后各效产生的淡化水靠重力和压差经逐级闪蒸回收热量后输送至产品水储存罐。每个淡化机组由三个塔构成,因此预热的海水、咸水和淡水在淡化塔之间由泵输送。

冷却水部分用于调节冷凝器和真空系统的抽空冷凝器。咸水在回收部分热量后与冷却水一起进入排水系统混合排放。

2) VTE - MED 淡化厂的组成

VTE - MED 淡化厂的主要设备和系统如下:原料海水提取系统、给水预处理系统、多效蒸馏海水淡化系统、给水预热系统、淡水存储装置、咸水及冷却水排放系统、海水淡化装置的辅助系统、供电系统等。

海水分别作为淡化系统的给水、冷却水和抽空冷却器的冷却水。取水流量随海水温度在一定范围变化,淡化系统的给水流量在任何海水温度下是不变的。

给水的海水预处理包括过滤、加酸去除 CO_2、真空去除海水中的溶解氧、去除海生物等。VTE - MED 的预处理比 MED - TVC 的略微复杂一些。实际运行经验表明,海水的预处理是影响水厂传热管的结垢、腐蚀和水厂性能的主要因素。

VTE - MED 多效蒸馏淡化机组是有 32 效的海水蒸馏淡化装置,32 效分别安装在 3 个混凝土淡化塔中。每套机组的主要设备有混凝土淡化塔、蒸汽发生器-预热器模块、末级冷凝器与调节冷凝器、真空系统及冷却器。

混凝土淡化塔是海水淡化厂的主要构件之一,用来容纳和支撑蒸汽发生器-预热器模块,并具有组织蒸汽流道和效间的流体流动等功能。混凝土淡化塔是双筒体的混凝土结构,塔外筒的内径为 20 m,塔内筒的外径为 10 m,塔高为 95 m。海水淡化的主要设备,即蒸汽发生器-预热器模块,安装在各层的环形区域。每个混凝土淡化塔共分为 11 层,1 号塔安装 1～11 效蒸汽发生器-预热器模块,2 号塔安装 12～22 效,3 号塔安装 23～32 效和终端冷凝器。塔的下部主要用于安装水泵、电器控制设备、终端冷凝器等。

蒸汽发生器传热管是竖直布置的,预热器位于蒸汽发生器传热管束的中央区域,两者构成了一体化的蒸汽发生器-预热器模块。蒸汽发生器和预热器共用一块下管板,蒸汽发生器上管板是环形结构,预热器管束高出上管板。在蒸汽发生器管束的壳侧区域内,预热器壳侧空间与蒸汽发生器的壳侧空间是相通的,蒸汽经蒸汽发生器可进入预热器传热管外侧。

终端冷凝器与调节冷凝器是用于冷却来自第 32 效蒸汽发生器的二次蒸汽和预热给水。终端冷凝器在第 32 效蒸汽发生器下方,采用板式冷凝器。调节冷凝器是在冬季海水温度低于 16 ℃时用来预热海水的。

真空系统包括启动用真空系统和正常运行时的真空系统。启动用真空系统是要在一定的时间内使整个淡化系统内部建立起一定的真空度,以便排除空气,为系统进入正常运行状态创造条件。在淡化系统正常运行期间,真空系统的功能是不断去除淡化系统中的非凝结气体,维持系统的真空度,以保持整个系统较高的传热效率并防止结垢,同时维持终端冷凝器的最低压力区,以形成整个蒸汽和非凝结气体流动过程的压力梯度。真空系统的主要设备是蒸汽喷射泵。蒸汽喷射泵的工作蒸汽由低温核供热反应堆的蒸汽发生器提供。

VTE - MED 海水淡化系统生产出来的淡水是高纯水,TDS＜20 mg/kg,其含氧量也很低,可作为锅炉蒸汽发生器补水的原水及需要纯水的工业用户的原水。若作为饮用水,VTE - MED 海水淡化系统生产的淡水还需要进行饮用化处理。来自淡化厂的淡化水先要经过再矿化容器,再按序通过加氧、加氯系统调理,使最终的产品水达到国家规定的饮用水标准。

9.4.4　反渗透与多效蒸馏混合工艺方案

山东核能海水淡化厂的混合法淡化方案结合了 NHR200 - Ⅱ 型核供热堆既可以发电,又有不同温度和压力的抽汽可以利用,而且发电后还有大量的乏汽热量可以利用的特点。

混合法淡化方案是由淡水产量为 240 000 m³/d 的反渗透(RO)海水淡化

系统和淡水产量为 10 000 m³/d 的带有热压缩的低温多效蒸馏(MED - TVC)海水淡化系统组成。RO 法淡化系统产水量大,品质适于饮用或一般工业用;MED - TVC 淡化系统产水品质高,产水主要用于纯水工业或桶装饮用纯净水。

在这一混合法方案中,NHR200 - Ⅱ型核供热堆蒸汽供应回路可产生压力为 3.0 MPa 的饱和蒸汽,饱和蒸汽推动汽轮机发电并用于 RO 法淡化海水。从汽轮机的中间抽汽口抽取部分蒸汽进入蒸汽重整器,并在二次侧产生压力为 0.8 MPa、温度为 170.6 ℃的饱和蒸汽,这些蒸汽将用于 MED - TVC 的主热压缩器和抽真空系统。蒸汽重整器实际上是另一道在核反应堆与 MED - TVC 淡化系统之间的实体隔离屏障,它把来自汽轮机的抽汽转换为供给 MED - TVC 淡化系统的蒸汽,在这一转换过程中,仅有热的传递而无物质的传递,从而降低了进入 MED 淡化系统的蒸汽受到污染的可能性。

汽轮机的排汽在凝汽器中冷凝成为凝结水,此后在加热器和除氧器等装置中加热和除氧之后重新返回蒸汽发生器。通过凝汽器的冷却海水来自反渗透预处理系统的海水清水池,经过凝汽器后,海水温度上升,升温后的海水并不直接排回大海,而是作为反渗透海水淡化系统的给水进入反渗透海水淡化系统。因为反渗透海水淡化系统的给水温度每升高 1 ℃,系统的产水量将提高 2%~3%,因而用汽轮机凝汽器的冷却水作为反渗透海水淡化系统的给水,有利于提高反渗透海水淡化系统的产水量。

日产 24 万吨淡化水的反渗透海水淡化系统由 24 组万吨级反渗透海水淡化系统组成。反渗透海水淡化系统由海水增压泵、保安滤器、高压泵、能量回收装置和压力提升系统、反渗透海水淡化膜组、冲洗系统、清洗系统等组成。用反渗透增压泵将预处理后的海水送入反渗透系统。保安滤器的设置是为了防止细微的颗粒性杂质损害高压泵和能量回收装置,堵塞通道并影响反渗透的出水量。高压泵为反渗透膜组提供足够进水压力,同时结合能量回收装置为反渗透膜组提供正常运行所需的压力和流量。通过能量回收装置后,海水进水水压升至约 5 MPa,使得浓盐水的能量得到有效的回收。通过压力提升泵将能量回收装置提升的海水进一步加压,达到脱盐所需的压力,减少高压泵容量和功耗。反渗透膜组是整个脱盐系统的核心,它负责脱除海水中的可溶性盐分、胶体、有机物,使出水的水质达到要求。所产淡水进入反渗透产水水池,淡化水 TDS≤500 mg/kg。

24 套反渗透海水淡化装置可根据用水量的需求,单套开机运行或多套开机运行,该设计能使设备发挥较大效率,机动性大,便于操作、运行、管理和维修。

24套反渗透海水淡化系统共用一套化学清洗装置和一套反渗透停机自动冲洗装置。反渗透膜组件长期运行之后,会受到某些难以冲洗掉的物质的污染,例如长期的微量盐分结垢和有机物的积累,这会造成膜组件的性能下降。因此需要用化学药品清洗,以恢复其正常的通量和脱盐率。当反渗透装置停机时,膜内部的海水已经处于浓缩状态,容易造成膜组件的结垢与污染。因此需要用淡水冲洗膜的表面以将膜表面的浓缩海水置换出来,防止污染物在反渗透膜表面沉积而影响膜的性能。

反渗透海水淡化系统的占地大部分是海水预处理水池的用地。预处理系统的主要作用是消除原水中含有的悬浮物、胶体、颗粒以及细菌、藻类等物质。因此预处理工艺的方案包括杀菌、灭藻、消毒、加药混凝、沉淀、过滤等工艺步骤。海水预处理系统由海水取水、海水加药混凝反应、斜管絮凝沉淀、V形滤池过滤和海水清水池组成。反渗透海水淡化系统的海水取水与MED-TVC淡化系统的海水取水共用一套系统,海水取水量为5.2×10^5 m^3/d。海水经加药混凝后进入8个混凝絮凝反应沉淀池,混凝絮凝反应沉淀池的出水进入斜管沉淀池沉淀,斜管沉淀池的出水利用高位差自动流入18个V形滤池,V形滤池的出水由于位差自动流入海水清水池。海水清水池的容积为10 000 m^3。该海水预处理系统具有投资成本低,维修工作量较小,单元工艺设施之间物料输送利用液位差自流,省能耗,易于控制和管理等优点。

日产10 000 t淡化水的热压缩多效蒸馏(MED-TVC)淡化系统热压缩用的原蒸汽和抽空喷射泵用的蒸汽均由蒸汽重整器供给,蒸汽重整器的热源由汽轮机抽汽供给。日产10 000 t淡化水的MED-TVC淡化系统是一套由14效蒸汽发生器构成的淡化机组,其中前6效以MED-TVC方式运行,后8效以MED方式运行。在给定的原蒸汽参数下,MED-TVC海水淡化系统抽取第六效蒸汽发生器的低压蒸汽。进入第一效的原蒸汽和负荷蒸汽冷凝后,部分作为给水返回蒸汽重整器。各效蒸汽发生器均为水平管、降膜式蒸汽发生器,最高咸水温度不超过65 ℃,造水比约为15.8。各效生产的淡水和剩余的咸水到下一效闪蒸回收热量和降低温度,生产的产品水最终进入产品水储存罐;咸水在回收部分热量后与MED-TVC的冷却用海水混合,并通过排水系统排入大海。MED-TVC法海水淡化系统所产淡化水TDS≤25 mg/kg。

反渗透海水淡化技术通过采用能量回收技术使电耗降低,同时还具有建设周期短,可模块化设计,装置规模灵活,操作简单灵活,维修方便等优点。反渗透的缺点是给水预处理要求严格,反渗透膜需要定期更换。多效蒸馏海水淡化具有可利用低品质热,产水水质高等优点。因此将这两种方法相结合,可以满足不同用户需求及改善海水淡化厂经济性。

9.4.5　可行性分析结论

以山东核能海水淡化示范工程为背景,在深入研究海水淡化厂址地区的气候、地址、环境和资源配置等问题的基础上,针对输出参数不同的两型一体化壳式低温核供热堆,即 NHR200 - Ⅰ 与 NHR200 - Ⅱ 型核供热堆,与多种主流海水淡化技术耦合的可行性、安全性、经济性等问题进行深入细致的研究,结果表明,壳式低温核供热堆可以与当今世界上的主流海水淡化技术很好地耦合,满足可行性、安全性的基本要求。一座热功率为 200 MW 的一体化壳式低温核供热堆最大可以提供日产 24 万吨的淡化海水,价格略高于目前北京市自来水价格。具体的可行性分析结论如下。

(1) 技术方案现实可行。山东核能海水淡化高技术产业化示范工程建设规模为一座热功率为 200 MW 的核反应堆、设计容量为日产淡化水 10 万～25 万立方米的海水淡化厂以及辅助设施。反应堆采用一体化、自然循环的壳式 200 MW 核反应堆,其技术基础是核供热堆技术成果。示范工程采用的核反应堆方案不存在影响项目实施的任何技术上的障碍。RO 和 MED 淡化技术已是成熟的工业技术。淡化厂设计和设备供应可通过多种模式实现。核反应堆与淡化厂的耦合采用国际通用的技术方案,也是现实可行的。

(2) 核反应堆具有很高的安全性,核能海水淡化厂不会对环境和公众造成不利的影响。核能海水淡化厂首先要保证核装置运行的安全可靠性。为此,选用具有新一代先进反应堆安全特性的核反应堆作为海水淡化的能源系统。此外,反应堆具有很好的固有安全特性,反应堆在正常运行、设计基准事故、设计扩展工况以及纯粹假想的严重事故工况下均不会对公众健康和环境安全造成不利的影响。

(3) 核反应堆与淡化机组耦合界面的设计措施可确保淡化水的品质和淡水供应的安全性。为确保生产的淡水不会受到放射性物质的污染,设计中采用了三道实体隔离屏障、放射性监测等技术措施,可确保产品水不会受到放射性污染。

(4) 厂址条件满足相关法规要求。工程厂址位于山东省烟台市牟平区养马岛。本项目可行性研究工作的组织和工作程序完全按照我国核电厂可行性研究工作的组织和工作程序进行,按照国家环境保护总局和国家核安全局的有关法规对厂址进行了评价。在综合考虑人口、气象、地质、地震、工程水文、外部人为事件、大件运输等因素后,设计者认为养马岛厂址满足法规要求。

(5) 平均淡化水成本、资本金内部收益率、财务内部收益率、投资回收期、贷款偿还期等的经济分析结果表明,在一定条件下,项目在经济上是可行的。

在山东核能海水淡化示范工程可行性研究工作中,对反渗透与多效蒸馏混合法海水淡化工艺方案(RO/MED‐TVC)、带有热压缩的低温多效蒸馏淡化工艺方案(MED‐TVC)和塔式布置的竖管多效蒸馏淡化工艺方案(VTE‐MED)三种海水淡化工艺方案进行了综合分析比选。比选包括淡化工艺的技术特性、产水能力、经济指标和技术成熟性等方面。综合分析比选结果表明,RO/MED、MED‐TVC 和 VTE‐MED 三种海水淡化工艺方案与核反应堆耦合都是可行的。基于对项目的经济性和海水淡化工艺技术成熟性的考虑,将RO/MED 混合法作为第一方案,将 MED‐TVC 作为第二方案,将 VTE‐MED 作为第三方案。

随着我国工农业生产的持续发展和对能源、环境等问题的逐渐重视,大规模的核能海水淡化必将得到实际应用。

参考文献

[1] 中华人民共和国水利部.2019 年中国水资源公报[R].北京:中华人民共和国水利部,2020.
[2] 国家发展和改革委员会,国家海洋局.全国海洋经济发展"十三五"规划[R].北京:国家发展和改革委员会,2017.
[3] IDA. IDA desalination yearbook 2016—2017 [M]. Oxford:Media Analytics Ltd. ,2016.
[4] 宋瀚文,宋达,张辉,等.国内外海水淡化发展现状[J].膜科学与技术,2021,41(4):170‐176.
[5] 中华人民共和国自然资源部.2019 年全国海水利用报告[R].北京:中华人民共和国自然资源部,2020.
[6] 王俊鹏,李洪瑞,周迪颐,等.海水淡化[M].北京:科学出版社,1978.
[7] 高从堦,阮国岭.海水淡化技术与工程[M].北京:化学工业出版社,2015.
[8] Wang D Z, Gao Z Y, Zheng W X, et al. Technical design features and safety analysis of the 200 MWt nuclear heating reactor[J]. Nuclear Energy and Design,1993,143(1):1‐7.
[9] 吴洋,李卫华.核能海水淡化解决内陆城市缺水问题的初步探讨[J].给水排水,2007,33(增刊1):224‐226.

［10］　李卫华,张亚军,郭吉林,等.一体化核供热堆Ⅱ型的开发及应用前景初步分析[J].
　　　原子能科学技术,2009,43(增刊1)：215-218.

［11］　Li W H，Zhang Y J，Zheng W X. Investigation on three seawater desalination
　　　processes coupled with NHR200 [J]. Desalination，2012，298：93-98.

［12］　马昌文.核能利用的新途径：低温堆核能供热[M].北京：科学出版社,1997.

［13］　清华大学核能与新能源技术研究院.山东核能海水淡化高技术产业化示范工程可行
　　　性研究报告[R].北京：清华大学核能与新能源技术研究院,2005.

第 10 章
低温堆的部分关键技术研究

　　20 世纪 80 年代,清华大学核能技术研究所改造了院内游泳池式屏蔽试验堆,并进行了核能供热演示验证,之后综合考虑技术先进性、安全性、经济性和更广泛应用范围的可行性,通过比选放弃了游泳池式供热堆方案,确定了一体化自然循环压力容器式轻水反应堆作为更大规模核能区域供热的技术路线。该堆引领了我国新一代小型反应堆技术发展的先河,特别关注了以下问题:

　　(1) 主回路紧凑型一体化布置。

　　(2) 固有安全和非能动安全特性。

　　(3) 自调节、自保护特性。

　　(4) 正常和事故工况下的完全自然循环。

　　(5) 低的堆芯功率密度。

　　(6) 有大量冷却剂储备的主回路。

　　(7) 内置式水力/水压驱动控制棒。

　　(8) 内置式汽-气稳压器。

　　(9) 进展缓慢的事故工况过程。

　　(10) 非能动应急热排出系统。

　　(11) 可以承受主回路泄漏后全压的第二级压力容器。

　　(12) 正常和事故工况下放射性物质的完全包容等。

　　1989 年,具有上述特征的世界上第一座一体化壳式自然循环低温核供热试验堆 5 MW 低温核供热试验反应堆(NHR 5)建成并达到满功率运行,这些新技术在 NHR 5 上得到了充分演示和验证,所做工作得到 IAEA 专家的肯定和好评。在此基础上,清华大学核能技术研究所又研发了适用于不同应用场合的 NHR200 - I 型低温核供热堆和 NHR200 - II 型低温核供热堆。NHR 5 低温核供热试验堆参数较低;NHR200 - I 型低温核供热堆参数有所提高,但仍主要适用于城市集中供热和热法海水淡化;NHR200-Ⅱ型低温核供热堆进一步提高了堆芯出口温度和压力,除可应用于集中供热和热法海水淡化领域外,还可广泛应用于工业蒸汽、热膜混合法海水淡化、集中制冷以及热电联供等领域。

在研发大量采用上述先进设计和技术的 NHR 系列低温核供热堆的过程中,针对供热堆上的新概念设计和新设施的功能以及是否可以满足设计要求等,建立专用试验台架进行了广泛深入的分项或整体性能试验研究,这些试验研究主要围绕如下内容:

(1) 单相及两相流自然循环热工水力学、全功率自然循环流动特性。

(2) 低干度自然循环两相流流动稳定性。

(3) 内置式汽-气稳压器热工水力学特性。

(4) 失水工况下的自然循环模式。

(5) 事故余热排出过程换热器在汽-气混合物中的工作特性。

(6) 非能动安全系统的启动、功能和性能。

(7) 堆芯热负荷极限 CHF 及其他。

(8) 新型内置式水力驱动和水压驱动控制棒。

(9) 超声波控制棒棒位测量系统。

(10) 硼注入堆芯传质机理。

(11) 主换热器流动阻力和流场分布。

(12) 供热堆燃料装卸和储存技术。

(13) 水化学。

(14) 安全壳电气贯穿件。

(15) 小型反应堆物理计算软件及实验研究(零功率试验)。

(16) 压力容器内低流阻流量计研制。

本章介绍围绕 NHR 5、NHR200-Ⅰ型低温核供热堆和 NHR200-Ⅱ型低温核供热堆开展的主要试验研究。

10.1　一体化自然循环热工水力学试验

针对 NHR 5、NHR200-Ⅰ型低温核供热堆及 NHR200-Ⅱ型低温核供热堆,在系统层面上,自建了 4 个大型综合性试验台架,并利用俄罗斯库尔恰托夫研究所的 KC 试验系统,实验验证了冷却剂自然循环特性和多种事故状态下的瞬态行为,研究参数覆盖整个运行参数的范围。5 个试验系统的主要特点、参数和主要研究目的如表 10-1 所示。

表 10-1　针对壳式低温核供热堆开展热工水力学研究的几个主要试验系统及主要参数

台架名称	所在研究机构	试验系统特点	主要研究目的	设计压力/MPa	设计温度/℃	加热功率/kW	模拟堆芯	模拟堆芯高度/mm	上升段尺寸/mm
HRTL-5	清华大学核能与新能源技术研究院	自然循环 管道连接式 双通道加热	自然循环特性 两相流动稳定性	2.0	250	2×200	2-4×4 内热式电加热棒	750	4 000
HRTL200-I	清华大学核能与新能源技术研究院	自然循环 管道连接式 单加热通道	自然循环特性 两相流动稳定性	5.0	280	500	3×3 管壁发热式棒束	1 300	5 000
HRTL200-II	清华大学核能与新能源技术研究院	自然循环 一体化布置	自然循环特性 汽-气稳压器	11.5	320	1 000	10×10 管壁发热式棒束	1 600	5 000
HRTL-X	清华大学核能与新能源技术研究院	自然循环 一体化布置	自然循环特性 主换热器试验 余热系统试验 小破口试验	11.5	320	1 000	24-3×3 管壁发热式棒束	1 000	4 000
KC/KS	俄罗斯库尔恰托夫研究所	自然循环 紧凑式布置	全系自然循环 两相流动稳定性	10.0	300	>2 000	7×7 管壁发热式棒束	1 900	4 000,7 100

10.1.1　HRTL 5 和 HRTL200 - Ⅰ热工水力学试验

为研究 NHR 5 和 NHR200 - Ⅰ型低温核供热堆的热工水力学现象,分别建立了 HRTL 5 和 HRTL200 - Ⅰ两个热工水力学整体性能试验台架(见图 10 - 1 和图 10 - 2),主要研究了单相水和低干度两相自然循环流动特性[1-4]。HRTL 5 是一个双加热通道的自然循环试验系统,HRTL200 - Ⅰ则是一个单加热通道的热工水力学试验系统。

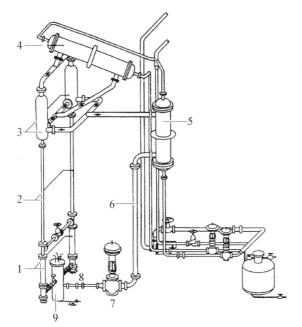

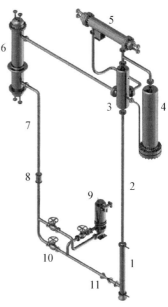

1—模拟堆芯;2—上升段;3—汽水分离器;4—加热器;5—冷凝器;6—换热器;7—下降段;8—流量计;9—循环泵;10—调节阀;11—节流件。

图 10 - 2　HRTL200 - Ⅰ热工水力学试验系统

1—模拟堆芯;2—上升段;3—汽水分离器;4—冷凝器;5—换热器;6—下降段;7—调节阀;8—流量计;9—预热器。

图 10 - 1　HRTL 5 热工水力学试验系统

这两个试验回路均为管道式布置,主回路主要由模拟反应堆堆芯的电加热段、上升段、汽水分离器及稳压器、冷凝器、换热器和下降段等组成,主回路的入口阻力可由入口节流阀调节。两个实验回路沿高度方向与原型堆之比均为 1∶1,热工水力学运行参数范围涵盖了原型堆的运行参数。

无离子水从电加热模拟堆芯的下部进入,向上流动并被加热,若以微沸腾工况运行,则在模拟堆芯出口冷却剂被加热成低含汽率的汽水混合物(最大质量含汽率约为 1%),混合物流经上升段后进入汽水分离器,分离出的蒸汽由冷凝器冷凝成水并与分离出的水重新混合,然后流经换热器把热量传给二回路冷却水并最终传至大气,主回路中被冷却的水沿下降段向下流动并经阻力调节阀后重新进入加热段,从而完成一个自然循环载热过程。

因为 NHR 5 和 NHR200 - I 型低温核供热堆的设计运行压力相对较低,在两相自然循环情况下,低干度自然循环具有一定的特殊性。干度很低时,流量随干度的增加而迅速增大;干度相对较高时,流量随干度的增加而增加的趋势变缓。这是因为当空泡份额足够大时,它随出口质量含汽率增大的趋势变缓,且两相阻力加大,从而导致循环驱动力的变化变小,流量的变化变缓。实验研究表明:

(1) 当模拟堆芯的加热功率、入口阻力系数和入口过冷度维持不变时,两相自然循环流量将随系统运行压力的增加而下降,系统运行压力越高,循环流量越小。

(2) 维持系统压力、模拟堆芯入口阻力系数和入口过冷度不变,随加热功率增加,低干度两相自然循环流量增加,但增加速率随功率的增大而逐步减小。这是因为在两相自然循环条件下,上升段中的空泡份额随质量含汽率增加的趋势不是线性的。

(3) 维持系统压力、入口阻力系数及加热功率不变,仅改变模拟堆芯入口流体的过冷度,则随入口过冷度的增加,两相自然循环流量下降。这是因为随过冷度的增加,加热段出口质量含汽率逐渐减小,上升段空泡份额和回路循环驱动力均下降。

(4) 维持加热功率、系统运行压力和冷却剂入口过冷度不变,仅改变入口阻力系数,则低干度两相自然循环流量随模拟堆芯入口阻力系数的增大而减小,且阻力系数越大,自然循环流量变化越平缓。

10.1.2　HRTL200 - Ⅱ热工水力学试验

随着壳式供热堆技术的发展,针对输出参数更高的 NHR200 - Ⅱ核供热堆,建立了 HRTL200 - Ⅱ自然循环试验系统[5-6],该实验系统的显著特点是主回路设计与一体化反应堆类似,所有主要设备和模拟堆内构件,包括模拟电加热堆芯、上升段、主换热器、下降段和汽-气稳压器等,均安装在设计压力为 11.5 MPa、设计温度为 320 ℃、内径为 550 mm、高约为 9 m 的压力容器内,如

1—流量计和模拟堆芯入口阻力调节件;2—模拟堆芯;3—承压壳;4—上升段;5—主换热器;6—内置式汽-气稳压器。

图 10 - 3　HRTL200 - Ⅱ自然循环试验系统主回路

图 10 - 3 所示。

模拟核反应堆堆芯的电加热组件位于承压壳内的下部,模拟堆芯的出口与上升段烟囱相连,与烟囱并排布置的是主换热器。冷却剂无离子水在模拟堆芯中被加热之后沿烟囱上升到壳体上部,然后转向 180°通过主换热器向下流动。在主换热器中被二次侧冷却后的主回路冷却剂沿上升段和模拟堆芯外围的环行通道向下流动,在承压壳底部转向 180°,重新向上进入模拟堆芯进行下一次载热循环。模拟堆芯的最大电加热功率约为 1 MW。

HRTL200 - Ⅱ自然循环试验系统流程如图 10 - 4 所示,二回路冷却系统是一个密闭的强迫循环强制风冷冷却回路,主要由主换热器二次侧、稳压罐、超压保护装置、强制风冷空气冷却塔、循环水泵、注水泵、阀门、连接管和参数测量装置等组成。二回路系统的设计压力为 8 MPa,设计温度为 300 ℃,最大循环流量约为 40 m³/h。

余热排出系统并联连接在二回路冷却系统上,并通过二回路冷却系统与主换热器二次侧联通。通过余热系统可以验证所设计的非能动余热排出系统的安全性和可靠性。

供电系统包括主加热供电系统和辅助供电系统,主加热供电系统包括高压开关柜、变压器和可控硅整流装置,对于直流输出方式,额定输出电压为 110 V,额定输出电流约为 9 000 A,最大输出功率为 1 000 kW,输出端通过铜排与主回路加热负载相连。辅助供电系统为水泵、电动阀和风机等提供动力和控制用电。

在 HRTL200 - Ⅱ热工水力学试验台架上开展的试验研究,主要集中在相对较高压力下的冷却剂单相全功率自然循环。图 10 - 5～图 10 - 8 展示了在 HRTL200 - Ⅱ上所获取的部分试验结果。

图 10 - 5 展示了主回路压力为 7 MPa,加热段出口温度为 278 ℃时,自然循环流量随加热功率的增大而增大的变化趋势。

图 10 - 6 展示了主回路压力为 7 MPa,以主回路加热段出口温度恒定维持在 278 ℃的控制方案运行时,加热段入口温度随功率增加的变化。

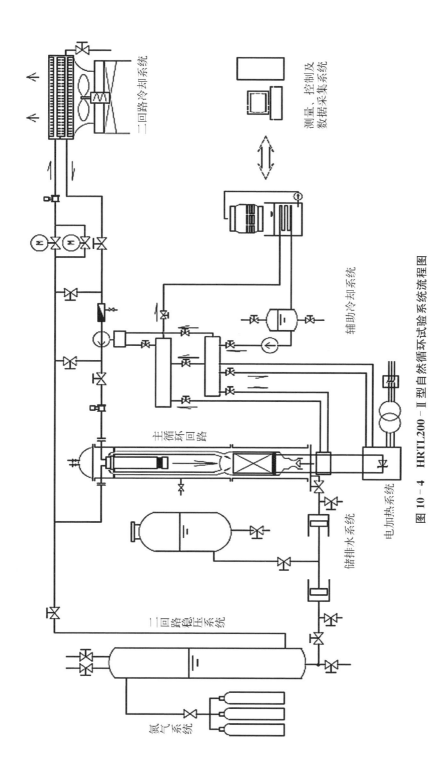

图 10 - 4　HRTL200 - Ⅱ型自然循环试验系统流程图

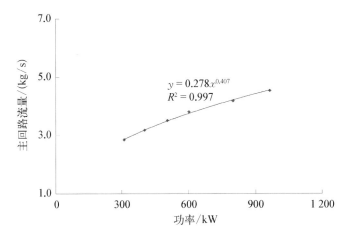

图 10 - 5　主回路流量随加热功率的变化

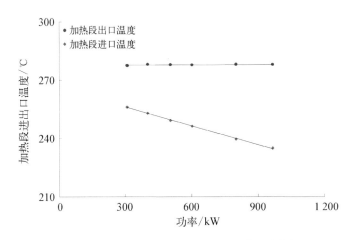

图 10 - 6　加热段进出口温度随加热功率的变化

　　图 10 - 7 所示为主回路压力对自然循环流量的影响,试验结果表明,在不同功率条件下,与低干度两相自然循环工况不同,单相自然循环流量随系统压力的增加而增加。

　　在该试验系统上,针对二回路流量变化对主回路自然循环流量的影响也进行了研究。图 10 - 8 表明,仅增加二次侧的冷却剂流量,主回路自然循环流量开始时随着二回路流量的增加会较快增加,随后变化趋于平缓,而且总体变化量较小。当主回路压力为 7 MPa,加热段出口过冷度约为 13 ℃,加热功率约为 950 kW,二回路压力约为 4.2 MPa。试验还表明,二回路压力对主回路流量及一、二回路温度影响不大。

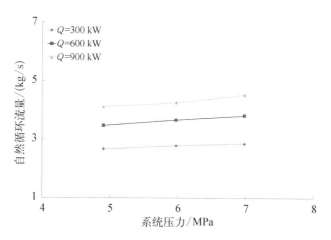

图 10 - 7　主回路压力对自然循环流量的影响

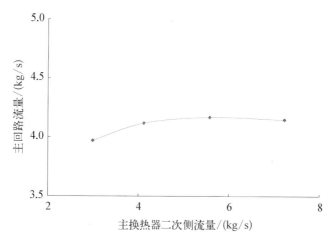

图 10 - 8　不同二次侧流量下主回路流量的变化

10.1.3　自然循环流动试验结论

在一回路压力为 0.1～8.0 MPa、模拟堆芯发热功率为 0～980 kW、模拟堆芯进出口温差为 0～50 ℃ 的条件下,在覆盖 NHR 5、NHR200 -Ⅰ和 NHR200 -Ⅱ型核供热堆运行参数范围内,对上述多个试验系统开展了各种设计参数条件下供热堆全功率自然循环热工水力学试验研究。

试验结果证实,对于壳式一体化自然循环反应堆,不论是以单相循环方式还是低干度两相循环方式,均可以在设计参数范围内,以全功率自然循环的方式安全、稳定地运行。试验研究还获得了模拟堆芯发热功率、主回路系统压力、模拟堆芯进出口温度、模拟堆芯入口过冷度和入口阻力等参数对主回路自然循环的影响规律。

此外,在上述回路上还开展了主换热器工程样机试验、小高差水冷余热系统余热载出试验、失水事故条件下的余热载出系统功能试验等。各项试验结果成功应用于工程设计和安全分析以及指导 NHR200 - I 型和 NHR200 - II 型核供热堆的热工水力设计,从而保证反应堆一回路各部件的热工水力学设计满足供热堆运行设计要求且安全、稳定运行。

10.2　低干度两相流动稳定性试验

与池式供热堆相比,壳式低温供热反应堆在下述方面具有天然的优势,即可以在反应堆其他结构参数不改变的情况下,仅将冷却剂在燃料组件出口温度从过冷提高到饱和,就可以使反应堆处于微沸腾运行方式,以提高反应堆堆芯的出口温度和冷却剂平均温度,从而提高反应堆的输出参数和热利用效率。

压水运行和微沸腾运行方式会影响反应堆上升段内是否含有气泡,而对于堆芯和上升段内存在气泡的微沸腾运行方式而言,其两相流参数也直接影响反应堆的自然循环流量、水动力学和中子物理稳定性等,因而除了上节介绍的针对壳式供热堆开展的单相稳态流动热工水力学试验研究外,仍有必要进行深入细致的两相流动热工水力学特性研究。

与电站用沸水反应堆不同,采用微沸腾参数运行的供热堆堆芯出口质量含汽率较低,其中涉及的两相流问题属于低干度气液两相流。针对 NHR 5 和 NHR200 - I 型低温核供热堆低干度气液两相流流体动力学和流动稳定性的研究主要是在 HRTL 5、HRTL200 - I 和俄罗斯 KC 试验台架上进行的。自然循环两相流动稳定性研究的主要影响因素包括回路压力,燃料组件出口过冷度和含汽率,燃料组件入口过冷度,平行通道入口、内部水阻力等。期望得到流动不稳定区域边界与冷却剂出口过冷度或出口含汽率、冷却剂入口温度等的关系。然后确定供热堆自然循环稳定边界,以此选定供热堆的运行模式和设计、运行参数,并研究如何使反应堆从冷态平稳启动并过渡到微沸腾运行状态。

10.2.1　在 HRTL200 - I 试验系统上的研究

针对 NHR200 - I 型低温核供热堆自然循环热工水力学流动特性的试验

研究是在图 10-2 所示的 HRTL200-Ⅰ试验回路上进行的[2,7-10]。图 10-9 所示为试验压力为 2.5 MPa、加热功率为 82 kW 时,记录的低干度两相自然循环流量随模拟堆芯入口冷却剂过冷度变化的过程。

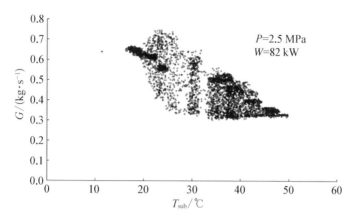

图 10-9　流量随模拟堆芯入口冷却剂过冷度的变化

由图 10-9 可见,当模拟堆芯入口冷却剂处于大过冷度时,整个系统是稳定的,这是一般压水堆运行的区间。当试验段入口冷却剂的过冷度逐渐减小,即入口过冷度逐渐向左移动,则试验段流体的出口焓逐渐接近饱和值,最后大于饱和值而出现净蒸汽,系统流量将会产生振荡,同时伴随着系统压力和流体温度等热工参数的振荡,这一振荡是自激的等幅振荡。但当冷却剂入口过冷度进一步减小,系统出口质量含汽率进一步增大并大于一定值时,自然循环流量振荡消失,系统重新进入稳定状态,此时系统进入的是低干度自然循环两相流稳定区,加热段出口质量含汽率约为 1%,这就是微沸腾运行的两相流自然循环稳定区。沸水堆核电站反应堆中,堆芯出口质量含汽率要比此值高得多,其两相流动特性不属于微沸腾研究的范畴。

上述实验结果说明,在堆芯入口冷却剂的低过冷度区和高过冷度区,自然循环系统均存在稳定工作点,但两者之间有一不稳定区,自然循环反应堆工作区间应该避开此区。稳定性试验研究的目的就在于寻找系统可以稳定运行的工作参数范围,分析各运行参数对系统稳定性的影响,并研究如何使反应堆从深度过冷状态平稳启动,并最终过渡到微沸腾运行状态。

虽然系统的几何参数、汽空间体积的大小及非凝结气体等对系统的振荡特性均有一定的影响,但在 HRTL200-Ⅰ试验系统上,除入口阻力系数外,主要研究的是热工参数对低干度两相流动密度波的影响,包括元件表面热负荷、

系统压力、加热段冷却剂入口温度等。试验的主要参数及其变化范围如表
10-2所示。

表 10-2 在 HRTL200-Ⅰ试验系统上的主要参数及其变化范围

参 数	参数变化范围
一回路系统压力/MPa	1～4
加热棒表面热流密度/(W/cm²)	5～45
加热棒表面热流密对应的加热功率/kW	27～240
实验段入口折合阻力系数	25～80
冷却剂入口过冷度/℃	5～80

以自然循环方式运行的反应堆,其主要控制变量为系统压力、功率和堆芯
入口冷却剂过冷度。试验结果表明,两相工况下自然循环流量随加热功率的
增大而增大并逐渐趋于平缓;随入口过冷度的增大而减小;但功率较低时,流
量减小速率在过冷度增大到一定程度后趋于平缓;与单相情况不同,两相工况
下自然循环流量随压力的增大而减小并逐渐趋于平缓;随进口阻力系数的增
大而减小并逐渐趋于平缓。

10.2.2 在 KC 试验台架上的结果

HRTL200-Ⅰ试验回路的参数范围有限,为了更深入地研究 200 MW 供
热堆的自然循环特性和两相流动特性,在俄罗斯库尔恰托夫研究所的 KC 试
验台架上也进行了针对 NHR200-Ⅰ型低温核供热堆的热工水力学试验研究,
研究主要针对如下问题。

(1)自然循环回路的流动特性。冷却剂压力、入口冷却剂过冷度、加热功
率、含汽率以及冷却剂入口节流度等因素对流量的影响。

(2)在提升段内质量含汽率与真实含汽率之间的关系。

(3)自然循环的稳定性。压力、入口过冷度、加热功率、含汽率、入口流动
阻力以及提升段的高度和流通截面等因素对流动稳定性的影响。

(4)NHR200-Ⅰ型低温核供热堆的启动工况。

试验过程的主要参数和变化范围如表 10-3 所示,试验工况如表 10-4 所示。

表 10 - 3　在 KC 试验台架上的试验过程的主要参数和变化范围

参 数 名 称	参 数 范 围
提升段高度/mm	7 100、4 000
提升段流道截面/m²	0.030 48 及大致减半的面积
入口阻力系数	10、25、40、80
入口阻力孔板孔径/mm	36.6、28.5、25.2、21
压力/MPa	1.5、2.5、4.0
热流密度/(W/cm²)	5、15、24.4、35、50、65
入口过冷度/℃	20～80

表 10 - 4　NHR200 - I 型堆第一阶段试验工况表

试验工况序号	压力/MPa	提升段流道截面/m²				
		0.013 97			0.030 48	
		节流孔板直径/mm				
		28.5	36.6	25.2	21.0	28.5
1	2.5	$N=N_1,\cdots,N_6$ $\Delta t_{in}=20\sim80\ ℃$	—	—	—	—
	1.5	$N=N_{S.P.}$ $\Delta t_{in}=20\sim80\ ℃$	—	—	—	—
	4.0	$N=N_{S.P.}$ $\Delta t_{in}=20\sim80\ ℃$	—	—	—	—
2	2.5	—	$N=N_{S.P.}$ $\Delta t_{in}=20\sim80\ ℃$	—	—	—
3	2.5	—	—	$N=N_{S.P.}$ $\Delta t_{in}=20\sim80\ ℃$	—	—
4	2.5	—	—	—	$N=N_{S.P.}$ $\Delta t_{in}=20\sim80\ ℃$	—

（续表）

试验工况序号	压力/MPa	提升段流道截面/m²				
		0.013 97			0.030 48	
		节流孔板直径/mm				
		28.5	36.6	25.2	21.0	28.5
5	2.5	—	—	—	—	$N=N_{S.P.}$ $\Delta t_{in}=20\sim80\ ℃$
6	$P=\mathrm{var}$	达到 $N_{S.P.}$ （Δt_{in}） S.P 及余热冷却	—	—	—	—

注：N 为功率；N_1，…，N_6 为试验过程中选取的 6 个加热功率值；$N_{S.P.}$ 表示设计工况下的功率取值；Δt_{in} 为加热段入口的过冷度；$P=\mathrm{var}$ 指压力在试验范围内变化。

10.2.2.1　库尔恰托夫研究所 KC 试验台架

俄罗斯莫斯科库尔恰托夫研究所 KC 试验台架建造的目的是研究水-水动力堆、管道型铀-石墨反应堆、一体化供热反应堆及变通量反应堆的正常工况、过渡工况和事故工况的热工水力学过程。

此前在 KC 试验台架上，苏联曾完成过模拟 AST－500 供热堆的相关实验。模拟了一体化自然循环供热堆 AST－500 的一回路（试验段 3），此试验段简称 MUP－1（一体化堆模型）。一回路的全部设备和管路都用不锈钢制成，MUP－1 的试验段可承受 10 MPa 的压力。反应堆堆芯用不同壁厚、长度及直径的管束来模拟，用直流电加热管束，最大电功率为 6 000 kW（电压为 150 V，电流为 40 kA）。

针对 NHR200－Ⅰ型低温核供热堆热工水力学试验研究，进行改造后的模型简化系统流程如图 10－10 所示。一回路为自然循环，二回路为闭式强迫循环，三回路也是闭式强迫循环，四回路是开式强迫循环。

一回路包括释热区、抽汲段（烟囱）、稳压器和两路下降管，下降管中布置有换热器。释热区布置在压力容器内，压力容器用 $\varnothing$219 mm×12 mm 的不锈钢管制成，壳内布置电绝缘支撑块以及电加热管束，加热管束由 49 根 $\varnothing$10 mm×1.5 mm 的不锈钢管制成，按 7×7 矩阵排列，间距为 13 mm，其中 5 根装有热电偶的测量管可以测量电加热棒壁温，释热区高 1.9 m。

在释热区上布置着抽汲段（烟囱），它用 $\varnothing$219 mm×11 mm 的管子制成。

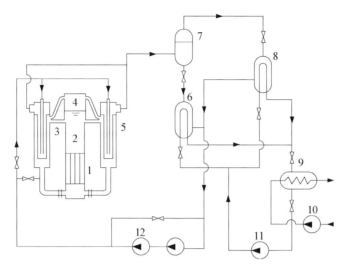

1—模拟堆芯;2—上升段;3,5,6,9—换热器;4—内置式汽-气稳压器;
7—分离器;8—凝汽器;10,11,12—循环泵。

图 10-10　简化的 KC 试验台架系统流程图

抽汲段之上是稳压器(又称容积补偿器),稳压器是一个 $\varnothing 325\ mm\times15\ mm$ 的管子,稳压器的上部与两个换热器相连。

换热器壳用 $\varnothing 219\ mm\times11\ mm$ 的管子制成,与内部传热管束一起构成管壳式换热器。

模型的下降段用 $\varnothing 108\ mm\times6\ mm$ 的管子制成,下降段内装有文丘里管用以测量各下降支路的流量。两个下降管路在模拟堆芯入口之前均设有节流孔板,以改变入口阻力系数。

试验过程中的测量参数包括电加热功率、模拟发热元件温度、回路冷却剂温度、压力、冷却剂流量、重量水位、真实容积含汽率等。真实体积含汽率用固定式 γ 射线装置进行测量。

10.2.2.2　试验结果

1) 自然循环流量特性

该试验研究了多种几何尺寸方案和热工参数下的自然循环流量特性,图 10-11、图 10-12 和图 10-13 分别展示了压力、加热功率和模拟堆芯入口阻力等因素对流量特性的影响。

由图 10-11 可以看出,在对 NHR-200 反应堆有意义的含汽率变化范围内,压力增加导致流量降低,例如当压力由 2.5 MPa 升至 4.0 MPa 时,流量降低 10%~15%。

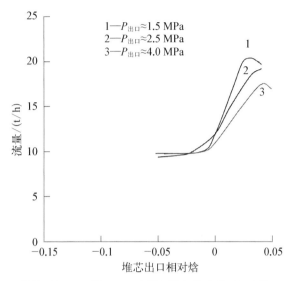

条件：$D_{节流孔}=28.5\ mm$，有挤水器，加热功率$\approx700\ kW$。

图 10-11 压力对流量特性的影响

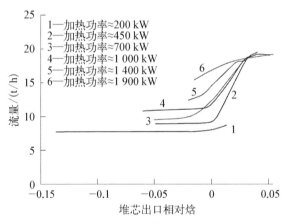

条件：$D_{节流孔}=28.5\ mm$，有挤水器，$P_{出口}=2.5\ MPa$。

图 10-12 加热功率对流量特性的影响

由图 10-12 可见，当模拟堆芯出口质量含汽率 $X_{出口}=0$ 时，随加热功率增加，流量急剧增加，特别是在 $X_{出口}<0$ 时更为显著。

由图 10-13 可见，当入口节流孔板孔径由 36.6 mm 降低至 21.0 mm 时，即加大模拟堆芯入口阻力时，冷却剂流量明显减小。

流量特性模拟试验结果显示，上升段高度对自然循环流量也有较大影响，上升段高度由 7.1 m 降至 4 m 时，冷却剂流量减少 25%~40%。

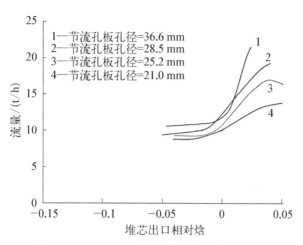

条件：$P_{出口}=2.5\ \text{MPa}$，有挤水器，加热功率=700 kW。

图 10-13　模拟堆芯入口阻力对流量特性的影响

2）自然循环流动稳定性

在平均压力 P 为 1.5 MPa、2.5 MPa、4.0 MPa，加热功率 N 为 200 kW、450 kW、700 kW 和 1 000 kW，发热段入口孔板孔径为 36.6 mm 和 28.5 mm 等参数范围时，研究了两相流动不稳定工况。图 10-14 所示是某一试验过程

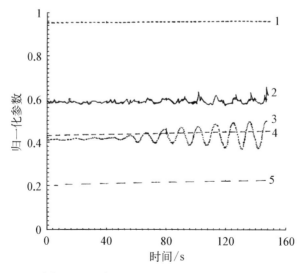

1—功率；2—含汽率；3—流量；4—出口压力；5—入口温度。

图 10-14　流动开始进入不稳定区的实时参数变化

中流动开始进入不稳定区的实时参数记录。

试验结果表明,在压力约为 2.5 MPa,加热功率约为 700 kW、1 000 kW、1 400 kW 和 1 900 kW 的工况以及压力约为 1.5 MPa、加热功率约为 700 kW 的工况中都观察到了流动不稳定现象。热工参数和几何因素对自然循环两相流动稳定性的影响趋势如下。

在入口节流孔板孔径为 28.5 mm、压力 $P = 2.5$ MPa、加热功率约为 700 kW 的条件下,冷却剂流量脉动振幅达 17%(见图 10 - 15),不稳定区的宽度(以加热段出口含汽率为坐标)约为 0.014。当压力由 2.5 MPa 降为 1.5 MPa 时,流量脉动振幅约增大 1.5 倍(见图 10 - 16),当压力增加到 4 MPa 时,不稳定性消失。

压力 $P = 2.5$ MPa 保持不变,加热功率由 700 kW 增加到 1 000 kW 时,流量脉动振幅增加 1.5 倍,不稳定区的范围也扩大 1.5 倍(见图 10 - 17)。进一步增加加热功率时,流量脉动振幅和不稳定区域的宽度保持同样的速度增长(见图 10 - 18)。

降低上升段高度可以缩小不稳定区,当烟囱高度为 7.1 m 时,曾在两个工况下观察到流动不稳定现象,而在上升段高度为 4 m 时,相同工况下却未观察到流动不稳定现象。

3) NHR200 - Ⅰ 型堆的启动和冷却过程模拟试验

如果 NHR200 - Ⅰ 型低温核供热堆要在微沸腾工况下运行,在反应堆升温升压过程中,冷却剂入口状态必然是从冷态逐步增加过渡到热态,对应着冷却剂出口温度必然逐渐接近和达到饱和,并在堆芯出口产生蒸汽,由此可见,微沸腾运行的供热堆在反应堆启动时,可能穿过两相流动振荡区,从反应堆的安全角度考虑,这是绝对不允许的。为此,需要研究专门的启动方案,在 KC 试验台架上进行了 NHR200 - Ⅰ 型低温核供热堆的启动和冷却过程模拟试验,试验结果表明,所研究的两种启动方式原则上都是可行的。第一种方式是冷却剂在小功率下达到沸腾,此工况不会出现不稳定,之后通过增加功率,使入口水温和压力增加,并维持沸腾状态,此含汽率超过不稳定区对应的含汽率,直到建立反应堆额定工况。该启动方式原则上说是绕过不稳定区(如果存在不稳定区的话)。第二种方式是依靠多次增加功率(使入口水温与压力平稳地增加),最后通过排水、排汽方式达到额定工况,该启动方式原则上说是穿越不稳定区。

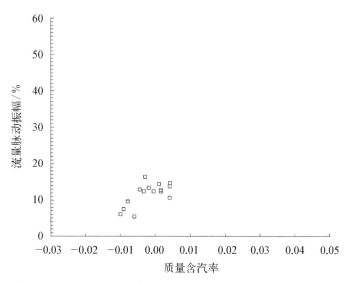

条件：$P_{out} \approx 2.5$ MPa，加热功率 ≈ 700 kW，有挤水器，$D_{节流孔} \approx 28.5$ mm。

图 10 - 15　冷却剂流量脉动振幅

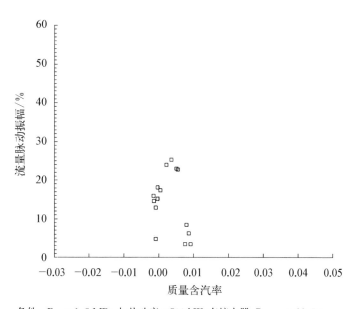

条件：$P_{out} \approx 1.5$ MPa，加热功率 ≈ 700 kW，有挤水器，$D_{节流孔} \approx 28.5$ mm。

图 10 - 16　降低压力后的冷却剂流量脉动振幅

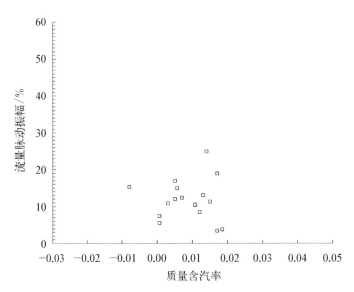

条件：$P_{out} \approx 2.5$ MPa，加热功率$\approx 1\,000$ kW，有挤水器，$D_{节流孔} \approx 28.5$ mm。

图 10 - 17　增大加热功率后的冷却剂流量脉动振幅

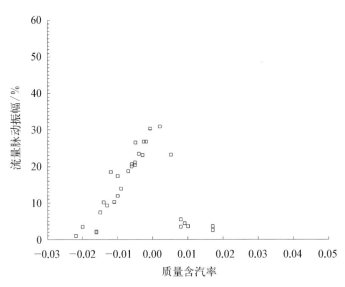

条件：$P_{out} \approx 2.5$ MPa，加热功率$\approx 1\,400$ kW，有挤水器，$D_{节流孔} \approx 28.5$ mm。

图 10 - 18　加热功率为 1.4 MW 时的冷却剂流量脉动振幅

图 10 - 19 显示的是以第二种启动方式达到额定工况的参数变化过程，由图可见，进入额定工况会穿过不稳定区，在此情况下通过不稳定区是靠排水使压力由 2.8 MPa 降到 2.5 MPa 实现的。在模拟 NHR200 - Ⅰ型低温核供热堆的试验启动之初，稳压器内的水位约为 20%，向稳压器内充气达到压力为 0.5 MPa，之后逐步提升电加热功率使冷却剂出口温度增加。同时，冷却剂的入口温度、压力和流量也随之增加。当加热段出口温度接近饱和温度时，向稳压器充入空气，使压力上升以防止在加热段出口处发生沸腾，随着逐渐接近额定工况，然后自稳压器上部排气和自回路下部排水，在穿过不稳定区后，两相自然循环流动又恢复到稳定工况。

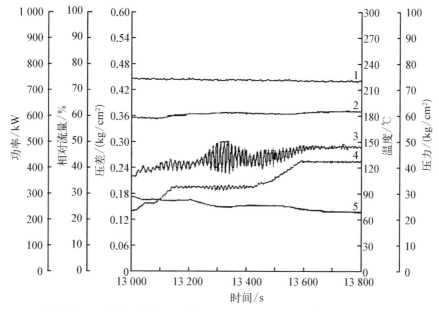

1—加热功率；2—主回路下降管 2 加热段入口水温；3—主回路下降管 2 相对流量；4—稳压器液位压差；5—加热段出口压力。

条件：穿过不稳定区，有挤水器，$D_{节流孔} \approx 28.5$ mm。

图 10 - 19　NHR200 - Ⅰ第二种启动方式下各参数随时间的变化

4）KC 试验研究结论

在 KC 试验系统中所研究的一系列重要参数（如压力、质量流速、入口过冷度、出口含汽率、入口节流度、上升段高度及其他特征高度等）几乎覆盖了 NHR200 - Ⅰ型低温核供热堆及蒸发通道的一切可能的自然循环回路的工作条件，所得结果反映出自然循环沸腾装置的动态和静态特性的规律：

（1）由无沸腾向沸腾过渡时，冷却剂流量可显著增加。

（2）降低烟囱高度时自然循环流量下降。

（3）热负荷足够高时，冷却剂的沸腾可能发生流量的周期性自发振荡，在出口含汽率很高时，振荡会消失。

（4）自发振荡的振幅，在压力降低、热负荷增大和降低入口节流度的条件下会增大。

（5）在降低烟囱高度时，不稳定区会缩小（边界向更高热负荷的方向移动）。

（6）接近 NHR200-Ⅰ型低温核供热堆设计额定参数的工况点（压力为 2.5 MPa，发热率为 700 kW，烟囱高度为 4 m）与不稳定边界的距离足够远。

10.3　水力驱动控制棒系统的试验研究

水力驱动控制棒系统是一种新型的内置式控制棒，消除了弹棒事故的可能性，对反应堆的安全十分有益，然而，在 5 MW 低温核供热堆使用前，缺乏在其他实际反应堆上的推广和应用，所以需要开展试验研究，以验证其在各种可能工况下的工作特性。

10.3.1　水力驱动控制棒系统的基本原理

水力驱动控制棒系统如图 10-20 所示。该系统由循环泵、组合阀、控制棒（又名步进缸）组成。水力步进式驱动采用反应堆冷却剂和水作为工作介质，经泵加压，通过组合阀后，注入装在反应堆压力容器内的步进缸，步进缸与中子吸收元件相连。通过控制单元控制电磁阀开闭产生的脉冲流量，控制步进缸做步进式运动，拖动吸收元件做步进式运动，从而达到控制反应堆的目的。

水力步进缸是传动系统的执行部件。它由内套和外套组成，内套固定，外套运动。

组合阀由上升电磁阀、下降电磁阀、脉冲缸、保持流量阻力节、下降阻力节和回零阻力节构成。

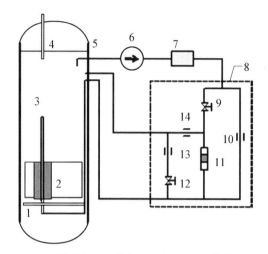

1—下支撑板;2—堆芯;3—步进缸;4—棒位测量;
5—压力容器;6—泵;7—过滤器;8—控制单元;9—上升
阀;10,13,14—阻力节;11—脉冲缸;12—下降阀。

图 10‑20　水力驱动控制棒系统示意图

10.3.2　控制棒技术的发展

围绕 5 MW 低温核供热堆技术的开发,1984 年提出了水力驱动控制棒系统的概念设计,并开始进行相关原理试验。1985 年完成了冷态试验,解决了水力步进缸的结构设计问题,提出了设置脉冲缸的回路系统设计。1986—1988年开展了高温试验,研究解决了高温电磁阀和组合阀设计问题,研究了水力步进缸在供热堆工作条件下的温度特性。1989 年,水力驱动控制棒系统成功应用于 5 MW 低温核供热堆,在反应堆的启动和后续运行过程中展现出良好的运行特性[11‑23]。

1) 性能试验与寿命考验

1986—1988 年完成的 5 MW 低温核供热堆控制棒水力驱动系统性能与寿命考验试验结果表明,水力驱动控制棒在整个工作温度范围内,具有良好的静态保持特性、可靠的动态步升步降特性和适宜的快速落棒特性,满足 5 MW 低温核供热堆的设计要求;在高温条件下,完成了连续走棒 100 万步、快速落棒5 000 次的热态性能试验,其开阀停泵落棒时间小于 1 s,开阀落棒时间小于1.5 s,无任何故障。

2）抗震试验

与清华大学工程力学系合作,1991—1992 年进行了水力驱动控制棒系统抗震性能的试验研究,结果表明,水力驱动控制棒系统是一个具有强阻尼的非线性振动系统。对于 5 MW 低温核供热堆而言,该系统的固有频率为 10 Hz 左右,阻尼系数为 0.25～0.45。该系统对高频分量的冲击和振动具有良好的减震特性。在加速度为 0.5g 的情况下,水力步进缸内外套的相对位移小于 2 mm。系统在选定的地震响应谱作用下能保持稳定,从未发生过向上运动的情况,即在上述地震响应谱作用下,不会发生控制棒意外提棒导致的反应性引入事故。

此外,1992 年在哈尔滨工程大学还开展了水力驱动控制棒系统摇摆性能试验,结果表明,在最大摇摆倾角为 35°、固定倾角为 35°和 45°的条件下,步升、步降、快速落棒等功能正常,45°倾角下的开阀停泵落棒时间为 1.2 s,开阀落棒时间为 1.7 s,这表明该系统在多种复杂工况下也能很好地工作。

3）水力驱动控制棒系统的商用化研究

在 5 MW 低温核供热堆水力驱动控制棒系统成功应用的基础上,1991—1999 年研制了用于 NHR200 - I 型低温核供热堆的控制棒水力驱动系统,研究了外套拖动式和内套拖动式两种对槽孔式水力步进缸,即孔槽孔外套拖动式、沿槽孔外套拖动式、孔槽孔内套拖动式、沿槽孔内套拖动式等多种方案。

NHR200 - I 型低温核供热堆采用孔槽孔外套拖动式水力步进缸,控制棒质量为 49.5 kg,长为 5.8 m,步距为 50 mm,单程行程共 41 步。NHR200 - I 型低温核供热堆控制棒水力驱动系统性能与寿命考验实验研究的结果表明,槽孔式水力驱动控制棒在 0～210 ℃的工作温度范围内,具有良好的静态保持特性,可靠的动态步升、步降特性和适宜的快速落棒特性,满足 NHR200 - I 型低温核供热堆的设计要求;在 210 ℃的条件下,连续走棒 188 880 步,快速落棒 2 000 次,开阀停泵落棒时间小于 2.7 s,开阀落棒时间小于 4.5 s,无任何故障。

4）压力容器失压时水力驱动控制棒系统的行为

水力驱动控制棒系统以反应堆冷却剂为工作介质,反应堆主回路失压后,冷却剂的温度和压力快速变化,会影响控制棒快速落棒插入堆芯,直接关系到反应堆的安全。为此,2000 年在 NHR200 - I 型低温核供热堆控制棒水力驱动系统试验台架上进行了压力容器失压试验研究。结果表明,失压过程中,随着压力容器内压力的降低,步进缸内腔压力的变化与压力容器压力变化瞬时跟随,棒保持流量,棒内外压差保持不变,驱动系统没有出现向上移动的弹棒事故;失压过程中,控制棒能够正常步升、步降和快速落棒,且失压落棒时间与正常工作时的落棒时间相同,失压对控制棒操作没有影响;比较试验中的失压曲线与 NHR200-Ⅰ型低温核供热堆初步安全分析报告中几种可能出现的压力容器压力边界破裂导致的失压过程曲线,试验更为保守,进一步证明了试验结果的有效性和控制棒水力驱动系统的安全性和可靠性。

5) 水力驱动控制棒的极限落棒试验

2001 年,在 NHR200-Ⅰ型低温核供热堆控制棒水力驱动系统试验台架上进行了水力步进缸进水管通入常压空间的落棒试验研究。结果表明,水力步进缸进水管通入常压空间时,全温区范围(25~210 ℃)内控制棒的落棒时间约为 1 s,远小于正常工况下的落棒时间(正常开阀落棒约为 2.5 s,开阀关泵落棒约为 4.5 s);温度低于 100 ℃的冷态条件下,步进缸不动时,在步进缸外套上产生的最大插棒力为 3 504 N,10 s 后降至 3 042 N,控制棒自重约为 50 kg,所以即使步进缸进水管通入常压空间,也完全能够使控制棒克服相当大的阻力而插入堆芯;理论计算和分析表明,倒置时控制棒也完全能够插入堆芯,冷态条件下控制棒插入堆芯的时间约为 1.2 s。

6) 水力驱动控制棒的抗冲击试验

2004 年,在清华大学工程力学系振动实验室进行了 NHR200-Ⅰ型低温核供热堆水力驱动控制棒的抗冲击试验研究。结果表明,水力驱动控制棒在承受冲击响应谱试验过程中,如果发生移位,控制棒都是向下移位,即插入堆芯,未发生向上移位,因此供热堆在承受飞机撞击或爆炸的过程中冲击载荷,水力驱动控制棒能确保其安全工作特性。

10.4　控制棒水压驱动系统

控制棒水压驱动系统是在水力驱动控制棒系统基础上的改进和完善,充分吸收并综合了传统压水堆电站磁力提升爪式机构和水力驱动控制棒内置式技术的优点。

水压驱动系统采用 3 个水压缸驱动两个爪式机构的设计,解决了磁力提升器靠线圈驱动爪式机构工作但只能把磁力提升驱动机构置于核反应堆压力容器外的缺点,在保留了爪式驱动机构优点的基础上,仍然保留内置式控制棒驱动机构的显著优点;3 个水压缸靠水的静压驱动,解决了水力驱动控制棒系统动压驱动因工况变化而引起的驱动特性复杂的缺点,使控制棒能够准确定位和步进运动,并具有较大的过载能力,继承了内置式控制棒驱动机构不贯穿压力容器,驱动线短,避免了弹棒事故,增强了反应堆安全性等优点。

10.4.1 水压驱动系统的构成和工作状态

控制棒水压驱动系统由循环泵、过滤器、组合阀和驱动机构组成,如图 10 - 21 所示。反应堆压力容器内的水经循环泵加压后进入组合阀,组合阀有 4 个出口,其中 3 个分别与驱动机构的提升水压缸、传递水压缸和夹持水压缸的进水口相连接,另一个与压力容器相连。经组合阀的常闭电磁阀出来的水进入水压缸,靠水的静压驱动水压缸内套向上运动;靠复位弹簧和重力驱动水压缸内套向下运动,排出水压缸内的水经组合阀的常开电磁阀流回压力容器。通过操作组合阀的电磁阀动作来控制驱动机构中的销爪动作,使驱动轴上下做步进式运动,从而拖动控制棒上下运动和快速下落,达到控制反应堆的目的。

驱动机构由提升水压缸、传递水压缸、夹持水压缸、两套销爪(传递销爪和夹持销爪)机构和驱动轴组成,如图 10 - 22 所示。

组合阀由 3 个常闭电磁阀(提升、传递和夹持)和 3 个常开电磁阀(提升、传递和夹持)组成,区别于水力驱动控制棒系统的组合阀(由上升电磁阀、下降电磁阀、脉冲缸、保持流量阻力节、下降阻力节和回零阻力节构成)。

图 10 - 23 为水压缸结构局部图。

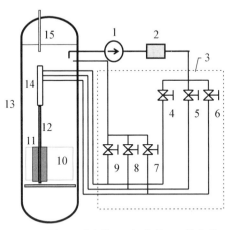

1—泵;2—过滤器;3—组合阀;4—提升常闭电磁阀;5—传递常闭电磁阀;6—夹持常闭电磁阀;7—夹持常开电磁阀;8—传递常开电磁阀;9—提升常开电磁阀;10—堆芯;11—控制棒;12—驱动轴;13—压力容器;14—水压驱动机构;15—棒位测量。

图 10 - 21　控制棒水压驱动系统原理图

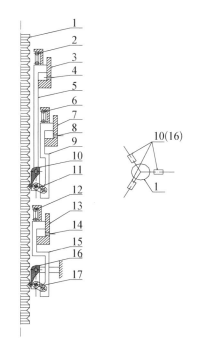

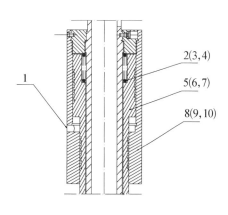

1—驱动轴;2—提升复位弹簧;3—提升缸外套;4,8,14—进水口;5—提升缸内套;6—传递复位弹簧;7—传递缸外套;9—传递缸内套;10—传递销爪;11,17—连杆;12—夹持复位弹簧;13—夹持缸外套;15—夹持缸内套;16—夹持销爪。

图 10‑22　驱动机构局部结构原理图

1—进水口;2—提升复位弹簧;3—传递复位弹簧;4—夹持复位弹簧;5—提升缸内套;6—传递缸内套;7—夹持缸内套;8—提升缸外套;9—传递缸外套;10—夹持缸外套。

图 10‑23　水压缸结构局部图

控制棒水压驱动系统的工作状态分为夹持状态、步升状态、步降状态和落棒状态 4 种。

(1) 夹持状态:控制棒被夹持爪式机构夹持在某一步位不动的状态。

(2) 步升状态:控制棒从某一步位提升到下一步位的状态,即从一个夹持状态上升到下一个夹持状态。

(3) 步降状态:控制棒从某一步位下降到下一步位的状态,即从一个夹持状态下降到下一个夹持状态。

(4) 落棒状态:控制棒从某一步位快速下落到零步位的状态。

控制棒水压驱动系统水压缸的结构设计确保了控制棒每次只能动作一步。如果忽然断电,则夹持销爪松开,控制棒和驱动轴在重力作用下,快速下落到零步位,使反应堆安全停堆。如果循环泵故障,则夹持缸内套因缸内失水而运动到底部,使夹持销爪松开,控制棒和驱动轴也会在重力和弹簧力作用下,快速下落到零步位,使反应堆安全停堆。因此,控制棒水压驱动系统具有事故安全停堆的特性。

10.4.2 控制棒水压驱动技术的发展和试验验证

控制棒水压驱动技术经历了近 20 年的研究和发展,逐步从设计构想变成了实际产品,并已成功应用于反应堆设计,取得了满意的结果。

1) 水压驱动关键技术的研究

2000 年提出"水压缸""爪式结构"和"水压驱动机构"的构想,2002 年完成了这种驱动机构的总体设计、试验原理样机的制造和试验台架的建设,同时开展了冷态原理试验,表明水压驱动机构完全能够实现设计所提出的功能要求。随后的研究工作主要围绕驱动线设计和试验,包括组合阀、棒位测量、弹簧箱、驱动机构、控制棒、缓冲器等部件;涉及摩擦副、水力减速、缓冲和制动、阀芯结构、缓冲锁、可变性连接管、内置式棒位测量、承压壳结构、十字翼控制棒结构等基础和关键技术研究;进行了冷热态、倾斜摇摆、冲击、地震等各种复杂工况下的部件和整机试验;形成了诸如活塞环、摩擦副、球关节、落棒缓冲和制动、组合阀结构、棒位测量结构和传感器、驱动机构引水管布置、十字翼结构等关键技术。

2015 年完成了组合阀(含驱动电源)、棒位测量(含自编码原理棒位测量传感器和仪器)、弹簧箱、驱动机构、控制棒、缓冲器六大部件的工程化产品设计。2016 年 11 月完成了控制棒驱动线热态性能和寿命考验试验。2017 年 1 月实际演示验证了水压驱动控制棒系统在反应堆调试、启动和运行过程中的性能,试验结果表明该型控制棒驱动线和系统工作状态良好,满足各项设计指标,产品设计和试验已经通过验收并已定型。

2) 控制棒驱动线垂向抗冲击性能试验

控制棒水压驱动线垂向抗冲击性能试验台架如图 10-24 所示。试验结果如下:

(1) 在正式试验冲击过程中,控制棒棒位保持特性良好,在冲击试验完成后,进行了单步升棒、单步降棒和快速降棒过程的试验,并观测试验过程中的棒位特性。试验结果表明,试验过程中单步升棒、单步降棒和快速落棒动作正常。

(2) 冲击试验完成后,控制棒水压驱动机构结构完整。

（3）在冲击过程中，夹持水压缸内外压差有一个先减少后增大的过程，压力变化曲线的谷值压力与冲击前缸内压力以及冲击摆锤高度有关，随着冲击摆锤高度的增加，夹持水压缸内压力变化谷值逐渐减小。在相同的冲击工况下，压力谷值随着冲击前缸内压力的升高而增加，试验确定了水压缸最小初始压力，只要初始压力在该压力值之上，则控制棒水压驱动机构就有足够的抗冲击性能。

（4）由于冲击摆锤二次撞击的作用，夹持水压缸内压力变化存在一个台阶区，且随着摆锤高度的增加，台阶区持续的时间增加，甚至会出现二次谷值的现象。

图 10‑24　控制棒驱动线垂向抗冲击性能试验台架

（5）在冲击过程中，传递和提升水压缸内压力变化呈现一个振幅逐渐衰减的波动过程，且在夹持水压缸内压力谷值所对应的时刻，传递和提升水压缸内压力都出现了一个较大的压力峰值，该时刻应当是最大冲击加速度所对应的时刻。

在要求的冲击条件下，控制棒水压驱动线具有良好的抗冲击棒位稳定性和抗冲击强度；冲击后控制棒水压驱动系统能够进行步升、步降和落棒操作，即冲击后控制棒操作功能良好，冲击后结构完整。

3）控制棒驱动线摇摆倾斜验证试验

水压驱动控制棒驱动线摇摆倾斜验证试验台架如图 10‑25 所示。相关试验结果如下：

（1）水力驱动控制棒在倾斜和摇摆综合条件下能够稳定保持棒位。

（2）水力驱动控制棒在倾斜和摇摆综合条件下能够进行正常的步升、步降及落棒操作，机械落棒时间不大于 0.8 s，总落棒时间不大于 3 s，符合反应堆停堆设计要求。

（3）棒位测量系统在倾斜和摇摆综合条件下功能正常，测量精度满足反应堆设计要求。

图 10-25 控制棒驱动线摇摆倾斜验证试验台架

（4）组合阀在倾斜和摇摆综合条件下能进行正常的开阀、关阀操作，实现对控制棒的步升、步降和落棒操作。

在摇摆倾斜验证试验大纲所规定的六种摇摆倾斜工况下，水力驱动控制棒均能正常完成既定的试验步骤和过程，控制棒驱动线摇摆倾斜验证试验完全满足试验大纲所规定的验收条件。

4）控制棒驱动线热态性能和寿命考验试验

控制棒驱动机构热态性能试验台架如图 10-26 所示。在该台架上，在温度为 25～254 ℃、压力为 5 MPa 的参数条件下，进行了控制棒驱动线热态性能和寿命考验试验，结果如下：

（1）在额定工况下，控制棒水压驱动线连续运行 278 947 步，驱动线整体及各部件功能正常，性能良好。

（2）在额定工况下，控制棒水力驱动线快速落棒 1 021 次，全行程快速落棒时间在控制棒驱动线设计准则要求的范围内，驱动线整体及各部件功能正常，性能良好。

（3）寿命考验试验后，驱动线结构完整，考验性能达到设计要求。

（4）寿命考验试验完成后，驱动线能够实现步升、步降和落棒功能，且机械落棒时间小于 1 s，功能正常，性能良好。

图 10‑26　控制棒驱动机构热态性能试验台架

5）控制棒驱动线抗震试验

2015 年,在中国水利水电科学研究院工程抗震研究中心进行了控制棒驱动线抗震试验,试验台架高度为 5.3 m,测试时其基频超过 45 Hz,如图 10‑27 所示。台架及连接法兰的刚度能够满足 5.3 m 高度处控制点加速度反应谱在要求的频率范围内包络目标反应谱的试验要求。试验控制点处实际地震波时程在三个主轴方向上均能包络目标反应谱值和包络 80% 目标功率谱值,且地震波波形、强震段持时、峰值、各主轴间的相关系数均符合《核设备抗震鉴定试验指南》(HAF·J0053)中的各项抗震鉴定试验要求。抗震试验情况如下:

图 10‑27　控制棒驱动线抗震试验台架

（1）在满水和腔内水体放空状态下,进行了控制棒驱动线白噪声扫频试验,经模态识别得到控制棒驱动线在 x、y 和 z 方向的基频和阻尼比。

（2）分析表明,地震时加速度最大值发生在驱动缓冲器底部,驱动缓冲器底部相对于压力容器顶盖的加速度最大放大倍数如下：x 向为 2.04，y 向为 1.89，z 向为 1.10。控制棒在相近棒位时，无水条件下的加速度最大放大倍数要小于有水条件下的加速度最大放大倍数。

（3）内腔满水情况下，运行基准地震（operating basis earthquake，OBE）楼层反应谱激振驱动线最大动应力为 8.00 MPa，安全停堆地震（safety shutdown earthquake，SSE）楼层反应谱激振最大动应力为 8.37 MPa。结构在经历 5 次 OBE 和 1 次 SSE 激振下，依然保持弹性状态。

（4）内腔无水情况下，OBE 激振驱动线最大动应力为 5.32 MPa，SSE 激振最大动应力为 7.59 MPa，外筒上典型部位的最大主应力小于有水情况下相同测点的最大主应力。

（5）内腔水体放空后较放空前，缓冲器底部相对位移约减小 30%，软接头附近相对位移约减小 20%，上、下底板之间的外筒相对控制点的位移降幅约为 10%。

（6）控制棒驱动线在给定的 5 次 OBE 和 1 次 SSE 地震荷载作用下，能保证其功能的完整性和落棒功能，静态落棒时间并没有显著延长的趋势。OBE 和 SSE 激励下最大动态落棒时间分别为 0.98 s 和 0.99 s，满足落棒时间小于 1.00 s 的目标值。

综上所述，抗震试验表明控制棒驱动线在 5 次 OBE 和 1 次 SSE 地震载荷作用时和作用后都能保持正常工作，没有可见损坏，性能和功能均满足使用要求。

6）控制棒驱动线热态性能和寿命考验试验

在 25～254 ℃、压力为 5 MPa 的参数范围内，进行了控制棒驱动线热态性能和寿命考验试验，结果如下：

（1）在额定工况下，控制棒水力驱动线连续运行 271 949 步，驱动线整体及各部件功能正常，性能良好。

（2）在额定工况下，控制棒水力驱动线快速落棒 1 007 次，全行程快速落棒时间（机械落棒时间）在控制棒驱动线设计准则要求的范围内，驱动线整体及各部件功能正常，性能良好。

（3）寿命考验试验后，驱动线结构完整，考验性能达到设计要求。

（4）寿命考验试验后，驱动线能够实现步升、步降和落棒功能，且快速落棒时间（机械落棒时间）小于等于 1 s，功能正常，性能良好。

在改进控制棒外套缸摩擦副后，又进行了控制棒驱动线热态性能和寿命

考验试验,试验结果如下:

(1) 在额定工况下,控制棒水力驱动线连续运行 275 424 步,驱动线整体及各部件功能正常,性能良好。

(2) 在额定工况下,控制棒水力驱动线快速落棒 1 020 次,全行程快速落棒时间(机械落棒时间)在控制棒驱动线设计准则要求的范围内,驱动线整体及各部件功能正常,性能良好。

(3) 寿命试验后驱动线结构完整,考验性能达到设计要求。

(4) 寿命试验后,驱动线能够实现步升、步降和落棒功能,且快速落棒时间(机械落棒时间)小于等于 1 s,功能正常,性能良好。

10.5　主换热器水力学试验

壳式低温核供热堆是主回路一体化布置的自然循环反应堆,自然循环驱动力主要来自下降段和上升段之间冷热流体的密度差,自然循环流量除了与此驱动力有关外,还与主回路系统中各流动环节的阻力特性有关。分析表明,主回路系统的主要阻力部件是堆芯(包括入口阻力调节件和燃料组件)和主换热器,这两部分的阻力损失约占主回路系统总阻力损失的 90%(其中主换热器约占 30%,燃料组件和堆芯入口阻力件约占 60%)。此外,堆芯发热由主换热器传导到其二次侧并最终传给用户,主换热器传热管排布密集,有利于增大传热面积和传热量,但会加大流动阻力,从而降低整个回路的自然循环流量,反过来又降低主换热器的传热量。因此,设计中要进行综合考虑,在满足传热要求的前提下尽量减少这两部分的流动阻力损失,并通过试验测定燃料组件入口和主换热器一次侧的阻力系数,为水力学设计和结构设计提供依据。

10.5.1　5 MW 堆主换热器水力学试验

一体化自然循环反应堆的主换热器在保证高效传热的前提下,还要具有结构紧凑、一次侧流动阻力小的特征,而紧凑的结构设计和小的流动阻力又是相互矛盾的。为此,5 MW 堆不仅主换热器采用了细传热管束的设计以加大传热面积,而且尽量保证一回路水在管外横向冲刷传热管束,以提高一次侧换热系数[24]。

为了兼顾微沸腾运行方式,5 MW 堆主换热器传热管束功能上分为上部冷凝段和下部换热段,这与一般反应堆的主换热器有显著区别。冷凝段微沸腾运行时直接暴露在蒸汽空间进行凝结换热,冷凝蒸汽维持反应堆的压力。

下部的换热段由换热管束、挡板和折流板组成,其壳侧流道为长方形。一回路水从换热段入口进入,横向流过换热管束后,转180°进入下一段换热管束区,重复上述过程后流出主换热器。

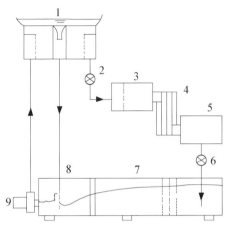

1—溢流水池;2,6—节流阀;3—稳流段;4—主换热器实验本体;5—稳流段;7—三角堰溢流水池;8—溢流管;9—水泵。

图 10 - 28　NHR 5 主换热器试验系统

主换热器壳侧的流动虽属横流,但由于存在中心套管且一次侧进口结构设计特殊,根据计算和阻力手册均无法得到准确的阻力系数。因此,为确保主换热器一次侧流动阻力满足一回路自然循环的设计要求,建立了专门的试验回路对其流动阻力进行实际测量。

试验系统如图 10 - 28 所示,由试验段、储水箱、高位水箱和阀门、连接管道等组成,储水箱内设有三层滤网,下游用三角堰监测流量。系统中 10 台微型泵并联运行,最大流量为 10 m³/h,通过控制水泵运行的台数和节流阀的开度来改变试验工况。

试验中在换热器一次侧进出口侧壁开孔测量静压,用三角堰测量流量,得到进出口截面沿轴向的平均流速,进而计算得到主换热器一次侧的总阻力系数。

试验测得的主换热器一次侧的总阻力系数与雷诺数(Re)的关系如图 10 - 29 所示,由试验结果可以看出,当 Re 大于 4 500 后,流动进入自模区,总阻力系数约为 145 且不再变化。

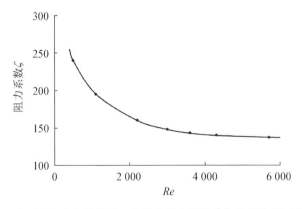

图 10 - 29　NHR 5 主换热器一次侧总阻力系数 ζ 与雷诺数(Re)的关系

10.5.2   NHR200‑Ⅰ低温堆主换热器阻力特性试验研究

与 5 MW 堆的主换热器结构不同,NHR200‑Ⅰ型低温核供热堆的主换热器是管壳式 U 形管结构,传热管外侧为反应堆一回路,传热方式是自然循环对流换热。

虽然对水‑水管壳式换热器已有相当丰富的研究成果,但由于 NHR200‑Ⅰ型主换热器的结构特点及 200 MW 低温堆一回路自然循环对换热器换热及阻力的严格要求,为了确保数据准确,仍通过模拟试验对其流动阻力进行测量[25],试验模型与原型之比为 1 : 2.33,主要参数列于表 10‑5 中。

表 10‑5   NHR200‑Ⅰ主换热器模型的主要参数

模型‑原型比例	试验介质	模型材料	模型尺寸/(mm×mm×mm)	入口尺寸/(mm×mm)	入口管尺寸/mm
1 : 2.33	水	有机玻璃	2 650×261×892	785×197	∅219

试验系统如图 10‑30 所示,由试验本体、出口连接段、蓄水池、调速电机、离心泵、稳压罐、流量计、调节阀、软接头及入口整流段等组成。试验回路流动介质为常温水,蓄水池储水量大,试验过程中水的温度变化很小,故不考虑温度变化的影响。水温采用水银温度计测量,误差为 0.5 ℃;流量选用涡街流量

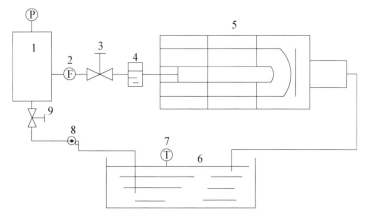

1—稳压罐;2—流量计;3—调节阀;4—整流段;5—主换热器试验本体;6—蓄水池;7—温度测点;8—水泵。

图 10‑30   NHR200‑Ⅰ主换热器流动阻力测量试验系统

计测量,精度为 1%;系统压力、换热器总压差及各流程压差的测量,选用 1151型压力传感器,精度为 0.25%。

离心泵将水从蓄水池中泵入稳压罐,压力稳定后从稳压罐中流出,经涡街流量计、调节阀及入口整流段,进入主换热器试验段,在试验段内水流转向 90°,分上、下两路经两道折流板,然后横向冲刷传热管束,汇流后冲刷 U 形管束端部的弯管区域,最后从带有 36 个孔的挡板处流出并返回蓄水池,完成流动循环。

试验测得的主换热器流动阻力系数变化曲线如图 10-31 所示。由图可见,在 $Re > 4\,000$ 时,阻力系数的变化已明显减弱;当 Re 约为 $5\,000$ 时,阻力系数已基本不再变化,此时,可认为流动已进入自模区,所测得的主换热器试验本体的阻力系数值约为 92.5。此外,试验结果还揭示出原设计中 U 形管换热器端部带有开孔的均流挡板的压力损失太大,约占换热器全部压力损失的 93%,改进设计后极大地减小了主换热器的总流动阻力损失。

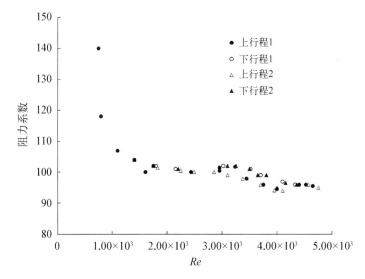

图 10-31 NHR200-Ⅰ 主换热器流动阻力系数随 Re 的变化

10.6 堆芯流量分配试验

由壳式一体化自然循环供热堆的结构可知,冷却剂沿下降段向下流动到堆壳下部的椭球形封头后,将转向 180° 向上流动进入堆芯,受堆芯下部堆内构件结构和涡流的影响,进入堆芯各燃料组件的冷却剂流量会有不同。此外,与核电站中常用的燃料组件结构不同,壳式低温核供热堆燃料组件是有盒组件,这将导致进入锆盒的流体在堆芯内不会再在各锆盒之间进行横向搅混。

有限的冷却剂循环流量如何与堆芯内不均匀发热的功率分布很好地匹配,对于反应堆的热工安全和反应堆热工性能的进一步提升极为重要,因此有必要借助燃料组件入口处不同口径的节流孔板,对进入堆芯内各燃料组件的流量进行调节和优化分配,从而展平不同燃料组件出口的冷却剂温度,以增加堆的热工安全裕度,并进一步提升堆的热工设计。

另外,对于微沸腾运行的自然循环反应堆,为了满足两相流动稳定性的要求,也需要在燃料组件入口处设置一定的阻力环节。

10.6.1　5 MW 堆燃料组件水力学试验

5 MW 供热堆的堆芯由 16 盒燃料组件组成,构成一个类正方形堆芯,根据燃料组件在堆芯内安装位置的不同分为三类:中心区 4 盒燃料组件为第一类;外围区 8 盒燃料组件为第二类;4 个角上的 4 个小盒燃料组件为第三类。水力学设计确定的额定功率下,三类锆盒的入口阻力系数及流量列于表 10-6 中。

表 10-6　额定功率下,锆盒入口阻力系数及流量

参　　数	锆盒类别		
	第一类锆盒	第二类锆盒	第三类锆盒
入口阻力系数(以盒内棒束间流速为定性流速)	15	34	45
锆盒内流量/(kg/s)	7.02	5.01	1.79

为了保证设计参数的准确性,通过水力学试验测量了 3 种不同组件的流动阻力系数。试验系统是一个常温常压的水力学试验系统(见图 10-32),通过调节试验本体前后的节流阀开度可以方便地对回路流量和试验工况进行控制,试验系统最大流量可达 120 m³/h。试验过程中主要测量流量和压差,温度作为监测参数。由于试验系统不加热,储水池水容量大(约为

$40 \mathrm{~m}^3$),试验过程中温度变化小于 $0.5 ℃$。流量测量采用旋涡流量计,精度为 $\pm 1\%$;压差测量采用电容式 1151 型压差变送器和 Foxboro 压差变送器,精度为 0.25%。

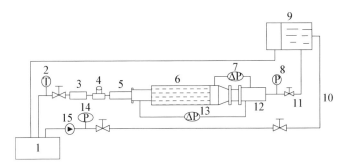

1—储水池;2—温度测量;3,5,12—稳流段;4—流量计;6—燃料组件试验本体;7,13—压差测量;8,14—压力测量;9—稳压水箱;10—上水管;11—出水管;15—水泵

图 10 - 32　常温常压的水力学试验系统

试验所用 5 MW 供热堆燃料组件模拟体由燃料元件厂按实际燃料组件的图纸和技术条件以 1:1 尺寸加工制造,锆盒入口管嘴的几何尺寸、结构形式及加工装配要求与实际燃料组件完全相同。模拟体的主要区别在于锆盒用不锈钢代替了锆合金,元件棒中没有 UO_2 芯块。元件棒直径为 10 mm,棒栅距为 13.3 mm,按正方形排列,大锆盒由 96 根元件棒组成,小锆盒由 35 根元件棒组成,棒束两端为上、下管座,没有中间隔板。大、小锆盒试验段如图 10 - 33 和图 10 - 34 所示。

试验测得的燃料组件入口阻力系数与雷诺数之间的关系曲线和数据如图 10 - 35~图 10 - 37 所示。

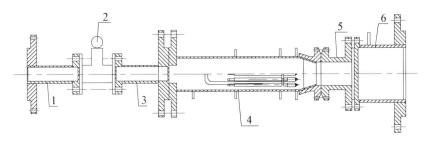

1,3,6—稳流段;2—流量计;4—燃料组件试验本体;5—燃料组件入口管。

图 10 - 33　NHR200 - Ⅰ 大锆盒燃料组件试验段

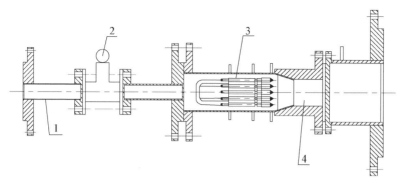

1—稳流段；2—流量计；3—燃料组件试验本体；4—燃料组件入口管。

图 10‑34　NHR200‑Ⅰ小锆盒燃料组件试验段

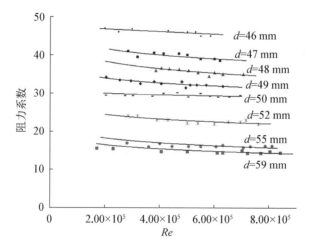

图 10‑35　大锆盒入口阻力系数随雷诺数的变化

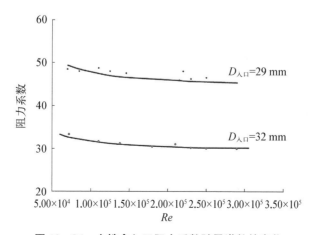

图 10‑36　小锆盒入口阻力系数随雷诺数的变化

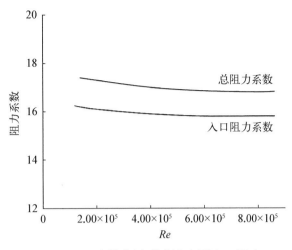

图 10 - 37 大锆盒(未带节流孔板)入口阻力
系数与总阻力系数的比较

由试验结果可见,当 Re 大于 4×10^5 后,大锆盒入口阻力系数基本不再随 Re 变化,流动进入自模区。当 Re 大于 1.7×10^5 后,小锆盒内的流动也进入自模区。由图 10 - 37 可以看出,锆盒入口阻力系数曲线和锆盒总阻力系数曲线随 Re 的变化趋势是基本相同的,锆盒入口的局部阻力降约占锆盒总阻力降的 95%,棒束的沿程阻力只占很小的比例。

通过上述试验,确定了 5 MW 核供热试验堆三类锆盒入口管嘴直径、节流孔板及阻力系数,即第一类锆盒入口不加节流孔板,阻力系数为 16;第二类锆盒入口设置 ∅48 mm 的节流孔板,阻力系数为 35.9;第三类锆盒入口管直径为 29 mm,不装节流孔板,阻力系数为 47。

10.6.2 NHR200 - Ⅰ型堆燃料组件水力学试验

NHR200 - Ⅰ的堆芯由 120 盒缺角方形燃料组件组成,每个燃料组件有 141 根燃料棒,与 NHR 5 低温核供热堆的燃料组件类似,NHR200 - Ⅰ型低温核供热堆的燃料组件也是有盒组件,但不分组。由于自然循环条件下各有盒燃料组件的压降与整个堆芯的压降一致,要使进入各燃料组件的冷却剂流量与其各不相同的发热量最优匹配,则要求各燃料组件通道的阻力系数不同。因各燃料组件内部棒束、格板、定位格架都是一致的,故不同的阻力系数只能通过在各燃料组件通道入口处设置不同的节流孔板来实现。

试验过程中,在燃料组件模拟体入口安装不同口径的孔板,通过调频电机逐步改变通过的流量,流动稳定之后,测量并记录流量、压力及各段压差值,最后测得各典型位置燃料组件的阻力和流量分配关系[26-28]。

试验本体如图 10-38 所示,入口段和出口段的几何尺寸与 NHR200-Ⅰ型低温核供热堆燃料组件的进出口段完全一致,保证了试验条件的几何相似。试验本体的锆盒及棒束的相对粗糙度和加工技术要求与实际燃料组件的大致相同,对沿程阻力的影响可以忽略。

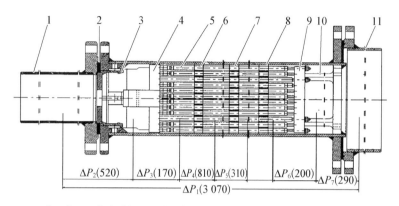

1—进口段;2—节流孔板;3—孔板装卸结构;4—进口格子板;5—棒束;6,8—定位格架 1;7—定位格架 2;9—提手;10—出口格子板;11—出口段。

图 10-38　NHR200-Ⅰ燃料组件试验本体及测点布置(单位: mm)

图 10-39 给出了燃料组件模拟体在不同入口节流孔板下阻力系数的试验结果。孔径为 110 mm 的节流孔板与入口直管段的直径相同,孔板本身的

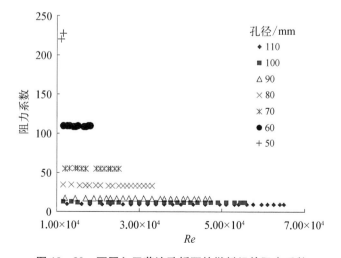

图 10-39　不同入口节流孔板下的燃料组件阻力系数

阻力可以忽略。此时的试验结果为该条件下燃料组件内部（包括入口结构、入口格板、棒束、出口格板及出口结构）的阻力特性。其值在 Re 较高时已基本不变，约为 6.0，达到自模化。孔板孔径减小，流动阻力增大。

图 10-40 给出了孔板直径为 100 mm 时组件内的阻力分布，在总阻力中，组件入口孔板约占 46%，进、出口格板约占 15%，棒束区约占 38%，出口段约占 1%。

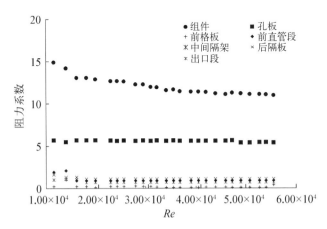

图 10-40 燃料组件内各部分阻力系数比较（∅100 mm 孔板）

图 10-41 所示为孔板直径为 80 mm 时的燃料组件模拟体总阻力系数随 Re 变化的试验结果。试验结果表明，入口节流件孔径越小，燃料组件流动阻力系数达到模化时的 Re 越小；不加节流孔板，且 $Re > 40\,000$ 时，燃料组件的

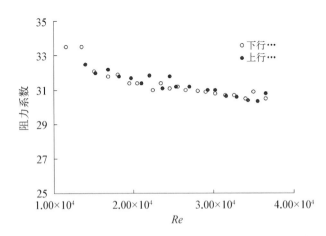

图 10-41 燃料组件模拟体阻力系数上下行试验结果比较

阻力系数达到自模化。模拟试验研究获得的研究结果已直接用于 NHR200 -
Ⅰ型堆的热工水力学设计。

10.7　小破口排放

在大型商业核电站压水堆小破口事故进程中,当液面低于破口位置时,主
回路冷却剂饱和沸腾并产生大量蒸汽,蒸汽流速长时间大于 1.0 m/s。NHR 5
和 NHR200 -Ⅰ型核供热堆参数相对较低,并在发生破口后危害最大的压力容
器穿管上设置喷射泵,以减缓冷却剂的排放。NHR200 -Ⅱ型核供热堆压力和
温度参数提高较多,注硼管破口失水事故后,分析表明,其长期蒸汽喷放阶段
的压力小于 0.3 MPa,破口的蒸汽流速小于 0.2 m/s。针对缺乏安全分析的合
适模型,建立了试验台架,在上述参数范围内对较低气相流速和常压工况下的
池式夹带进行研究,以验证分析模型。

10.7.1　破口液滴夹带率测量试验系统

试验系统主要包括可视化试验本体、供气系统、供水系统和测量系统。图
10 - 42 所示是试验装置,图 10 - 43 和图 10 - 44 所示是可视化容器和流量分

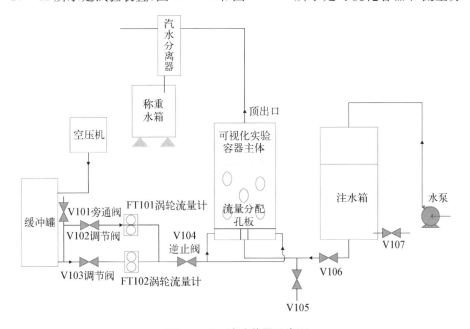

图 10 - 42　试验装置示意图

配孔板。可视化容器主要由有机玻璃(观察段)和流量分配孔板等配套组件构成;供气系统主要由空压机和缓冲罐组成;空气流通管道通过止回阀后分出两路,环抱在试验主体下部;供水系统主要由储水箱和水泵构成。

图 10 - 43　可视化容器　　　　图 10 - 44　流量分配孔板

储水箱和气体缓冲罐与可视化容器底部通过软管相连,供气系统和供水系统均可独立调节流量大小,储水箱内的液位高度可用来控制可视化容器内的坍塌液位,不同流量的空气和水流经流量分配孔板后相互搅混,混合物从可视化容器上部模拟破口的位置流出并进入汽水分离器。通过收集一定时间内分离出的液滴水量便可计算得到平均夹带率。试验过程中,测量不同气相流速和虚假液位下的夹带率,并对影响夹带率的相关因素进行研究。

试验测量系统主要包括进气流量的测量、经汽水分离器分离后夹带液滴的称重和虚假液位的测量。

进气流量通过涡轮流量计测量,流量测量范围为 $5\sim500$ m³/h,测量精度均为 1.0 级。采用高速摄影仪记录一段时间内的平均虚假液位。夹带液滴的分离收集采用挡板式汽水分离器,汽水分离器分离收集的液滴通过电子秤称重。试验过程测量参数范围如表 10 - 7 所示,其中,j_g 为表观气相流速,h 为破口高差。

表 10 - 7　试验测量参数矩阵

流速状态	j_g/(m/s)	j_g^*	h/m	h^*	j_g^*/h^*	试验点数
较低流速	0.08～0.18	0.017～0.039	0.02～0.17	7.41～63	3.7×10^{-4}～3.4×10^{-3}	46
较高流速	0.18～0.31	0.039～0.066	0.1～0.26	37～96.3	3.3×10^{-4}～1.1×10^{-3}	15

注：j_g^* 为无量纲化的表观气相流速；h^* 为无量纲化的破口高差。

10.7.2　试验结果与分析

图 10 - 45 展示了不同虚假液位高差下，夹带率因子(E_{fg})随无量纲表观气相流速的变化趋势。结果表明，相同虚假液位高差下，表观气相流速越高，夹带率因子越大。在非近液面区($h > 0.1$ m)，夹带率因子随表观气相流速的增加而增加，但增幅趋缓。但在近液面区，表观夹带率因子随表观气相流速变化很大，且两者关系并不明确。这主要是由于近液面区受出口效应影响较大，需要考虑伯努利抽吸效应对夹带量的影响。

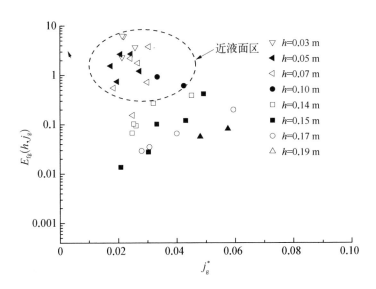

图 10 - 45　夹带率因子随无量纲表观气相流速变化趋势

图 10 - 46 展示了无量纲虚假液位高差对夹带率因子的影响。从图中可

以看出,夹带率因子随着高差增大呈现幂指数衰减,而且不同气相流速范围夹带率因子遵循不同的下降规律。当 $j_g \leqslant 0.19$ m/s 时,$E_{fg}(h, j_g) \sim h^{-2.8}$;当 $j_g \geqslant 0.22$ m/s 时,$E_{fg}(h, j_g) \sim h^{-5.7}$。这说明气相流速较大时,夹带率因子随高差增大下降更为迅速。造成这种差异的原因是夹带流型不同。

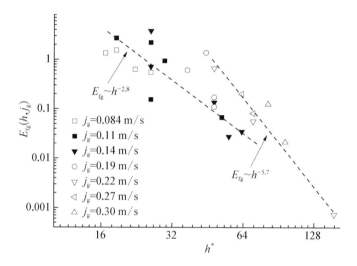

图 10 - 46   夹带率因子随无量纲虚假液位高差的变化趋势

为了综合体现表观气相流速 j_g 和破口高差 h 对夹带强弱的影响,首先将 j_g 和 h 无量纲化,以 j_g^*/h^* 为横坐标,夹带率因子 $E_{fg}(h, j_g)$ 为纵坐标,在对数坐标系下拟合数据得到的夹带率曲线关系式为

$$E_{fg}(h, j_g) = \begin{cases} 3.053 \times 10^{10} \left(\dfrac{j_g^*}{h^*} \right)^{3.547}, & 5 \times 10^{-4} \leqslant \dfrac{j_g^*}{h^*} \leqslant 1.36 \times 10^{-3} \\ 4.4 \times 10^4 \left(\dfrac{j_g^*}{h^*} \right)^{1.51}, & \dfrac{j_g^*}{h^*} > 1.36 \times 10^{-3} \end{cases}$$

$$(10 - 1)$$

试验数据均分布在不确定分析给出的区间范围之内,并与相似工况下的试验数据进行了对比,发现本试验与 Kim 试验数据基本吻合(见图 10 - 47)。

10.7.3   液滴夹带及流型分析

就池式夹带的基本流型来看,对虚假液位高度以下的流型已做了广泛研究,不少研究者给出了平均空泡份额与表观气相流速的关系。然而虚假液位

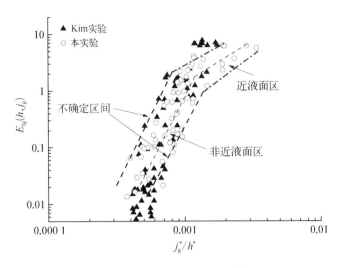

图 10 - 47　与其他试验数据的对比

高度以上,主要与液滴夹带密切相关的流型还很少涉及。本实验研究根据虚假液位振幅和夹带强弱,定义了观察到的两种夹带流型,即弱涌泉流和强涌泉流。弱涌泉流发生在气相流量较小的工况,其涌泉射流特征更多以局部现象为主,虚假液位整体振幅有限,只有当涌泉靠近破口时才会被夹带(见图 10 - 48)。强涌泉流发生在气相流量相对较大的工况,整个池式液体搅混剧烈,虚假液位强烈波动,单靠肉眼难以区分,大量液体被夹带出容器(见图 10 - 49)。

图 10 - 48　弱涌泉流($j_g=0.094$ m/s)　　**图 10 - 49　强涌泉流($j_g=0.20$ m/s)**

　　根据 Kataoka-Ishii 的漂移流模型,在虚假液位以下,随着表观气相流速的增大,流型依次为泡状流、帽形泡状流和搅混流。其中各流型所在区域对应表观气相流速如表 10-8 所示。本实验通过可视化实验结果总结所得的流型划分如表 10-9 所示,可以看出,其与 Kataoka-Ishii 的漂移流模型所得结果相差不大。这说明虚假液位以下流型与虚假液位以上的夹带流型有所对应,即虚假液位以下是泡状流,则夹带流型对应弱涌泉流;虚假液位以下是帽形泡状流,则夹带流型对应强涌泉流。

表 10-8　基于 Kataoka-Ishii 漂移流模型流型转折区
对应参数范围(适用于 $P<1.5$ MPa)

流　　型	工　质	j_g^+	j_g^*
泡状流	水-空气	<1.53	<0.05
泡状流-帽形泡状流	水-空气	1.53	0.05
帽形泡状流	水-空气	<3.8	<0.1346
帽形泡状流-搅混流	水-空气	3.8	0.1346
搅混流	水-空气	>3.8	>0.1346

表 10-9　本实验流型划分

表观气相流速/(m/s)	无量纲表观气相流速	虚假液位以下流型	液滴夹带流型
$j_g<0.19$	$j_g^*<0.041$	泡状流	弱涌泉流
$j_g>0.19$	$j_g^*>0.041$	帽形泡状流	强涌泉流

10.8　低温核供热堆燃料组件临界热流密度试验

临界热流密度(CHF)是沸腾传热机理发生变化而使发热元件表面发生传热恶化时发热元件表面单位面积产生的热量,是反应堆热工水力学设计及安全分析方面非常重要的参数。然而,影响 CHF 的因素太复杂,包括冷却剂压力、温度、质量流速、含汽率、燃料棒直径、燃料棒间距、功率分布、格架形式等,无法得到理论分析结果,通常都针对特定对象采用试验方法获取足够数量的数据,通过数据拟合得到相应的一定条件下适用的 CHF 关系式。

国外针对压水堆燃料组件开展了大量 CHF 试验研究,如美国哥伦比亚大学、法国原子能委员会、俄罗斯奥布宁斯克物理与动力工程研究所、德国卡尔斯鲁厄研究中心等,获取了数以万计的试验工况点,拟合出了不同参数范围内的 CHF 预测公式。中国核动力研究设计院是国内开展 CHF 试验较早的单位,建有两个大型 CHF 试验回路,分别以水和氟利昂为载热工质,针对定位格架筛选,定位格架和上、下管座水力学特性,子通道交混系数,均匀棒束 CHF,非均匀棒束 CHF 等问题开展了试验研究。

壳式低温核供热堆采用非能动安全的全功率自然循环设计,其系统热工运行参数与现有轻水堆电站反应堆差异较大,堆芯结构、布置也有区别。我国目前能够获取的在其运行参数范围内相关的 CHF 试验数据非常有限,为了保障反应堆的热工设计和安全分析,针对低温堆参数范围开展了 CHF 相关试验研究。其中,5 MW 堆燃料元件 CHF 试验是委托中国核动力研究设计院进行的,NHR200-Ⅱ型核供热堆燃料元件 CHF 试验是与中国广东核电集团有限公司合作进行的。

参考文献

［1］ 吴少融,博金海,姚梅生,等.自然循环微沸腾热工水力学稳定性实验研究总结报告(上、下册)[R].北京:清华大学核能技术研究所,1989.

［2］ 吴少融,贾海军,李怀萱,等.200 MW 核供热堆热工水力学实验研究报告(上、下册)[R].北京:清华大学核能技术设计研究院,1994.

［3］ 张佑杰,博金海,吴少融,等.5 MW 低温堆热工水力实验系统动态特性研究[J].核动力工程,1996,17(4):344-346.

［4］ 姜胜耀,吴莘馨,张佑杰,等.5 MW 核供热堆自然循环两相流流动特性分析[J].核科学与工程,1999,19(2):107-115.

［5］ 刘洋,贾海军,吴磊.一体化核供热堆Ⅱ型主回路单相自然循环实验比例分析与设计[J].原子能科学技术,2012(增刊1):788-791.

［6］ 贾海军,刘洋,吴磊,等.NHR200-Ⅱ型核供热堆关键技术研究:一回路自然循环热工水力学研究[R].北京:清华大学核能与新能源技术研究院,中核能源科技有限公司,2015.

［7］ 吴少融,贾海军,李怀萱,等.低压、低干度自然循环系统两相流动特性[J].核动力工程,1997,18(4):319-324.

［8］ 吴少融,贾海军,李怀萱,等.低压低干度自然循环汽水两相流流量振荡特性[J].原子能科学技术,1997,31(1):22-27.

［9］ 贾海军,吴少融,王宁,等.压力对低干度自然循环流动特性的影响[J].核动力工程,1996,17(1):30-34.

[10]　贾海军,吴少融,王宁,等.热流密度对低干度两相流自然循环稳定性的影响[J].清华大学学报(自然科学版),1995,35(6):70-73.

[11]　吴元强,胡月东,张福录.5 MW 供热堆控制棒水力驱动系统[J].清华大学学报(自然科学版),1990(6):53-59.

[12]　迟宗波,吴元强.200 MW 核供热堆控制棒水力驱动系统安全特性[J].核科学与工程,1997,17(4):313-310.

[13]　陈云霞,吴元强,迟宗波.水力步进缸系统动态保持特性研究[J].清华大学学报(自然科学版),1998,38(5):91-94.

[14]　王金华,薄涵亮,郑文祥,等.水力驱动控制棒冷态极限落棒能力分析[J].核动力工程,2003,24(2):168-173.

[15]　王金华,薄涵亮,郑文祥,等.水力驱动控制棒极限落棒冷态原理实验[J].原子能科学技术,2003,37(2):157-161.

[16]　郑艳华,薄涵亮,董铎,等.水力控制棒驱动系统失压工况的实验研究[J].原子能科学技术,2003,37(1):49-53.

[17]　薄涵亮,陈士锋,姜胜耀.槽式水力驱动控制棒槽孔阻力系数实验研究[J].核动力工程,2002,23(2):38-41.

[18]　王金华,薄涵亮,郑文祥,等.水力驱动控制棒极限落棒热态原理实验[J].核科学与工程,2002,22(4):331-335.

[19]　王金华,薄涵亮,郑文祥.水力驱动控制棒热态极限落棒能力分析[J].清华大学学报(自然科学版),2002,42(12):1628-1631.

[20]　薄涵亮,郑文祥,董铎,等.水力驱动控制棒静态特性实验研究[J].核动力工程,2001,22(1):11-14.

[21]　薄涵亮,郑文祥,董铎,等.水力驱动控制棒步进动态过程的研究[J].核科学与工程,2000,20(4):322-328.

[22]　迟宗波,吴元强,陈云霞.控制棒水力驱动系统的设计和研究[J].核动力工程,1999,20(1):58-62.

[23]　秦本科,李磊实,薄涵亮.控制棒水压驱动系统落棒减速性能实验研究[J].原子能科学技术,2017,51(11):2054-2061.

[24]　厉日竹,李笑天,傅激扬.核供热堆主换热器的设计研究[J].高技术通讯,2000(1):96-98.

[25]　姜胜耀,张佑杰,贾海军,等.大庆 200 MW 低温堆换热器水力学模拟实验研究[J].原子能科学技术,1997,31(5):418-422.

[26]　姜胜耀,张佑杰,马进,等.NHR-200 燃料组件进口阻力特性实验研究[J].原子能科学技术,1999,33(3):247-252.

[27]　姜胜耀,张佑杰,马进,等.NHR-200 燃料组件定位格架水力学模拟实验研究[J].清华大学学报(自然科学版),1998,38(12):1-3.

[28]　姜胜耀,张佑杰,马进,等.200 MW 核供热堆燃料组件阻力特性模拟实验[J].核动力工程,1998,19(4):302-307.

第 11 章

经济性分析

前面各章已经详细介绍了低温核供热堆的技术先进性和安全性,展示了低温核供热堆在解决能源、环境和水资源等方面所具有的巨大潜力和优势。然而,要使低温核供热堆真正造福人类,除了须在设计中高度重视安全性外,还必须兼顾经济性。只有技术先进性、安全性和经济性达到完美的统一,低温核能供热技术才能真正走入市场并造福人类。

我国政府高度重视燃烧化石燃料引起的污染问题,已庄严向世界做出承诺,力争在 2030 年前使 CO_2 排放达到峰值,并且努力争取在 2060 年前实现碳中和。落实这些承诺需要全国人民扎扎实实的工作和巨大的努力,这也将为低温核供热堆技术的推广和应用带来新的机遇。

11.1 经济性及面临的挑战

虽然低温核供热堆在供热、供汽以及海水淡化等领域具有较好的应用前景,但其在市场竞争力上依然面临着标准规范体系的建立、公众接受度、厂址条件和经济性等几方面的挑战。

2017 年 11 月 28 日,中核集团在中国原子能科学研究院正式发布自主研发、可用来实现区域供热的"燕龙"泳池式低温核供热堆(DHR-400)。同日上午,中国原子能科学研究院供热演示项目——泳池式轻水反应堆(49-2 堆)实现安全连续供热 168 h,验证了泳池堆供热的可行性和安全性[1],目前正在推进示范工程的落实。

2018 年 2 月,中国广核集团对外通报,国家能源局已经同意由中国广东核电集团有限公司联合清华大学开展国内首个核能供暖示范项目前期工作。该项目采用成熟的 NHR200-Ⅱ型核供热堆技术,规划建设我国首个小型核能供暖示范项目[2]，目前该项目也正在推进之中。

上述情况表明，无论是壳式低温核供热堆还是池式核供热堆，目前都处于示范项目前期工作阶段，尚未实现真正意义上的"落地"。只有尽快建设示范工程，展示出其技术先进性和安全性，表现出良好的经济竞争力，才有可能被市场接受并得以推广。为了尽快建设示范工程，可通过设计、建造和运行策略等多方面的努力，达到降低投资和运行成本并提高经济性的目的。

从成本构成上看，低温核供热堆的成本包括研发成本、建造成本和运行成本三方面。基于前面所介绍的低温核供热堆的特点，其在成本上具有一定的优势，同时也面临着一些挑战。

1）研发成本

我国围绕低温核供热堆已开展了多年的基础与应用研究，特别是清华大学研发的壳式低温核供热堆，已建成并成功运行了 5 MW 试验堆。此外，NHR200－Ⅱ型商业示范堆采用的是与 5 MW 试验堆相同的技术解决方案，而且从 20 世纪 80 年代开始，在国家的大力支持下，围绕 NHR200－Ⅰ型和 NHR200－Ⅱ型低温核供热堆，清华大学已完成了多项科技攻关，目前不存在待解决的关键技术问题。"燕龙"池式供热堆是中核集团在池式研究堆 50 多年安全、稳定运行的基础上，针对北方城市供暖需求开发的供热堆型，有技术成熟的研究堆作为基础，而且安全、经济、绿色环保。这些已有基础和已完成的研发工作将显著降低低温核供热堆技术的研发成本。

2）建造成本

由于低温核供热堆的设备部件体积小，运行参数低，因此大幅度降低了制造难度，例如对大型锻件的要求几乎没有，随之带来制造工艺难度的降低和设备造价的下降。根据我国现有的核电设备制造加工能力，可在很大程度上或完全实现设备的国产化，减少甚至消除对进口的依赖，提高设备制造方面的经济性。在设备运输方面，减少了大件运输的成本。另外，低温核供热堆更容易实现模块化设计和批量化制造，可缩短建造周期，有效控制建设进度，减少建造成本。相对于大型核反应堆系统，较低的投资成本和较短的建造周期会大大降低成本，可在更短时间内获得投资回报，提高资本投资效益。

3）运行成本

运行成本通常由运行维护成本和燃料消耗成本构成。低温核供热堆简化了系统设置，设备可靠性高，运维简便，运维人员配置少，可减少运维成本；通过灵活的运行参数选择、优化燃料循环，可以降低燃料消耗成本。另外，低温核供热堆可以通过设计实现"一堆多用",如发展热电联供、直接给工业企业供应低温工艺热及蒸汽等,进一步提高热能利用率和经济性。

4) 经济性挑战

虽然低温核供热堆在经济性上有优势,但同时也面临着不利因素带来的挑战,包括以下方面。

(1) 针对低温核供热堆,我国尚未建立起适用的设计、建造和运行规范及标准,目前只能参考核电相关标准,这无疑将导致各项成本的增加。

(2) 核能系统的重要特点是其经济性对建造成本敏感性高,反应堆的单位装机容量材料费用随反应堆规模的下降而上升,同时,用于控制、仪表等独立系统的单位装机容量造价也相应上升,这显然对低温核供热堆这样的小型堆不利。

(3) 批量建造低温核供热堆将引发安全、质量和审批方面的新问题,这些问题尚待监管部门解决。监管部门可能须为小型堆建造设施制定并使用新的审批和检查程序,包括对焊缝等方面的检查。此外,监管部门可能还需要对运行和保安人员制定新要求。这些问题都可能带来成本的增加。

(4) 由于低温核供热堆供热站相对核电站会分布于更广泛的厂址,燃料和乏燃料管理系统等可能更加复杂,耗资也更大,全生命周期的成本可能会较高[3]。

11.2　实际案例分析

以某核供热示范工程为例,该项目处在前期阶段,采用清华大学设计的NHR200 - Ⅱ型低温核供热堆,以核能供汽为主。该项目结合拟建设地区产业发展规划,遵照目标产业园区"创新驱动""绿色发展""结构优化"的发展主题,拟给几家大型化工企业目标用户提供生态环保型清洁热能,助力园区产业升级。

11.2.1　投资估算

项目的技术路线如下:采用 NHR200 - Ⅱ型低温核供热堆,单堆热功率为200 MW,初步规划建设 2×200 MW 机组。

投资估算仅针对项目首期建设的 2×200 MW 机组的 NHR200 - Ⅱ型低温核供热堆初步技术方案,覆盖工程技术方案所描述的全部工程内容,具体工程范围包括前期准备工程、核岛工程和核电厂配套设施(BOP)工程。

从费用范围看,投资估算包括项目基础价、固定价、建成价和项目计划总资金。基础价包括建筑工程费、设备购置费、安装工程费、工程其他费用、基本预备费和计入项目计划总资金的3/4首炉核燃料费。

投资估算基础价基准日期为2018年7月。

估算的首炉核燃料费参数按照天然铀价格为45.58美元/lb(1 lb≈454 g),分离功(SWU)为71.20美元/千克,转换为每千克铀的费用为16.79美元,并且根据首炉装料量,再考虑燃料组件价格及运输费用进行估算。本工程应计入工程基础投资中的首炉核燃料费按首炉核燃料费用的3/4计取。

基本预备费根据《核电厂建设项目建设预算编制方法》(NB/T 20024—2010)编制,以工程费用、工程其他费用和3/4首炉核燃料费之和为基数,人民币部分按5%计算。

价差预备费根据《国家计委关于加强对基本建设大中型项目概算中"价差预备费"管理有关问题的通知》(计投资[1999]1340号)规定,国内费用(人民币计价部分)暂不计价格浮动。

铺底流动资金按生产流动资金总额的30%计算。生产流动资金依据中华人民共和国国家发展和改革委员会、建设部于2006年联合发布的《建设项目经济评价方法与参数》(第三版)中的规定,采用扩大指标估算法进行估算。

综上,按照NHR200-Ⅱ型低温核供热堆、单堆热功率为200 MW、首期建设2×200 MW机组的方案,根据项目拟选定厂址条件及工程技术方案、项目建造模式和建设进度,按照一定的编制依据和方法进行投资估算编制,项目计划总资金约为47亿元人民币。

11.2.2　财务及敏感性分析

基于一定的财务评价参数,在机组年利用小时数为7 800 h等条件下,测算出经济计算期40年内的项目资本金内部收益率大于10%,测算出项目的盈亏平衡点生产能力利用率约为55%。盈亏平衡点越低,项目适应市场变化的能力越强,测算结果表明该项目具备抗风险能力。

项目的经济性不仅取决于相对固定的固定投资成本,也会受到一些变化因素的影响,这些因素是不受控的,取决于当时当地的条件。

1）负荷因子敏感性

项目的机组年利用小时数取 7 800 h,负荷因子约为 89%,当负荷因子变化为 5%～10%时,运行期内项目资本金内部收益率的平均变化为±1.47%。

2）固定投资敏感性

项目固定价约为 41 亿元人民币,运行期内含税工业供汽单价为 175 元/吨,当固定投资变化为 5%～10%时,运行期内项目资本金内部收益率的平均变化为±1.14%。

3）核燃料价格敏感性

核燃料价格在未来一定时期内变化的可能性较大,因此也有必要对此做敏感性分析。当核燃料价格变化为 5%～10%时,项目资本金内部收益率的平均变化为±0.14%。

4）资本金内部收益率敏感性

资本金内部收益率敏感性分析结果如图 11-1 所示。由以上敏感性分析结果可知,在负荷因子、固定投资、核燃料价格三项因素中,负荷因子的变化对项目资本金内部收益率的影响最大,是最敏感的因素。因此,机组稳定运行及稳定的经济环境对项目的成功极为重要。另外,严格控制工程投资,规避核燃料费用的上升对项目经济性的冲击,提高竞争力也是值得关注的问题。

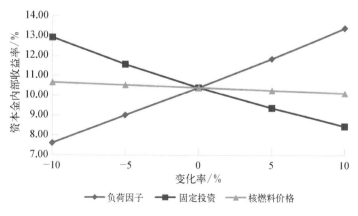

图 11-1　资本金内部收益率敏感性分析

5）敏感性分析结论

将上述投资估算和财务评价参数作为基本方案,即在保持机组年利用小时数为 7 800 h、含税工业供汽单价为 175 元人民币/吨等前提下,项目资本金内部收益率大于 10%,高于项目内部收益率期望值 9%。项目投资回收期(税后)约为 15 年,小于机组运行寿命和经济计算期,项目投资在经济计算期内能够全部回收,说明项目在经济上是可行的。

11.2.3 环境效益和社会效益

上述针对某核供热示范工程为例所做的初步分析表明,项目投资在经济计算期内能够全部回收,说明项目在经济上是可行的。作为一个可以综合解决能源、环境和资源问题的先进技术,低温核供热堆技术的推广还应该考虑环境效益和社会效益。

1) 环境效益

中国共产党第十九届中央委员会第五次全体会议对“十四五”时期生态环境保护工作提出明确要求,生态环境保护工作要求坚持方向不变、力度不减,延伸深度、拓展广度,继续深入打好污染防治攻坚战,在关键领域、关键指标上实现新突破。

我国有 60%以上地区(涉及 50%以上的人口)需要冬季供热,集中供热源目前主要来自大型燃煤电厂的热电联供或小型燃煤供热锅炉,每年的煤耗量为数亿吨,煤炭燃烧所产生的有害物质排放量巨大,是空气污染和雾霾天气的主要成因之一[4]。为了缓解用煤导致的严重环境污染和雾霾天气,我国部分地区率先开始实行“煤改气”“煤改电”工程,但这又带来天然气资源的短缺、电网负担加重等新问题。

核能作为一种清洁高效的能源,在提供大量能源的同时不产生二氧化碳等温室气体和硫化物、氮氧化物、烟尘等大气污染物,核能供热不仅能大大减少大气污染物的排放量,而且对减少碳排放,应对全球气候变化具有积极作用。以 NHR200-Ⅱ型核供热堆为例,取 400 MW 热源,采用核能供热与燃煤和天然气供热对环境影响的比较如表 11-1 所示。

表 11-1　400 MW 热源供热大气污染物排放量

污　染　物	热　源		
	燃　煤	天　然　气	核　能
二氧化碳/(t/a)	640 000	204 600	0
二氧化硫/(t/a)	5 000	—	0

（续表）

污 染 物	热 源		
	燃 煤	天然气	核 能
氮氧化物/(t/a)	1 600	807	0
烟尘/(t/a)	5 000	31	0
灰渣/(t/a)	50 000	—	0
放射性/[mSv/(人•a)]	0.013	—	0.000 8

2）社会效益

核能供热的社会价值除了表现在有害物质排放量锐减，具有良好的环境效益以外，还有显著的社会效益，主要表现在以下方面：

（1）缓解运输压力和运输污染。

（2）减少储煤占地和污染，提高土地利用率。

（3）为国民经济发展提供能源、水资源和环境的系统解决方案，为建设节约型、环保型社会提供技术支撑。

（4）为落实科学发展观，实施国家的可持续发展战略、城镇化战略、能源多元化战略、水资源利用战略、节能减排战略提供技术支撑。

（5）促进我国产业结构调整，形成我国先进反应堆自主研发、自主设计、自主制造、自主建造和自主运营五个自主化产业体系，促进创新型国家建设。

参考文献

［1］　中国原子能科学研究院."燕龙"泳池式低温供热堆发布[J].中国原子能科学研究院年报,2017：14.

［2］　国家能源局.启动核能供暖示范项目前期工作[J].供热制冷,2018(3)：11.

［3］　郭志峰,王海丹.中小型核电反应堆的市场前景[J].国外核新闻,2011(5)：18-19.

［4］　李小斌,张红娜,曲凯阳,等.核能集中供热系统优越性分析[J].华电技术,2020,42(11)：69-82.

索　引

5 MW 供热堆　　61,259,391,392,
　404

AST‐500　　12—15,21,215,368

ATWS　　59,108,129,222,224,
　251,289,293,309—313

DNBR　　49,74,88,89,129,135,
　136,138,307—309,312

EIR‐10 堆　　16,43,49

HAPPY‐200 堆　　16,43

LOCA　　47,258,305,307

RUTA 堆　　19,35,36

SECURE 堆　　12,16,43,51,52

SLOWPOKE 堆　　31,55

THERMOS 堆　　12,16,43,47—
　49

U 形管　　47,104,208,209,270,
　389,390

γ 射线　　24,242,246,369

A

安全棒　　48,282

安全阀　　44,72,106,122,141,
　151,212,222,229,235,252,262,
　266,285,292,299,301—305,307

安全级仪表　　280

安全壳　　5,6,34—36,44,61,64,
　71,73,75,76,90,100—102,119,
　140,177,180,182,183,187—189,
　206,208,221,222,227,230,232,
　234 — 236,238,241,246,247,
　251 — 253,259 — 261,264,288,
　289,294,295,303,304,306—308,
　311,356

安全泄放　　67,73,106,301,302,
　304

B

棒位测量　　66,93,98,99,154,
　160 — 162,164,262 — 264,281,
　356,377,380,382,383

包壳　　5,6,24,33,35,37,46,48,
　49,69,81,120,123,124,126 —
　128,131,135,162,178,221,222,
　225,242,254,312

包容　　35,48,51,54,78,101,140,
　141,151,204,227,238,240,257,

258,277,294,304,309,355

保护系统　33,48,64,100,123,190,220,221,223,224,228,254,265,274,278－281,285－289,294,301,303,305,306,308,317,336

备用电力系统　190－194

背压式汽轮机　9,11,203,215

步进缸　98－100,153,376,377,379

C

测量控制　64,106,281

产业链　4,5

常规岛　185,186,190,191,198－200,211,212,261

厂区构筑物　238

厂址　18,49,62,219,236－238,248,249,252－254,315,316,319,341,351,352,405,407,408

超压保护　67,106,150,151,205,301－303,360

池壳式供热堆　14,16,17,19,30,43,49,57,235

池式供热堆　14－16,19,23,25,27－32,36,47,53,55－57,203,254,255,301,312,313,355,364,406

冲击　6,19,41,92,93,122,145,166,175,283,378,379,382,383,409

抽汽　8,9,11,110,203,211－

216,339,340,348－350

抽汽冷凝式饱和汽轮机　211,214

抽吸　49,87,94,399

除盐水　106,177,182,183,185－187

除氧　8,179,211－213,215,269,337,339,349

触发　46,64,122,221,223,251,267,279,281,285－290,297,300,305,307－309,311

传感器　90,160－162,279－281,382,390

D

单一故障原则　300,301

弹棒事故　98,120,153,154,172,229,376,379,380

低放射性废液　248

低干度　356,358,359,362－365,403,404

低压安全注入　53

典型事故　122,220,294,305,307

电力系统　106,190－192,339

电渗析　322,324,326

定位格架　78,81,82,89,93,123,126,127,138,394,395,403,404

堆内构件　14,48,66,76,90－93,140,141,143－147,149,180,223,242,258,264,277,296,359,390

堆内滞留　228

堆外核测量　278

堆芯裸露　14－16,53,121,122,

177，222，224，229，231，255，259，
　295，309，312，315

堆芯熔化　　15，16，53，63，120，
　135，222，225，228，235，295，309，
　312，313，315，316

多级闪蒸　322，324—329，332

多普勒效应　129，131，133

多效蒸馏　319，320，322，324，
　327－330，332－334，336，337，
　340－343，345，347－352

多重性原则　295，300

E

二氧化铀　69

F

反射层　24，31，127

反渗透　186，320，322－324，326，
　327，330－333，339－341，348－
　352

反应性控制　5，34，52，78，85，
　129，131，224，228，229，269

反应性系数　32，37，63，70，78，
　80，84，107，129，132，133，229，306

放射性废水　72，109，119，239，
　247－249

放射性废物　34，49，239，241

放射性核素　5，242，244，245，
　247－249，253

放射性浓度　190，242－246，248，
　249

放射性释放　43，47，53，85，120，

219，220，225，227，228，253，255，
　257，277，308，309，313，315

放射性污染　190，242，243，245—
　249，251，336，342，351

放射性源项　240，241，252，253，
　316

放射性总量　190，241，249

非能动安全　19，34，35，43，46，
　47，49，55，61，108，119，120，137，
　222，231，232，234，258，296，297，
　310，355，356，403

沸腾　19，29，32，54，89，116，139，
　151，225，284，372，375，376，397，
　402

浮动式核热电站　11

负荷跟随　43，111，216

负压排风　189

附加工况　224

G

概率安全评价　225，260

干度　210，283，359

高位水箱　231－234，388

高压安全注入　53

锆合金锆盒　78，123，147

隔离阀　46，103，119－122，141，
　156，182，183，199，205－208，224，
　232，236，243，252，258，262，285，
　289，291，293，295，297，299－305，
　307，309，311，312，336

工程安全设施　6，62

功率分布　78，80，83，89，122，

129,130,137,138,224,305－307,391,402

功率密度　29,31,36,38,42,46,47,49,51,53,56,61,67,69,74,89,120,121,130,225,229,251,258,259,272,355

固体废物　34,49,72,106,238－240,248,250

固有安全　6,19,32,34,35,37,43,48,51,52,55－57,61,62,101,106,108,109,115,117,177,222,224,227－229,250－252,254,257,258,294,295,309,313,316,317,333,341,351,355

过程测量　279,289,398

H

海水淡化　1,9,35,47,55,110,115,203,210,217,266－268,317,319－330,332－334,336,337,339－352,356,405

核安全　6,17,53,56－58,62,149,180,182,183,185,198,209,225,226,228,238,241,252,257,297,302,305,315,317,352

核裂变　3,12,14,27,240

核能供热　1,6,11－13,17,18,20,21,23,25,30,31,49,53,58,61,62,113,202,213,217,238,255,336,353,355,405,410,411

核能海水淡化　1,18,217,254,319－321,325,336,340－342,

345,348,351－353

核事故　4,5,17,219,228－231,235,257

化石燃料　1,2,8－10,12,217,319－321,341,405

化学容积控制　64,67,106,180

环境污染　1,2,7,17,61,321,341,410

环境影响　4,5,20,51,219,240,241,250,252,254,260,410

换料周期　31,33,45,74,304,305

混合法　18,319,339,342,348,349,352,356

活度　72,240,241,243,245,247,248,250

活化　48,49,178,239－244,246,247

活性区　36,38,40,49,74－76,79,82,91,93,118,120,121,124,125,137,146,149,225,243,250

J

基准事故　63,64,86,120,121,194,220,223－225,228,251,252,285－288,294,305,307,314－316,351

极限事故　62,134,220,222

剂量　25,47,51,54,55,73,108,109,134,145,179,246,248－251,253,254,265,267,279,314－316

加压池式供热堆　30,43,53,56,57

夹带率　　397—400

结晶法　　322

紧急停堆　　52,85,100,132,178,
192,196,221,223,238,265,274,
281,285—288,290,292,306—309

经济性　　4,8,11,12,16,17,43,
56—58,62,82,87,106,111,115,
121,150,152,210,211,213,219,
236,250,261,319,321,339,340,
351,352,355,405—409

K

壳式供热堆　　14,16,17,57,61,
62,94,115,177,187,188,242,
259,261,297,309,359,364

可燃毒物　　33,36,75,78,80,81,
83,85,123—126,129—131,178,
260

可再生能源　　1—3

空泡系数　　80,84,85

空气净化系统　　189

控制棒　　5,14,24,32,33,36—38,
45,48—51,61,64,66,67,69,73—
76,78—80,82—85,90,92,93,
96—100,106,108,118—124,
127—132,140,141,143—149,
152—160,162,164—168,171—
175,178,183,216,221,223,224,
229,251,252,258—264,266—
269,272,274,275,281—283,285,
286,288—290,294,305—312,
355,356,376—387,404

控制棒当量　　80

快速落棒　　264,377—379,382,
384,386,387

L

雷诺数　　388,389,392,394

离子交换法　　322

链式反应　　4,5,19,106,228,230,
290

两相流动　　29,86,87,89,138,
364—366,371,372,403

临界　　8,61,123,124,127,129,
132,135,136,139,149,221,225,
228,261,264—266,268,269,290,
292,293,341,402

零功率　　23,85,129,265,266,356

流动特性　　356,358,364,366,403

流动稳定性　　29,86,138,356,
364,366,371,372,391

流量脉动　　372—374

M

慢化剂　　23,24,28,39,80,81,
83—85,107,128,129,131,133,
306,308

密度波　　86,87,138,139,365

模块化　　17,46,152,229,261,
332,350,406

膜法　　18,319,320,322,327,333,
340

N

能量回收装置　323,331,332,349

能源消费　1—4,7

凝汽器　8,10,110,111,203,211,212,214—216,284,339,340,349,368

O

耦合　115,170,203,217,298,319,333,334,336,337,339—342,351,352

P

排放量　2,7,47,49,109,241,247—250,346,410,411

喷射器　25,67,342

偏离泡核沸腾　49,63,86,88,128,129,131,135,136,225,251,254

偏离正常运行　220,221,226,228,257,258,267,274,290

屏蔽试验堆　18,30,355

Q

气密性　264

气体系统　64,73,106,177,185,187,289

气载放射性　189,245—248,265

汽轮机　7—9,11,110—112,115,203,211,212,214—216,283,284,319,339,340,349,350

汽-气稳压器　61,140,150—152,

355,356,359,368

汽水分离　205,209—212,283,339,358,359,398

汽水混合物　205,359

强迫循环　15,27,29,30,32,36,38,40—43,45,46,49,52—54,56,57,137,204,207,312,360,368

区域供热　6,7,9,11—15,17,20,21,35,36,47,55,115,255,355,405

R

燃耗　31,33,45,49,70,74,78,80,83—85,124,127—133,135,229,268,306

燃料棒束　119,126,137

燃料包壳　125,127,135,225,227,232,238,251,254,255

燃料通道组件　147,148

燃料元件棒　37,78,79,124,128,242

燃料组件　19,31—34,37,38,40,42,49—51,66,69,70,73,74,78—84,86,88,90—93,118,119,122—128,130,131,135,137,138,140,143,145—147,251,263,264,306,364,387,391,392,394—397,402—404,408

热电联供　7,9,11,15,18,104,109—112,116,117,211,213—217,258,317,319,356,407,410

热法　18,63,319,320,322,324,

327,333,340,356

热工水力　49,56,85,86,88,94,
128,134—137,143,144,149,150,
252,253,296,306,356,358—360,
363,364,366,368,397,402,403

热功率　9—11, 13, 16, 18, 24,
31—33,38,40,44,45,51,53,62,
73,83,88,94,118,137,138,149,
152,154,172,207,208,230,241,
258,267,283,295,296,298,301,
341,351,359,360,362,363,365,
366,368—375,407,408

热力循环　8

热利用率　8,111,217

热流密度　70,89,135,136,139,
366,367,402,404

热态性能　377,382,384,386

热网　12,14—16,27,30—32,
35—41,43—48,50,52,55,56,61,
63,64,67,69,73,74,85,94,102—
104,110,111,119,201,203,205,
214, 215, 238, 242 — 246, 255,
266—268,270,271

热效率　8,29,94,214,216,348

冗余　5,48,53,67,120,188,194,
198,229,279,280,286—289,291,
294,297,298,301,314

容积补偿　28, 204 — 207, 221,
295,298—300,369

熔融物　144,228,235,236,309

入口节流　137, 138, 358, 366,
370,372,375,376,395,396

S

设计扩展工况　6,14,62,63,120,
135,220,222,225,238,251,252,
254,309,312,314,315,351

剩余发热　42, 43, 67, 135, 228,
230,231,254,272,288,294—296,
298,306

失去外部电力　294,308

失水事故　16,46,47,53,67,101,
141,232,250,254,255,258,264,
281,288,294,307,308,312,364,
397

失效　38,64,108,120,141,180,
183,198,200,201,223,224,251,
252,257—259,276,277,280,287,
288,301,307,309,311,312

实体防护　228

始发事件　194, 226, 227, 257,
274,280,286,287,294

事故分析　46, 51, 58, 59, 178,
219,220,222—224,252,286,293,
305—309,313

收益率　352,408—410

寿命考验　377,378,382,384,386

受限寿命　280

衰变热　5,28,30,35,37,41,50,
51,54,57,119,149,229,259,296

甩负荷　111,212,216,221,267,
285

双层承压壳　295

双端断裂　224, 252, 305, 309,
311,312

水棒　　78,81,123,125,126,128

水力步进缸　　67,97－100,153,
　　376－379,404

水力驱动　　51,61,64,67,71,79,
　　85,90,92,93,96－100,119,120,
　　122,123,143,145,152－154,183,
　　216,251,258,259,261－264,269,
　　283,289,356,376－380,383,384,
　　386,387,404

水压驱动　　120,123,152－159,
　　167,172,175,281,308,355,356,
　　379－384,404

水铀体积比　　78,83

水蒸气　　7－10,16,67,88,110,
　　112,115,134,151,203,213,214,
　　234,294,327,328

水资源　　1,319－321,333,341,
　　352,405,411

瞬态　　38,55,64,82,86－88,108,
　　124,127,129,131,135,139,196,
　　221,251,260,284,305,306,356

T

碳排放　　2,410

碳中和　　3,55,405

体积比功率　　64,259

停堆裕量　　85,129,132

通风系统　　35,52,189,190,192,
　　193,247,251,302

通信系统　　106,190,200－202,
　　314

投资估算　　407－409

W

外部事件　　47,51,196,226,237,
　　238,287,299

微沸腾　　94,95,119,134,358,
　　364,365,372,387,391,403

温度系数　　24,78,80,83－85,
　　108,128,129,132,133,251,266,
　　269,272,283,306

无硼堆芯　　83,265

X

稀有事故　　62,134,220,222

系统失效　　121,132,182,223,226

氙稳定性　　133

消防系统　　193,198,199

消氢　　235,309

小型反应堆　　18,175,228,230,
　　355,356

虚假液位　　398－402

Y

严重事故　　43,54,101,144,227,
　　228,235,241,252－254,257,309,
　　315,316,351

研究堆　　6,15,19,23－25,36,47,
　　56,58,406

应急电力系统　　190－194,196

应急响应　　115,177,227,228,
　　257,313,314,316

余热排出系统　　27,30,34－36,
　　41,44,46,57,64,67,73,94,102,
　　106,119－122,149,205－208,

223,224,228,230,251,259,266,
272,285,288,289,295－301,304,
305,308,310－312,360

运行监测　274,279,290

运行事件　62,134,191,196,220,
221,226－228,248,252,257,274,
278,286,288,290,293

运行瞬态　135,221,294

Z

在役检查　194,210,274 － 277,
290,304,305

振荡　87,133,134,139,365,372,
376,403

蒸汽发生器　46,71,96,104,110,
112,113,116,118,144,145,203－
213,215,230,232－234,263,266,
272,274,282－285,294,297,298,
328 － 330, 334, 336, 337, 339,
342－345,347－350

制冷　21,34,55,109,110,112－
114,178,356,411

中子探测器　127,265,278,279

中子源　66,78,79,84,119,122,
127,143,146,149,278,279

主换热器　14,32 － 38,41,42,
47－50,52,66,70,71,73,75,76,
89,90,92－96,102,108,112,113,
116,118,120－122,134,140,141,
143,145 － 150,204 － 207,221－

223, 230, 243, 250, 258 － 260,
269－272,297,298,336,356,359,
360,364,387－390,404

主控制室　191, 193, 194, 238,
278,281,286,288,290,314

主循环泵　29,36,64,116,251,
258,294

注硼　5, 51, 64, 67, 72, 73, 85,
106,120,121,129,131,132,146,
149,178,224,229,232,251,260,
264,265,289－294,309,317,397

注硼触发系统　274,286,289

专设安全设施　14,53,192,193,
196,220,222,227,228,257,274,
285,286,288,290,294,295,307

专设安全系统　5, 27, 64, 106,
177,296

自稳压　63,66,67,70,85,116,
134,144,150,152,179,229,246,
250,258－260,277,333,375

纵深防御　6,35,198,219,226－
228,235,257,258,272,274,290,
293,294,309,313,316,317

阻力系数　87, 89, 97, 138, 359,
365 － 367,369,387 － 392,394 －
397,404

组合阀　76, 98, 153, 154, 156,
159－162,167,168,171,172,262,
263,376,377,380,382,384

最小烧毁比　70,86－88